供配电与照明技术

主编　李　明　开永旺
主审　李　刚

内 容 提 要

本书全面、系统地从工程应用的角度讲述了建筑供配电工程的一些基本理论，包括供配电系统概述、供配电主要设备、电气照明系统、供配电线路及敷设、供配电系统安全技术、供配电工程识图六个学习单元。本书可作为高职高专院校机电一体化技术、轨道交通机电技术、建筑电气及智能化、建筑工程管理、建筑工程造价等相关专业的专业教材，也可作为建筑电气工程设计、工程监理、工程施工、工程管理人员的培训教材和参考用书。

图书在版编目(CIP)数据

供配电与照明技术 / 李明，开永旺主编. —天津：天津大学出版社，2020.6

ISBN 978-7-5618-6689-4

Ⅰ. ①供… Ⅱ. ①李… ②开… Ⅲ. ①供电系统—高等职业教育—教材②配电系统—高等职业教育—教材③照明技术—高等职业教育—教材 Ⅳ. ①TM72②TU113.6

中国版本图书馆CIP数据核字(2020)第099727号

出版发行 天津大学出版社
地　　址 天津市卫津路92号天津大学内（邮编:300072）
电　　话 发行部:022-27403647
网　　址 www.tjupress.com.cn
印　　刷 廊坊市海涛印刷有限公司
经　　销 全国各地新华书店
开　　本 185mm×260mm
印　　张 19.25
字　　数 477千
版　　次 2020年6月第1版
印　　次 2020年6月第1次
定　　价 59.00元

前　言

在国民经济高速发展的今天，电能的应用越来越广泛，这是因为电能既易于由其他形式的能量转换而来，也易于转换为其他形式的能量。电能的输送和分配既简单经济，又便于控制、调节和测量。因此，电能在现代工业生产及整个国民经济生活中应用极为广泛。

编者根据建筑供配电系统的发展现状，结合建筑电气及智能化、轨道交通机电技术、机电一体化技术专业人才教育理念和培养经验，精心编写了本书。

本书具有如下特点。

（1）案例教学，工学结合。本书采用单元任务式体例进行编写，每个学习单元分设多个任务，培养学生对知识的实际应用能力。

（2）模块丰富，生动有趣。本书中穿插“知识加油站”等丰富的小模块，将相关知识点生动地展现出来，使学生轻松愉快地学习。

（3）电子题库，同步检测。本书配有练习题及参考答案，可扫描封底二维码获取，便于评估学习效果。

（4）电子课件，巩固学习。本书配有电子课件，可扫描封底二维码自行下载，便于课后知识巩固。

本书由李明、开永旺担任主编，李刚担任主审。本书各个学习单元下设若干任务，任务下又包括任务目标、知识储备、知识加油站、课后练习、知识跟进、知识拓展等模块中的若干个或全部，另外根据教学及工程实践的需要，在附录中编入常用的数据图表。在本书的编写过程中很多同行都给予了帮助和指导；同时我们还参阅和借鉴了大量的论文、规范和书籍，在此特向这些资源的作者表示衷心感谢。

由于供配电技术发展迅速，技术、理念日新月异，虽然在编写时力求做到内容全面、通俗实用，但由于编者水平有限，书中难免存在疏漏和不当之处，敬请各位同行、专家和广大读者批评指正。

编者

2019 年 12 月

目　　录

学习单元 1

供配电系统概述

任务 1　认识供配电系统

【任务目标】

（1）掌握供电系统和配电系统的组成。

（2）掌握电力系统电压。

（3）了解供电质量的几个表征指标。

【知识储备】

建筑供配电就是向建筑物内及小区供应和分配其所需电能。虽然现在生产和生活中可以利用的能源很多，如太阳能、热能、风能、石油、天然气、煤炭等，但它们都没有电能应用广泛。这是因为：第一，电能易于转换，它既可以方便地从热能、水能、光能、原子能等能量转换而来，又可以方便地转换成其他形式的能量，如机械能、热能、光能等；第二，电能可以方便经济地长距离输送，并且很容易进行控制，使用方便，受气候影响很小；第三，电是信息传递的重要手段，通信和自动控制都要通过电信号来完成。

现代工业生产对产品质量和生产设备都提出了更高的要求，办公电气设备的增多，楼宇自控功能的完善，家用电器档次的提高都对建筑供配电提出了更高的要求。首先，要保证用电安全，在电能供应、分配和使用中，不能发生人身事故和设备事故；其次，要保证供电的可靠性，要连续、可靠地把电能送到用户；再次，要保证优质供电，在电能输送过程中，保证电压和频率的稳定、准确；最后，要经济，既要减少一次性投资，又要减少运行费用和维护维修费用。另外，在建筑供配电工作中，还应处理好局部与全局、当前与长远、质量与经济等之间的关系。

1.1.1 供电系统的组成

1.1.1.1 电力系统的组成

大多数发电厂建在能源基地附近，往往离用户很远，需要经长距离输配电。为了减少输电损失，一般要经升压变压器升压，而用户使用的电压一般是低压，因此最后要经降压变压器降压。

由发电厂的发电机、升压及降压变电设备、电力网及电力用户（用电设备）组成的系统统称为电力系统。图 1-1-1 是从发电厂到电力用户的送电过程示意图。

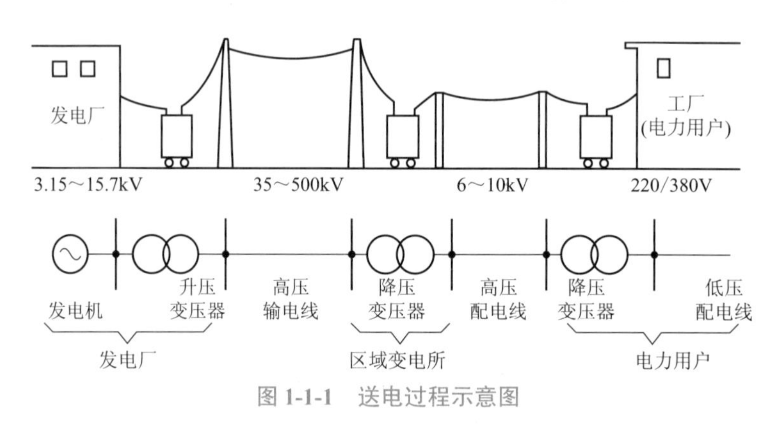

图 1-1-1 送电过程示意图

1. 发电厂

发电厂是生产电能的场所，在这里可以把自然界中的一次能源转换为用户可以直接使用的二次能源——电能。根据发电厂所取用一次能源的不同，发电形式主要有火力发电、水力发电、核能发电等，此外还有潮汐发电、地热发电、太阳能发电、风力发电等。无论发电厂采用哪种发电形式，最终将其他能源转换为电能的设备是发电机。

2. 电力网

电力网的主要作用是变换电压、传输电能。它由升压、降压变电所和与之对应的电力线路组成，负责将发电厂生产的电能经过输电线路送到电力用户（用电设备）。

3. 配电系统（电力用户）

配电系统位于电力系统的末端，主要承担将电力系统的电能传输给电力用户（用电设备）的任务。电力用户是消耗电能的场所，通过用电设备将电能转换为满足用户需求的其他形式的能量，如电动机将电能转换为机械能，电热设备将电能转换为热能，照明设备将电能转换为光能等。

电力用户根据供电电压分为高压用户和低压用户。高压用户的额定电压在 1 kV 以上，

低压用户的额定电压一般是 220/380 V。

1.1.1.2　配电系统的组成

1. 供电电源

配电系统的电源可以取自电力系统的电力网或企业、用户的自备发电机。

2. 配电网

配电网的主要作用是接收电能、变换电压、分配电能，由企业或用户的总降压变电所（或高压配电所）、高压输电线路、降压变电所（或配电所）和低压配电线路组成。其功能是将电能通过输电线路，安全、可靠且经济地输送到电力用户（用电设备）。

3. 用电设备

用电设备是指专门消耗电能的电气设备。据统计，用电设备中 70% 是电动机类设备，20% 左右是照明用电设备。

实际上配电系统的基本结构与电力系统极其相似，所不同的是配电系统的电源是电力系统中的电力网，电力系统的用户实际上就是配电系统。

配电系统中的用电设备根据额定电压分为高压用电设备和低压用电设备。高压用电设备的额定电压一般在 1 kV 以上，低压用电设备的额定电压一般在 400 V 以下。

1.1.2　电力系统电压

电力系统中的所有电气设备，都是在一定的电压和频率下工作的。电气设备在其额定电压和频率条件下工作时，其运行的综合性能最好。例如电光源，如果电压偏高，虽然发光量增大，但电流也增大，温升增高，使用寿命缩短；如果电压偏低，则发光量将按电压平方成比例减小，不能满足工作要求；如果频率偏高或偏低，也都将严重影响发光量和使用寿命。因此，电压和频率被认为是衡量电力系统电能质量的两个基本参数。

我国三相交流电网和交流电力设备的额定频率（简称工频）为 50 Hz，其额定电压等级见表 1-1-1。

表 1-1-1　我国三相交流电网和交流电力设备的额定电压

分类	电网和用电设备额定电压 /kV	发电机额定电压 /kV	电力变压器额定电压 /kV	
			一次绕组	二次绕组
低压	0.22 0.38 0.66	0.23 0.40 0.69	0.22 0.38 0.66	1.23 1.40 0.69

续表

分类	电网和用电设备额定电压 /kV	发电机额定电压 /kV	电力变压器额定电压 /kV	
			一次绕组	二次绕组
高压	3	3.15	3,3.15	3.15,3.3
	6	6.3	6,6.3	6.3,6.6
	10	10.5	10,10.5	10.5,11
	—	13.8,15.75,18.20	13.8,15.75,18.20	—
	35	—	35	38.5
	63	—	63	69
	110	—	110	121
	220	—	220	242
	330	—	330	363
	500	—	500	550

1.1.2.1 电网(电力线路)的额定电压

电网的额定电压等级是国家根据国民经济发展的需要及电力工业的水平,经全面的技术经济分析后确定的。它是确定各类电力设备额定电压的基本依据。

1.1.2.2 用电设备的额定电压

由于线路中有电流通过时,线路上要产生电压降,所以线路上各点的电压都略有不同,但是成批生产的用电设备,其额定电压不可能按使用处线路的实际电压来制造,而只能按线路首端与末端的平均电压来制造。所以,规定用电设备的额定电压应与同级电网的额定电压相同。

1.1.2.3 发电机的额定电压

由于同一电压的线路一般允许的电压偏差是 ±5%,即整个线路允许有 10% 的电压损耗,因此为了维持线路首端与末端的平均电压在额定值上,线路首端电压就应比电网额定电压高 5%,所以发电机的额定电压应比供电电网额定电压高 5%。

1.1.2.4 建筑供电系统配电电压的选择

电力系统中,通常以 1 000 V(或 1 200 V)为界线划分高压和低压,但从人身安全方面考虑,1991 年能源部颁布的电力行业标准《电业安全工作规程(发电厂和变电所电气部分)》(DL 408—1991),却是以 250 V 为界线划分高压和低压的。建筑供电系统的高压配电电压主要取决于当地电网的供电电源电压,通常为 10 kV;低压配电电压通常采用 220/380 V,其中线电压 380 V,接三相动力设备及 380 V 的单相设备,相电压 220 V,接一般照明设备及其他 220 V 的单相设备。

1.1.3 供电质量指标

供电质量通常用电压偏移、电压波动、频率偏差以及供电可靠性等供电质量指标来表征。

1.1.3.1　电压偏移

电压偏移指用电设备的实际端电压偏离其额定电压的百分数，用公式表示为

$$\Delta U_{N}\% = \frac{U - U_{N}}{U_{N}} \times 100\% \tag{1-1-1}$$

式中　U_{N}——用电设备的额定电压，kV；

U——用电设备的实际端电压，kV。

产生电压偏移的主要原因是系统滞后的无功负荷和线路损耗所引起的系统电压损失。正常情况下，用电设备端电压偏差允许值可按表 1-1-2 进行验算。

表 1-1-2　用电设备端电压偏差允许值

用电设备名称		电压偏差允许值
电动机	正常情况下	± 5%
	特殊情况下	−10%~+5%
照明灯	视觉要求较高的场所	−2.5%~+5%
	一般工作场所	± 5%
	应急照明、道路照明、警卫照明	−10%~+5%
	其他用电设备无特殊要求时	± 5%
	远离变电所的小面积一般工作场所的照明线路难以满足上述要求时	−10%~+5%

1.1.3.2　电压波动

电压波动由用户负荷的剧烈变化引起。例如，大型晶闸管整流装置、电焊机、大功率电动机的启动等都会引起电压波动。电压波动直接影响系统中其他电气设备的正常运行。

电压波动是指电压在短时间内的快速变动情况，其程度通常以电压幅度波动值和电压波动频率来衡量。电压幅度波动的相对值为

$$\Delta U\% = \frac{U_{max} - U_{min}}{U_{N}} \times 100\% \tag{1-1-2}$$

式中　U_{max}——用电设备端电压波动的最大值，kV；

U_{min}——用电设备端电压波动的最小值，kV。

1.1.3.3　频率偏差

频率偏差指实际供电频率与电网标准频率的差值。我国电网的标准频率为 50 Hz，通常称为工频。当电网频率降低时，用户电动机的转速将降低，会影响到电动机的正常运行。频率变化对电力系统运行的稳定性不利。频率偏差一般不得超过 ±0.25 Hz，当电网容量大于 3 000 MW 时，频率偏差不得超过 ±0.2 Hz。

1.1.3.4　供电可靠性

供电可靠性指标是根据用电负荷的等级要求制定的。供电可靠性指标用全年平均供电

时间占全年时间比例的百分数来衡量。例如，全年时间 8 760 h，用户全年停电时间为 87.6 h，即停电时间占全年时间的 1%，供电可靠性为 99%。

1.1.3.5 电子计算机供电电源的电能质量

电子计算机供电电源的电能质量应满足表 1-1-3 的要求。

表 1-1-3 计算机允许的电能参数变动范围

项目	级别		
	A 级	B 级	C 级
电压波动 /%	−5~+5	−10~+7	−10~+10
频率偏差 /Hz	−0.05~+0.05	−0.5~+0.5	−1~+1
波形失真率 /%	≤ 5	≤ 10	≤ 20

1.1.3.6 高次谐波的抑制

1. 高次谐波产生的原因及危害

供电系统中存在着多种引起高次谐波电流的因素。凡是电压与电流关系为非线性的元件，都是高次谐波电流源（或者称为“注入”谐波电流源），在供电系统中会引起相应的谐波电压，引起电力系统中母线电压的畸变，畸变的电压对电网中的其他用户会产生极为有害的影响。

产生谐波电流的设备有晶闸管设备、电弧设备、气体放电灯、整流器、旋转电动机、感应加热器以及电容器等。由于谐波可通过直接连接、感应或电容耦合等方式从某一电路或系统传递到另一电路或系统，所以谐波的存在不仅影响供电电压的质量，同时会对该频段的通信线路、信号传递线路以及控制电路产生干扰，流过电力线路的谐波电流会降低供电设备的载流能力，增加电能损失。

2. 高次谐波的抑制

抑制高次谐波可采取多种措施：在有谐波干扰的地方，通常可通过加大电力线路与通信线路之间的间距、屏蔽通信线路；在有电容器组放大谐波电流的地方，应选择合适类型的电容器，或将电容器组迁移；在出现谐振的地方，应改变电容器组的大小及规格，将谐波点转移；各类大功率非线性用电设备变压器应改由短路容量较大的电网供电；控制各类非线性用电设备所产生的谐波，选用 D，yn11 联结组别的三相变压器等。

如果以上措施仍不能满足要求，那么还可以采取以下措施加以解决：

（1）增加整流相数，降低高次谐波分量；

（2）在同一台整流变压器铁芯上，采用不同接法的两个绕组以实现六相整流；

（3）当两台以上整流变压器由同一母线供电时，可将两台变压器的二次侧分别接成 Y 形和△形，得到 12 相整流；

（4）装设无源或有源滤波装置；

（5）在补偿电容器回路串联电抗器，消除产生谐振的可能。

【知识加油站】

城市轨道交通系统电压

城市轨道交通系统电压一般为直流（Direct Current，DC）600~1 500 V。不同城市的地铁系统，采用的技术路线不同，电压的高低也不相同。国际电工委员会（International Electrotechnical Commission，IEC）拟订的电压标准为 600 V、750 V 和 1 500 V 三种。我国标准规定为 DC 750 V 和 DC 1 500 V 两种。

（1）北京地铁：第三轨供电，电压为 DC 750 V。部分新建线路采用接触网供电。

（2）上海地铁：采用架空接触网供电，电压为 DC 1 500 V。

（3）天津地铁：市内线路，采用第三轨供电，电压为 DC 750 V；滨海线，采用架空接触网供电，电压为 DC 1 500 V。

（4）广州地铁：采用架空接触网供电，电压为 DC 1 500 V。

（5）深圳地铁：采用架空接触网供电，电压为 DC 1 500 V。

【课后练习】

（1）电力系统通常由哪几部分组成？每一部分各有什么作用？

（2）电力系统电压通常包括哪几部分？

（3）供电质量通常用哪些指标来表征？

（4）电力系统和电力网是什么？

（5）我国电网电压分为几级？

（6）列举五类发电厂，并简要说明其发电原理。

（7）某工厂动力设备实际工作电压为 370 V，该设备额定电压为 380 V，试计算该设备的电压偏移。

（8）某工厂用户全年停电时间为 80 h，试计算其供电可靠性。

【知识跟进】

（1）从互联网上了解世界各国的供电电压（列举十个）。

（2）从互联网上了解各类发电厂，制作电子演示文稿（Power Point，PPT），进行展示。

（3）从互联网上了解新型发电方式。

任务2　了解负荷分级及供电要求

【任务目标】

（1）了解民用建筑用电负荷的分级。

（2）了解各级负荷对供电的要求。

【知识储备】

1.2.1　负荷分级

民用建筑用电负荷，根据供电可靠性及中断供电所造成的损失或影响程度分为一级负荷、二级负荷和三级负荷。

1.2.1.1　一级负荷

中断供电将造成人身伤亡、造成重大影响或重大损失、破坏有重大影响的用电单位的正常工作或造成公共场所秩序严重混乱等情况之一的用电负荷，为一级负荷。

例如：重要通信枢纽、重要交通枢纽、重要经济信息中心、特级或甲级体育建筑、国宾馆、承担重大国事活动的会堂、经常用于重要国际活动的大量人员集中的公共场所等的重要用电负荷。

在一级负荷中，中断供电将发生中毒、爆炸和火灾等情况的负荷，以及特别重要场所的不允许中断供电的负荷，应为特别重要负荷。

1.2.1.2　二级负荷

中断供电将造成较大影响或损失、影响重要用电单位的正常工作或造成公共场所秩序混乱的用电负荷，为二级负荷。

1.2.1.3　三级负荷

不属于一级和二级负荷的其他用电负荷为三级负荷。

1.2.2　各级负荷的供电要求

1.2.2.1　一级负荷的供电要求

（1）一级负荷应由两个独立电源供电，当一个电源发生故障时，另一个电源应不致同时受到损坏，保证正常电力供应。

（2）当一级负荷设备容量在200 kW以上或有高压用电设备时，应采用两个高压电源供电。这两个高压电源一般由当地电力系统的两个区域变电站分别引来，两个电源电压等级宜相同。

（3）当需要双电源供电的用电设备容量在 100 kW 及以下，又难于从地区电力网取得第二电源时，宜从邻近单位取得第二低压电源，亦可采用应急发电机组或应急电源（Emergency Power Supply，EPS）。

（4）当一级负荷用户符合下列条件之一时，宜设自备电源。

①根据当地供电部门的规定需设自备电源或外电源不能满足一级（含特别重要）负荷要求时。

②由于所在地区偏僻、远离电力系统等，设置自备电源较从电力系统取得第二电源经济合理时。

③有常年稳定余热、压差、废气可供发电，技术经济合理时。

（5）一级负荷中的特别重要负荷，除上述两个电源外，还必须增设应急电源。为保证特别重要负荷的供电，严禁将其他负荷接入应急供电系统。常用的应急电源有下列几种。

①独立于正常电源的发电机组。

②供电网络中独立于正常电源的有效专门馈电线路。

③蓄电池。

（6）根据负荷对中断时间的要求，可分别选择下列应急电源。

①允许中断供电时间为毫秒级的负荷，可选用各类可靠的不间断电源（Uninterruptible Power System，UPS）装置。

②允许中断供电时间为 1.5 s 以上的供电系统，可选用带有自动投入装置并独立于正常电源的专门馈电线路。

③允许中断供电时间为 15 s 以上的供电系统，可选用快速自启动柴油发电机组，并设置与市电自动切换的装置。

（7）作为应急用电的自备电源与电力网的正常电源之间必须采取防止并列运行的措施。

1.2.2.2　二级负荷的供电要求

二级负荷的供电系统应做到当电力变压器或线路发生常见故障时，不致中断供电或中断供电后能迅速恢复。

（1）二级负荷用户的供电可根据当地电网的条件，采取下列方式之一。

①宜由两个回路供电，其第二回路可来自地区电力网或临近单位，也可自备柴油发电机组（必须采取防止与正常电源并联运行的措施）。

②由同一座区域变电站的两段母线分别引来的两个回路供电。

③在负荷较小或地区供电条件困难时，可由一路 6 kV 及以上专用的架空线路供电，或采用两根电缆供电，其每根电缆应能承担 100% 二级负荷。

（2）二级负荷设备的供电应根据本单位的电源条件及负荷的重要程度，采取下列方式之一。

①双电源（或双回路）供电，在最末一级配电装置内自动切换。

②双电源（或双回路）供电到适当的配电点，自动互投后用专线送到用电设备或其控制装置上。

③由变电所引出可靠的专用单回路供电。

④应急照明等分散的小容量负荷，可采用一路市电加 EPS 或采用一路电源与设备自带的蓄（干）电池（组）在设备处自动切换。

1.2.2.3 三级负荷的供电要求

三级负荷的供电无特殊要求，但也要保证供电的安全性、可靠性。

【知识加油站】

城市轨道交通系统用电负荷等级

城市轨道交通系统中，供电系统需要满足地铁列车的牵引用电、线路及车站设备的动力用电以及照明用电要求，一般分为以下三种负荷类型。

一级负荷：电动机车、通信及信号设备、消防设备、事故照明及各变电所操作电源等。

二级负荷：车站照明、自动扶梯和停车场动力等。

三级负荷：商业用电、广告照明等一级和二级负荷以外的其他用电负荷。

一级和二级负荷用户因比较重要，不能中断供电，故需要设置两路独立电源来确保可靠供电。在供电紧张时可停止三级负荷供电，以保证重要负荷的用电需求。

【课后练习】

（1）电力负荷依据什么进行分级？

（2）一级、二级、三级负荷分别对供电电源有何要求？

（3）一级负荷中特别重要负荷对供电电源有何要求？

（4）电力负荷分为几级？各级负荷对供电电源有何要求？

【知识跟进】

（1）从互联网上了解 UPS、EPS 和柴油发动机的区别和适用场合。

（2）了解双电源自动转换开关（Automatic Transfer Switch，ATS）的工作原理。

任务3 计算电力负荷

【任务目标】

(1)了解电力负荷计算的实用性及正确性。

(2)了解负荷工作制的划分。

(3)了解电力负荷计算的方法。

【知识储备】

“负荷”是电气设备通过的电流或电功率。例如,发电机、变压器的负荷是指它们输出的电流或功率;线路的负荷是指通过导线的电流或容量。负荷达到设备的额定值称为满负荷(满载);小于额定值称为轻负荷(轻载);大于额定值称为过负荷(过载)。电气设备一般应低于负荷额定值运行,电动机设备允许短时轻载运行。

在进行供电设计时,工艺部门提供的各种用电设备产品铭牌上的数据是基本的原始资料,如额定容量、额定电压等,这些都是设计的依据。但是不能简单地用设备额定容量来选择导体和各种供电设备。因为所安装的设备并非都同时运行,而且运行着的设备实际需用的负荷也并不是每一时刻都等于设备的额定容量(也称安装容量)。因而,供电设计的第一步即需要计算实际负荷。

1.3.1 负荷计算的实用性及正确性

“计算负荷”是按发热条件选择导体和电气设备时使用的一个假想负荷。它是确定供电容量、电气设备、线材规格、无功补偿、线路压降的依据。只有确定了用户的计算负荷,才能确定用户电能表的量程,进行开关容量及进户线截面大小的选择;只有确定每区或每层的计算负荷,才能确定该区或该层的总配电箱进线开关及供电线路的规格;只有确定整个建筑物的计算负荷,才能合理地选择该建筑物变压器的容量及台数,按当地供电局所规定的功率因数值,计算出无功补偿容量、线路的功率损耗、变压器的有功及无功损耗,最后获得该建筑物应从电力系统所取得的总供电容量。

计算负荷务求恰当,过小会引起设备、线路过热,加速其绝缘的损坏,过多损耗能量,增加电压损失,从而破坏正常的运行条件,甚至引起电线走火,造成重大事故。反之,若计算负荷过大,则会引起变压器容量过剩,线路截面过大,开关整定电流过高,使投资增加,造成不必要的浪费。因此,负荷计算是正确合理设计至关重要的一个环节。

计算负荷的正确性是指实际使用的负荷是否与计算负荷相符。它取决于以下三方面因素。

1.3.1.1　设计是否合理

若选用的需要系数、变压器的负载率正确，则在建筑物功能充分发挥时，实际使用负荷一定与计算负荷相接近。

1.3.1.2　运行管理水平

对所有设备严格管理，按时维护检修，在设计合理的前提下，一定可使实际使用负荷接近计算负荷。一个较高的运行管理水平至关重要，如商场能使购销信息畅通，达到购销两旺；饭店能组织好员工，提高服务质量，使顾客盈门。

1.3.1.3　各类建筑的发展速度是否与需求相适应

如近年商场、旅馆、写字楼建设过多，超过了需求，造成营业额分流，客房闲置，写字楼无人购买，因此它们的使用负荷一定小于计算负荷。

事实上，这三个因素都是不确定因素，因此负荷计算很难做到绝对正确，只有在设计中主动深入了解建设单位的意图，加强对已建工程的调查总结，参照国内外工程实例进行认真分析，才能获得比较合理的计算负荷。

1.3.2　负荷工作制的划分

电气设备按工作制划分为以下三种。

1.3.2.1　长期工作制

长期工作制即连续运行工作制，指在规定的环境温度下，设备连续运行，设备任何部分的温升均不超过允许值，如通风机、压缩机等。

1.3.2.2　短时工作制

短时工作制即短时运行工作制，指设备的运行时间短而停歇时间长，设备在工作时间内的发热量不足以达到稳定温升，而在停歇时间内足够冷却到环境温度，如机床上的辅助电动机、控制闸门的电动机。

1.3.2.3　断续工作制

断续工作制也称为重复短时工作制，指设备以断续方式反复进行工作，工作时间（t_g）与停歇时间（t_r）交替，如电焊机、吊车。断续工作制的性质用暂载率ε表示，定义为

$$\varepsilon=\frac{\text{工作时间}}{\text{工作周期}}\times 100\%=\frac{t_g}{t_g+t_r}\times 100\% \tag{1-3-1}$$

式中　t_g——工作时间，s；

t_r——停歇时间，s。

1.3.3　电力负荷的计算方法

1.3.3.1　单位指标法

方案设计阶段确定计算容量时，一般采用单位指标法计算，并根据计算结果确定电力变

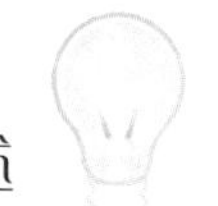

压器的容量和台数。各类建筑的用电指标见表 1-3-1。

表 1-3-1 各类建筑的用电指标

建筑类别	用电指标 /(W/ m²)	建筑类别	用电指标 /(W/ m²)
公寓	30~50	医院	40~70
旅馆	40~70	高等学校	20~40
办公	30~70	中小学	12~20
商业	一般:40~80 大中型:60~120	展览馆	50~80
体育	40~70	演播室	250~500
剧场	50~80	汽车库	8~15

1.3.3.2 需要系数法

1. 需要系数

电气设备的额定工作条件不同会造成各用电设备不同时工作,同时工作的设备也不会都在满负荷情况下运行,同时电气设备和线路还会产生功率损耗。所有这些因素综合起来,使系统内最大负荷与全系统用电设备总容量之间存在差异,前者比后者小,两者的比值称为需要系数,即

$$K_x=\frac{\text{负荷曲线的最大负荷}P_{max}}{\text{该组用电设备的设备容量总和}\sum P}$$

需要系数表示配电系统中所有用电设备同时运转(用电)的程度,或者所有用电设备同时使用的程度,通常其值小于 1,只有在所有用电设备同时连续运转且满载时才可能为 1。

表 1-3-2、表 1-3-3 给出了各用电设备组的需要系数及功率因数。

表 1-3-2 建筑工地常用用电设备组的需要系数及功率因数

用电设备组名称	需要系数 K_x	功率因数 $\cos\varphi$	$\tan\varphi$
通风机和水泵	0.75~0.85	0.80	0.75
运输机、传送带	0.52~0.60	0.75	0.88
混凝土及砂浆搅拌机	0.65~0.70	0.65	1.17
破碎机、筛、泥泵、砾石洗涤机	0.70	0.70	1.02
起重机、掘土机、升降机	0.25	0.70	1.02
电焊机	0.45	0.45	1.98
建筑室内照明	0.80	1.0	0
工地住宅、办公室照明	0.40~0.70	1.0	0
变电所	0.50~0.70	1.0	0
室外照明	1.0	1.0	0

表 1-3-3 工业企业常用用电设备组的需要系数及功率因数

用电设备组名称	需要系数 K_x	功率因数 $\cos\varphi$	$\tan\varphi$
通风机:生产用 卫生设施用	0.75~0.85 0.65~0.70	0.80~0.85 0.80	0.62~0.75 0.75
水泵、空气压缩机、电动 / 发电机	0.75~0.85	0.80	0.75
透平压缩机和透平鼓风机	0.65~0.70	0.65	1.17
破碎机、筛、泥泵、砾石洗涤机	0.70	0.70	1.02
起重机:修理、金工、装配车间用 铸铁、平炉车间用 脱锭、轧制车间用	0.05~0.15 0.15~0.30 0.25~0.35	0.50 0.50 0.50	1.73 1.73 1.73
破碎机、筛选机、碾砂机	0.75~0.80	0.80	0.75
磨碎机	0.75	0.80~0.85	0.62~0.75
搅拌机	0.65	0.75	0.88
连续运输机:冷加工车间用 热加工车间用	0.60 0.14~0.20	0.75 0.75	0.88 0.88
各类金属加工机床:冷加工车间用 热加工车间用	0.20~0.25 0.30~0.35	0.60 0.55~0.60	1.33 1.33~1.52
锻压床、锻锤床、剪切床及其他锻工机械	0.25	0.60	1.33
电焊机	0.35	0.50~0.60	1.33~1.73
感应电炉(不带功率因数补偿装置):低频炉 高频炉	0.80 0.70	0.35 0.10	2.68 9.95
电热设备	0.50	0.65	1.17
空气锤	0.80~0.90	0.50	1.73
电弧炼钢炉变压器	0.40~0.50	0.85~0.88	0.54~0.62
各种类型的电焊变压器	0.30~0.35	0.35~0.40	2.29~2.68
整流变压器:不可控整流用 可控整流用	0.35~0.55 0.65	0.50~0.60 0.30~0.60	1.33~1.73 1.33~3.18
电葫芦	0.50	0.65	1.17
砂轮机	0.15~0.30	0.70	1.02

2. 计算负荷的概念

全年中负荷最大工作班内(该工作班并非偶然出现,而在负荷最大的月份内至少出现2~3次)消耗电能最多的半小时内的平均功率称为半小时最大负荷,记为 P_{30}。一幢建筑物或一条供电线路负荷的大小不能简单地将所有用电设备的容量加起来,这是因为实际上并不是所有用电设备都同时运行,并且运行中用电设备不是每台都达到了额定容量。为了比较真实地求得总负荷,通常以计算负荷来衡量,也就是说,计算负荷是比较接近实际负荷的,可作为供电设计计算的基本依据。

所谓计算负荷，就是按发热条件选择供电系统中的电力变压器、开关设备及导线、电缆截面时，需要计算的负荷功率或负荷电流。在计算负荷下连续运行，其发热温度不会超过允许值。可以这样理解计算负荷的物理意义：设有一根电阻为 R 的导体，在某一时间内通过一变动负荷，其最高温升达到 τ，如果这根导体在相同时间内通以另一不变负荷，其最高温升也达到 τ，那么这个不变负荷就称为变动负荷的计算负荷，即计算负荷与实际变动负荷的最高温升是相等的。

为什么规定取半小时的最大平均负荷呢？因为一般中小截面的导线的发热时间常数（T）在 10 min 以上。实验证明，其达到稳定温升的时间约为 $3T=3\times10=30$ min，故只有持续时间在 30 min 以上的负荷，才有可能形成导体的最高温升。

3. 设备功率的概念

额定功率（P_N）是电气设备铭牌上注明的功率，它是制造厂家根据电压等级要求选用的适当绝缘材料在额定条件下允许输出的机械功率，即电气设备在此功率下，温升均不会超过允许的温升。

设备功率是指换算到统一工作制下的额定功率，用 P_e 表示，即当电气设备上注明的暂载率不等于标准暂载率时，要对额定功率进行换算，统一到标准暂载率下。

4. 用需要系数法进行负荷计算

需要系数法一般适用于用电设备组中设备功率差别不大的情况，其特点是计算简单方便。进行供电负荷计算时一般按供电系统图进行逐级计算，图 1-3-1 中给出了一个典型的简化电力负荷计算图。

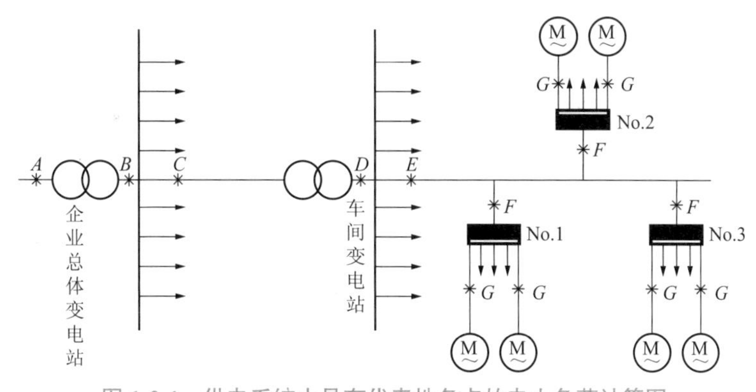

图 1-3-1　供电系统中具有代表性各点的电力负荷计算图

进行负荷计算时一般按图中的 G、F、E、D、C、B、A 的顺序逐级确定各点的计算负荷。计算负荷包括有功计算负荷、无功计算负荷和视在计算负荷。

1）单台设备供电支线（图 1-3-1 中的 G 点）的计算负荷

所谓负荷计算，即确定用电设备的设备功率（或称为计算负荷）。不同工作制用电设备的设备功率应按下列方法确定。

Ⅰ. 长期工作制电动机的设备功率

长期工作制电动机的设备功率等于其铭牌上的额定功率（kW），即

$$P_e = P_N$$

Ⅱ. 反复短时工作制电动机的设备功率

设备容量 P_e 是将所有设备在不同暂载率下的铭牌额定容量换算到一个规定的暂载率下的容量之和，换算式为

$$P_e = \frac{\sqrt{\varepsilon_N}}{\sqrt{\varepsilon}} P_N \tag{1-3-2}$$

式中 P_e——设备容量，kW；

ε_N——对应于铭牌额定功率 P_N 的额定暂载率；

ε——对应于设备容量 P_e 的标准暂载率，当采用需要系数法计算时，应统一换算到暂载率为 25% 下的有功功率；

P_N——电动机的铭牌额定功率，kW。

Ⅲ. 电焊机及电焊设备的设备功率

电焊机及电焊设备的设备功率指统一换算到暂载率 ε =100% 时的额定功率，即

$$P_e = \frac{\sqrt{\varepsilon_N}}{\sqrt{\varepsilon_{100}}} P_N = \sqrt{\varepsilon_N} S_N \cos\varphi \tag{1-3-3}$$

式中 P_e——设备容量，kW；

ε_N——额定暂载率，以百分数代入公式；

ε_{100}——暂载率为 100%；

P_N——电动机的铭牌有功额定功率，kW；

S_N——电动机的铭牌额定视在功率，kV·A；

$\cos\varphi$——电焊设备的铭牌额定功率因数。

Ⅳ. 照明设备的设备功率

白炽灯、卤钨灯的设备功率等于灯泡上标注的额定功率；气体放电灯的设备功率为灯管额定功率加镇流器的功率损耗（荧光灯采用普通型电感镇流器时加 25%，采用节能型电感镇流器时加 15% ~ 18%，采用电子镇流器时加 10%，金属卤化物灯、荧光高压汞灯用普通电感镇流器时加 14% ~ 16%，用节能型电感镇流器时加 9% ~ 10%）。

Ⅴ. 不对称单相负荷的设备功率

多台设备应均匀分配在三相线路上。在计算范围内，若单相设备的总功率小于三相用电设备总功率的 15%，可按三相平衡分配负荷考虑；若单相用电设备不对称功率不大于三相用电设备总功率的 15%，则设备功率应按 3 倍最大相负荷计算。

Ⅵ. 短时工作制设备的设备功率

短时工作制设备的设备功率为零。

Ⅶ. 无功计算负荷的确定

无功计算负荷按下式计算：

$$Q_j = P_j \tan\varphi \tag{1-3-4}$$

式中　Q_j——无功计算负荷，kvar；

$\tan\varphi$——铭牌给出的对应于 $\cos\varphi$ 的正切值；

P_j——有功计算负荷，kW。

2）确定用电设备组（图 1-3-1 中的 F 点）的有功计算负荷（P_{jF}）、无功计算负荷（Q_{jF}）和视在计算负荷（S_{jF}）

Ⅰ. 用电设备组的有功计算负荷（P_{jF}）

计算用电设备组单台设备功率（P_e）后，可以根据所提供的需要系数 K_x，得到用电设备组的有功计算负荷（P_{jF}），即

$$P_{jF} = K_x \sum P_e \tag{1-3-5}$$

式中　P_{jF}——用电设备组的有功计算负荷，kW；

K_x——用电设备组的需要系数（表 1-3-2、表 1-3-3）；

P_e——单台电气设备的设备功率，kW。

Ⅱ. 用电设备组的无功计算负荷（Q_{jF}）

$$Q_{jF} = P_{jF} \tan\varphi \tag{1-3-6}$$

式中　Q_{jF}——用电设备组的无功计算负荷，kvar；

$\tan\varphi$——表 1-3-2、表 1-3-3 给出的对应于需要系数 K_x 的正切值；

P_{jF}——用电设备组的有功计算负荷，kW。

Ⅲ. 用电设备组的视在计算负荷（S_{jF}）

$$S_{jF} = \sqrt{P_{jF}^2 + Q_{jF}^2} \tag{1-3-7}$$

式中　S_{jF}——用电设备组的视在计算负荷，kV·A。

Ⅳ. 用电设备组的计算电流（I_{jF}）

$$I_{jF} = \frac{S_{jF}}{\sqrt{3}U_N} \tag{1-3-8}$$

式中　I_{jF}——用电设备组的计算电流，A；

U_N——用电设备组的额定电压，kV。

Ⅴ. 用电设备组的功率因数

$$\cos\varphi = \frac{P_{jF}}{S_{jF}} \tag{1-3-9}$$

3）低压干线（图 1-3-1 中的 E 点）的计算负荷

将各用电设备组计算负荷按有功功率和无功功率分别相加即可得到低压干线的计算

负荷。

$$P_{jE}=P_{jF1}+P_{jF2}+\cdots+P_{jFn}=\sum_{i=1}^{n}P_{jFi} \tag{1-3-10}$$

$$Q_{jE}=Q_{jF1}+Q_{jF2}+\cdots+Q_{jFn}=\sum_{i=1}^{n}Q_{jFi} \tag{1-3-11}$$

$$S_{jE}=\sqrt{P_{jE}^{2}+Q_{jE}^{2}} \tag{1-3-12}$$

式中　P_{jE}——各低压干线的有功计算负荷，kW；

Q_{jE}——各低压干线的无功计算负荷，kvar；

S_{jE}——各低压干线的视在计算负荷，kV·A。

4)低压母线(图 1-3-1 中的 D 点)的计算负荷

考虑到各干线最大负荷不可能同时出现，在确定低压母线的计算负荷时应引入一个同时工作系数。将各低压干线的有功、无功计算负荷相加，按照下式确定母线的计算负荷。

$$P_{jD}=k_{\Sigma}\sum_{i=1}^{n}P_{jEi} \tag{1-3-13}$$

$$Q_{jD}=k_{\Sigma}\sum_{i=1}^{n}Q_{jEi} \tag{1-3-14}$$

$$S_{jD}=\sqrt{P_{jD}^{2}+Q_{jD}^{2}} \tag{1-3-15}$$

式中　P_{jD}——低压母线的有功计算负荷，kW；

Q_{jD}——低压母线的无功计算负荷，kvar；

S_{jD}——低压母线的视在计算负荷，kV·A；

P_{jE}——各低压干线的有功计算负荷，kW；

Q_{jE}——各低压干线的无功计算负荷，kvar；

k_{Σ}——同时工作系数，见表 1-3-4。

表 1-3-4　最大负荷时的同时工作系数 k_{Σ}

应用范围	k_{Σ}
确定车间变电所低压母线的最大负荷时所采用的有功负荷同时工作系数：	
(1)冷加工车间；	0.70~0.80
(2)热加工车间；	0.70~0.90
(3)动力站(包括冶金工业各种车间的电磁站)	0.80~1.00
确定企业总体配电所母线或总降压变电所低压母线的最大负荷时所采用的有功负荷同时工作系数：	
(1)计算负荷小于 5 000 kW；	0.90~1.00
(2)计算负荷为 5 000~10 000 kW；	0.85
(3)计算负荷超过 10 000 kW	0.80

5）企业 10 kV 输电线路、母线及高压进线（图 1-3-1 中的 C、B、A 点）的计算负荷

这几点的计算负荷只需在 D 点负荷的基础上考虑相应配电变压器或降压变压器、线路的功率损耗以及同时工作系数后确定。

Ⅰ. C 点和 A 点的计算负荷

$$P_{jC}=P_{jD}+\Delta P_b+\Delta P_1$$

$$Q_{jC}=Q_{jD}+\Delta Q_b+\Delta Q_1$$

$$S_{jC}=\sqrt{P_{jC}^2+Q_{jC}^2}$$

$$P_{jA}=P_{jB}+\Delta P_b$$

$$Q_{jA}=Q_{jB}+\Delta Q_b$$

$$S_{jA}=\sqrt{P_{jA}^2+Q_{jA}^2}$$

式中　ΔP_1——配电线路的有功损耗，kW；

ΔQ_1——配电线路的无功损耗，kvar；

ΔP_b、ΔQ_b——变压器的有功损耗和无功损耗，一般按估算值确定。

$$\Delta P_b=0.012S_j \tag{1-3-16}$$

$$\Delta Q_b=0.006S_j \tag{1-3-17}$$

其中，S_j 代表上一计算点的视在计算负荷，如计算 C 点的 ΔP_b、ΔQ_b，应代入 D 点的 S_{jD}；如计算 A 点的 ΔP_b、ΔQ_b，应代入 B 点的 S_{jB}。

Ⅱ. B 点的计算负荷

$$P_{jB}=k_P\sum_{i=1}^{m}P_{jCi}$$

$$Q_{jB}=k_Q\sum_{i=1}^{m}Q_{jCi}$$

$$S_{jB}=\sqrt{P_{jB}^2+Q_{jB}^2}$$

式中　k_P——有功功率的同时系数；

k_Q——无功功率的同时系数。

1.3.3.3　单相负荷的计算

单相负荷应尽可能均匀地分配在三相线路上，计算范围内单相用电设备功率之和小于总设备功率的 15% 时，可按三相平衡负荷计算。

1. 单相负荷接在相电压

$$P_j=3P_{Pmax} \tag{1-3-18}$$

式中　P_j——三相等效计算负荷，kW；

P_{Pmax}——三组相负荷中最大的相负荷，kW。

2. 单相负荷接在线电压

$$P_j = \sqrt{3}P_{Lmax} \tag{1-3-19}$$

式中 P_j——三相等效计算负荷，kW；

P_{Lmax}——三组线负荷中最大的线负荷，kW。

3. 计算电流

1）380/220 V 三相平衡负荷的计算电流

$$I_{js} = \frac{P_{js}}{\sqrt{3}U_e \cos\ \varphi} \approx \frac{P_{js}}{0.658\cos\ \varphi} \approx \frac{1.52P_{js}}{\cos\ \varphi} \tag{1-3-20}$$

式中 I_{js}——380/220 V 三相平衡负荷的计算电流，A；

P_{js}——计算负荷，kW；

U_e——三相设备的额定电压，$U_e = 0.38$ kV。

2）220 V 单相负荷的计算电流

$$I_{jsd} = \frac{P_{js}}{U_{ed}\cos\ \varphi} \approx \frac{P_{js}}{0.22\cos\ \varphi} \approx \frac{4.55P_{js}}{\cos\ \varphi} \tag{1-3-21}$$

式中 I_{jsd}——220 V 单相负荷的计算电流，A；

U_{ed}——单相设备的额定电压，$U_{ed} = 0.22$ kV。

3）电力变压器低压侧的额定电流

$$I_{jsb} = \frac{S_{et}}{\sqrt{3}U_{et}} \approx \frac{S_{et}}{0.693} \approx 1.443S_{et} \tag{1-3-22}$$

式中 I_{jsb}——电力变压器低压侧的额定电流，A；

S_{et}——变压器的额定容量，kV·A；

U_{et}——变压器低压侧的额定电压，U_{et}=0.4 kV。

1.3.3.4 尖峰电流

（1）单台电动机的尖峰电流是电动机的启动电流，笼型异步电动机的启动电流一般为其额定电流的 5~7 倍。

（2）多台电动机供电回路的尖峰电流是最大一台电动机的启动电流与其余电动机的计算电流之和。

（3）自启动电动机组的尖峰电流是所有参与自启动电动机的启动电流之和。

【课后练习】

（1）计算负荷的正确性取决于哪些因素？

（2）电气设备按工作制划分为哪三种？

（3）什么是需要系数法？

（4）什么叫计算负荷？计算负荷的物理意义是什么？

（5）某大楼采用三相四线制 220/380 V 供电，楼内装有单相用电设备：电阻炉四台各 2

kW，干燥炉五台各 5 kW。试确定该大楼计算负荷。

【知识跟进】

查阅相关配电系统图，学习负荷计算。

任务 4　了解变配电所

【任务目标】

（1）掌握变配电所的分类。
（2）了解变配电所的位置选择原则。
（3）了解变压器的分类。
（4）掌握变压器的台数和容量选择。
（5）了解箱式变配电所的应用范围和使用条件。

【知识储备】

发电厂生产出的电能，须由变电所升压，经高压输电线送出，再由配电所降压后才能供给用户。所以，变配电所是联系发电厂与用户的中间环节，它起着变换与分配电能的作用。

1.4.1　变配电所的分类

根据变配电所内电力变压器的安装场所和结构可以将变配电所分为户内式、户外式和组合式等，一般情况下变配电所大多采用户内式，下面对这三种类型分别进行介绍。

1.4.1.1　户内式变配电所

户内式变配电所供电安全可靠，运行维护方便，但其散热条件差，相对于户外式变配电所，其造价较高。可以将户内式变电所分为总降压变电所、附设变电所、独立变电所和车间变电所四类。

1. 总降压变电所

总降压变电所一次侧进线电压通常为 35~110 kV，其作用是将一次侧电压降至 6~10 kV，输送到其他变电所或直接供给 6~10 kV 用电设备。也有些总降压变电所为了节省土建费用，建造成户外式。

2. 附设变电所

附设变电所是指为了节省费用、靠近负荷，变压器室与车间厂房共用一面或几面墙壁的变电所。根据附设变电所与车间厂房的相对位置，可以分为内附式变电所和外附式变电所。

在车间厂房内与之共用墙壁的变电所称为内附式变电所；在车间厂房外与之共用墙壁的变电所称为外附式变电所。外附式变电所有的也建成室外露天式。

3. 独立变电所

独立变电所是将变电所设在单独建筑物内，远离污染源，以保证运行的安全。其投资大，经济性较差，适用于有防火、防爆、防腐蚀等特殊要求的场所。

4. 车间变电所

车间变电所安装在车间厂房之内，占用了车间的面积，但是此种变电所接近负荷中心，减小了线路距离，降低了线路损耗。也有的车间变电所将变压器安装在户外，建造成半露天式变电所。

1.4.1.2 户外式变电所

户外式变电所的变压器露天放置，造价低、结构简单、散热好，但供电可靠性低，维护条件差，占地面积大。可以将户外式变电所分为露天式变电所、半露天式变电所和柱上变电所三类。

1. 露天式变电所

露天式变电所的电力变压器装设于室外，露天放置，且在周围装设固定围栏，但露天变电所的低压配电装置安装在室内。

2. 半露天式变电所

半露天式变电所的结构与露天式变电所的结构近似，只是为安装于室外的变压器加装防雨防晒棚板，也可以将变压器安装在台墩上，不用安装固定围栏，也称为台墩式变电所。

3. 柱上变电所

在小容量的变电所中，将电力变压器安装在电杆的金属构架上，称为柱上变电所。此种变电所不需要为变压器安装固定围栏，结构简单，投资很少。目前，除郊区小厂和农村还有采用外，市区出于市容美观的考虑，已不再采用。

1.4.1.3 组合式变电所

组合式变电所是将变电所的全部设备组合在一起，放在一个金属箱体内，具有结构紧凑、占地面积小、安装操作维护简便、造价低和安全可靠等优点，多用于户外及城网改造工程中，也称为箱式变电所或预装式变电所。

1.4.2 变配电所的位置选择

变配电所的位置确定应根据下列原则综合考虑，使其既经济适用，又有充分发展的余地。

（1）变配电所的位置应接近电源侧，方便高压进线和低压出线，以防止电能的来回传输。

（2）应方便设备的运输、装卸及搬运。

(3)应靠近负荷中心或大容量设备处,如冷冻机房、水泵房等。

(4)变电所不应设在有剧烈振动或高温的场所;不应设在厕所、浴室、厨房或其他经常积水场所的正下方,亦不宜与上述场所贴邻;不应设在地势低洼和积水的场所。

(5)不应设在有爆炸危险环境的正上方或正下方,不宜设在有火灾危险环境的正上方或正下方;当与有爆炸或火灾危险环境的建筑物毗邻时,应符合现行国家标准《爆炸危险环境电力装置设计规范》(GB 50058—2014)的规定。

(6)不宜设在多尘或有腐蚀性气体的场所,当无法远离时,不应设在污染源盛行风向的下风侧。

(7)不宜与有防电磁干扰要求的设备及机房贴邻或位于其正上方或正下方。

(8)应避开建筑物的伸缩缝、沉降缝等位置。

(9)设置在高层建筑地下室的变电所,地面宜抬高以防水浸入,宜选择通风、散热较好的场所,一般不宜设在地下室最底层。

(10)一类高、低层主体建筑内,严禁设置使用装有可燃性油的电气设备的配变电所。

1.4.3 变配电所的构成与布置

户内式变配电所通常由变压器室,高、低压配电室,电容器室和值班室等组成。

1.4.3.1 电力变压器

变压器发明于 1885 年,主要是干式变压器,限于当时绝缘材料的水平,干式变压器难以实现高电压、大容量,因此从 19 世纪末期起,逐步被油浸式电力变压器替代。近几十年来,由于油浸式变压器的污染以及在防火、防爆等方面存在的问题,已经不能满足经济发展的要求,因此干式变压器又重新被重视和应用。

1. 电力变压器的容量标准及型号标准

电力变压器产品系列品种很多,因材料和结构形式的不同而不同。从变压器的容量系列上来看,也有各种不同的标准,我国在民用建筑中常用 R10 容量系列变压器。

R10 容量系列(容量按倍数增加)是国际电工委员会确认的国际通用标准容量系列,也为电力变压器国家标准所认定,R10 系列容量间隔较小,便于选用。

电力变压器的结构有双绕组电力变压器和三绕组电力变压器。当变压器的输出需要有两种电压等级时,可以考虑使用三绕组电力变压器。但在大多数情况下,低压侧只有一种电压输出,所以常用的是双绕组电力变压器。在本书中只介绍双绕组电力变压器。

电力变压器的型号标注包括相数、绝缘方式、导体材料、额定容量、额定电压等内容。常用的字符含义见表 1-4-1。

表 1-4-1 常用的字符含义

字符	含义	字符	含义
S	三相	D	单相
J	油浸自冷（只用于单相变压器）	C	环氧树脂浇注
G	空气式	Z	有载调压
L	铝线（铜线无此标志）		

第一个字母 S 表示该变压器为三相变压器，而 D 表示为单相变压器；第三个数字表示设计序号。型号后面的数字：分子为额定容量（kV·A）；分母为高压绕组电压等级（kV）。

举例如下。

SJ9-500/10 表示：三相油浸自冷式铜芯电力变压器，额定容量为 500 kV·A，高压绕组电压为 10 kV，设计序号 9。

SC9-1000/10 表示：三相环氧树脂浇注干式电力变压器，额定容量为 1 000 kV · A，高压绕组电压为 10 kV，设计序号 9。

2. 油浸式电力变压器

三相油浸式电力变压器的结构如图 1-4-1 所示。所有油浸式电力变压器均设有储油柜，放置在油箱内的变压器的铁芯和绕组均完全浸泡在绝缘油内。变压器工作时产生的热量通过油箱及箱体上的油管向空气中散发，以降低铁芯和绕组的温度，将变压器的温度控制在允许范围内。

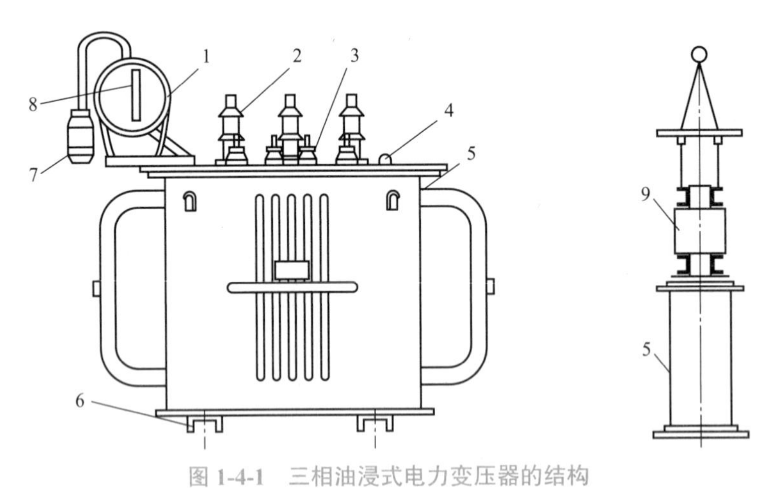

图 1-4-1 三相油浸式电力变压器的结构

1—储油柜；2—高压侧接线端子；3—低压侧接线端子；4—测温计座；
5—油箱；6—底座；7—吸湿器；8—油位计；9—变压器铁芯和绕组

节约能源是我国一项重要的经济政策，低损耗电力变压器是国家确定的重点节能产品，这种产品在设计上考虑了在确保运行安全可靠的前提下节约能源，并采用了先进的结构和生产工艺，因而提高了产品的性能，降低了损耗。表 1-4-2 给出了 S9 系列三相油浸自冷式

铜芯低损耗电力变压器的部分技术数据。

表 1-4-2　S9 系列三相油浸自冷式铜芯低损耗电力变压器部分技术数据

<table>
<tr><th rowspan="2">型号</th><th rowspan="2">额定容量 /（kV·A）</th><th colspan="2">额定电压 /kV</th><th colspan="2">损耗 /W</th><th rowspan="2">阻抗电压 /%</th><th rowspan="2">空载电流 /%</th><th rowspan="2">联结组别</th></tr>
<tr><th>高压</th><th>低压</th><th>空载</th><th>负载</th></tr>
<tr><td>S9-315/10</td><td>315</td><td rowspan="8">6;
6.3;
10</td><td rowspan="8">0.4</td><td>670</td><td>3 650</td><td rowspan="3">4</td><td>1.1</td><td rowspan="8">D,yn0</td></tr>
<tr><td>S9-400/10</td><td>400</td><td>800</td><td>4 300</td><td>1.0</td></tr>
<tr><td>S9-500/10</td><td>500</td><td>960</td><td>5 150</td><td>1.0</td></tr>
<tr><td>S9-630/10</td><td>630</td><td>1 200</td><td>6 200</td><td rowspan="5">4.5</td><td>0.9</td></tr>
<tr><td>S9-800/10</td><td>800</td><td>1 400</td><td>7 500</td><td>0.8</td></tr>
<tr><td>S9-1000/10</td><td>1 000</td><td>1 700</td><td>10 300</td><td>0.7</td></tr>
<tr><td>S9-1250/10</td><td>1 250</td><td>1 950</td><td>12 000</td><td>0.6</td></tr>
<tr><td>S9-1600/10</td><td>1 600</td><td>2 400</td><td>14 500</td><td>0.6</td></tr>
</table>

由于油浸式电力变压器内充有大量的可燃性绝缘油，会造成相应的污染，也存在着较大的火灾隐患，因此在民用建筑中的应用受到了限制。

3. 干式变压器

目前，我国使用的干式变压器主要是环氧树脂浇注式，占全国生产的干式变压器的 95% 以上。这种干式变压器具有绝缘强度高、抗短路强度大、防灾性能突出、环保性能优越、免维护、运行损耗低、运行效率高、噪声低、体积小、质量轻、不需单独的变压器室、安装方便和无须调试等特点，适合组成成套变电所深入负荷中心，使用于高层建筑、地铁、隧道等场所及其他防火要求较高的场合。

从结构上讲，干式变压器很简单。它由铁芯、低压绕组、高压绕组、低压端子、高压端子、弹性垫块、夹件和小车以及填料型树脂绝缘等部分组成。

表 1-4-3 给出了 SC9 系列三相环氧树脂浇注干式电力变压器的部分技术数据。

表 1-4-3　SC9 系列三相环氧树脂浇注干式电力变压器部分技术数据

<table>
<tr><th rowspan="2">型号</th><th rowspan="2">额定容量 /（kV·A）</th><th colspan="2">额定电压 /kV</th><th colspan="2">损耗 /W</th><th rowspan="2">阻抗电压 /%</th><th rowspan="2">空载电流 /%</th><th rowspan="2">联结组别</th></tr>
<tr><th>高压</th><th>低压</th><th>空载</th><th>负载</th></tr>
<tr><td>SC9-315/10</td><td>315</td><td rowspan="7">10</td><td rowspan="7">0.4</td><td>820</td><td>3 550</td><td>0.651</td><td rowspan="7">6</td><td rowspan="7">D,yn11
或
Y,yn0</td></tr>
<tr><td>SC9-630/10</td><td>630</td><td>1 110</td><td>6 410</td><td>0.241</td></tr>
<tr><td>SC9-800/10</td><td>800</td><td>1 350</td><td>7 560</td><td>0.331</td></tr>
<tr><td>SC9-1000/10</td><td>1 000</td><td>1 550</td><td>8 700</td><td>0.300</td></tr>
<tr><td>SC9-1250/10</td><td>1 250</td><td>2 000</td><td>10 420</td><td>0.302</td></tr>
<tr><td>SC9-1600/10</td><td>1 600</td><td>2 300</td><td>12 600</td><td>0.193</td></tr>
<tr><td>SC9-2000/10</td><td>2 000</td><td>2 700</td><td>15 200</td><td>0.180</td></tr>
</table>

4. 各类电力变压器性能对比

表 1-4-4 给出了各类电力变压器性能对比。

表 1-4-4　各类电力变压器性能对比

性能	种类				
	油浸	H 级浸渍干式	SCL 浇注干式		SF6
绝缘等级	A	H	B	F	E
额定电压 /kV	<500	35	35	35	154
使用环境	户内外	户内	户内（外） （加外壳）	户内（外） （加外壳）	户内外
可燃性	可	难	难	难	难
爆炸性	可	无	无	无	无
耐潮湿性	吸潮	吸潮	不吸潮	不吸潮	不吸潮
短路后绕组平均温度最大允许值 /℃	180	350	200	350	180
功率损耗	中	大	较小	小	中
短路机械强度	强	强	特强	特强	强
绝缘特征	稳定	不稳定	稳定	稳定	稳定
耐振性	稍强	强	特强	特强	稍强
噪声	中	大	小	小	中
运行费用	中	高	低	低	中
检修	复杂	较复杂	简单	简单	复杂
保养	难	较难	容易	容易	难

5. 电力变压器的选择

民用建筑变配电所电力变压器的选择应包括如下几方面内容。

1）变压器类型的选择

《民用建筑电气设计规范》（JGJ 16—2008）中规定：设置在民用建筑中的变压器，应选择干式、气体绝缘或可燃性液体绝缘的变压器。

2）变压器联结组别的选择

10 kV/0.40 kV/0.23 kV 系统的电力变压器的联结组别一般有 Y，yn12 和 D，yn11 两种。具有下列情况之一者，宜选用 D，yn11 型变压器。

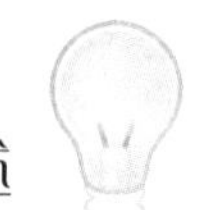

Ⅰ. 三相不平衡负荷超过变压器每相额定功率的 15% 以上者

Y, yn12 联结变压器，当处于不平衡运行时，产生的零序磁通会造成变压器过热，但对于 D, yn11 联结变压器，由于零序电流能在一次绕组中环流，因而可以削弱零序磁通的作用，所以 D,yn11 联结变压器允许用在三相不平衡负荷较大的变配电系统中。

Ⅱ. 需要提高单相短路电流值，确保低压单相接地保护装置动作灵敏度者

在利用变压器低压侧三相过电流保护兼作单相保护时，要求低压侧发生单相接地故障时有较大的单相短路电流，才能达到规定的灵敏度要求。变压器靠近低压出口端的单相短路电流值的大小主要取决于变压器的计算阻抗，即正序阻抗、负序阻抗、零序阻抗。Y，yn12 联结变压器的零序阻抗一般达到正序阻抗的 8~9 倍，而相同容量的 D，yn11 联结变压器出口端的单相短路电流的大小主要取决于变压器的正序和负序阻抗。经过分析比较得出：D，yn11 联结变压器单相短路电流可达 Y，yn12 联结变压器单相短路电流的 3 倍以上。所以，在相同条件下采用 D，yn11 联结变压器可较大地提高单相短路电流值，从而提高保护装置的灵敏度。

Ⅲ. 需要限制三次谐波含量者

在限制谐波方面，由于晶闸管等设备的应用在配电系统中产生大量谐波，使电源的波形发生畸变，以至于造成设备事故，使配电系统不能正常运行。这些谐波主要为三次谐波，由于 D，yn11 联结变压器一次侧的三角形连接为 $3n$ 次谐波提供了通路，可使绕组中 $3n$ 次谐波电动势比 Y，yn12 联结变压器小得多，有效地削弱了谐波对配电的污染，增强了系统的抗干扰能力。

3)变压器台数的选择

变压器台数的选择主要是根据用电负荷对供电可靠性的要求，也就是由用电负荷的级别来决定的。有大量的一级负荷或者虽为二级负荷但从安保角度(如消防等)按需设置时都应选择两台变压器。当季节性负荷比较大时，也可以选择两台变压器。

4)变压器容量的选择

Ⅰ. 只装有一台变压器的变电所

主变压器的容量 S_N 应满足全部用电设备总计算负荷 S_C 的需要，即

$$S_N \geqslant S_C \tag{1-4-1}$$

Ⅱ. 装有两台变压器的变电所

每台变压器的容量 S_N，应该同时满足以下两个条件。

(1)任一台变压器单独运行时，宜满足总计算负荷 70% 的需要，即

$$S_N \geqslant 0.7S_C \tag{1-4-2}$$

(2)任一台变压器单独运行时，应满足全部一、二级计算负荷 $S_{C(\mathrm{I,II})}$ 的需要，即

$$S_N \geqslant S_{C(\mathrm{I,II})} \tag{1-4-3}$$

(3)低压为 0.4 kV 的变电所中，单台变压器的容量不宜大于 1 250 kV · A；当用电设备

量较大、负荷集中且运行合理时,可采用较大容量主变压器。

【例 1-4-1】 已知一民用建筑总计算负荷 S_C=890 kV·A,其中一、二级计算负荷 $S_{C(\mathrm{I},\mathrm{II})}$=600 kV·A,若在主体建筑内设置变电所,试选择变压器。

解 (1)变压器台数选择:

因有大量的一、二级计算负荷,为满足供电可靠性要求,应选择两台变压器。

(2)变压器容量选择:

①单台变压器的容量 $S_N \geq 0.7S_C$=0.7×890 kV·A=623 kV·A

②单台变压器的容量 $S_N \geq S_{C(\mathrm{I},\mathrm{II})}$=600 kV·A

所以,可选择单台变压器的容量为 623 kV·A,满足上述两个条件。

(3)考虑到在主体建筑内设置变电所,应选择干式变压器,查表 1-4-3 选择两台 SC9-630/10/0.4 变压器。

5)变压器室的布置

变压器室的结构取决于变压器的类型、容量、安装方式、主接线方案、进出线方式等因素。具体应满足以下要求。

(1)为了保证变压器安全运行及防止失火时事故蔓延,每台油量为 100 kg 及以上的变压器应安装在单独的变压器室内,并有贮油或挡油设施。变压器室的建筑应属一级耐火等级,门窗材料都是不可燃的。

(2)为了变压器运行维护的安全方便,变压器外廓与变压器室墙壁和门的最小净距应满足设计规范的要求。变压器室的大小,考虑今后增容,一般可按能安装大一级容量变压器的大小来考虑。

(3)变压器室按通风要求分为地坪不抬高(从百叶大门门下进风)和抬高(从地坪下部及大门下部进风)两种,称为低式布置和高式布置。低式布置适用于变压器单台容量在 500 kV·A 及以下,进风温度不超过 +35 ℃的情况。为加强通风,高式布置还可在变压器室顶棚上部加设气楼出风。进出风窗应有防止雨、雪和小动物进入的措施。通风窗面积由夏季通风温度计算确定。

(4)变压器按推进变压器室的方式分为宽面和窄面推进两种。宽面推进的变压器,低压侧宜向外;窄面推进的变压器,油枕宜向外,以便于油表液位的观察。

(5)变压器室内可安装与变压器有关的负荷开关、隔离开关、熔断器和避雷器。在考虑变压器室的布置及高低压进出线位置时,应尽量使其操动机构安装于靠近门处。

6)三相干式电力变压器的安装

三相干式电力变压器具有阻燃、防潮、防尘等特点,还具有安全、可靠、节能、维护简单等优点,适用于高层建筑、机场、车站、码头、地铁,宜组成成套变电站,供住宅小区使用。变压器安装前的工作及安装要求如下。

Ⅰ. 设备开箱检查

（1）设备开箱检查应由安装单位、供货单位会同建设单位代表共同进行，并做好记录。

（2）按照设备清单、施工图纸及设备技术文件核对变压器本体及附件、备件的规格型号是否符合设计图纸要求，是否齐全，有无丢失及损坏。

（3）检查变压器本体外观是否无损伤及变形，油漆是否完好无损伤。

（4）检查绝缘瓷件及环氧树脂浇注件有无损伤、缺陷及裂纹。

Ⅱ. 变压器二次搬运

变压器二次搬运应由起重工作业，电工配合，最好采用吊车吊装，也可采用吊链吊装。当距离较长时，最好用汽车运输，且运输时必须用钢丝绳固定且行车平稳，尽量减少振动；当距离较短且道路良好时，可用卷扬机和滚杆运输。环氧树脂浇注干式变压器质量级见表 1-4-5。

表 1-4-5　环氧树脂浇注干式变压器质量级

容量 /（kV·A）	质量 /t
100~200	0.71~0.92
250~500	1.16~1.90
630~1 000	2.00~2.73
1 250~1 600	3.39~4.22

Ⅲ. 变压器安装

（1）变压器就位，可用汽车吊直接吊进变压器室内，或用道木搭设临时轨道，用三脚架、吊链吊至临时的轨道上，然后用吊链拉入室内合适位置。

（2）变压器就位时，应注意其方位的距墙尺寸应与图纸相符，允许误差为 ±25 mm，图纸无标注时，纵向按轨道定位，横向距墙不得小于 600~800 mm，距门不得小于 800~1 000 mm（具体取值与变压器容量有关）。

（3）变压器现场安装就位后，即卸去小车轮，其相关尺寸应注意对应的是去轮后的情况。

（4）工程配线若选用封闭母线（也称插接式母线或密集型母线）槽，由于配电屏的形式不同，布列的位置也不同，现场安装时要注意变压器低压出线端子和封闭母线接口之间的连接，如图 1-4-2 所示。

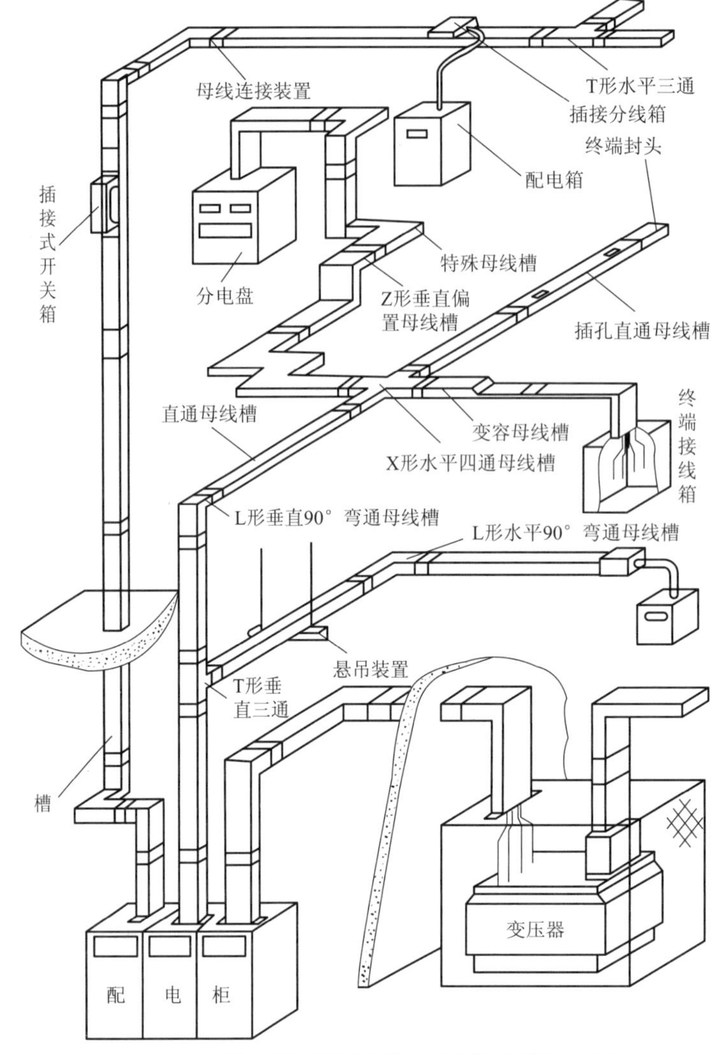

图 1-4-2 混合型绝缘母线槽系统部件安装示意图

1.4.3.2 高、低压配电室的布置

高、低压配电室内装有高、低压配电装置，考虑高、低压配电装置布置与结构时应注意满足以下要求。

（1）保证工作的可靠性。

配电装置的可靠性除与电气设备的选择和使用有关外，还与带电部分的布置有关，如除了应保证在一切情况下均能保持最小安全净距（带电部分至接地部分之间或不同相带电部分之间在空间所允许的最小距离）之外，还应考虑到各种可能的意外情况而留有一定的裕度。

（2）维护、检修要安全方便。

配电装置的布置应便于设备的操作、检查、搬运、检修和试验。因此，配电室内设有的各

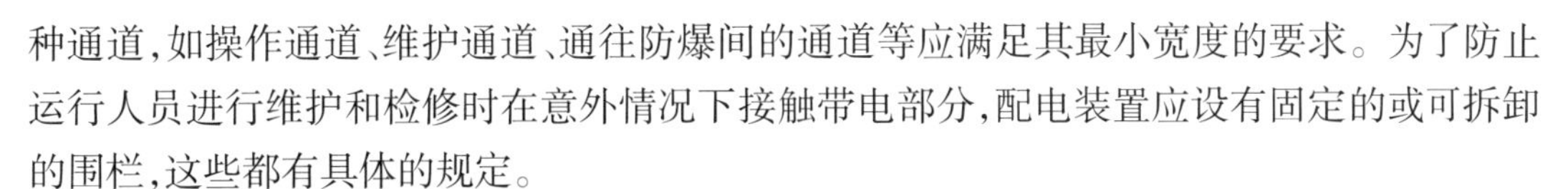

种通道，如操作通道、维护通道、通往防爆间的通道等应满足其最小宽度的要求。为了防止运行人员进行维护和检修时在意外情况下接触带电部分，配电装置应设有固定的或可拆卸的围栏，这些都有具体的规定。

（3）开关柜、配电屏的布置要合理。

高压开关柜有单列布置和双列布置，靠墙安装和离墙安装等方式。台数少时采用单列布置，台数多时（6 台以上）采用双列布置。一般架空出线采用离墙安装，电缆出线采用靠墙安装，如图 1-4-3 所示。

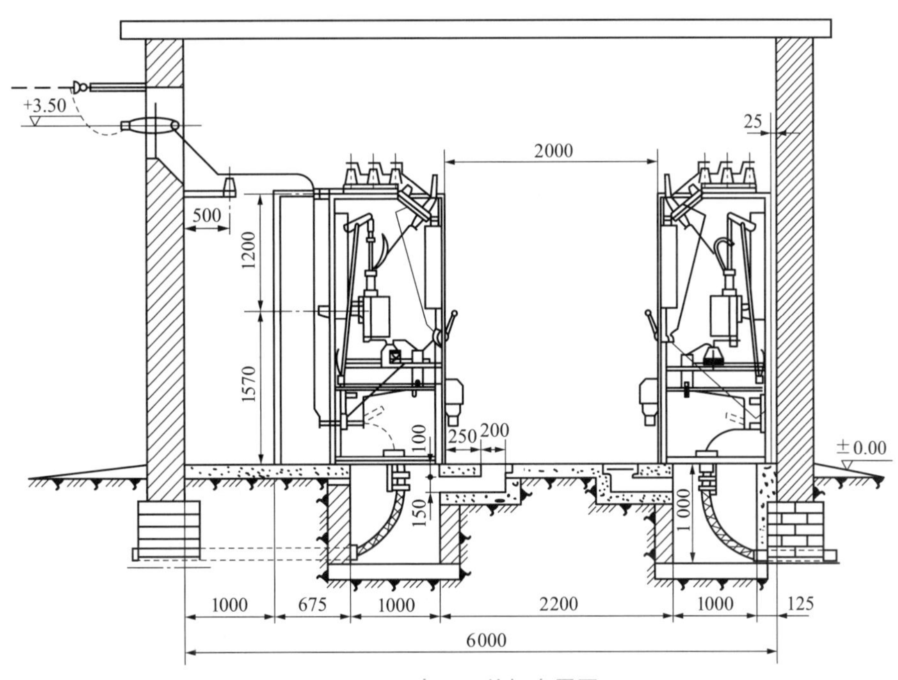

图 1-4-3　高压开关柜布置图

确定具体位置时，应注意避免各高压出线（特别是架空出线）互相交叉，需经常操作、维护、监视的开关柜最好布置在值班人员方便监护的地方。

低压配电屏也有单列、双列布置，靠墙、离墙安装等方式，同样应合理安排。如根据运行经验，一般靠墙安装维修不方便，在可能条件下应尽量离墙安装（受建筑面积限制或只有 1~2 台情况除外）。

①当高压开关柜数量为 6 台及以下时，可将高、低压配电装置布置在同一房间内。当均为单列布置时，两者之间的距离不应小于 1 m。

②高压配电室内配电装置的各项安全净距应不小于表 1-4-6 所列数据。

表 1-4-6　室内配电装置的最小安全距离　（mm）

项目	额定电压		
	3 kV	6 kV	10 kV
（1）不同相间或带电部分至接地部分（*A*）	75	100	125
（2）带电部分至围栏（B_1）或交叉的不同时停电检修和无遮栏带电部分之间	825	850	875
（3）带电部分至本身的防护网状遮栏（B_2）	175	200	225
（4）无遮栏裸导体至地（楼）面（*C*）	2 500	2 500	2 500
（5）不同时停电检修的无遮栏裸导体之间的水平净距（*D*）	1 875	1 900	1 925
（6）架空出线套管至室外通道的路面（*E*）	4 000	4 000	4 000

注：海拔高度超过 1 000 m 时，本表所列 *A* 值为海拔每升高 100 m，*B*、*C*、*D* 值应分别增加 *A* 值的修正差值，当为板状遮栏时，B_2 值可取（*A*+30）mm，*E* 值保持不变。

③高压配电室内配电装置各种通道的宽度不小于表 1-4-7 所列数据。

表 1-4-7　各种通道的最小宽度　（mm）

通道分类	柜后维护通道	柜前操作通道	
		固定柜	手车柜
单列布置	800	1 500	单车长 +1 200
双列面对面布置	800	2 000	双车长 +900
双列背对背布置	1 000	1 500	单车长 +1 200

注：（1）固定式开关柜为靠墙布置时，柜后与墙净距应大于 50 mm，侧面与墙净距应大于 200 mm；
（2）通道宽度在建筑物的墙面遇有柱类局部凸出时，凸出部位的通道宽度可减少 20 mm。

④成排布置的低压配电柜，其柜前后的通道宽度不应小于表 1-4-8 所列数据。

表 1-4-8　低压柜前后的通道最小宽度　（mm）

布置方式	柜前操作通道	柜后操作通道	柜后维护通道
固定柜单排布置	1 500（1300）	1 200	1 000（800）
固定柜双排面对面布置	2 000	1 200	1 000（800）
固定柜双排背对背布置	1 500（1300）	1 500	1 500
单面抽屉柜单排布置	1 800	—	1 000
单面抽屉柜双排面对面布置	2 300	—	1 000
单面抽屉柜双排背对背布置	1 800	—	1 500

注：（1）柜后操作通道指装有断路器需要柜后操作时所设的通道；
（2）括号内数字为当柜后有局部凸出时，通道最小宽度。

1.4.3.3　高、低压配电柜的安装

1. 高压配电柜基础型钢的安装

安放基础型钢是安装高压配电柜的基本工序。配电柜通常以 8~10 号槽钢为基础，高压配电柜或各种配电柜的基础安装都应该首先将基础型钢校直，除去铁锈，再将其放在安装位置。槽钢可以在土建工程浇筑配电柜基础混凝土时直接埋设，也可以用基础螺栓固定或焊接在土建预埋铁件上。

为了保证高压配电柜的安装质量，施工中经常采用两步安装，即土建先预埋铁件，电气施工时再安装槽钢。常用水平仪和平板尺调整槽钢水平，并使两条槽钢保持平行，且在同一水平面上。

槽钢调整完毕，将槽钢与预埋件焊接牢固，以免土建二次抹平时碰动槽钢，使之产生位移，确保配电柜的安装位置符合设计要求。埋设的基础型钢与变电所接地干线用扁钢或圆钢焊接，接地点应不少于 2 处。槽钢露出地面部分应涂防腐漆，槽钢下面的空隙应填充水泥砂浆并捣实。基础型钢的安装如图 1-4-4 所示。

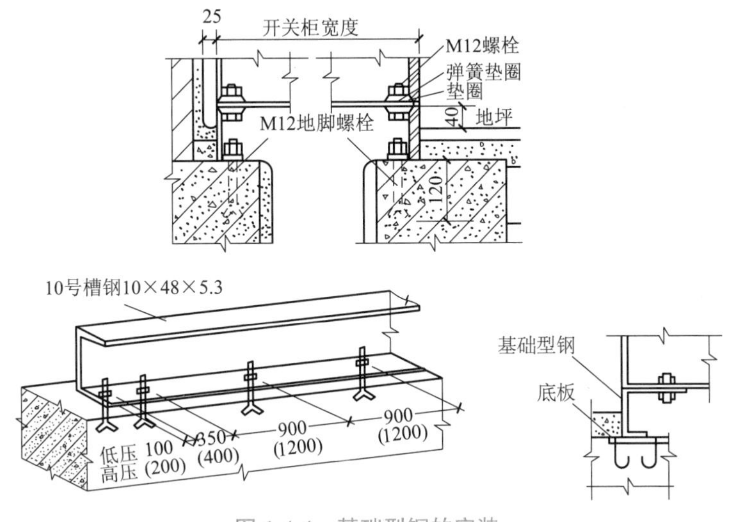

图 1-4-4　基础型钢的安装

电缆引入电缆沟时，不得使电缆拐急弯，应尽量从电缆沟顺着配电柜的方向。进入室内电缆沟的电缆接线端子必须做好绝缘包扎。

2. 高压配电柜的安装

1）有关安全的要求

配电装置的布置和导体、电器的选择，应满足在正常运行、检修、短路过电压情况下的要求，并应不危及人身安全和周围设备。配电装置的布置，应便于设备的操作、搬运、检修和试验，并应考虑电缆或架空线进出线方便。配电装置的绝缘等级，应和电力系统的额定电压相配合。配电装置间相邻带电部分的额定电压不同时，应按较高额定电压确定其安全距离。

当高压出线断路器采用真空断路器时,为避免变压器(或电动机)操作过电压,应装有浪涌吸收器。高压出线断路器的下侧应装设接地开关和电源监视灯(或电压监视器)。

选择导体和电器时考虑的相对湿度,一般采用当地湿度最高月份的平均相对湿度。对湿度较高的场所,应采用该处实际相对湿度。对海拔超过 1 000 m 的地区,配电装置应选择适用于该海拔的电器,其外部绝缘的冲击和工频试验电压应符合高压电气设备绝缘试验电压的有关规定。

选用的导体和电器,其允许的最高工作电压不得低于该回路的最高运行电压,其长期允许电流不得小于该回路的最大持续工作电流,并应按短路条件验算其动稳定和热稳定。用熔断器保护的导体和电器,可不验算热稳定,但应验算动稳定值。用高压限流熔断器保护的导体和电器,可根据限流熔断器的特性,校验导体和电器的动稳定和热稳定。用熔断器保护的电压互感器回路,可不验算动稳定和热稳定。

确定短路电流时,应按可能发生最大短路电流的正常接线方式,并考虑电力系统 5~10 年的发展规划以及本工程的规划进行计算。计算短路点时,应选择在正常接线方式时短路电流为最大的点。带电抗器的 6 kV 或 10 kV 出线,隔板(母线与母线隔离开关之间)前的引线和套管,应按短路点在电抗器前计算;隔板后的引线和电器,一般按短路点在电抗器后计算。

2)安装尺寸注意事项

当电源从柜(屏)后进线,且需在柜(屏)后正背后墙上另装设隔离开关及其手动操作机构时,柜(屏)后通道净宽度应不小于 1.5 m;当柜(屏)背面的防护等级为 IP2X 时,可减为 1.3 m。

电气设备的套管和绝缘子最低绝缘部位距地板面小于 2.30 m 时,应装设固定围栏。遮栏下通行部分的高度应不小于 1.9 m。配电装置距屋顶的距离一般不小于 0.8 m。

3. 配电装置的相序排列要求

各回路的相序排列应一致。硬导体的各相应涂色,色别应为 A(L1)相黄色、B(L2)相绿色、C(L3)相红色。绞线可只标明相别。配电装置间隔内的硬导体及接电线上,应留有安装携带式接地线的接触面和连接端子。高压配电装置均应装设闭锁装置及联锁装置,以防止带负荷拉(合)隔离开关、带接地合闸、带电挂接地线、误拉(合)断路器、误入室内带电间隔等电气误操作事故。

4. 高压配电装置的选择

高压成套开关设备应选用防误式。对二级及以下用电负荷,当用于环网和终端供电时,在满足高压 10 kV 电力系统技术条件下,宜优先选用环网负荷开关。住宅小区变电站宜优先选用户外成套变电设备。如果采用箱式变电站,当环境温度比平均温度(35 ℃)每升高 1 ℃时,箱式变电设备按连续工作电流降低 1% 选用,同时箱式变电设备的防护等级应不低于 IP44。

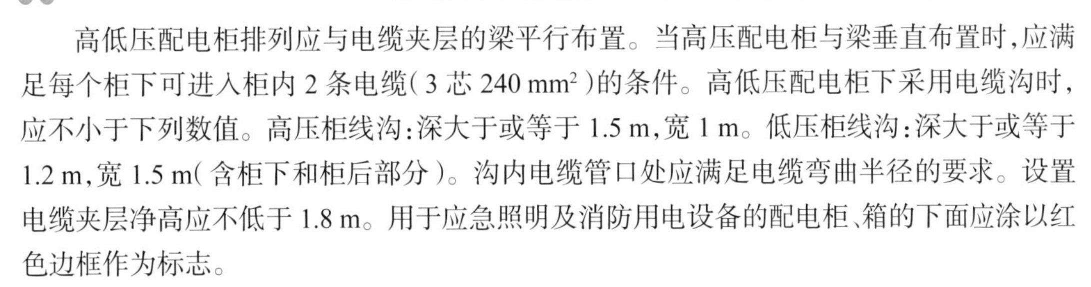

高低压配电柜排列应与电缆夹层的梁平行布置。当高压配电柜与梁垂直布置时，应满足每个柜下可进入柜内 2 条电缆（3 芯 240 mm^2）的条件。高低压配电柜下采用电缆沟时，应不小于下列数值。高压柜线沟：深大于或等于 1.5 m，宽 1 m。低压柜线沟：深大于或等于 1.2 m，宽 1.5 m（含柜下和柜后部分）。沟内电缆管口处应满足电缆弯曲半径的要求。设置电缆夹层净高应不低于 1.8 m。用于应急照明及消防用电设备的配电柜、箱的下面应涂以红色边框作为标志。

5. 低压配电柜的安装

低压配电柜，其柜前后的通道宽度除了不应小于表 1-4-8 所列数据外，还应满足以下要求。

1）设备满足条件及连接

选择低压配电装置时，除应满足所在网络的标称电压、频率及所在回路的计算电流外，还应满足短路条件下的动稳定和热稳定。对于要求断开短路电流的通、断保护电器，应能满足短路条件下的通断能力。

低压断路器和变压器低压侧与主母线之间应经过隔离开关或用插头组连接。同一配电室内的两段母线，如任一段母线均有一级负荷，则母线分段处应设有防火隔断措施。供给一级负荷的两路电源线路应不敷设在同一电缆沟内。当无法分开时，该两路电源线路应采用绝缘和护套都是非延燃性材料的电缆，并且应分别设置于电缆沟两侧的支架上。

2）配电装置的布置

应考虑设备的操作、搬运、检修和试验方便。室内配电装置裸露带电部分的上面应没有明敷的照明或动力线路跨越（顶部具有符合 IP4X 防护等级外壳的配电装置除外）。

3）裸带电体距地面高度

低压配电室通道上方裸带电体距地面高度应不低于下列数值。

（1）柜前通道内为 2.5 m，加护网后其高度可降低，但护网最低高度为 2.2 m。

（2）柜后通道内为 2.3 m，否则应加遮护，遮护后的高度应不低于 1.9 m。

1.4.3.4 电容器室的布置

工程上常采用成套的高低压静电电容器柜。为了保障运行人员的人身安全，高压电容器宜装设在单独房间内。

（1）当电容器柜台数为 4 台及以下时，可以布置在高压配电室内，但与高压配电装置的距离应不小于 1.5 m。

（2）低压电容器柜一般与低压开关柜并列安装，当电容器容量较大，考虑通风和安全运行时宜装设在单独房间内。

（3）电容器室应有良好的自然通风，通风量应满足夏季排风温度不超过电容器所允许的最高环境温度。当自然通风不能满足室内温度要求时，应增设机械通风装置，进出风窗应设铁丝网以防小动物进入室内。

（4）电容器室（指装有可燃介质电容器）与高低压配电室毗邻时，中间应有防火隔墙隔开。

（5）成套电容器柜单列布置时，柜的正面操作通道宽度不应小于 1.5 m，双列布置时不应小于 2.0 m。

（6）电容器室长度大于 7 m 时，应设两个门，并布置在两端。

1.4.3.5 值班室

（1）值班室的设置视工程规模大小和具体要求确定，值班室的设置应以出入方便，便于对配变电所各房间的管理为原则。

（2）值班室与控制室合用时，应以控制线路最短、避免交叉为原则，最好与高压配电室毗邻。

（3）控制屏正面操作通道（当设有值班桌时）宽度不小于 3 m，单列布置的控制屏两端至墙距离不小于 0.8 m，屏后维护通道宽度不小于 0.8 m。

（4）地上有人值班的独立变电所，值班室宜有好的朝向和足够的采光面积，并宜设置空调、厕所及上下水等必要的生活设施。

1.4.4 对有关专业的要求

1.4.4.1 对建筑专业的要求

（1）变配电所各房间的耐火等级按下列要求选择：

①油浸变压器室为一级；

②非燃或难燃介质的变压器室、高压配电室（少油断路器）、高压电容器室（油浸式电容器）、控制室、值班室等不应低于二级；

③低压配电室、干式变压器室、真空断路器或非燃介质断路器的高压配电室、低压干式电容室不应低于三级，屋顶承重构件应为二级。

（2）有充油设备的高压配电室、高压电容器室的门，应为向外开启的甲级防火门。

（3）油浸变压器室的门，应为向外开启的甲级防火门。

（4）低压配电室、无油高压配电室、干式变压器室及控制室、值班室的门，不宜低于乙级防火门的标准。

（5）配变电所各房间之间的通道门，宜向低压侧开启或为双向开启门。

（6）配变电所经常开启的门窗，不应直通相邻的酸、碱、蒸汽、粉尘和噪声严重的建筑。

（7）配变电所开向室外的门窗、通风窗等，应设有防雨、雪和小动物进入室内的设施。

（8）高压配电室宜设不能开启的采光窗，窗台距室外地坪不宜低于 1.8 m，低压配电室可以设能开启的窗，但临街的侧墙不能开窗。

（9）变压器及配电装置室门的宽及高，应按最大运输件外部尺寸加 0.3 m 选择。

（10）配电室长度大于 7 m 时，应设有两个出口，并宜设置在配电室的两端，两个出口的

距离超过 60 m 宜增加一个出口。

(11)当配变电所设在楼上或地下室时，应设有设备运输吊装孔，其吊装孔的尺寸应能满足最大设备运输的需要。

(12)设置在地下室的配变电所，为防止地面水的浸入，要求配变电所的地面适当抬高。

(13)配变电所的电缆夹层、电缆沟和电缆室，应考虑防水、排水措施。

1.4.4.2　对暖通专业的要求

(1)变压器室宜采用自然通风，夏季的排风温度不宜高于 45 ℃，进风和排风的温度差不宜大于 15 ℃。

(2)在采暖地区的值班室、控制室及兼作值班室的低压配电室应设有采暖设备，采暖温度不低于 18 ℃，配电室的最低温度不低于 5 ℃。

(3)变压器室、电容器室，当采用机械通风时，如周围环境污秽或有酸、碱、粉尘等，宜加装空气过滤器。

(4)配变电所设置在地下时，宜采用机械通风设施，其通风道应采用非可燃材料制造。

(5)当控制室、配电装置室设有采暖设备时，管道宜采用钢管焊接，且不应有法兰、螺纹接头和阀门等。

(6)设置在地下室的配变电所的干式变压器室、配电装置室、控制室、电容器室宜设置吸湿机。

(7)设置在地下室的配变电所，应根据消防要求设有排烟系统。

1.4.4.3　对给排水专业的要求

(1)配变电所中消防设施的设置：一类建筑地下室的配变电所，宜设火灾自动报警系统及固定式灭火装置；二类建筑的配变电所，可设置火灾自动报警系统及手提式灭火装置。

(2)设在地下室配变电所的电缆沟和电缆夹层应设有防水、排水设施，其进出地下室的电缆管线均应设有挡水板并采取防水砂浆封堵等措施。

(3)有值班室的配变电所，宜设有厕所及上下水设施。

(4)电缆沟、电缆隧道及电缆夹层等低洼处，应设有集水口，并通过排污泵将积水排出。

(5)配变电所不应有与其无关的管道和线路通过。

1.4.5　箱式变电站

箱式变电站又称为组合式成套变电站。其中的手车式高压开关柜、干式变压器和低压配电屏等都是由生产厂家成套供应的，现场组合安装即成。箱式变电站不必建造变压器室和高低压配电室，从而减少了土建投资。而且箱式变电站安装灵活，更接近负荷中心，缩短了低压输电线路，降低了线损，使供配电系统得到了简化。由于箱式变电站全部采用无油或少油电器，因此运行更加安全，维护工作量小，目前应用非常广泛。

1.4.5.1 应用范围和使用条件

1. 应用范围

箱式变电站被广泛应用于工厂、矿山、港口、机场、住宅小区和地下设施等场所，并可采用电缆进出或架空进线、电缆出线两种进出线方式。

2. 正常使用条件

（1）海拔不超过 1 000 m。

（2）环境温度，最高日平均气温 +30 ℃；最高年平均气温 +20 ℃；最低气温 -25 ℃（户外）、-5 ℃（户内）。

（3）风速不超过 35 m/s。

（4）空气相对湿度不超过 90%（+25 ℃时）。

（5）地震水平加速度不超过 0.4 m/s^2，垂直加速度不超过 0.2 m/s^2。

（6）安装地点应是无火灾危险、爆炸危险、化学腐蚀及剧烈振动的场所。

1.4.5.2 位置选择

（1）要考虑设在负荷中心，这会产生最大的经济效益，提高电压质量、降低线损、节约有色金属等。

（2）要考虑进出线与设备运输方便，这会使施工方便、运行安全、节约投资。

（3）要考虑环境影响，尽量设在污染源的上风处，避开多尘、振动、高温、潮湿、易爆和有火灾隐患的场所。

（4）最好不设在楼内，变压器有火灾危险，而且变压器的噪声对居民有影响。

1.4.5.3 箱式变电站的结构及组合方式

箱式变电站的电气设备由高压开关小室、变压器小室及低压配电开关小室三个部分组成，可安装 630 kV·A 及以下变压器。以 XZN-1 型箱式变电站为例说明，如图 1-4-5 所示。

箱式变电站外壳的材质比较多样化，分为钢板、铝板的板式结构及钢筋混凝土结构等，还有镀锌钢板和铝合金板的外壳。

箱式变电站的典型结构，按各种接线设备所需空间设计。环网、终端供电线路方案设计有封闭、半封闭两大类，高低压设备室分为带操作走廊和不带操作走廊式结构，可满足六种负荷开关、真空开关等任意组合的需要。附加设备有终端供电、站内装配式变电站。高压配电室、变压器室、低压配电室为一字形排列，根据运输的要求设计有整体式和分拆装式两种。

箱体采用钢板夹层（可填充石棉）和复合板两种，顶盖喷涂彩砂乳胶。吊装方式为上吊式，装配式变电所采用吊环式。为监视、检修、更换设备需要设计通过门，既可双扇开启也可单扇开启，变压器室采用两侧开门的结构。

变电所的高低压侧均应装门，且应有足够的尺寸，门向外开启，开启角度不得超过 90°，门的开启应有相应的连锁。

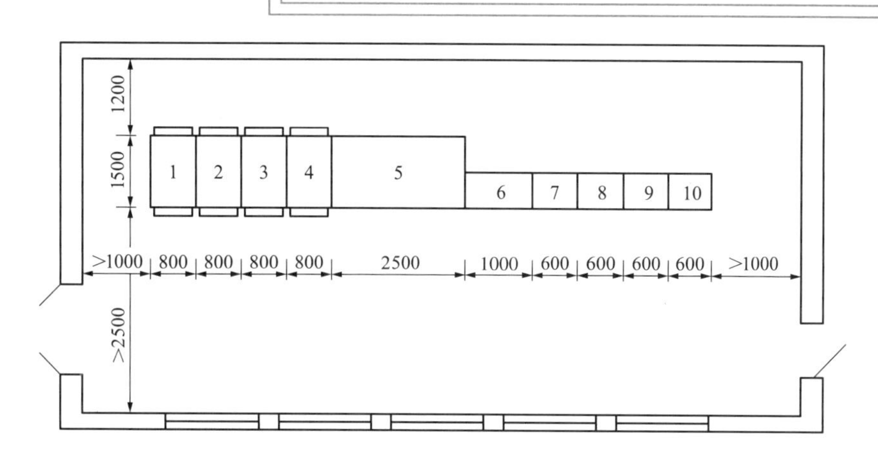

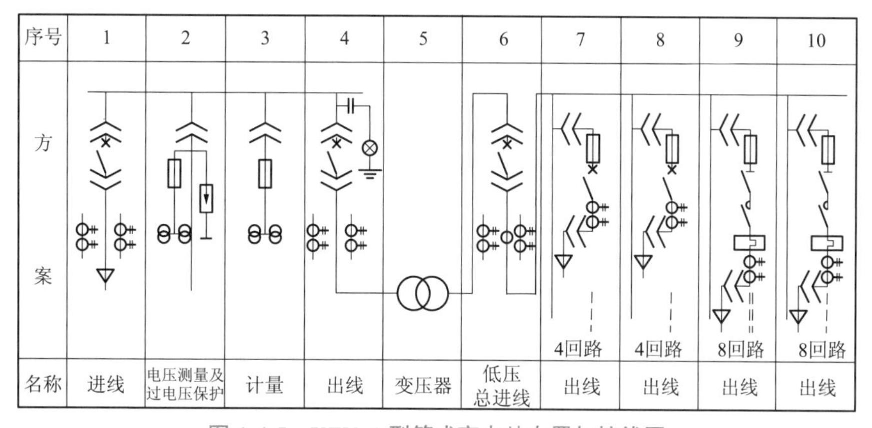

图 1-4-5　XZN-1 型箱式变电站布置与接线图

高压侧应满足防止误合（分）断路器、带电拉（合）隔离开关、带电挂地线、带接地线送电、误入带电间隔的“五防”要求。不带电情况下，门开启后应有可靠的接地装置，在无电压信号指示时，方能对带电部分进行检修。高低压侧门打开后，应有照明装置，确保操作检修的安全。

外壳应有通风孔和隔热措施，变压器小室内空气温度应符合有关变压器负荷导则的规定。必要时可采用散热措施，防止内部温度过高。高低压开关设备小室内的空气温度应不致引起各元件的温度超过相应标准的要求，同时还应采取措施保证温度急剧变化时，内部无结露现象发生。当有通风口时，应有滤尘装置。变压器小室应有供变压器移动用的轨道。

采用金属外壳时，应有直径不小于 12 mm 的接地螺钉，其构造应能可靠接地。采用绝缘外壳时应加金属底座且可靠接地，均应标有接地符号。箱体元件的结构应牢固，吊装时不致引起变形和损伤，在外壳的明显处设置铭牌和危险标志。

应检测箱体的防雨性能。在装配完整的变电所试品上进行淋雨试验，淋雨装置应沿四周布置，使水滴同时由四周顶部落下，持续时间为 1 h。

应检测箱体的防噪声性能。当变电所采用油浸变压器时，测点距变电所 0.3 m（干式变压器为 1 m），间距不大于 1 m，高度在变压器外壳高度的 1/2 处，在额定电压下测量，测量的声压级分别为不大于 55 dB 及 65 dB。有特殊要求时，用户与厂商协商。

箱式变电站的基础的边缘应宽出箱式变电站外墙 0.1 m 左右。材料采用砌砖、砌石均可，需抹面。另外，也可采用金属平台、混凝土板式基础。基础轮廓内最少应有 1 m 深是空的，便于电缆引进与引出。

1.4.5.4 箱式变电站的设置要求

（1）箱式变电站的容量不宜大于 1 250 kV·A。

（2）户外箱式变电站宜设置在安全、隐蔽的地方，除考虑负荷中心及进出线的方便外，还应考虑对周围环境的影响。

（3）户外箱式变电站运行环境温度不应超过 40 ℃，24 h 平均温度不超过 35 ℃。当超过平均气温时，应降容使用。

（4）箱式变电站的进出线宜采用电缆方式。

（5）户外箱式变电站的下部，宜设有电缆沟室。

（6）安装地点的周围环境应没有对设备和绝缘有严重影响的气体、蒸汽或其他化学腐蚀性物质存在，地面倾斜度不超过 5°。

（7）户外箱式变电站的防护等级，宜不低于 IP4X。

1.4.5.5 箱式变电站的巡视检查内容

（1）箱式变电站有无漏雨、进雪之处，门窗是否牢固，建筑物及围栏有无损坏。

（2）室内温度是否过高，照明装置是否齐备、健全，通风是否良好，室内是否清洁。

（3）所有绝缘瓷件是否完整、清洁，各部接点有无松动、过热现象，电气设备有无异常声响。

（4）各种开关的位置是否正确，有无烧焦气味等。

（5）充油设备有无喷油、渗漏油现象，油标的油位是否正常。

1.4.6 变配电所的发展趋势

输变电工程正朝着高压、大机组、大电网、大容量的方向发展，从 20 世纪 60 年代开始，发达国家已进入大电网、超高压发展时期，输电电压已达 500 kV、750 kV、800 kV，并向 1 000~1 200 kV 进军。变电所的设备在向组合化、小型化和机电一体化方向发展，从而达到缩小变电所的占地面积，降低工程造价的目的。变电所的运行管理亦在向自动化、智能化、无人值班的方向发展，从而达到提高供电可靠性和经济效益的目的。无人值班变电所是指变电所的各种运行参数、设备状态及故障信息经计算机处理后通过通信电缆传送到控制中心，控制中心又将各项操作指令传送给变电所，运用高科技遥控遥测手段实现无人值班。

【知识加油站】

箱式变电站的发展历程

箱式变电站适用于住宅小区、城市公用变电站、繁华闹市、施工电源等，用户可根据不同的使用条件、负荷等级选择箱式变电站。箱式变电站自问世以来，发展极为迅速，在欧洲发达国家使用比例已占70%，在美国已占90%。中国城市现代化建设飞速发展，城市配电网不断更新改造，箱式变电站必将得到广泛的应用。

对于箱式变电站，中国自20世纪70年代后期开始从法国、德国等引进及仿制的箱式变电站，在结构上采用高低压开关柜、变压器组成方式，这种箱式变电站称为欧式箱式变电站，被形象地比喻为给高低压开关柜、变压器盖了房子。从20世纪90年代起，中国引进美国箱式变电站，在结构上将负荷开关、环网开关和熔断器结构简化放入变压器油箱浸在油中，避雷器也采用油浸式氧化锌避雷器，变压器取消油枕，油箱及散热器暴露在空气中，这种箱式变电站称为美式箱式变电站，被形象地比喻为变压器旁边挂个箱子。

【课后练习】

(1)户内式、户外式变配电所各分为哪几种？

(2)箱式变电站的应用范围和使用条件是什么？

(3)变配电所的位置选择应注意哪些问题？

(4)电力变压器的容量标准和型号标准是什么？

【知识跟进】

查阅相关资料，了解变配电所未来的发展趋势。

任务5　掌握低压配电系统相关知识

【任务目标】

(1)掌握低压配电系统设计的原则和基本要求。

(2)掌握配电系统的几种接线方式。

(3)了解居住小区、多层建筑、高层建筑的配电系统要求。

(4)了解配电间、照明配电箱、动力箱、控制箱的设计要求。

【知识储备】

1.5.1 低压配电系统的设计原则和基本要求

1.5.1.1 低压配电系统的设计原则

(1)低压配电系统设计应根据工程性质、规模、负荷容量及业主要求等综合考虑确定。

(2)自变压器二次侧至用电设备之间的低压配电级数一般不宜超过三级。

(3)各级低压配电屏或配电箱,根据发展的可能性宜留有适当数量的备用回路,但在没有预留要求时,备用回路数宜为总回路数的25%。

(4)由公用电网引入的低压电源线路,应在电源进线处设置电源隔离开关及保护电器。由本单位配变电所引入的专用回路,可以装设不带保护的隔离电器。

(5)由树干式系统供电的配电箱,其进线开关宜选用带保护的开关;由放射式系统供电的配电箱,其进线可以用隔离开关。

(6)单相用电设备,宜均匀地分配到三相线路。

1.5.1.2 低压配电系统的设计要求

1. 可靠性要求

供配电线路应当尽可能地满足民用建筑所必需的供电可靠性要求。所谓可靠性,是指根据建筑物用电负荷的性质和重要程度,对供电系统提出的不能中断供电的要求。供电可靠性是由供电电源、供电方式和供电线路共同决定的。

2. 供电质量要求

衡量电能质量的指标通常有电压、频率和波形,其中尤以电压最为重要。它包括电压的偏移、电压的波动和电压的三相不平衡度等。因此,电能质量除了与电源有关外,还与线路的合理设计有很大关系,在设计线路时必须考虑线路的电压损失。一般情况下,低压供电半径不宜超过250 m。

3. 发展要求

从工程角度看,低压配电线路应力求接线方便、安全、操作简单,降低有色金属消耗量,减少电能损耗,具有一定的灵活性,并能适应用电负荷的发展需要。

4. 经济要求

低压配电系统应经济合理,推广先进技术。

1.5.1.3 联络线的设置

变电所低压配电系统之间,在下列情况时宜设置联络线:

(1)为节日、假日节电和检修的需要;

(2)有较大容量的季节性负荷;

(3)周期性用电的科研单位和实验室等;

(4)有供电可靠性的要求。

1.5.2　配电系统的接线方式

1.5.2.1　放射式接线

从电源点用专用开关及专用线路直接送到用户或设备的受电端，沿线没有其他负荷分支的接线称为放射式接线，也称专用线供电。

当配电系统采用放射式接线时，引出线发生故障时互不影响，供电可靠性较高，切换操作方便，保护简单，但其有色金属消耗量较多，采用的开关设备较多，投资大。这种接线多用于用电设备功率大、负荷重要、潮湿及腐蚀性环境场所的供电。

放射式接线主要有如下几种接线方式。

1. 单电源单回路放射式接线

该接线方式的电源由总降压变电所的 6~10 kV 母线上引出一回路直接向负荷点或用电设备供电，沿线没有其他负荷，受电端之间无电气联系，如图 1-5-1 所示。此接线方式适用于对可靠性要求不高的二级、三级负荷。

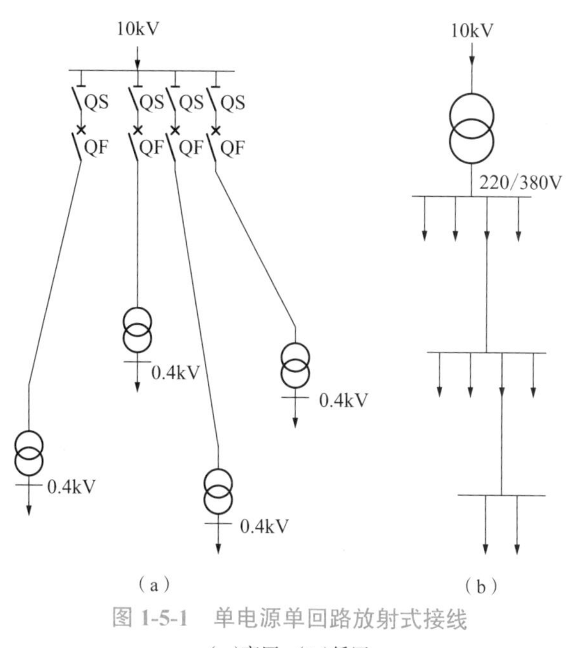

图 1-5-1　单电源单回路放射式接线

(a)高压　(b)低压

2. 单电源双回路放射式接线

同单电源单回路放射式接线相比，该接线方式采用了对一个负荷点或用电设备使用两条专用线路供电的方式，即线路备用方式，如图 1-5-2 所示。此接线方式适用于二级、三级负荷。

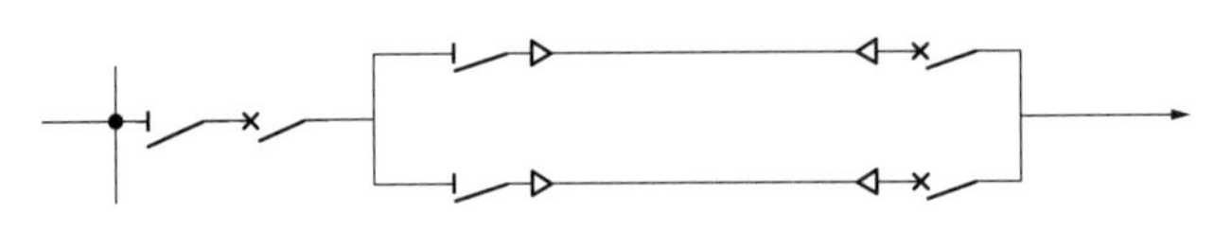

图 1-5-2 单电源双回路放射式接线

3. 双电源双回路放射式（双电源双回路交叉放射式）接线

该接线方式的两条放射式线路连接在不同电源的母线上，其实质是两个单电源单回路放射式接线的交叉组合，如图 1-5-3 所示。此接线方式适用于对可靠性要求较高的一级负荷。

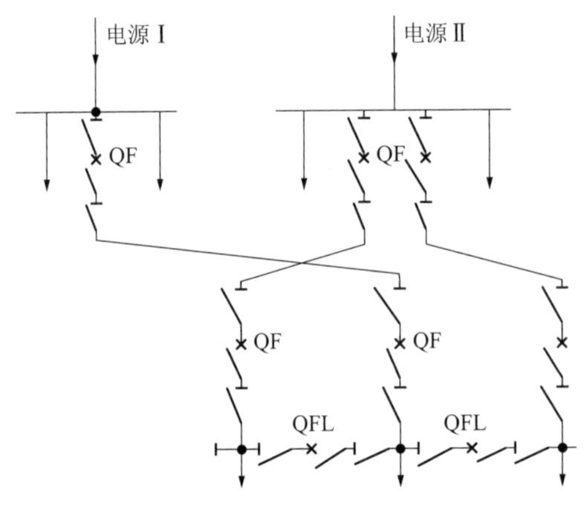

图 1-5-3 双电源双回路放射式接线

4. 具有低压联络线的放射式接线

该接线方式主要是为了提高单回路放射式接线的供电可靠性，从邻近的负荷点或用电设备取得另一路电源，用低压联络线引入，如图 1-5-4 所示。

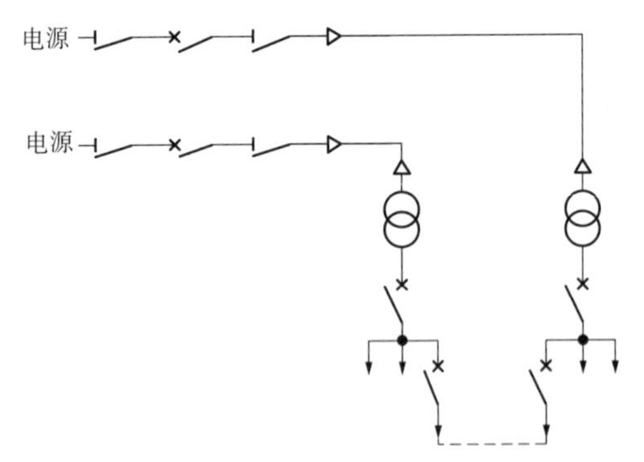

图 1-5-4 具有低压联络线的放射式接线

互为备用、单电源单回路加低压联络线的放射式接线适用于用户用电总功率小、负荷相对分散、各负荷中心附近设小型变电所（站）、便于引电源的场合。与单电源单回路放射式接线不同的是，高压线路可以延长，低压线路较短，负荷端受电压波动影响较小。

1.5.2.2　树干式接线

树干式接线是指由高压电源母线上引出的每路出线，其沿线要分别连到若干个负荷点或用电设备的接线方式。

树干式接线的特点：一般情况下，其有色金属消耗量较少，采用的开关设备较少；其干线发生故障时，影响范围大，供电可靠性较差。这种接线方式多用于用电设备功率小而分布较均匀的情况。

1. 直接树干式接线

该接线方式在由变电所引出的配电干线上直接接出分支线供电，如图 1-5-5 所示。

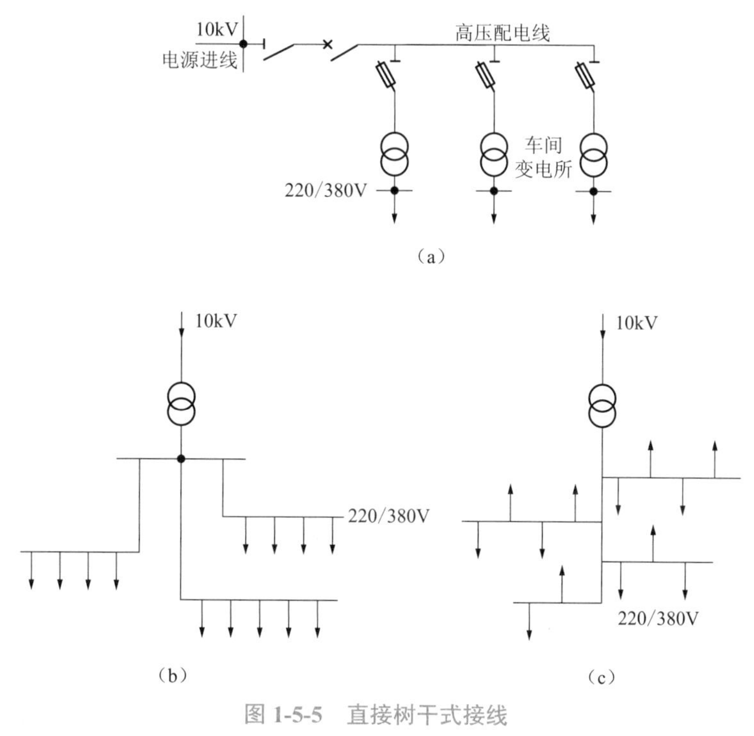

图 1-5-5　直接树干式接线

（a）高压树干式　（b）低压母线放射树干式　（c）低压变压器－干线组树干式

2. 单电源链串树干式接线

该接线方式由变电所引出的配电干线分别引入每个负荷点，然后再引出走向另一个负荷点，干线的进出线两侧均装设开关，如图 1-5-6 所示。该接线方式一般适用于二级、三级负荷。

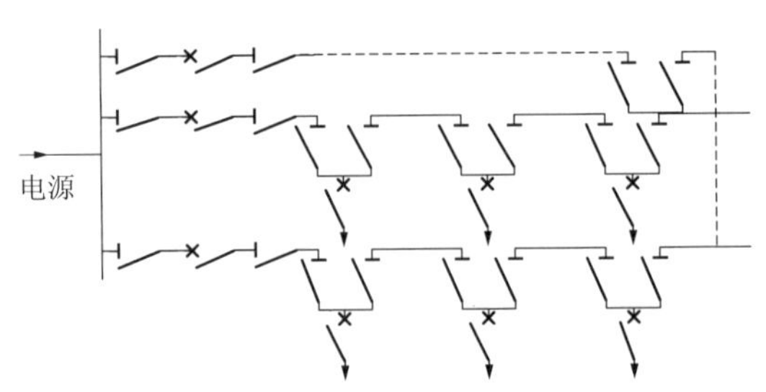

图 1-5-6　单电源链串树干式接线

3. 双电源链串树干式接线

该接线方式在单电源链串树干式接线的基础上增加了一路电源，如图 1-5-7 所示。该接线方式适用于二级、三级负荷。

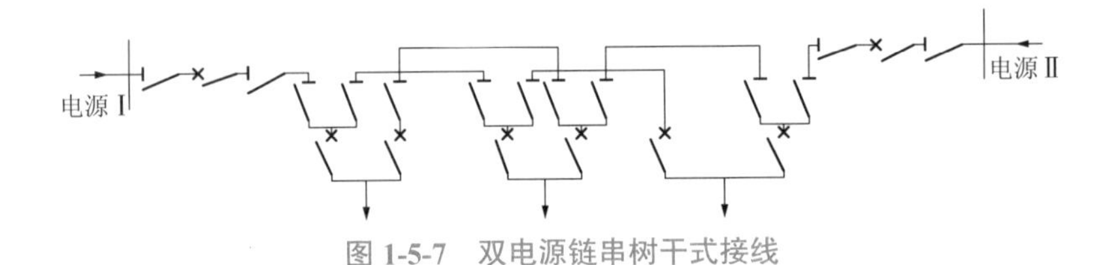

图 1-5-7　双电源链串树干式接线

1.5.2.3　环网式接线

环网式接线（图 1-5-8）的可靠性比较高，接入环网的电源可以是一个，也可以是两个甚至多个。为加强环网结构，即保证某一条线路发生故障时各用户仍有较好的电压水平，或保证存在更严重故障（某两条或多条线路停运）时的供电可靠性，一般可采用双线环网式结构。双电源环网式线路往往是开环运行的，即在环网的某一点将开关断开，此时环网演变为双电源供电的树干式线路。开环运行的目的主要是考虑继电保护装置动作的选择性，缩小电网发生故障时的停电范围。

开环点的选择原则：开环点两侧的电压差最小，一般使两路干线负荷功率尽可能接近。

环网内线路导线通过的负荷电流应考虑故障情况下环内通过的负荷电流。因导线截面要求相同，故环网式接线的有色金属消耗量大，这是环网式供电线路的缺点。当线路的任一线段发生故障时，切断（拉开）故障线段两侧的隔离开关，将故障线段切除后，即可恢复供电。开环点断路器可以使用自动或手动投入。

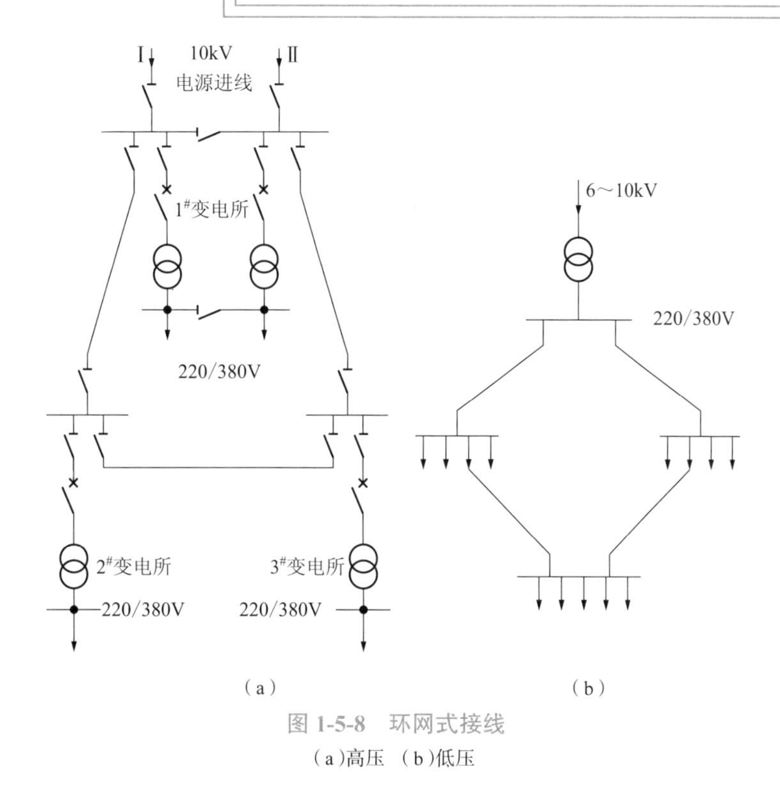

图 1-5-8　环网式接线
(a)高压　(b)低压

双电源环网式供电线路适用于一级、二级负荷;单电源环网式供电线路适用于允许停电半小时以内的二级负荷。

1.5.2.4　格式网络接线

格式网络接线(图 1-5-9)目前主要应用于欧美大城市负荷密集区的低压配电网。这种接线的特点是所有低压配电线路(220/380 V)沿街布置,在街口连接起来,构成一个个的格子,根据负荷情况在网络的适当位置引入一定数量的电源。该接线方式供电可靠性很高,每个用户可以从不同的方向上获得多个电源。

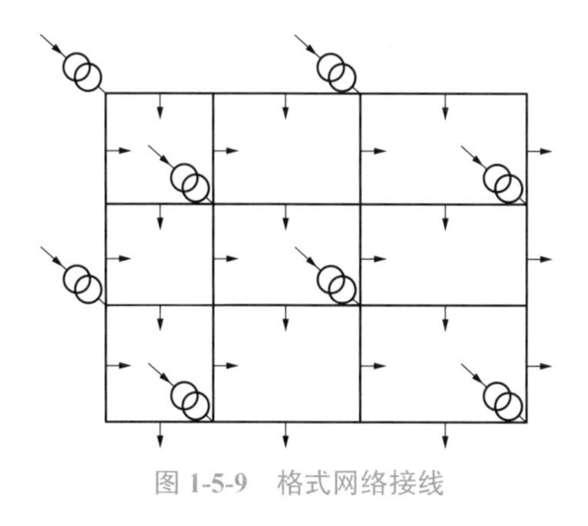

图 1-5-9　格式网络接线

1.5.3 各种建筑的配电系统要求

1.5.3.1 居住小区的配电系统

(1)合理采用放射式、树干式或两者相结合的配电方式，为提高供电的可靠性也可以采用环网式配电。

(2)小区供电宜留有备用回路。

(3)一般多层住宅建筑群，宜采用树干式或环网式供电，电源箱可以放在一层或室外。

(4)小区以外的其他多层建筑，或有较大的集中负荷，或有重要的建筑，宜由变电所设专线回路供电。

(5)小区内高层建筑，18层及以下视用电负荷的具体情况可以采用放射式或树干式供电系统，电源箱放在一层或地下室内，电源箱至室外应留有不少于两条回路的备用管，管径DN150，照明及动力电源应分别引入。

(6)一类高层(19层及以上)建筑，宜采用放射式供电系统由变电所设专线回路供电，且动力、照明及应急电源应分别引入。

(7)小区路灯的电源，应与城市规划相协调，其供电电源宜由专用变压器或专用回路供电。

1.5.3.2 多层建筑配电系统

(1)配电系统应满足计量、维修、管理、安全、可靠的要求，电力照明应分为不同的配电系统。

(2)电缆或架空进线，进线处应设有电源箱，或选用室外型电源箱，安装在室外。

(3)多层住宅的楼梯灯电源、保安对讲电源及电视前端箱电源等公用电源，应单独装设计费电表。

(4)多层住宅的垂直干线，宜采用单相供电系统。

(5)住宅建筑的计费方式应满足供电管理部门的要求。

(6)底层有商业设施的多层住宅，电源应分别引入，并分别设置电源进线开关，商店的计费电表宜安装在各核算单位或集中安装在电表箱内。

(7)对于除住宅建筑以外的其他多层建筑的配电系统应按下列原则设计：

①对于向各层配电间或配电箱供电的系统，宜采用树干式或分区树干式系统；

②每路干线的供电范围，应以容量、负荷密度、维护管理及防火分区等条件综合考虑；

③由楼层配电间或楼层配电箱向本层各配电箱的配电，宜采用放射式或与树干式相结合的接线方式设计。

(8)学生单身宿舍配电线路应设保护设施，对于公寓式单身宿舍及有计费要求的单身宿舍，宜设置计费电表。

1.5.3.3　高层建筑配电系统

（1）根据照明及动力负荷的分布情况，宜分别设置独立的配电系统，消防及其他的防灾用电设施宜自成配电系统。一级负荷应在末端一级配电箱处设置双电源自动切换。

（2）对重要负荷（如消防电梯等），宜从配电室以放射式系统直接供电。

（3）向高层供电的垂直干线系统，视负荷大小及分布情况可以采用如下形式：

①插接母线式系统，根据功能要求宜分段供电；

②电缆干线式系统，线路宜采用预制分支电缆，供电范围视负荷分布情况确定；

③应急照明可以采用分区树干式或树干式系统。

（4）高层住宅楼层配电，宜采用单相配电方式，选用单相电度表，其走廊、楼梯间、电梯厅等公用场所，宜由动力表统一计费。

（5）计费电表后宜装设断路器，其电度表宜安装在各层配电间的电表箱内。

（6）高层宾馆、饭店宜采用在每套客房设置小型配电箱，由配电间向配电箱引出回路以放射式或树干式系统向配电箱供电，但贵宾房应采用放射式供电。

1.5.3.4　配电间的设计要求

（1）配电间是指安装楼层配电箱、控制箱、垂直干线、接地线等占用的建筑空间。

（2）配电间的位置，宜设在负荷中心，进出线方便，上下贯通。

（3）配电间的数量视楼层的面积大小和大楼体形及防火分区等综合考虑，一般以 800 m^2 左右设一个配电间为宜。当末级配电箱或控制箱集中设置在配电间时，其供电半径宜为 30~50 m。

（4）配电间的大小视电气设备的多少确定，一般需进人操作的，其操作通道宽度不小于 0.8 m；不进人操作的，可以只考虑管线及设备的安装，但配电间的深度不宜小于 0.5 m。

（5）配电间内电气设备安装完毕后，应封堵所有孔洞，电缆桥架、插接式母线等通过楼板处的孔洞应堵塞严密。

（6）配电间的门应向外开，不宜低于乙级防火门标准。配电间的墙壁应是耐火极限不低于 1 h 的非燃烧体。

（7）高层建筑配电间，应设有照明、火灾探测器等设施。

（8）有条件时，配电间与弱电间宜分开设置，或设分隔。

（9）配电间内的设备布置，电缆桥架与照明箱之间或照明箱与插接式母线之间净距不小于 100 mm。

（10）配电间内高压、低压或应急电源的电气线路，相互之间的距离应大于或等于 300 mm，或采取隔离措施，并且高压线路应设有明显标志。强电和弱电线路，有条件时宜分别设置在各自的配电间和弱电间内，如受条件限制必须合用房间，强电与弱电线路应分别在配电间（弱电间）两侧敷设或采取隔离措施，以防止强电对弱电的干扰。

1.5.3.5 照明配电箱的设计要求

（1）照明配电箱的设置宜按防火分区布置并深入负荷中心。

（2）供电范围宜考虑如下原则：

①分支线供电半径宜为30~50 m；

②分支线为截面不小于2.5 mm^2 铜导线。

1.5.3.6 动力箱、控制箱

（1）控制箱宜设置在被控设备附近。

（2）链式接线系统，动力箱台数以不超过5台为宜。

（3）控制箱或动力箱电源的进线，当采用链式进线方式时，应设有隔离功能的保护电器，并考虑选择性配合；当进线是专线回路供电时，可只设隔离电器。

（4）控制回路电压等级除有特殊要求者外，宜选用交流220 V或380 V。

【课后练习】

（1）放射式、树干式、环网式配电系统各有何特点？

（2）居住小区、高层建筑、多层建筑在建筑结构上有何不同？对配电有何不同要求？

（3）照明配电箱、动力配电箱、控制箱分别应如何设置？

【知识跟进】

（1）教师给学生已设计好的高层建筑和多层建筑供配电施工图各一套，请学生阅读，并记录问题，分析高层建筑与多层建筑配电系统的区别。

（2）在上述图纸中指出配电系统的接线方式。

（3）在上述图纸中找出几个照明配电箱、动力配电箱、控制箱，并加以区别。

学习单元 2

供配电主要设备

任务 1　掌握常用电气设备

【任务目标】

（1）了解一次设备的种类。

（2）了解主要一次设备的图形符号。

【知识储备】

供配电系统中担负输送和分配电能任务的电路，称为一次电路，也称为主电路。供配电系统中用来控制、指示、监测和保护一次电路及其中电气设备运行的电路，称为二次电路，通常称为二次回路。相应地，供配电系统中的电气设备可分为两大类：一次电路中的所有电气设备，称为一次设备；二次回路中的所有电气设备，称为二次设备。

供配电系统的主要电气设备是指一次设备。一次设备按其功能可分为以下几类。

（1）变换设备：指按系统工作要求来改变电压或电流的设备，如电力变压器、电压互感器、电流互感器及变流设备等。

（2）控制设备：指按系统工作要求来控制电路通断的设备，如各种高低压开关。

（3）保护设备：指用来对系统进行过电流和过电压保护的设备，如高低压熔断器和避雷器。

（4）无功补偿设备：指用来补偿系统中的无功功率、提高功率因数的设备，如并联电容器。

（5）成套配电装置：指按照一定的线路方案的要求，将有关的一次设备和二次设备组合

成一体的电气装置,如高低压开关柜、动力和照明配电箱等。供配电系统中主要一次设备的图形符号和文字符号见表 2-1-1。

表 2-1-1　主要一次设备的图形符号和文字符号

序号	设备名称	图形符号	文字符号	序号	设备名称	图形符号	文字符号
1	双绕组变压器		T	13	断路器		QF
2	三绕组变压器		T	14	隔离开关		QS
3	电抗器		L	15	负荷开关		QL
4	分裂电抗器		L	16	刀开关		QK
5	避雷器		F	17	熔断器		FU
6	火花间隙		FG	18	跌开式熔断器		FD
7	电力电容器		C	19	负荷型跌开式熔断器		FDL
8	具有一个二次绕组的电流互感器		TA	20	刀熔开关		QKF
9	具有两个二次绕组的电流互感器		TA	21	接触器		KM
10	电压互感器		TV	22	电缆终端头		X
11	三绕组电压互感器		TV	23	输电线路		WL
12	母线		WB	24	接地		GND

任务 2 掌握常用高压开关设备

【任务目标】

（1）掌握高压断路器的功能和分类。

（2）掌握高压隔离开关的功能和分类。

（3）掌握高压负荷开关的功能和分类。

【知识储备】

高压开关设备主要有高压断路器、高压隔离开关、高压负荷开关等。

2.2.1 高压断路器

2.2.1.1 高压断路器的功能

高压断路器 QF 是高压输配电线路中最为重要的电器设备，它的性能直接关系到线路运行的安全性和可靠性。高压断路器具有完善的灭弧装置，其在电网中的作用可归纳为两方面：一是控制作用，即根据电网的运行需要，将部分电器设备或线路投入或者退出运行；二是保护作用，即在电器设备或电力线路发生故障时，继电保护自动装置将发出跳闸信号，启动断路器，将故障部分设备或线路从电网中迅速切除，确保电网中无故障部分正常运行。

2.2.1.2 高压断路器的分类及型号

高压断路器按灭弧介质的不同可分为油断路器、真空断路器和六氟化硫（SF_6）断路器；按使用场合的不同可分为户内式和户外式；按分断速度的不同可分为高速（<0.01 s）、中速（0.1~0.2 s）和低速（>0.2 s）。

高压断路器全型号的表示和含义如图 2-2-1 所示。

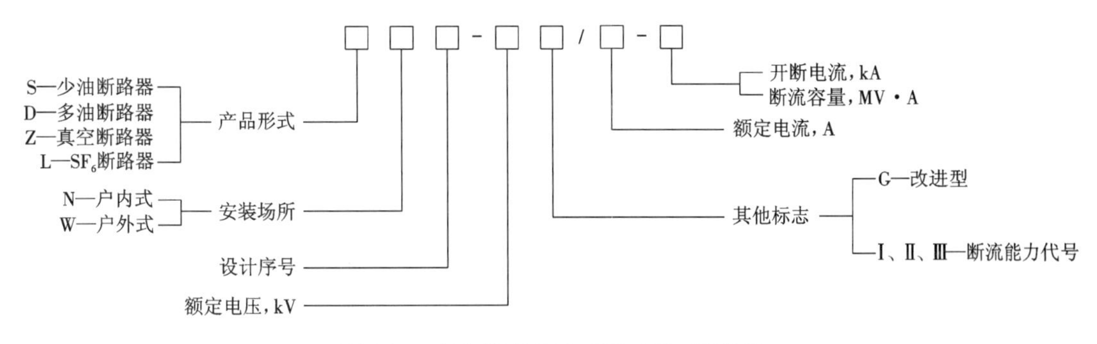

图 2-2-1 高压断路器全型号的表示和含义

(1)油断路器:指采用变压器油作为灭弧介质的断路器。按油量的多少可将油断路器分为多油断路器和少油断路器。多油断路器的油量多,兼有灭弧和绝缘的双重功能;少油断路器的油只作为灭弧介质使用。与多油断路器相比,少油断路器具有用油量少、体积小、质量轻、运输安装方便等优点。在不需要频繁操作且要求不高的高压电网中,少油断路器得到了广泛应用。在 6~10 kV 户内配电装置中常用的少油断路器有 SN10-10 型,按断流容量可将其分为Ⅰ、Ⅱ和Ⅲ型。Ⅰ型断流容量 S_{oc} 为 300 MV·A,Ⅱ 型断流容量 S_{oc} 为 500 MV·A,Ⅲ 型断流容量 S_{oc} 为 750 MV·A。SN10-10 型高压少油断路器的外形结构如图 2-2-2 所示。

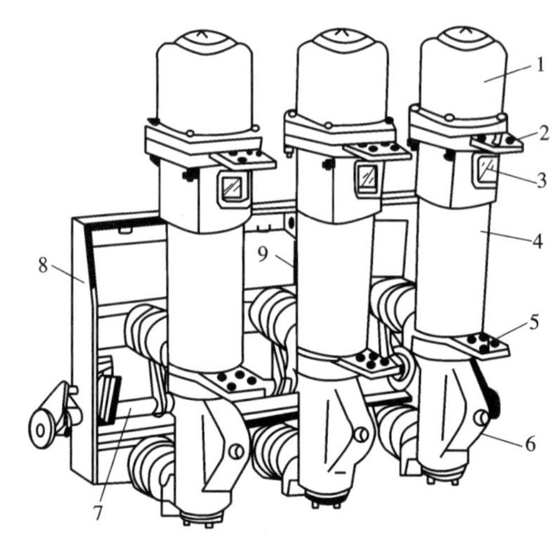

图 2-2-2 SN10-10 型高压少油断路器

1—铝帽;2—上接线端子;3—油标;4—绝缘筒;5—下接线端子;6—基座;7—主轴;8—框架;9—断路弹簧

(2)真空断路器:因其灭弧介质和灭弧后触头间隙的绝缘介质都是高真空而得名。这种断路器的动静触头密封在真空灭弧室内,利用真空作为灭弧介质和绝缘介质。其特点有不爆炸、噪声低、体积小、寿命长、结构简单、可靠性高等。真空断路器主要用于频繁操作的场所,尤其是安全要求较高的工矿企业、住宅区、商业区等。常用的真空断路器有 ZN3-10 型、ZN12-12 型、ZN28A-12 型。ZN3-10 型高压真空断路器的外形结构如图 2-2-3 所示。

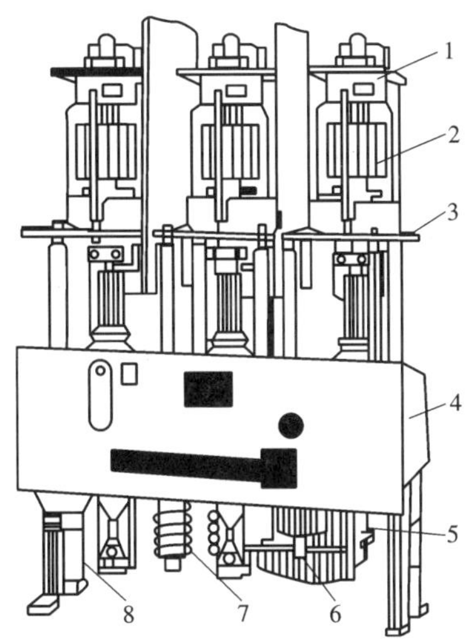

图 2-2-3　ZN3-10 型高压真空断路器

1—上接线端子;2—真空灭弧室;3—下接线端子;4—操动机构箱;5—合闸电磁铁;6—分闸电磁铁;7—断路弹簧;8—底座

(3)六氟化硫(SF_6)断路器:指利用 SF_6 气体作为灭弧介质和绝缘介质的断路器。由于 SF_6 气体是无色、无味、无毒、不可燃的稀有气体,在 150 ℃以下其化学性能相当稳定,其绝缘能力约等于空气的 2.5 倍,因此 SF_6 断路器具有灭弧能力强、绝缘强度高、开断电流大、燃弧时间短、检修周期长、断开电容电流或电感电流时无重燃、过电压低等优点。但是 SF_6 断路器对加工精度要求高,密封性能要求严,价格相对昂贵。SF_6 断路器主要用于需频繁操作且有易燃易爆危险的场所,特别适用于全封闭组合电器,常用的有 LN2-10 型,其外形结构如图 2-2-4 所示。

真空断路器、六氟化硫(SF_6)断路器是现在和未来重点发展与使用的断路器。

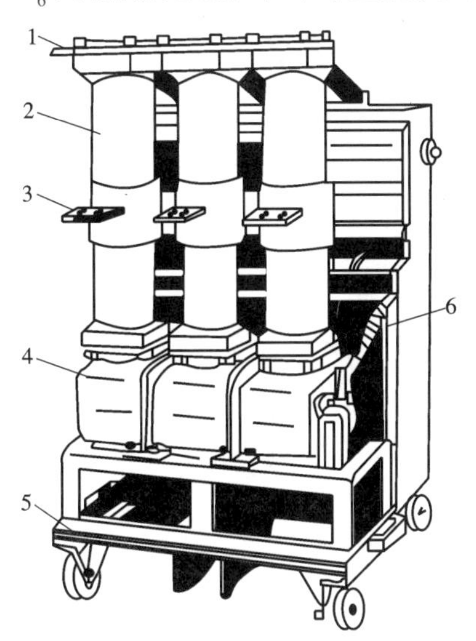

图 2-2-4　LZ2-10 型高压 SF_6 断路器

1—上接线端子;2—绝缘筒;3—下接线端子;4—操动机构箱;5—小车;6—断路弹簧

2.2.1.3　断路器的操动机构

断路器在工作过程中的合、分闸操作均是由操动机构完成的。操动机构按操动能源的不同可分为手动型、电磁型、液压型、气压型和弹簧型等。手动型需借助人的力量完成合闸；电磁型则依靠合闸电源提供操动功率；液压型、气压型和弹簧型则只是间接利用电能，并经转换设备和储能装置用非电能形式操动合闸，在短时间内失去电源后可由储能装置提供操动功率。

（1）CS 系列的手动操动机构可手动和远距离跳闸，但只能手动合闸。该机构采用交流操作电源，无自动重合闸功能，且操作速度有限，其所操作的断路器开断的短路容量不宜超过 100 MV·A。CS2 型手动操动机构的外形结构如图 2-2-5 所示。

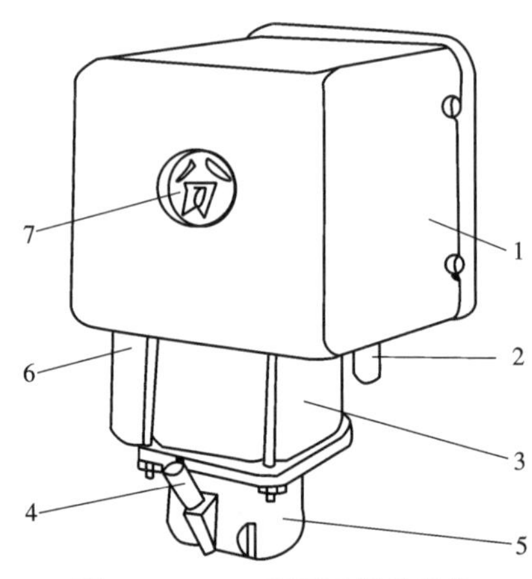

图 2-2-5　CS2 型手动操动机构

1—外壳；2—手动跳闸按钮；3—合闸线圈；4—合闸线圈手柄；5—缓冲底座；6—接线端子排；7—开关

（2）CD 系列电磁操动机构通过其分、合闸线圈能手动和远距离跳、合闸，也可进行自动重合闸，但合闸功率大，需直流操作电源。CD10 型电磁操动机构的外形结构如图 2-2-6 所示。CD10 型电磁操动机构根据所操作断路器的断流容量不同，可分为 CD10-10Ⅰ型、CD10-10Ⅱ型和 CD10-10Ⅲ型三种。电磁操作机构分、合闸操作简便，动作可靠，但结构较复杂，需专门的直流操作电源，因此一般在变压器容量 630 kV · A 以上、可靠性要求高的高压开关中使用 。

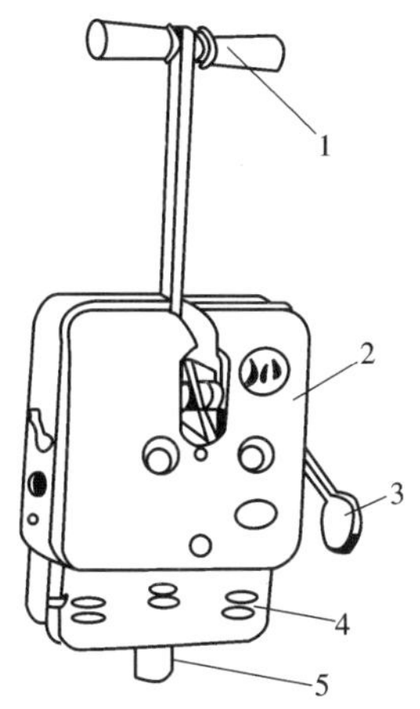

图 2-2-6　CD10 型电磁操动机构

1—操作手柄；2—外壳；3—跳闸指示牌；4—脱扣器盒；5—跳闸铁芯

（3）CT 系列弹簧储能操动机构既能手动和远距离跳、合闸，又可实现一次重合闸，且操作电源交、直流均可，因而其保护和控制装置可靠、简单。虽然其结构复杂、价格昂贵，但应用已越来越广泛。

SN10-10 型断路器可配 CS 系列手动操动机构、CD10 系列电磁操动机构或 CT 系列弹簧储能操动机构。真空断路器可配 CD 系列电磁操动机构或 CT 系列弹簧储能操动机构。SF_6 断路器主要采用弹簧、液压操动机构 。

2.2.2　高压隔离开关

2.2.2.1　高压隔离开关的功能

高压隔离开关 QS 是高压电气装置中保证工作安全的开关电器，其作用主要体现在以下方面。

（1）隔离电源，保证安全。利用隔离开关将高压电气装置中需要检修的部分与其他带电部分可靠地隔离，这样工作人员就可以安全地进行作业，不影响其余部分的正常工作。隔离开关断开后有明显可见的断开间隙，能充分保证人身和设备的安全。

（2）倒闸操作。隔离开关经常用来在电力系统运行方式改变时进行倒闸操作。例如，当主接线为双母线时，利用隔离开关将设备或线路从一组母线切换到另一组母线。

（3）接通或切断小电流。可以利用隔离开关通断一定的小电流，如励磁电流不超过 2 A 的空载变压器、电容电流不超过 5 A 的空载线路以及电压互感器和避雷器电路等。

特别强调：高压隔离开关没有专门的灭弧装置，在任何情况下，均不能带负荷操作，并应设法避免可能发生的误操作。当隔离开关与断路器配合操作时，其顺序应为：断电时，先拉开断路器，再拉开隔离开关；送电时，先合隔离开关，再合断路器。总之，在隔离开关与断路器配合操作时，隔离开关必须在断路器处于断开（分闸）的位置时才能进行操作 。

2.2.2.2　高压隔离开关的分类和型号

高压隔离开关按装设地点不同,可分为户内式和户外式两种;按绝缘支柱数目不同,可分为单柱式、双柱式和三柱式;按有无接地刀闸,可分为无接地刀闸、一侧有接地刀闸和两侧有接地刀闸;按操动机构不同,可分为手动式、电动式、气动式和液压式。高压隔离开关全型号的表示和含义如图 2-2-7 所示。

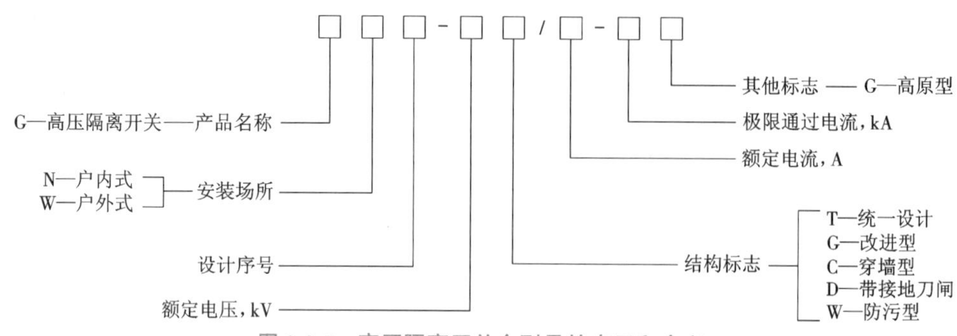

图 2-2-7　高压隔离开关全型号的表示和含义

户内式高压隔离开关(GN)的额定电压一般在 35 kV 以下。10 kV 户内式高压隔离开关种类较多,常用的有 GN8、GN19、GN22、GN24、GN28、GN30 等系列。GN8-10 型户内式高压隔离开关的外形结构如图 2-2-8 所示,其三相刀闸安装在同一底座上,刀闸均采用垂直回转运动方式。户内式高压隔离开关一般采用手动操动机构进行操作 。

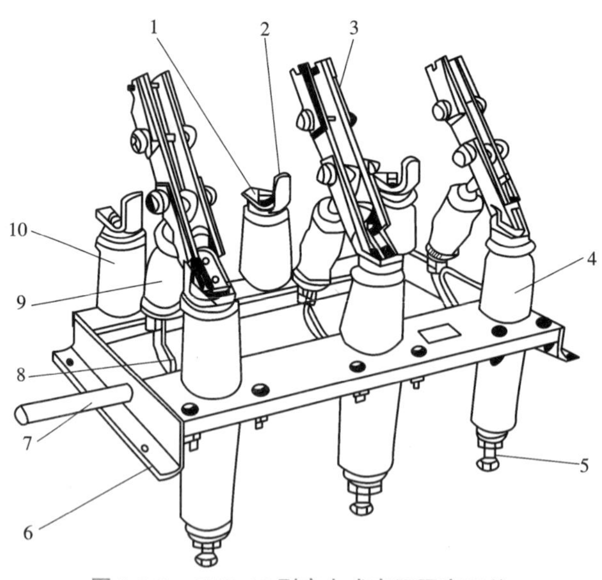

图 2-2-8　GN8-10 型户内式高压隔离开关

1—上接线端子;2—静触头;3—刀闸;4—套管绝缘子;5—下接线端子;
6—框架;7—转轴;8—拐臂;9—升降绝缘子;10—支柱绝缘子

户外式高压隔离开关(GW)由于触头暴露在大气中,工作条件比较恶劣,因此一般要求有较高的绝缘等级和机械强度。户外式高压隔离开关的额定电压一般在 35 kV 以上,常用的有 GW2-35 型、GW4-35G(D)型和 GW4-110D 型。GW2-35 型户外式高压隔离开关的外形结构如图 2-2-9 所示。为了熄灭小电流电弧,该隔离开关安装有灭弧角条,采用的是三柱式结构。带有接地开关的隔离开关称为接地隔离开关,可用来进行电气设备的短接、连锁和隔离,一般用来将退出运行的电气设备和成套设备部分接地或短接。接地开关是用于将回路接地的一种机械式开关装置,在异常回路条件(如短路)下,可在规定时间内承载规定的异常电流;在正常回路条件下,不要求承载电流。接地开关大多与隔离开关构成一个整体,并且与隔离开关之间有相互的连锁装置。

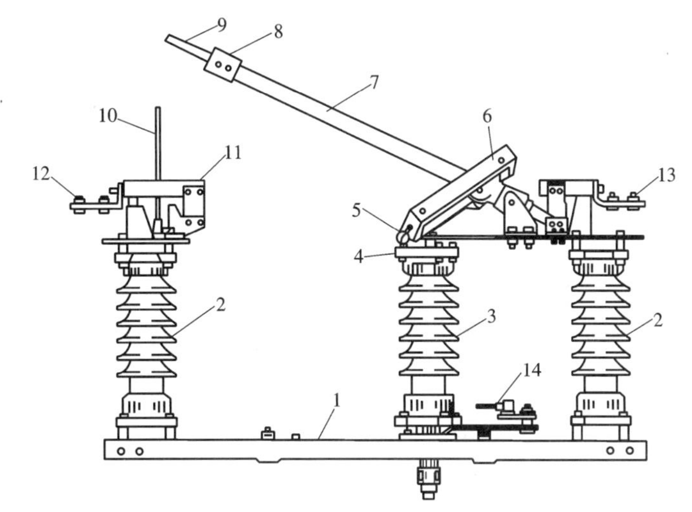

图 2-2-9　GW2-35 型户外式高压隔离开关

1—角钢架;2—支柱绝缘子;3—旋转绝缘子;4—曲柄;5—轴套;6—转动框架;7—管形刀闸;8—工作动触头;9、10—灭弧角条;11—静触头;12、13—接线端子;14—曲柄转动机构

2.2.3　高压负荷开关

2.2.3.1　高压负荷开关的功能

高压负荷开关 QL 具有简单的灭弧装置,因而能通断一定的负荷电流和过负荷电流,但不能断开短路电流,它必须与高压熔断器串联使用,以借助熔断器来切断短路故障。负荷开关断开后,与隔离开关一样具有明显可见的断开间隙,因此负荷开关也具有隔离电源、保证安全检修的功能 。

2.2.3.2　高压负荷开关的分类和型号

高压负荷开关按安装地点不同可分为户内式和户外式,按灭弧方式不同可分为产气式、压气式、油浸式、真帘式和 SF_6 式 。

高压负荷开关全型号的表示和含义如图 2-2-10 所示。

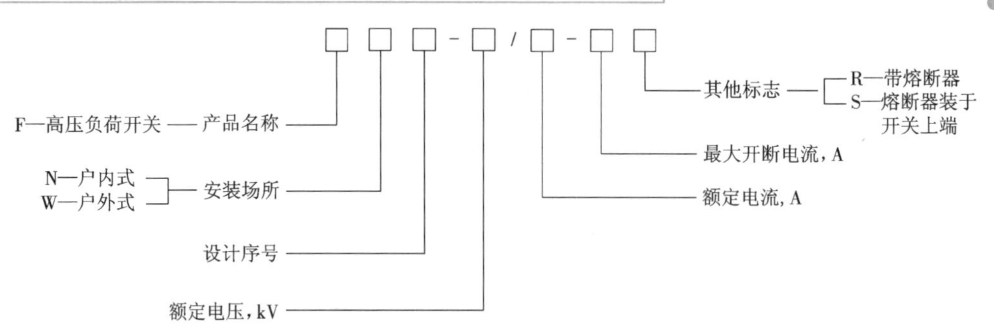

图 2-2-10　高压负荷开关全型号的表示和含义

实际上，在 35 kV 以上的高压电路中，高压负荷开关的应用很少。目前，高压负荷开关主要用于 10 kV 及 10 kV 以下配电系统中，常用的型号有户内压气式 FN3-10RT 型、FN5-10 型，户外产气式 FW5-10 型及户内高压真空式 ZFN21-10 型等。FN3-10RT 型户内压气式高压负荷开关如图 2-2-11 所示。负荷开关一般配用 CS 型手动操动机构来进行操作。

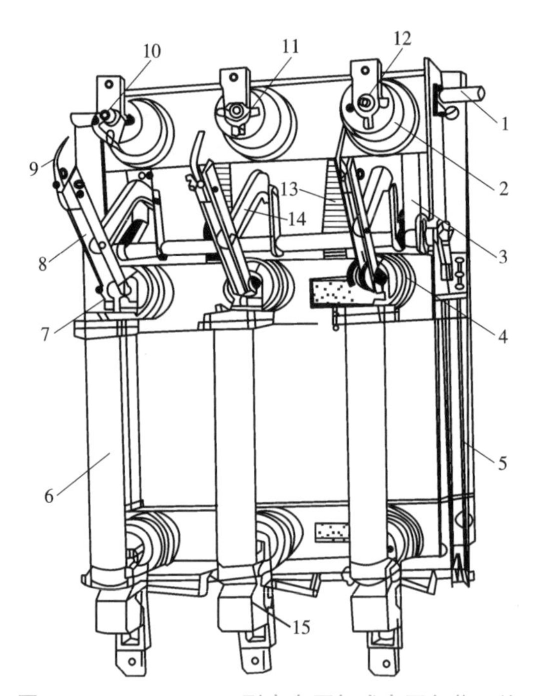

图 2-2-11　FN3-10RT 型户内压气式高压负荷开关

1—主轴；2—上绝缘子；3—连杆；4—下绝缘子；5—框架；6—RN1 型高压熔断器；7—下触座；8—闸门；9—弧动触头；10—绝缘喷嘴；11—主静触头；12—上触座；13—断路弹簧；14—绝缘拉杆；15—热脱扣器

任务3　掌握常用低压开关设备

【任务目标】

（1）掌握低压刀开关的功能和分类。

（2）掌握低压刀熔开关的功能和分类。

（3）掌握低压断路器的作用和工作原理。

（4）掌握低压断路器的型号和分类。

【知识储备】

低压开关设备主要有低压刀开关、低压刀熔开关、低压断路器等。

2.3.1　低压刀开关

低压刀开关QK的分类方式很多，按其转换方式不同可分为单投和双投；按其极数不同可分为单极、双极和三极；按其灭弧结构不同可分为不带灭弧罩和带灭弧罩。不带灭弧罩的刀开关一般只能在无负荷下操作，作为隔离开关使用；带灭弧罩的刀开关能通断一定的负荷电流，有效地使负荷电流产生的电弧熄灭。低压刀开关全型号的表示和含义如图2-3-1所示。常用的低压刀开关有HD13型、HD17型、HS13型等。HD13型低压刀开关的外形结构如图2-3-2所示。

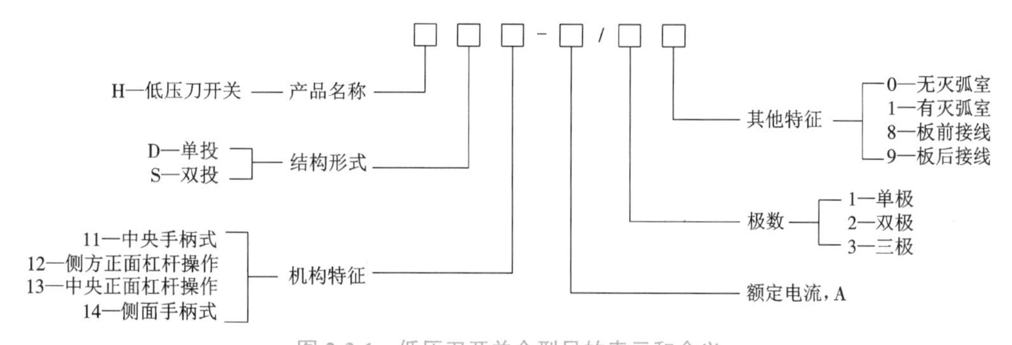

图2-3-1　低压刀开关全型号的表示和含义

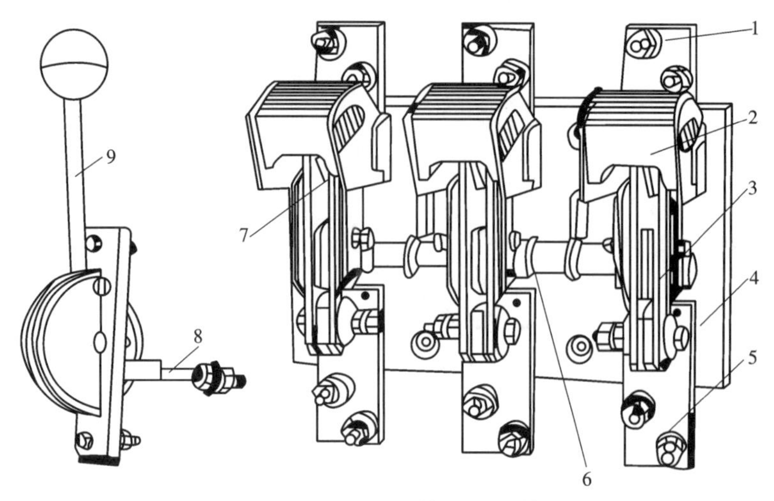

图 2-3-2 HD13 型低压刀开关

1—上接线端子；2—灭弧罩；3—刀闸；4—底座；5—下接线端子；6—主轴；7—静触头；8—连杆；9—操作手柄

2.3.2 低压刀熔开关

低压刀熔开关 QKF 又称熔断器式刀开关，是一种由低压刀开关与低压熔断器组合而成的开关电器。常见的 HR3 型刀开关将 HD 型刀开关刀闸换为 RT0 型熔断器的具有刀形触头的熔管。低压刀熔开关具有刀开关和熔断器的双重功能。目前，被越来越多采用的新式低压刀熔开关是 HR5 型，它与 HR3 型的主要区别为用 NT 型低压高分断能力熔断器取代了 RT0 型熔断器用作短路保护，其各项电气技术指标更加精确，同时具有结构紧凑、使用维护方便、操作安全可靠等优点，并且它还能进行单相熔断的监测，从而能有效防止因熔断器的单相熔断所造成的电动机缺相运行故障。低压刀熔开关全型号的表示和含义如图 2-3-3 所示。

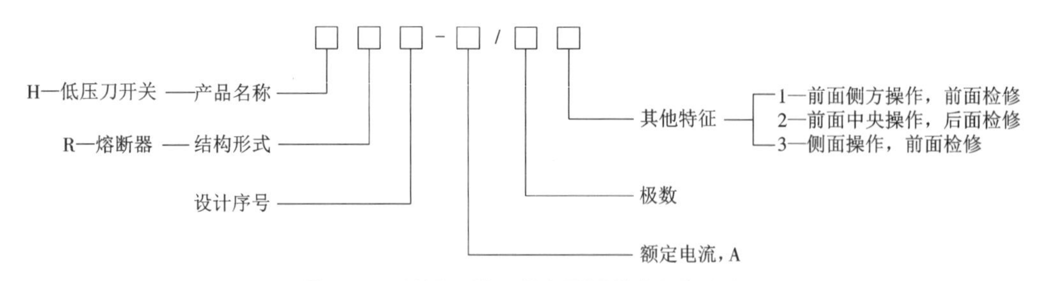

图 2-3-3 低压刀熔开关全型号的表示和含义

低压刀熔开关的一些操作注意事项如下。

2.3.2.1 送电注意事项

（1）在电动机控制中心（Motor Control Center，MCC）上进行低压刀熔开关送电操作时，若负荷侧有配电箱，检查配电箱内电源进线开关在断开位置。

（2）对于检修后及需测绝缘的设备，先测量设备三相绝缘良好；送电检查三相保险外观良好，用万用表电阻挡测量保险电阻值较小；检查刀熔开关保险座良好、无松动，低压刀熔开关内部无杂物。

（3）送保险前检查低压刀熔开关位置指示器在“OFF”位置；送保险时将保险竖直放入，不可偏斜，保险送好后检查保险送到位。

（4）保险送好后合上低压刀熔开关后将柜门锁好，检查钥匙孔在竖直位置且钥匙孔要弹出。

（5）合上低压刀熔开关时尽量站在侧面，低压刀熔开关合不上时不可强合，通知维修人员处理正常后再合。

2.3.2.2 停电注意事项

（1）拉开低压刀熔开关时，若有控制保险，先取下控制保险。

（2）拉开低压刀熔开关前，用钳形电流表测量三相确认无电流。

（3）拉开低压刀熔开关后，检查低压刀熔开关位置指示器在“OFF”位置，并测量刀熔开关下侧三相确认无电压。

（4）取下保险后应将柜门锁好 。

2.3.3 低压断路器

2.3.3.1 低压断路器的作用和工作原理

低压断路器 QF 又称自动空气开关或自动开关，是低压配电系统中重要的电器元件。低压断路器不仅能带负荷不频繁地接通和切断电路，而且能在电路发生短路、过负荷和低电压（或失压）时自动跳闸，切断故障电路，还可根据需要配备手动或远距离控制的电动操动机构。低压断路器的原理结构和接线如图 2-3-4 所示。过负荷时，串联在一次线路中的加热电阻丝被加热，使得双金属片弯曲，从而使开关跳闸。当线路电压严重下降或电压消失时，其失压脱扣器动作，同样使开关跳闸。如果按下脱扣按钮 6 或 7，将使失压脱扣器失压或使分励脱扣器通电，则可远距离使开关跳闸。

低压断路器中安装了不同的脱扣器，其作用分别如下所述。

（1）分励脱扣器：用于远距离跳闸（远距离合闸操作可采用电磁铁或电动储能合闸）。

（2）欠电压或失压脱扣器：用于欠电压或失电压（零压）保护，当电源电压低于定值时自动断开断路器。

（3）热脱扣器：用于线路或设备长时间过负荷保护，当线路电流出现较长时间过载时，金属片将受热变形，使断路器跳闸。

（4）过流脱扣器：用于短路、过负荷保护，当电流大于动作电流时自动断开断路器。过流脱扣器的动作特性有瞬时、短延时和长延时三种。

（5）复式脱扣器：既有过流脱扣器的功能又有热脱扣器的功能。

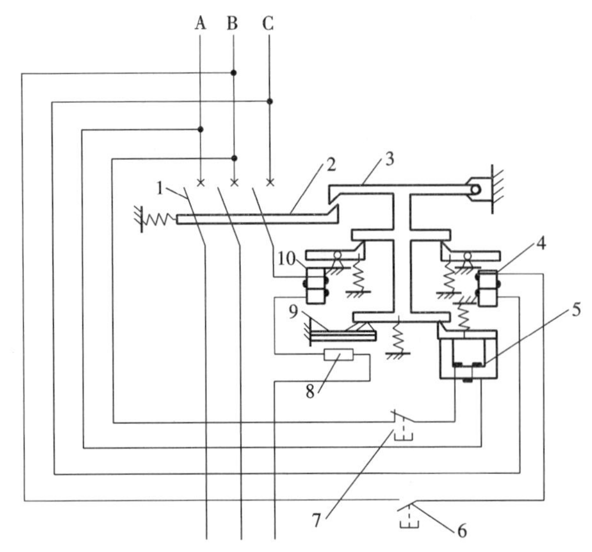

图 2-3-4 低压断路器的原理结构和接线

1—主触头；2—跳钩；3—锁扣；4—分励脱扣器；5—失压脱扣器；6、7—脱扣按钮；
8—加热电阻丝；9—热脱扣器；10—过流脱扣器

2.3.3.2 低压断路器的种类和型号

低压断路器的种类很多，按用途不同可分为配电用、电动机用、照明用和漏电保护用等；按灭弧介质不同可分为空气断路器和真空断路器；按极数不同可分为单极、双极、三极和四极断路器。配电用断路器按结构不同可分为塑料外壳式（装置式）和框架式（万能式）断路器；按保护性能不同可分为非选择型、选择型和智能型。非选择型断路器一般为瞬时动作的，通常只用作短路保护；也有长延时动作的，通常只用作过负荷保护。选择型断路器有两段保护和三段保护两种动作特性组合。两段保护有瞬时和长延时两种组合。三段保护有瞬时、短延时和长延时三种组合。低压断路器的三种保护特性曲线如图 2-3-5 所示。智能型断路器的脱扣器动作由微机控制，保护功能更多，选择性更好。国产低压断路器全型号的表示和含义如图 2-3-6 所示。

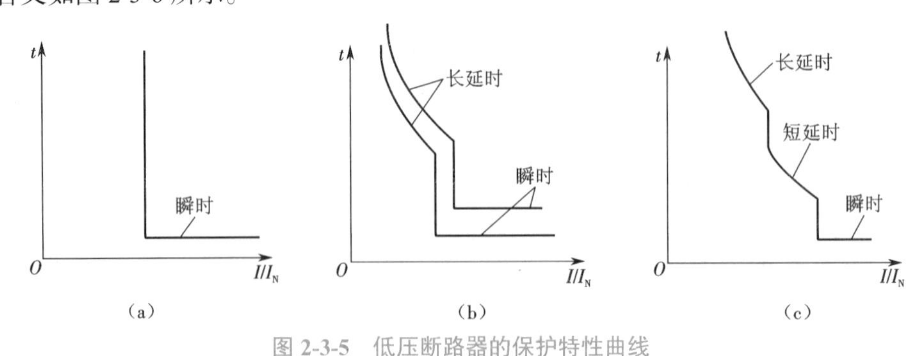

图 2-3-5 低压断路器的保护特性曲线

（a）瞬时动作特性 （b）两段保护特性 （c）三段保护特性

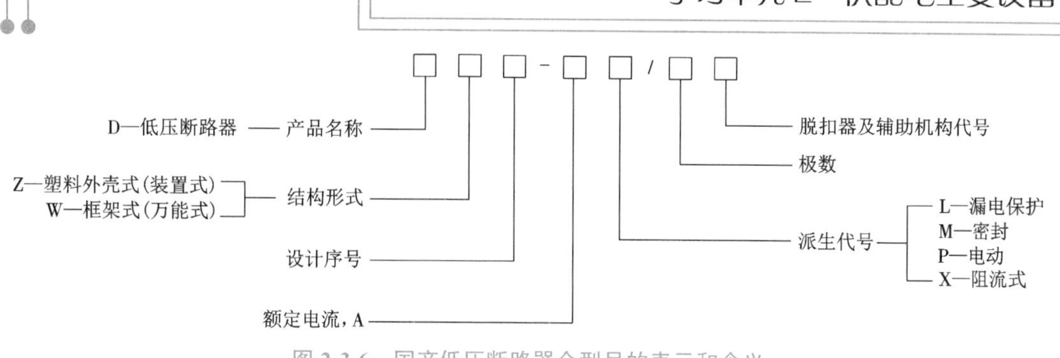

图 2-3-6　国产低压断路器全型号的表示和含义

1. 塑料外壳式低压断路器

塑料外壳式低压断路器又称装置式自动开关，其所有机构及导电部分都装在塑料外壳内，仅在塑料外壳正面中央有外露的操作手柄供手动操作使用。目前，常用的塑料外壳式低压断路器主要有 DZ20 型、DZ15 型、DZX10 型及引进国外技术生产的 H 系列、S 系列、3VL 系列、TO 系列和 TG 系列等 。

塑料外壳式低压断路器的保护方案少（主要保护方案有热脱扣器保护和过流脱扣器保护两种）、操作方法少（手柄操作和电动操作）；其电流容量和断流容量较小，但分断速度较快，一般不大于 0.02 s；其结构紧凑，体积小，质量轻，操作简便，封闭式外壳的安全性好。因此，它被广泛用作容量较小的配电支线的负荷端开关、不频繁启动的电动机开关。DZ20 型塑料外壳式低压断路器的外形结构如图 2-3-7 所示。

塑料外壳式低压断路器的操作手柄有三个位置。

（1）合闸位置。手柄扳向上方，跳钩被锁扣扣住，断路器处于合闸状态。

（2）自由脱扣位置。手柄位于中间位置，是断路器因故障自动跳闸、跳钩被锁扣脱扣、主触头断开的位置。

（3）分闸和再扣位置。手柄扳向下方，这时主触头依然断开，但跳钩被锁扣扣住，为下次合闸做好了准备。断路器自动跳闸后，必须把手柄扳到此位置，才能将断路器重新进行合闸，否则是合不上的。

不仅塑料外壳式低压断路器的手柄操作如此，框架式低压断路器同样如此。

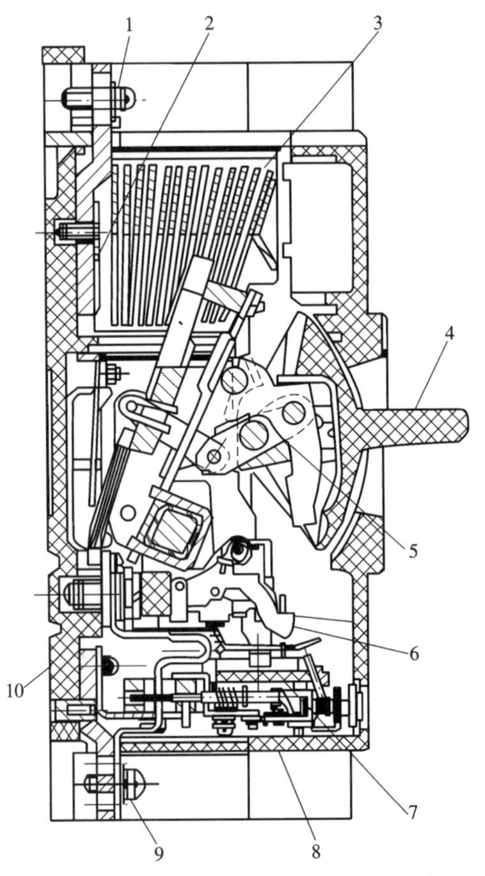

图 2-3-7　**DZ20 型塑料外壳式低压断路器**

1—引入线接线端子;2—主触头;3—灭弧室;4—操作手柄;5—跳钩;6—锁扣;
7—过流脱扣器;8—塑料外壳;9—引出线接线端子;10—塑料底座

2. 框架式低压断路器

框架式低压断路器又叫万能式低压断路器,它装在金属或塑料的框架上。目前,框架式低压断路器主要有 DW15 型 、DW16 型、DW18 型、DW40 型 、CB11(DW48)型、DW914 型等及引进国外技术生产的 ME 系列、AH 系列等。其中, DW40 型和 CB11 型采用智能型脱扣器,可实现微机保护。DW16 型框架式低压断路器的外形结构如图 2-3-8 所示。

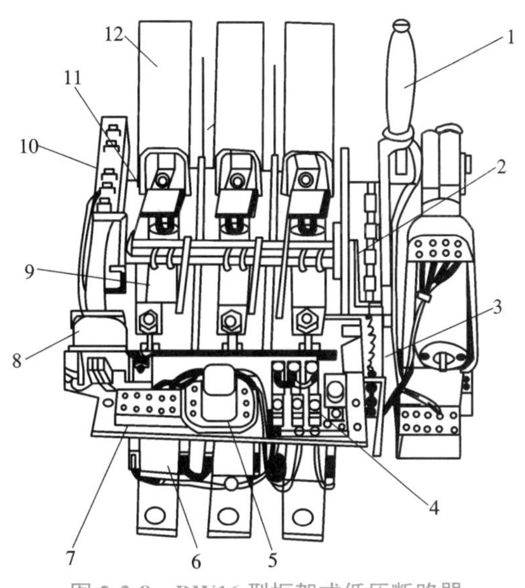

图 2-3-8　DW16 型框架式低压断路器

1—操作手柄;2—自由脱扣机构;3—欠电压脱扣机构;4—热继电器;5—接地保护用小型电流继电器;6—过负荷保护用过流脱扣器;7—接地端子排;8—分励脱扣器;9—短路保护用过流脱扣器;10—辅助触头;11—底座;12—灭弧罩(内有主触头)

框架式低压断路器的保护方案和操作方式较多,既有手柄操作,又有杠杆操作、电磁操作和电动操作等。框架式低压断路器的安装地点也很灵活,既可安装在配电装置中,又可安装在墙上或支架上。另外,相对于塑料外壳式低压断路器,框架式低压断路器的电流容量和断流能力较强,但其分断速度较慢(一般大于 0.02 s)。框架式低压断路器主要用于配电变压器低压侧的总开关、低压母线的分段开关和低压出线的主开关。

任务 4　了解成套配电装置

【任务目标】

(1)了解高压开关柜的功能和分类。

(2)了解低压开关柜的功能和分类。

【知识储备】

成套配电装置是按照电气主接线的要求,把一、二次电气设备组装在全封闭或半封闭的金属柜中,构成供配电系统中进行接收、分配和控制电能的总体装置。成套配电装置由制造厂成套供应,分为低压成套配电装置、高压成套配电装置与动力和照明配电箱。

2.4.1 高压成套配电装置(高压开关柜)

高压开关柜是按一定的线路方案由一、二次设备组装而成的一种高压成套配电装置。在变配电所中,高压开关柜用来控制并保护变压器和高压线路,也可用作大型高压交流电动机的启动和保护。高压开关柜中安装有高压开关设备、保护电器、监测仪表和母线、绝缘子等。高压开关是指在电力系统发电、输电、配电、电能转换和消耗中起通断、控制或保护等作用,电压等级在3.6~550 kV的电器产品,主要包括高压断路器、高压隔离开关与接地开关、高压负荷开关、高压自动重合与分段器,高压操作机构、高压防爆配电装置和高压开关柜等几大类。高压开关制造业是输变电设备制造业的重要组成部分,在整个电力工业中占有非常重要的地位。

开关柜应满足《3.6 kV~40.5 kV交流金属封闭开关设备和控制设备》(GB 3906—2006)标准的有关要求,由柜体和断路器两大部分组成,柜体由壳体、电器元件(包括绝缘件)、各种机构、二次端子及连线等组成。

(1)柜体材料:

①冷轧钢板或角钢(用于焊接柜);

②敷铝锌钢板或镀锌钢板(用于组装柜);

③不锈钢板(不导磁性);

④铝板(不导磁性)。

(2)功能单元:

①主母线室(一般主母线按“品”字形或“1”字形两种结构布置);

②断路器室;

③电缆室;

④继电器和仪表室;

⑤柜顶小母线室;

⑥二次端子室。

(3)柜内元件:

①柜内常用的一次电器元件(主回路设备)常见的有电流互感器、电压互感器、零序互感器、开关柜、接地开关、避雷器(阻容吸收器)、隔离开关、高压断路器、高压接触器、高压熔断器、变压器、高压带电显示器、绝缘件、主母线和分支母线、高压电抗器、负荷开关、高压单相并联电容器等;

②柜内常用的主要二次元件(又称二次设备或辅助设备,指对一次电器元件进行监察、控制、测量、调整和保护的低压设备)常见的有继电器、电度表、电流表、电压表、功率表、功率因数表、频率表、熔断器、空气开关、转换开关、信号灯、电阻、按钮、微机综合保护装置等。

高压开关柜按主要设备元件的安装方式不同可分为固定式和移开式(手车式)两大类;

按开关柜隔室结构可分为铠装式、间隔式、封闭箱式和敞开式等；按母线结构不同可分为单母线、单母线带旁路母线和双母线等；按功能和作用不同可分为馈线柜、电压互感器柜、高压电容器柜（GR-1 系列）、电能计量柜（PJ 系列）、高压环网柜（HXGN 系列）等。各种高压开关柜必须具有"五防"功能。所谓"五防"，即

（1）防止误跳、误合断路器；

（2）防止带负荷拉、合隔离开关；

（3）防止带电挂接地线；

（4）防止带接地线闭合隔离开关；

（5）防止人员误入开关柜的带电间隔。

高压开关柜通过装设机械或电气闭锁装置来实现"五防"功能，从而防止电气误操作和保障人身安全。国产新系列高压开关柜全型号的表示及含义如图 2-4-1 所示。

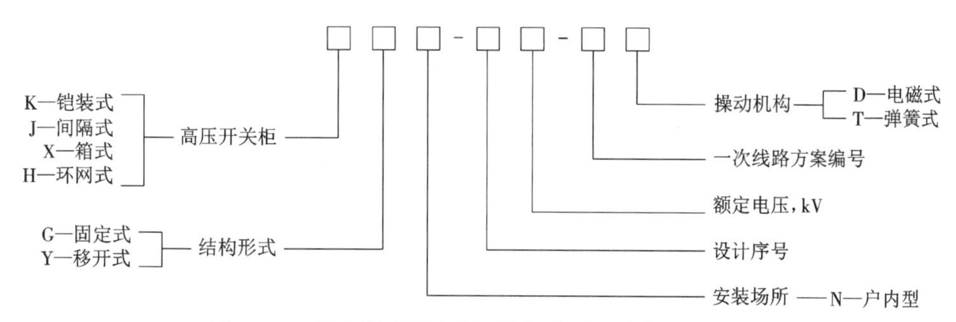

图 2-4-1 国产新系列高压开关柜全型号的表示及含义

2.4.1.1 固定式高压开关柜

固定式高压开关柜的主要设备（如断路器、互感器和避雷器等）都固定安装在不能移动的台架上。这种开关柜具有构造简单、制造成本低、安装方便等优点；但当内部主要设备发生故障或需要检修时，必须中断供电，直到排除故障或检修结束后才能恢复供电。因此，固定式高压开关柜一般用在企业的中小型变配电所和负荷不是很重要的场所。

近年来，我国设计生产的新型固定式高压开关柜有 XGN 系列（交流金属箱固定式封闭高压开关柜）、KGN 系列（交流金属铠装固定式高压开关柜）和 HXGN 系列（箱式环网固定式高压开关柜）。XGN2-10-07（D）型固定式金属封闭高压开关柜如图 2-4-2 所示，其柜体骨架由角钢焊接成箱式结构，柜内由钢板分割成组合开关室、仪表室、母线室和电缆室，布局合理，运行操作及检修维护方便。在柜与柜之间加装了母线隔离套管，从而避免了一柜发生故障而波及邻柜。该产品可采用 ZN28A-10 系列真空断路器，也可以采用少油断路器，其隔离开关采用 GN30-10 型旋转式隔离开关，技术性能高，设计新颖。

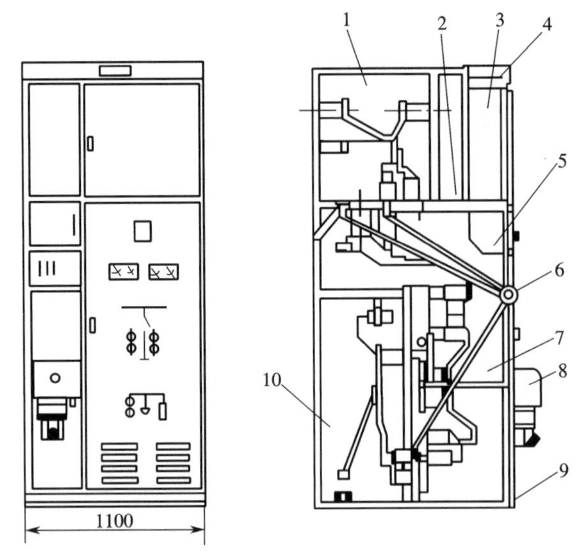

图 2-4-2　XGN2-10-07(D)型固定式金属封闭高压开关柜

1—母线室;2—高压释放通道;3—仪表室;4—二次小母线室;5—组合开关室;6—手动操动机构及连锁机构;
7—主开关室;8—电磁操动机构;9—接地母线;10—电缆室

2.4.1.2　手车式(移开式)高压开关柜

手车式高压开关柜的主要设备(如断路器、电压互感器和避雷器等)装设在可以拉出和推入开关柜的手车上。如这些设备发生故障或需要检修时,可随时将其手车拉出,再推入同类备用手车,即可恢复供电,停电时间很短,从而大大提高了供电可靠性。手车式高压开关柜较之固定式高压开关柜,具有检修方便、供电可靠性高等优点,但制造成本较高,主要用于大中型变配电所及负荷比较重要、要求供电可靠性高的场所。手车式高压开关柜的主要产品有 KYN 系列、JYN 系列等。KYN28A-12 型金属铠装移开式高压开关柜的外形结构如图 2-4-3 所示。

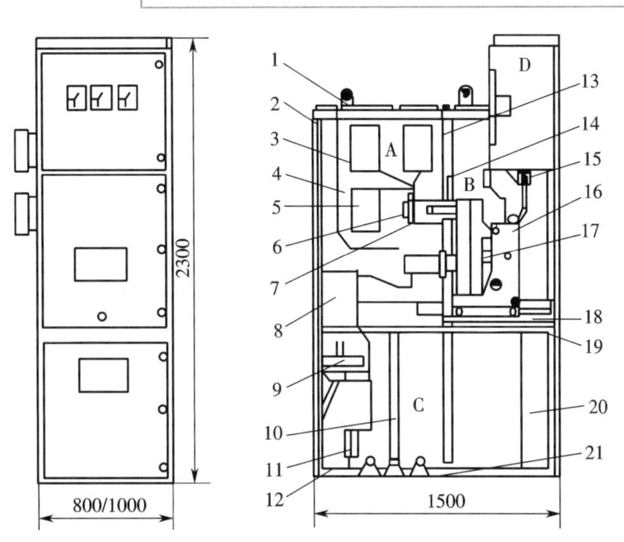

图 2-4-3　KYN28A-12 型金属铠装移开式高压开关柜

A—母线室；B—断路器手车室；C—电缆室；D—继电器仪表室

1—泄压装置；2—外壳；3—分支母线；4—母线套管；5—主母线；6—静触头装置；7—静触头盒；8—电流互感器；9—接地开关；10—电缆；11—避雷器；12—接地母线；13—装卸式隔板；14—隔板（活门）；15—二次插头；16—断路器手车；17—加热去湿器；18—抽出式隔板；19—接地开关操动机构；20—控制小线槽；21—底板

该开关柜由金属板分隔成母线室、断路器手车室、电缆室和继电器仪表室，每一个金属外壳均独立接地。断路器手车室内配有真空断路器。因为有“五防”联锁，所以只有当断路器处于分闸位置时，手车才能抽出或插入。手车在工作位置时，一、二次回路都接通；手车在试验位置时，一次回路断开，二次回路仍接通；手车在断开位置时，一、二次回路都断开。断路器与接地开关有机械连锁，只有当断路器处于跳闸位置时，手车抽出，接地开关才能合闸。当接地开关在合闸位置时，手车只能推到试验位置，从而有效防止接地线合闸。当设备损坏或检修时可以随时拉出手车，再推入同类型备用手车即可恢复供电。因此，该开关柜具有检修方便、安全、供电可靠性高等优点。

2.4.2　低压成套配电装置（低压配电屏）

低压配电屏是按一定的线路方案由一、二次设备组装而成的一种低压成套配电装置，在低压配电系统中用来控制受电、馈电、照明、电动机及补偿功率因数。根据应用场合的不同，屏内可装设自动空气开关、刀开关、接触器、熔断器、仪用互感器、母线以及信号和测量装置等不同设备。低压配电屏按结构形式可分为固定式、抽屉式和组合式。国产新系列低压配电屏全型号的表示及含义如图 2-4-4 所示。

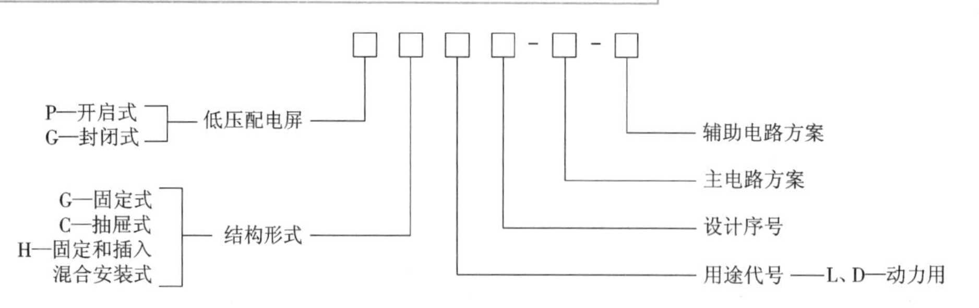

图 2-4-4 国产新系列低压配电屏全型号的表示及含义

固定式低压配电屏将一、二次设备均固定安装在柜中。柜面上部安装测量仪表,中部安装刀开关的操作手柄,下部为外开的金属门。母线装在柜顶,自动空气开关和电流互感器都装在柜后。目前,多采用 GGD 系列和 GGL 系列固定式低压配电屏。GGD 系列固定式低压配电屏的外形如图 2-4-5 所示。该型低压配电屏采用 DW15 型或更先进的断路器,具有分断能力强、动稳定性好、组合灵活方便、结构新颖和安全可靠等特点 。

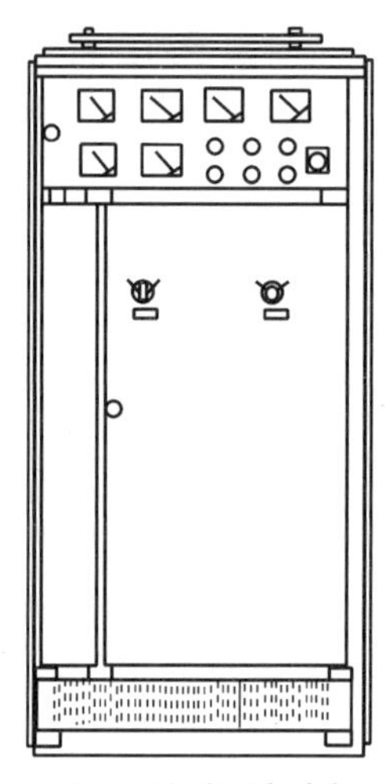

图 2-4-5 GGD 系列固定式低压配电屏

抽屉式低压配电屏为封闭式结构,主要设备均放在抽屉内或手车上。当回路发生故障时,可换上备用手车或抽屉,迅速恢复供电,以提高供电的可靠性。抽屉式低压配电屏还具有布置紧凑、占地面积小、检修方便等优点,但结构复杂、钢材消耗多、价格较贵。目前,常用的抽屉式低压配电屏有 GCL 系列、GCS 系列、GCK 系列、GHT1 系列等。其中,GHT1 系列是 GCK(L)1A 系列的更新换代产品,由于采用了 ME 系列、CM1 系列断路器和 NT 系列熔断器等新型高性能元件,其性能大为改善,但价格较贵。GCK 型抽屉式低压配电屏如图 2-4-6 所示 。

目前,我国应用的组合式低压配电屏有 GZL1 系列、GZL2 系列、GZL3 系列及引进国外技术生产的多米诺(DOMINO)系列、科必可(CUBIC)系列等,它们均采用模数化组合结构,其标准化程度高,通用性强,柜体外形美观,而且安装灵活方便 。

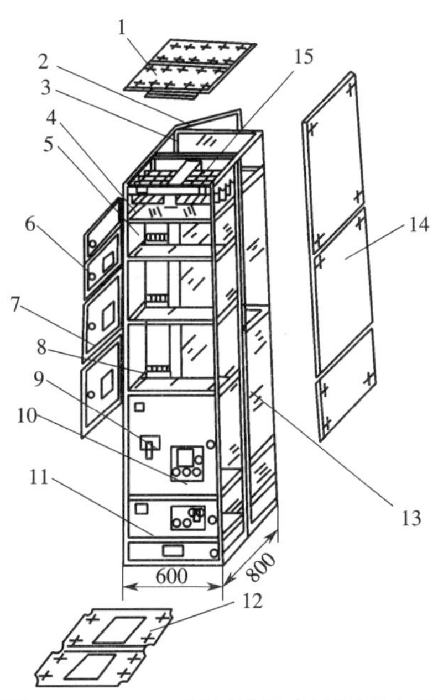

图 2-4-6 GCK 系列抽屉式低压配电屏

1—顶盖板;2—后门;3—电缆室;4—水平母线室;5—功能单元室;6—门锁;7—门;8—垂直母线室;9—操动机构;10—控制板;11—公用电缆室;12—底盖板;13—后板;14—侧盖板;15—水平母线

2.4.3 动力和照明配电箱

从低压配电屏引出的低压配电线路一般经动力和照明配电箱接至各用电设备,它们是车间和民用建筑的供配电系统中用电设备的最后一级控制和保护设备。动力和照明配电箱的种类很多,按安装方式不同可分为靠墙式、悬挂式和嵌入式。靠墙式是靠墙落地安装的,悬挂式是挂在墙壁上明装的,嵌入式是嵌在墙壁里暗装的。动力和照明配电箱全型号的一般表示和含义如图 2-4-7 所示。

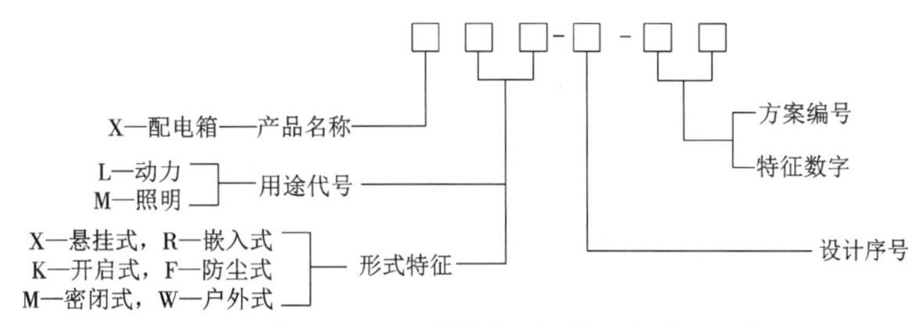

图 2-4-7 动力和照明配电箱全型号的一般表示和含义

(1)动力配电箱。动力配电箱通常具有配电和控制两种功能,主要用于动力配电和控制,但也可用于照明的配电和控制。常用的动力配电箱有 XL 型、XF-10 型、BGL 型、BGM 型等,其中 BGL 系列和 BGM 系列多用于高层建筑的动力和照明配电。

(2)照明配电箱。照明配电箱主要用于照明和小型动力线路的配电、控制、过负荷和短

路保护。照明配电箱的种类和组合方案繁多,其中 XXM 系列和 XRM 系列适用于工业和民用建筑的照明配电,也可用于小容量动力线路的漏电、过负荷和短路保护。

2.4.4 高低压电器设备的选择

正确地选择电器设备是供配电系统安全、经济运行的重要条件。电器设备在正常运行和短路状态下都必须可靠地工作,为此电器设备选择的一般程序是先按正常工作条件选出元件,再按短路条件校验。按正常工作条件选择就是要考虑电器设备的环境条件和电气要求。环境条件是指电器设备所处的位置(室内或室外)、环境温度、海拔高度以及有无防尘、防腐、防火、防爆等要求。电气要求是指对电气设备的电压、电流等方面的要求,对一些断路电器如断路器、熔断器等,还应考虑其断流能力。按短路条件校验就是要按最大可能的短路电流校验电气设备的动稳定和热稳定。由于各种高低压电器设备具备不同的性能特点,因此选择与校验条件也不尽相同。表 2-4-1 给出了高低压电器设备选择与校验的项目和条件。

表 2-4-1 高低压电器设备选择与校验的项目和条件

电气设备名称	电压 /kV	电流 /A	断流能力 /kA	短路电流校验		环境条件
				动稳定度	热稳定度	
高压断路器	√	√	√	√	√	√
高压隔离开关	√	√	—	√	√	√
高压负荷开关	√	√	√	√	√	√
熔断器	√	√	√	—	—	√
电流互感器	√	√	—	√	√	√
电压互感器	√	—	—	—	—	√
低压刀开关	√	√	√	⊿	⊿	√
低压断路器	√	√	√	⊿	⊿	√
支柱绝缘子	√	—	—	√	—	√
套管绝缘子	√	√	—	√	√	√
母线	—	√	—	√	√	√
电缆、绝缘导线	√	√	—	—	√	√

注:√表示必须校验;⊿表示一般可不校验;—表示不需要校验。

【知识跟进】

(1)查阅资料,了解高低压断路器的常见品牌。

(2)查阅资料,了解高低压开关柜的常见品牌。

(3)查阅资料,了解断路器的操动机构类型、特点及使用场合。

电气照明系统

任务1　了解照明基础知识

【任务目标】

(1)了解常用的三个光学物理量:光通量、发光强度、照度。
(2)了解照明质量指标。
(3)掌握照明方式与照明种类。

【知识储备】

照明是人们生活和工作不可缺少的条件,良好的照明有利于人们的身心健康,保护视力,提高劳动生产率及保证安全生产;照明又能对建筑进行装饰,发挥和表现建筑环境的美感,因此照明已成为现代建筑中重要的组成部分之一。电气照明设计实际上是对光的设计和控制,为更好地理解电气照明设计,必须掌握照明技术的一些基本概念。

3.1.1　常用的光学物理量

光是能引起视觉感应的辐射能,它以电磁波的形式在空间传播。可见光的波长一般在380~780 nm,不同波长的光给人的颜色感觉不同。描述光的能量有两类:一类是以电磁波或光的能量作为评价基准来计量,通常称为辐射量;另一类是以人眼的视觉效果作为基准来计量,通常称为光度量。在照明技术中,常常采用后者,因为采用以视觉强度为基础的光度量较为方便。

3.1.1.1 光通量

光源在单位时间内向周围空间辐射出的能使人眼产生光感的能量，称为光通量，以符号 Φ 表示，单位为 lm（流明），它是表征光源特性的光度量。

在实际照明工程中，光通量是说明光源发光能力的一个基本量，是光源的一个基本参数。例如，一只 220 V、40 W 的普通白炽灯发出 350 lm 的光通量，而一只 220 V、36 W 的荧光灯发出约 2 500 lm 的光通量，约为白炽灯的 7 倍。

3.1.1.2 发光强度（光强）

光源在空间某一方向上单位立体角内发射的光通量与该单位立体角的比值，称为光源在这一方向上的发光强度，以符号 I 表示，单位为 cd（坎德拉）。

$$I = \frac{\mathrm{d}\Phi}{\mathrm{d}\omega}$$

式中　I——某一特定方向上的发光强度，cd；

Φ——在该方向上单位立体角内传播的光通量，lm；

ω——该方向的单位立体角。

发光强度常用于表示光源和灯具发出的光通量在空间各方向或选定方向上的分布密度。任何灯具在空间各方向上的发光强度都不一样，可以用数据或图形把照明灯具发光强度在空间的分布状况记录下来，通常我们用纵坐标来表示照明灯具的光强分布，以坐标原点为中心，把各方向上的发光强度用矢量标注出来，连接各矢量的端点，即形成光强分布曲线，也叫配光曲线。

在日常生活中，人们为了改变光通量在空间的分布情况，采用了各种不同形式的灯罩进行配光。例如，40 W 的白炽灯在未加灯罩前，其正下方的光强约为 30 cd，加上一个不透光的搪瓷伞形灯罩后，其向上的光除少量被吸收外，都被灯罩朝下反射，使正下方的光强由 30 cd 增至 73 cd 左右。

3.1.1.3 照度

照度是用来说明被照面（工作面）上被照射的程度，通常用单位面积上接收到的光通量来表示，以符号 E 表示，单位为 lx（勒克斯）。

$$E = \frac{\Phi}{S}$$

式中　E——照度，lx；

Φ——入射到被照面的光通量，lm；

S——被照面表面面积，m^2。

1 lx 相当于每平方米面积上，均匀分布 1 lm 的光通量的表面照度，所以也可以用 $\mathrm{lm/m^2}$ 为单位，照度是被照面的光通密度。

1 lx 是比较小的，在这样的照度下，人们仅能勉强地辨识周围的物体，要区分细小的物

体是很困难的。

为对照度有一些感性认识，现举例如下：

（1）晴天阳光直射下的照度为 10 000 lx，晴天室内的照度为 100~500 lx，多云白天室外的照度为 1 000~10 000 lx；

（2）满月晴空月光下的照度约为 0.2 lx；

（3）在 40 W 白炽灯下 1 m 处的照度为 30 lx，加搪瓷灯罩后照度增加为 73 lx；

（4）照度为 1 lx 时，仅能辨识物体的轮廓；

（5）照度为 5~10 lx 时，看一般书籍比较困难；

（6）阅览室和办公室的照度一般要求不低于 50 lx。

照度是工程设计中的常见量，可以说明被照面或工作面被照射的程度，即单位面积光通量的大小。在照明工程设计中，常常要根据技术参数中的光通量以及国家标准给定的各种照度标准值进行灯具样式、位置、数量的选择。

3.1.2 照明质量指标

3.1.2.1 光源的色温与显色性

光源的发光颜色与温度有关，当温度不同时，光源发出光的颜色是不同的。因此，光源的发光颜色常用色温这一概念来表示。所谓色温，是指光源发射光的颜色与黑体（能吸收全部光辐射而不反射、不透光的理想物体）在某一温度下发射光的颜色相同时的温度，用绝对温标 K 表示。

光源的显色性是指光源呈现被照物体颜色的性能。一般用显色指数（R_a）评价光源显色性，光源的显色指数越高，其显色性越好，一般取 80~100 为优，50~79 为一般，小于 50 为较差。我国生产的部分电光源的色温及显色指数见表 3-1-1。

表 3-1-1 部分电光源的色温及显色指数表

光源名称	色温 /K	显色指数 R_a
白炽灯	2 900	95~100
荧光灯	6 600	70~80
荧光高压汞灯	5 500	30~40
镝灯	4 300	85~95
高压钠灯	2 000	20~25

光源的色温与显色性都取决于其辐射的光谱组成。不同的光源可能具有相同的色温，其显色性却可能有很大差异；同样，色温有明显区别的两个光源，其显色性可能大体相同。因此，不能从某一光源的色温做出有关显色性的任何判断。

光源的颜色宜与室内表面的配色互相协调，比如在天然光和人工光同时使用时，可选用色温在 4 000~4 500 K 的荧光灯和气体光源。

3.1.2.2 眩光

眩光是由于视野中的亮度分布或亮度范围不合适，或存在极端的对比，以致引起不舒适感觉或降低观察细部或目标的能力的视觉现象。眩光对视力的损害极大，会使人产生晕眩，甚至造成事故。眩光可分为直接眩光和反射眩光两种。直接眩光是指在观察方向上或附近存在亮的发光体所引起的眩光。反射眩光是指在观察方向上或附近由亮的发光体的镜面反射所引起的眩光。在建筑照明设计中，应注意限制各种眩光，通常采取下列措施：

（1）限制光源的亮度，降低灯具的表面亮度，如采用磨砂玻璃、漫射玻璃或格栅；

（2）局部照明的灯具应采用不透明的反射罩，且灯具的保护角（或遮光角）≥ 30°，若灯具的安装高度低于工作者的水平视线，保护角应限制在 10°~30°；

（3）选择合适的灯具悬挂高度；

（4）采用各种玻璃水晶灯可以大大减小眩光，而且使整个环境显得富丽豪华；

（5）1 000 W 金属卤化物灯有紫外线防护措施时，悬挂高度可适当降低；

（6）灯具安装选用合理的距高比。

3.1.2.3 合理的照度和照度的均匀性

照度是衡量物体明亮程度的直接指标。在一定的范围内，照度增加可使视觉能力得以提高。合理的照度有利于保护人的视力，提高劳动生产率。

照度标准是关于照明数量和质量的规定，在照明标准中主要是规定工作面上的照度。国家根据有关规定和实际情况制定了各种工作场所的最低照度值或平均照度值，称为该工作场所的照度标准。这些标准是进行照度设计的依据，《建筑照明设计标准》（GB 50034—2013）规定了常见民用建筑的照度标准。房间或场所内的通道和其他非作业区域的一般照明的照度值不宜低于作业区域一般照明照度值的 1/3。

除了合理的照度外，为了减轻因频繁适应照度变化较大的环境而产生的视觉疲劳，室内照度的分布应该具有一定的均匀度。照度均匀度是指工作面上的最低照度与平均照度的比值。《建筑照明设计标准》（GB 50034—2013）规定：室内一般照明照度均匀度不应小于 0.7，而作业面邻近周围的照度均匀度不应小于 0.5。

3.1.2.4 照度的稳定性

为提高照度的稳定性，从照明供电方面考虑，可采取以下措施：

（1）照明供电线路与负荷经常变化且变化大的电力线路分开，必要时可采用稳压措施；

（2）灯具安装注意避免工业气流或自然气流引起的摆动，吊挂长度超过 1.5 m 的灯具宜采用管吊式；

（3）被照物体处于转动状态的场合，需避免频闪效应。

3.1.3　照明方式与照明种类

3.1.3.1　照明方式

照明方式是指照明设备按其安装部位或使用功能构成的基本制式。

按照明设备安装部位区分，有建筑物外照明和建筑物内照明。建筑物外照明可根据实际使用功能分为建筑物泛光照明、道路照明、区街照明、公园和广场照明、溶洞照明、水景照明等，每种照明方式都有其特殊的要求。建筑物内照明按使用功能不同可分为一般照明、分区一般照明、局部照明和混合照明。

1. 一般照明

不考虑特殊部位的需要，为照亮整个场地而设置的照明方式，称一般照明。它可使整个场地都能获得均匀的照度，适用于对光照方向无特殊要求或不适合使用局部照明和混合照明的场所，如仓库、某些生产车间、办公室、会议室、教室、候车室、营业大厅等。

2. 分区一般照明

根据需要提高特定区域照度的一般照明方式，称分区一般照明。对于照度要求比较高的工作区域，可以集中均匀布置灯具，以提高其照度值；其他区域仍采用一般照明的布置方式，如工厂车间的组装线、运输带、检验场地等。

3. 局部照明

为满足某些部位的特殊需要而设置的照明方式，称局部照明。如在很小范围内的工作面，通常采用辅助照明设施（如车间内的机床灯、商店橱窗的射灯、办公桌上的台灯等）来满足特殊工作的需要。在需要局部照明的场所，应采用混合照明方式，不应只装配局部照明而无一般照明，因为这样会导致亮度分布不均匀而影响视觉。

4. 混合照明

由一般照明与局部照明组成的照明方式，即在一般照明的基础上再增加局部照明，称混合照明，这样有利于提高照度和节约电能。

3.1.3.2　照明种类

1. 按光照形式分类

1）直接照明

直接照明是将灯具发射的90%~100%的光通量直接投射到工作面上的照明，常用于对光照无特殊要求的整体环境照明，裸露装设的白炽灯、荧光灯均属于此类。

2）半直接照明

半直接照明是将灯具发射的60%~90%的光通量直接投射到工作面上的照明。

3）均匀漫射照明

均匀漫射照明是将灯具发射的40%~60%的光通量直接投射到工作面上的照明。

4）半间接照明

半间接照明是将灯具发射的10%~40%的光通量直接投射到工作面上的照明。

5）间接照明

间接照明是将灯具发射的10%以下的光通量直接投射到工作面上的照明。

6）定向照明

定向照明是光线主要从某一特定方向投射到工作面和目标上的照明。

7）重点照明

重点照明是为突出特定的目标或引起对视野中某一部分的注意而设置的定向照明。

8）漫射照明

漫射照明是投射在工作面或物体上的光在任何方向上均无明显差别的照明。

9）泛光照明

泛光照明是通常由投光灯来照射某一情景或目标，且照度比其周围照度明显高的照明。

2. 按照明用途分类

1）正常照明

正常照明是正常工作时使用的永久安装照明。

2）应急照明

应急照明是在正常照明电源因故障失效的情况下，供人员疏散、保障安全或继续工作使用的照明。应急照明必须采用能快速点亮的可靠光源，一般采用白炽灯或卤钨灯。

3）疏散照明

疏散照明是应急照明的组成部分，以确保有效地辨认和使用安全出口通道，使人们安全撤离建筑物。

4）值班照明

值班照明是供值班人员使用的照明。值班照明可利用正常照明中能单独控制的一部分，并设置专用控制开关。

5）警卫照明

警卫照明是根据警卫任务需要而设置的照明。

6）障碍照明

障碍照明是装设在障碍物上或其附近，作为障碍标志用的照明，如高层建筑物的障碍标志灯、道路局部施工灯、管道人井施工灯、航标灯等。

7）装饰照明

装饰照明是为美化、烘托、装饰某一特定空间环境而设置的照明，如建筑物轮廓照明、广场照明、绿地照明等。

8）广告照明

广告照明是以针对商品品牌或商标为主，配以广告词和其他图案的照明。该照明方式

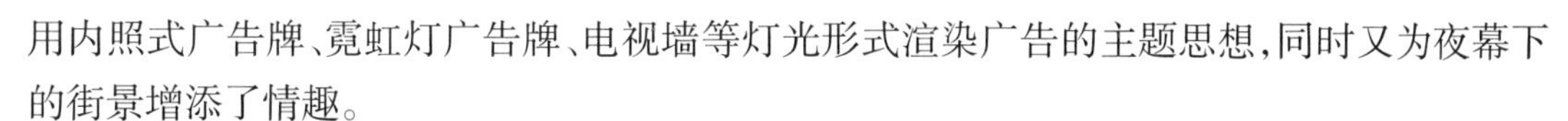

用内照式广告牌、霓虹灯广告牌、电视墙等灯光形式渲染广告的主题思想，同时又为夜幕下的街景增添了情趣。

9）艺术照明

艺术照明是通过运用不同的光源、灯具、投光角度、灯光颜色营造出一种特定空间气氛的照明。

【知识加油站】

1. 常见光源的光通量

太阳：3.9×10^{28} lm。

月亮：8×10^{16} lm。

白炽灯：100 W，1 038 lm。

荧光灯：40 W，2 200 lm。

卤钨灯：500 W，10 500 lm。

2. 光通量、光强、亮度和照度的关系

光通量、光强、亮度是反映光源特性的基本量，它们反映的是光源的发光情况。照度是表征被照物接收光通量强弱的物理量。

【课后练习】

（1）常用的三个光学物理量（光通量、光强、照度）有何区别？请详细说明。

（2）如何评价光源的显色性？

（3）在照明工程中，如何限制各种眩光？

（4）照明方式有哪些？照明按用途可分为哪些种类？

【知识跟进】

（1）查阅资料，了解其他光源。

（2）查阅资料，了解荧光灯和金属卤化物灯在现代建筑中的应用。

（3）查阅资料，了解国际、国内点光源知名品牌，并制作 PPT 展示。

任务2　了解常用照明标准

【任务目标】

（1）了解常用照明标准（重点是公共场所、居住建筑）。

（2）了解维护系数标准值。

（3）了解设计照度值与照度标准值可允许的偏差。

【知识储备】

照度的正确选择与计算是电气照明设计的重要任务。因此，在照明工程中，对照度设计计算应按照国家标准进行。目前，我国的建筑照明设计方面的标准是《建筑照明设计标准》（GB 50034—2013），其中照明节能部分为强制性条文，必须严格执行。

建筑照明照度标准值均按以下系列分级：0.5 lx、1 lx、3 lx、5 lx、10 lx、15 lx、20 lx、30 lx、50 lx、75 lx、100 lx、150 lx、200 lx、300 lx、500 lx、750 lx、1 000 lx、1 500 lx、2 000 lx、3 000 lx 和 5 000 lx。

3.2.1 建筑照明标准（部分）

3.2.1.1 工业建筑

本书仅摘录工业建筑（机、电工业）一般照明标准值，见表 3-3-1，其中 UGR 为统一眩光值、U_0 为照度均匀度。

表 3-3-1 工业建筑（机、电工业）一般照明标准值

房间或场所		参考平面及其高度	照度标准值/lx	UGR	R_a	U_0	备注
1. 机、电工业							
机械加工	粗加工	0.75 m 水平面	200	22	60	0.40	可另加局部照明
	一般加工（公差≥ 0.1 mm）	0.75 m 水平面	300	22	60	0.60	应另加局部照明
	精密加工（公差 <0.1 mm）	0.75 m 水平面	500	19	60	0.70	应另加局部照明
机电仪表装配	大件	0.75 m 水平面	200	25	80	0.60	可另加局部照明
	一般件	0.75 m 水平面	300	25	80	0.60	可另加局部照明
	精密	0.75 m 水平面	500	22	80	0.70	应另加局部照明
	特精密	0.75 m 水平面	750	19	80	0.70	应另加局部照明
电线、电缆制造		0.75 m 水平面	300	25	60	0.60	—
线圈绕制	大线圈	0.75 m 水平面	300	25	80	0.60	—
	中等线圈	0.75 m 水平面	500	22	80	0.70	可另加局部照明
	精细线圈	0.75 m 水平面	750	19	80	0.70	应另加局部照明
线圈浇注		0.75 m 水平面	300	25	80	0.60	—
焊接	一般	0.75 m 水平面	200	—	60	0.60	—
	精密	0.75 m 水平面	300	—	60	0.70	—
钣金		0.75 m 水平面	300	—	60	0.60	—
冲压、剪切		0.75 m 水平面	300	—	60	0.60	—

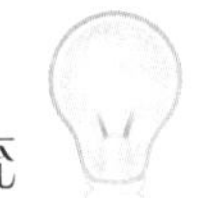

3.2.1.2　住宅建筑

住宅建筑照明标准值宜符合表 3-3-2 的规定。

表 3-3-2　住宅建筑照明标准值

房间或场所		参考平面及其高度	照度标准值 /lx	R_a
起居室	一般活动	0.75 m 水平面	100	80
	书写、阅读		300*	
卧室	一般活动	0.75 m 水平面	75	80
	床头、阅读		150*	
餐厅		0.75 m 水平面	150	80
厨房	一般活动	0.75 m 水平面	100	80
	操作台	台面	150*	
卫生间		0.75 m 水平面	100	80
电梯前厅		地面	75	60
走道、楼梯间		地面	50	60
车库		地面	30	60

注：* 指混合照明照度。

其他居住建筑照明标准值宜符合表 3-3-3 的规定。

表 3-3-3　其他居住建筑照明标准值

房间或场所		参考平面及其高度	照度标准值 /lx	R_a
职工宿舍		地面	100	80
老年人卧室	一般活动	0.75 m 水平面	150	80
	床头、阅读		300*	
老年人起居室	一般活动	0.75 m 水平面	200	80
	书写、阅读		500*	
酒店式公寓		地面	150	80

注：* 指混合照明照度。

3.2.1.3　公共建筑

图书馆建筑照明标准值应符合表 3-3-4 的规定。

表 3-3-4 图书馆建筑照明标准值

房间或场所	参考平面及其高度	照度标准值/lx	UGR	U_0	R_a
一般阅览室、开放阅览室	0.75 m 水平面	300	19	0.60	80
多媒体阅览室	0.75 m 水平面	500	19	0.60	80
老年阅览室	0.75 m 水平面	500	19	0.70	80
珍善本、舆图阅览室	0.75 m 水平面	500	19	0.60	80
陈列室、目录厅(室)、出纳厅	0.75 m 水平面	300	19	0.60	80
档案库	0.75 m 水平面	200	19	0.60	80
书库	0.75 m 水平面	50	—	0.60	80
工作间	0.75 m 水平面	300	19	0.60	80
采编、修复工作间	0.75 m 水平面	500	19	0.60	80

办公建筑照明标准值应符合表 3-3-5 的规定。

表 3-3-5 办公建筑照明标准值

房间或场所	参考平面及其高度	照度标准值/lx	UGR	U_0	R_a
普通办公室	0.75 m 水平面	300	19	0.60	80
高档办公室	0.75 m 水平面	500	19	0.60	80
会议室	0.75 m 水平面	300	19	0.60	80
视频会议室	0.75 m 水平面	750	19	0.60	80
接待室、前台	0.75 m 水平面	200	—	0.40	80
服务大厅、营业厅	0.75 m 水平面	300	22	0.40	80
设计室	实际工作面	500	19	0.60	80
文件整理、复印、发行室	0.75 m 水平面	300	—	0.40	80
资料、档案存放室	0.75 m 水平面	200	—	0.40	80

注:此表适用于所有类型建筑的办公室和类似用途场所的照明。

商店建筑照明标准值应符合表 3-3-6 的规定。

表 3-3-6 商店建筑照明标准值

房间或场所	参考平面及其高度	照度标准值/lx	UGR	U_0	R_a
一般商店营业厅	0.75 m 水平面	300	22	0.60	80
一般室内商业街	地面	200	22	0.60	80

续表

房间或场所	参考平面及其高度	照度标准值/lx	UGR	U_0	R_a
高档商店营业厅	0.75 m 水平面	500	22	0.60	80
高档室内商业街	地面	300	22	0.60	80
一般超市营业厅	0.75 m 水平面	300	22	0.60	80
高档超市营业厅	0.75 m 水平面	500	22	0.60	80
仓储式超市	0.75 m 水平面	300	22	0.60	80
专卖店营业厅	0.75 m 水平面	300	22	0.60	80
农贸市场	0.75 m 水平面	200	25	0.40	80
收款台	台面	500*	—	0.60	80

注：* 指混合照明照度。

观演建筑照明标准值应符合表 3-3-7 的规定。

表 3-3-7　观演建筑照明标准值

房间或场所		参考平面及其高度	照度标准值/lx	UGR	U_0	R_a
门厅		地面	200	22	0.40	80
观众厅	影院	0.75 m 水平面	100	22	0.40	80
	剧场、音乐厅	0.75 m 水平面	150	22	0.40	80
观众休息厅	影院	地面	150	22	0.40	80
	剧场、音乐厅	地面	200	22	0.40	80
排演厅		地面	300	22	0.60	80
化妆室	一般活动区	0.75 m 水平面	150	22	0.60	80
	化妆	1.1 m 高处垂直面	500*	—	—	80

注：* 指混合照明照度。

旅馆建筑照明标准值应符合表 3-3-8 的规定。

表 3-3-8　旅馆建筑照明标准值

房间或场所		参考平面及其高度	照度标准值/lx	UGR	U_0	R_a
客房	一般活动区	0.75 m 水平面	75	—	—	80
	床头	0.75 m 水平面	150	—	—	80
	写字台	台面	300*	—	—	80
	卫生间	0.75 m 水平面	150	—	—	80

续表

房间或场所	参考平面及其高度	照度标准值/lx	UGR	U_0	R_a
中餐厅	0.75 m 水平面	200	22	0.60	80
西餐厅	0.75 m 水平面	150	—	0.60	80
酒吧间、咖啡厅	0.75 m 水平面	75	—	0.40	80
多功能厅、宴会厅	0.75 m 水平面	300	22	0.60	80
会议室	0.75 m 水平面	300	19	0.60	80
大堂	地面	200	—	0.40	80
总服务台	台面	300*	—	—	80
休息厅	地面	200	22	0.40	80
客房层走廊	地面	50	—	0.40	80
厨房	台面	500*	—	0.70	80
游泳池	水面	200	22	0.60	80
健身房	0.75 m 水平面	200	22	0.60	80
洗衣房	0.75 m 水平面	200	—	0.40	80

注:* 指混合照明照度。

医疗建筑照明标准值应符合表 3-3-9 的规定。

表 3-3-9　医疗建筑照明标准值

房间或场所	参考平面及其高度	照度标准值/lx	UGR	U_0	R_a
治疗室、检查室	0.75 m 水平面	300	19	0.70	80
化验室	0.75 m 水平面	500	19	0.70	80
手术室	0.75 m 水平面	750	19	0.70	80
诊室	0.75 m 水平面	300	19	0.60	80
候诊室、挂号厅	0.75 m 水平面	200	22	0.40	80
病房	地面	100	19	0.60	80
走道	地面	100	19	0.60	80
护士站	0.75 m 水平面	300	—	0.60	80
药房	0.75 m 水平面	500	19	0.60	80
重症监护室	0.75 m 水平面	300	19	0.60	90

教育建筑照明标准值应符合表 3-3-10 的规定。

表 3-3-10 教育建筑照明标准值

房间或场所	参考平面及其高度	照度标准值/lx	UGR	U_0	R_a
教室、阅览室	课桌面	300	19	0.60	80
实验室	实验桌面	300	19	0.60	80
美术教室	桌面	500	19	0.60	90
多媒体教室	0.75 m 水平面	300	19	0.60	80
电子信息机房	0.75 m 水平面	500	19	0.60	80
计算机教室、电子阅览室	0.75 m 水平面	500	19	0.60	80
楼梯间	地面	100	22	0.40	80
教室黑板	黑板面	500*	—	0.70	80
学生宿舍	地面	150	22	0.40	80

注:* 指混合照明照度。

交通建筑照明标准值应符合表 3-3-11 的规定。

表 3-3-11 交通建筑照明标准值

房间或场所		参考平面及其高度	照度标准值/lx	UGR	U_0	R_a
售票台		台面	500*	—	—	80
问讯处		0.75 m 水平面	200	—	0.60	80
候车(机、船)室	普通	地面	150	22	0.40	80
	高档	地面	200	22	0.60	80
贵宾休息室		0.75 m 水平面	300	22	0.60	80
中央大厅、售票大厅		地面	200	22	0.40	80
海关、护照检查		工作面	500	—	0.70	80
安全检查		地面	300	—	0.60	80
换票、行李托运		0.75 m 水平面	300	19	0.60	80
行李认领、到达大厅、出发大厅		地面	200	22	0.40	80
通道、连接区、扶梯、换乘厅		地面	150	—	0.40	80
有棚站台		地面	75	—	0.60	60
无棚站台		地面	50	—	0.40	20
走廊、楼梯、平台、流动区域	普通	地面	75	25	0.40	60
	高档	地面	150	25	0.60	80
地铁站厅	普通	地面	100	25	0.60	80
	高档	地面	200	22	0.60	80

续表

房间或场所		参考平面及其高度	照度标准值/lx	UGR	U_0	R_a
地铁进出站门厅	普通	地面	150	25	0.60	80
	高档	地面	200	22	0.60	80

注:* 指混合照明照度。

3.2.2 规定照度值

《建筑照明设计标准》(GB 50034—2013)规定的照度值均为作业面或参考平面上的维持平均照度值。

3.2.3 照度可提高一级需符合的条件

符合下列一项或多项条件时,作业面或参考平面的照度,可按照度标准值分级提高一级。

(1)视觉要求高的精细作业场所,眼睛至识别对象的距离大于 500 mm 时。

(2)连续长时间紧张的视觉作业,对视觉器官有不良影响时。

(3)识别移动对象,要求识别时间短促而辨认困难时。

(4)视觉作业对操作安全有重要影响时。

(5)识别对象亮度对比小于 0.3 时。

(6)作业精度要求较高,且产生差错会造成很大损失时。

(7)视觉能力低于正常能力时。

(8)建筑等级和功能要求高时。

3.2.4 照度可降低一级需符合的条件

符合下列一项或多项条件时,作业面或参考平面的照度,可按照度标准值分级降低一级。

(1)进行很短时间的作业时。

(2)作业精度或速度无关紧要时。

(3)建筑等级和功能要求较低时。

3.2.5 作业面邻近周围照度

作业面邻近周围的照度可低于作业面照度,但不宜低于表 3-3-12 的数值。

表 3-3-12　作业面邻近周围照度

作业面照度 /lx	作业面邻近周围照度 /lx	作业面照度 /lx	作业面邻近周围照度 /lx
≥ 750	500	300	200
500	300	≤ 200	与作业面照度相同

注：作业面邻近周围指作业面外 0.5 m 范围之内。

3.2.6　维护系数标准值

《建筑照明设计标准》（GB 50034—2013）本标准中的照度标准值是维护照度值，即维护周期末的照度。设计的初始照度乘以维护系数等于维护照度。在照明设计时，应根据光源的光通衰减、灯具积尘和房间表面污染引起照度值降低的程度，乘以表 3-3-13 中的维护系数。

表 3-3-13　维护系数

环境污染特征		房间或场所举例	灯具最少擦拭次数 /（次 / 年）	维护系数值
室内	清洁	卧室、办公室、影院、剧场、餐厅、阅览室、教室、病房、客房、仪器仪表装配间、电子元器件装配间、检验室、商店营业厅、体育馆、体育场等	2	0.80
	一般	机场候机厅、候车室、机械加工车间、机械装配间、农贸市场等	2	0.70
	污染严重	公用厨房、锻工车间、铸工车间、水泥车间等	3	0.60
开敞空间		雨篷、站台	2	0.65

3.2.7　设计照度值与照度标准值可允许的偏差

设计照度与照度标准值的偏差不应超过 ±10%。

【课后练习】

在什么条件下照度可提高或降低一级？

【知识跟进】

查阅照明标准，了解各类建筑的设计照度值。

任务3　掌握应急照明

【任务目标】

（1）了解备用照明。

（2）了解安全照明。

（3）了解疏散照明。

【知识储备】

因正常照明的电源失效而启用的照明称为应急照明。应急照明不同于普通照明，它包括备用照明、安全照明、疏散照明三种。转换时间根据实际工程及有关规范、规定确定。应急照明是现代公共建筑及工业建筑的重要安全设施，它同人身安全和建筑物安全紧密相关。当建筑物发生火灾或其他灾难而导致电源中断时，应急照明对人员疏散、消防救援工作开展及重要的生产、工作的继续进行或必要的操作处置，都有重要的作用。

3.3.1　备用照明

备用照明是在正常照明电源发生故障时，为确保正常活动继续进行而设的应急照明部分。通常在下列场所应设置备用照明。

（1）断电后不进行及时操作或处置可能造成爆炸、火灾及中毒等事故的场所，如制氢、油漆生产、化工、石油、塑料、赛璐珞及其制品生产、炸药生产及溶剂生产的某些操作部位。

（2）断电后不进行及时操作或处置将造成生产流程混乱或加工处理的贵重部件遭受损坏的场所，如化工、石油工业的某些流程，冶金、航空航天等工业的炼钢炉，金属熔化浇铸、热处理及精密加工车间的某些部门。

（3）照明熄灭后将造成较大政治影响或严重经济损失的场所，如重要的通信中心、广播电台、电视台、发电厂与中心变电所、控制中心、国家国际会议中心、重要旅馆、国际候机楼、交通枢纽、重要的动力供应站（供热、供气、供油）及供水设施等。

（4）照明熄灭后将妨碍消防救援工作进行的场所，如消防控制室、应急发电机房、广播室、配电室等。

（5）照明熄灭后将无法进行工作和活动的重要地下建筑，如地铁车站、地下医院、大中型地下商场、地下旅馆、地下餐厅、地下车库与地下娱乐场所等。

（6）照明熄灭后将造成现金、贵重物品被窃的场所，如大中型商场的贵重物品售货区和

收款台、银行出纳台等。

备用照明的照度标准值应符合下列规定。

（1）供消防作业及救援人员在火灾时继续工作的场所，应符合现行国家标准《建筑设计防火规范（2018年版）》（GB 50016—2014）的有关规定。

（2）医院手术室、急诊抢救室、重症监护室等应维持正常照明的照度。

（3）其他场所的照度值除另有规定外，不应低于该场所一般照明照度标准值的10%。

3.3.2　安全照明

安全照明是在正常电源发生故障时，为确保处于潜在危险中人员的安全而设的应急照明部分。通常在下列场所应设置安全照明。

（1）工业厂房中的正常照明因电源故障而熄灭时，在黑暗中可能造成人员挫伤、灼伤等的严重危险的区域，如刀具裸露而无保护措施的圆盘锯放置区域等。

（2）正常照明因电源故障熄灭时，会使危重患者的抢救工作不能及时进行，延误急救时间而可能危及患者生命的区域，如医院的手术室、危重患者的抢救室等。

（3）正常照明因电源故障熄灭后，由于众多人员聚集，且又不熟悉环境条件，容易引起惊恐而可能导致人身伤亡的场所，或人们难以与外界联系的区域，如电梯内等。

安全照明的照度标准值应符合下列规定。

（1）医院手术室应维持正常照明的30%照度。

（2）其他场所不应低于该场所一般照明照度标准值的10%，且不应低于15 lx。

3.3.3　疏散照明

疏散照明是在正常电源发生故障时，为使人员能容易而准确无误地找到建筑物出口而设的应急照明部分。通常在下列场所应设疏散照明。

（1）人员众多、密集的公共建筑，如大礼堂、大会议室、剧院、电影院、文化宫、体育场馆、大型展览馆、博物馆、美术馆、大中型商场、大型候车厅、候机楼、大型医院等。

（2）大中型旅馆、大型餐厅等建筑。

（3）高层公共建筑、超高层建筑。

（4）人员众多的地下建筑，如地铁车站、地下旅馆、地下商场、地下娱乐场所等及大面积无天然采光的建筑。

（5）特别重要的、人员众多的大型工业厂房。

疏散照明的地面平均水平照度值应符合下列规定。

（1）水平疏散通道不应低于1 lx，人员密集场所、避难层（间）不应低于2 lx。

（2）垂直疏散区域不应低于5 lx。

（3）疏散通道中心线的最大值与最小值之比不应大于40：1。

（4）寄宿制幼儿园和小学的寝室、老年公寓、医院等需要救援人员协助疏散的场所不应低于 5 lx。

3.3.4 转换时间

转换时间根据实际工程及有关规范、规定确定。

（1）备用照明的转换时间不应大于 5 s。

（2）疏散照明的转换时间不应大于 5 s。

（3）安全照明的转换时间不应大于 0.5 s。

转换时间的确定主要从必要的操作、处理及可能造成事故、经济损失考虑，某些场所要求更短的转换时间，如商场的收款台不宜大于 1.5 s；对于有严重危险的生产场所，应按其生产实际需要确定。对于疏散照明和备用照明采用自动转换是容易实现的。即使使用柴油发电机组作为应急电源，采用自动启动、自动转换也是可以实现的。对于安全照明，因转换时间极短（0.5 s），所以不能采用柴油发电机组为应急电源，也不能用荧光灯作为光源，必须用瞬时点燃的白炽灯且须自动转换。

3.3.5 持续照明

从对应急照明电源的种类及转换时间的要求，不难看出应急照明持续工作时间是受到一定条件限制的。通常规定疏散照明持续工作时间不宜小于 30 min，根据不同要求可分为 30 min、60 min、90 min、120 min、180 min 等五个档次。备用照明和安全照明的持续工作时间应视使用场所的具体要求而定。对于接自电网或发电机组的应急照明系统，其持续工作时间是容易满足要求的；对于蓄电池供电的应急照明系统，其持续工作时间受到容量大小的限制，对于要求持续工作时间较长的场所不宜单独使用蓄电池组，应考虑与发电机组配合使用。在这种情况下，由蓄电池组供电，仅作为应急照明的过渡，因此其持续工作时间可适当减少。在选择应急照明电源时，持续工作时间应根据具体情况确定。

【知识加油站】

应急照明电源的种类

应急照明供电方式的选择，应考虑应急照明的种类、转换时间、持续工作时间、各种电源的特点及实际工程的要求等多种因素，做到安全可靠、技术先进、经济合理。

（1）由电网独立电源供电。要求由外部引来两路独立电源供电，以确保一路发生故障时，另一路仍能继续工作。这种电源具有转换时间易满足要求、持续工作时间长、供电容量不受限制的特点。但是，在目前的城市供电条件下，要得到两路完全独立的高压电源的可能性比较小。在大部分情况下，供电部门不能提供完全独立的两路高压电源，或者虽然能够提

供，但因为投资过大而被建设方否决。

（2）由柴油发电机组供电。其特点是供电容量和供电时间基本不受限制，但由于机组投入运行需要较长时间，对于经常处于后备状态的机组，在停电时自启动时间规范要求小于30 s，因此只能作为疏散照明和备用照明，而不能用于安全照明及某些对转换时间要求较高的场所的备用照明。这种电源在高层建筑中常常为满足消防用电要求而设置，专门为应急照明设置是不经济的。

（3）由蓄电池电源供电。当采用灯内自带蓄电池即自带电源型应急灯时，其优点是供电可靠性高、转换迅速、增减方便、线路故障无影响、电池损坏影响面小，缺点是投资大、持续照明时间受容量的限制、运行管理及维护要求高。这种方式适用于应急照明灯数不多、装设较分散、规模不大的建筑物。当采用集中或分区集中设置的蓄电池组供电方式时，其优点是供电可靠性高、转换迅速，它与灯内自带蓄电池方式相比，投资较少、管理及维护较方便；缺点是需要专门的房间、电池故障影响面大，且线路要考虑防火问题。这种方式适用于应急照明种类较多、灯具较集中、规模较大的建筑物。

【知识跟进】

（1）查阅资料，了解十大应急照明灯品牌、各种疏散指示符号等。

（2）查阅资料，了解应急照明控制形式。

任务4　掌握常用照明电光源

【任务目标】

（1）了解电光源的分类。

（2）掌握电光源的命名方法。

（3）掌握白炽灯的特性及参数，了解其应用范围。

（4）掌握荧光灯的工作原理，了解其应用范围。

（5）了解其他光源的工作原理及应用范围。

【知识储备】

3.4.1　电光源的分类

在照明工程中使用的各种电光源，按其工作原理可分为两大类：一类是热辐射光源，如

白炽灯、卤钨灯等;另一类是气体放电光源,如荧光灯、高压汞灯、高压钠灯等。电光源分类如图 3-4-1 所示。

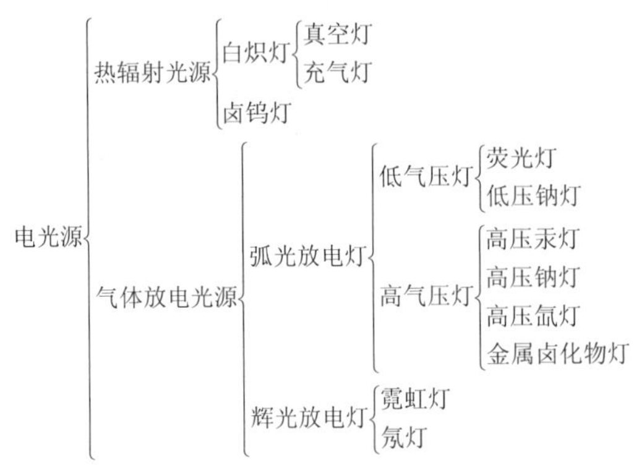

图 3-4-1　电光源分类

3.4.1.1　热辐射光源

热辐射光源是利用电流将灯丝加热到白炽程度而产生热辐射发光的一种光源。例如白炽灯和卤钨灯,它们都是以钨丝作为辐射体,通电后使之达到白炽程度时产生热辐射。目前,白炽灯仍是重要的照明光源。

3.4.1.2　气体放电光源

气体放电光源是利用电流通过灯管中气体而产生放电发光的一种光源,常用的气体放电光源有荧光灯、氙灯、钠灯、高压汞灯和金属卤化物灯等。气体放电光源具有发光效率高、使用寿命长等特点。气体放电光源一般应与相应的附件配套才能接入电源使用。气体放电光源按放电的形式分为弧光放电灯和辉光放电灯。

1. 弧光放电灯

弧光放电灯是利用气体弧光放电产生光,弧光放电的最大特点是放电电流密度大、阴极位降电压较小。根据这些光源中气体压力的大小,又可分为低压气体放电光源和高压气体放电光源。

低压气体放电光源包括荧光灯和低压钠灯,这类光源的气体压力低,组成气体(主要是汞蒸气和钠蒸气)的原子距离比较大,互相影响较小,因此它们的光辐射可以看成是孤立的原子产生的原子辐射,这种原子辐射产生的光辐射是以线光谱形式出现的。如荧光灯由原子辐射主要产生的是紫外线辐射,但因荧光灯管壁上涂有荧光粉,在紫外线辐射作用下,激发形成可见光。

高压气体放电光源包括高压汞灯、高压钠灯、高压氙灯和金属卤化物灯。这类光源的特点是灯管中气压较高,原子之间距离比较近,相互影响比较大,电子在轰击原子时不能直接与一个原子作用,从而影响了原子的辐射,因此这类辐射与低压气体放电光源有较大的区别。但其辐射原理仍然是气体中的原子辐射产生光辐射。高压气体

放电光源管壁的负荷一般比较大，即灯的表面积（玻璃壳外表面）不大，但灯的功率较大，往往超过 3 W/cm²，因此又称为高强度气体放电（High Intensity Discharge，HID）灯。

2. 辉光放电灯

辉光放电灯是利用气体辉光放电产生光。辉光放电的特点是阴极的位降电压较大（100 V 左右）。这类光源通常需要很高的工作电压，如霓虹灯。

3.4.2 电光源的命名方法

各种电光源型号的命名包括以下五个部分。

第一部分为字母，由电光源名称主要特征的三个以内汉语拼音字母组成，如 PZ220-40，其中 PZ 是“普通”“照明”两词汉语拼音第一个字母的组合。

第二部分和第三部分一般为数字，主要表示光源的电参数，如 PZ220-100 表示灯泡额定工作电压为 220 V，额定功率为 100 W。

第四部分和第五部分为字母或数字，表示灯结构（玻璃壳形状或灯头型号）特征的一两个汉语拼音字母和有关数字。规定 E 表示螺口，B 表示插口；数字表示灯头的直径（mm）。如 PZ220-100-E27，E27 表示螺口式灯头，灯头的直径为 27 mm。第四和第五部分作为补充部分，可在生产或流通领域的使用中灵活取舍。

电光源型号的各部分按顺序直接编排。当相邻部分同为字母或数字时，中间用短横线“-”分开（国外品牌的命名方式有所不同）。常用电光源型号命名方法见表 3-4-1。

表 3-4-1　常用电光源型号命名方法

电光源名称		型号的组成			举例
		第一部分	第二部分	第三部分	
普通照明白炽灯光源	普通照明白炽灯泡	PZ	额定电压	额定功率	PZ220-40
	反射照明灯泡	PZF			PZF22-40
	装饰灯泡	ZS			ZS220-40
	摄影灯泡	SY			SY6
	卤钨灯	LJG			LJG220-500

续表

<table>
<tr><th colspan="2" rowspan="2">电光源名称</th><th colspan="3">型号的组成</th><th rowspan="2">举例</th></tr>
<tr><th>第一部分</th><th>第二部分</th><th>第三部分</th></tr>
<tr><td rowspan="13">气体放电光源</td><td>直管形荧光灯</td><td>YZ</td><td rowspan="13">额定功率</td><td rowspan="13">颜色特征

RR—日光色
RL—冷光色
RN—暖光色</td><td>YZ40RR</td></tr>
<tr><td>U 形荧光灯</td><td>YU</td><td>YU40RL</td></tr>
<tr><td>环形荧光灯</td><td>YH</td><td>YH40RR</td></tr>
<tr><td>自镇流荧光灯</td><td>YZZ</td><td>YZZ40</td></tr>
<tr><td>紫外线灯</td><td>ZW</td><td>ZW40</td></tr>
<tr><td>荧光高压汞灯</td><td>GGY</td><td>GGY50</td></tr>
<tr><td>自镇流荧光高压汞灯</td><td>GYZ</td><td>GYZ250</td></tr>
<tr><td>低压钠灯</td><td>ND</td><td>ND100</td></tr>
<tr><td>高压钠灯</td><td>NG</td><td>NG200</td></tr>
<tr><td>管形氙灯</td><td>XG</td><td>XG1500</td></tr>
<tr><td>球形氙灯</td><td>XQ</td><td>XQ1000</td></tr>
<tr><td>金属卤化物灯</td><td>ZJD</td><td>ZJD100</td></tr>
<tr><td>管形镝灯</td><td>DDG</td><td>DDG100</td></tr>
</table>

例如，20 W 直管形荧光灯的型号为 YZ20RR,第一部分 YZ 指的是直管形荧光灯,第二部分 20 表示灯的额定功率为 20 W,第三部分 RR 说明灯的发光色为日光色。

3.4.3 常用照明电光源

3.4.3.1 白炽灯

白炽灯是利用钨丝通以电流时被加热而发光的一种热辐射光源。钨丝会随着工作时间的延长而逐渐蒸发变细,细到一定程度就会损坏。为了防止钨丝氧化,抑制钨丝蒸发,常在大功率白炽灯的玻璃壳中充入惰性气体,以延长白炽灯的寿命。

1. 白炽灯的结构

白炽灯由灯丝、玻璃壳、灯头、支架、引线和填充气体等构成,如图 3-4-2 所示。

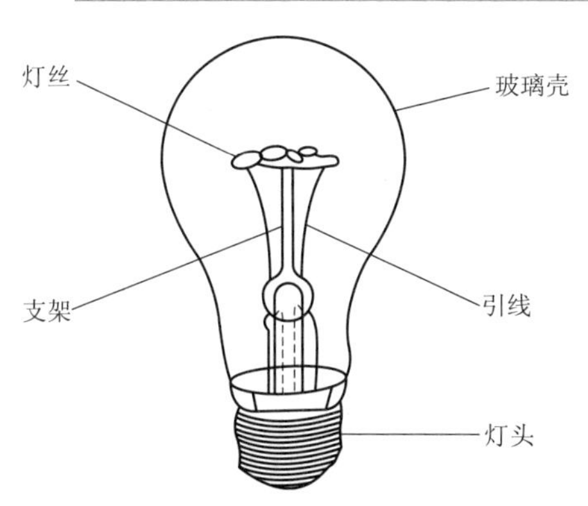

图 3-4-2　普通白炽灯结构图

灯丝是白炽灯发光的主要部件，常用的灯丝形状有直线、单螺旋、双螺旋等。灯丝的形状和尺寸对于白炽灯的寿命、发光效率都有直接影响，同样长短、粗细的钨丝绕成双螺旋形比绕成单螺旋形的发光效率高。一般来说，灯丝结构紧凑，发光点小，利用率就高。

玻璃壳的形式很多，但一般都采用与灯泡纵轴对称的形式，如梨形、圆柱形、球形等，仅有很少的特殊灯泡是不对称的（如全反射灯泡的玻璃壳等）。玻璃壳的尺寸及采用的玻璃材料视灯泡的功率和用途而定。玻璃壳一般是透明的，但有些特种用途的灯泡则采用各种有色玻璃。为了避免眩光，玻璃壳可以进行“磨砂”或“内涂”，使其能形成漫反射；还有些灯泡为了加强在某一方向上的发光强度，在玻璃壳上蒸镀了反射铝层。图 3-4-3 给出了各种功率、用途白炽灯的外形。

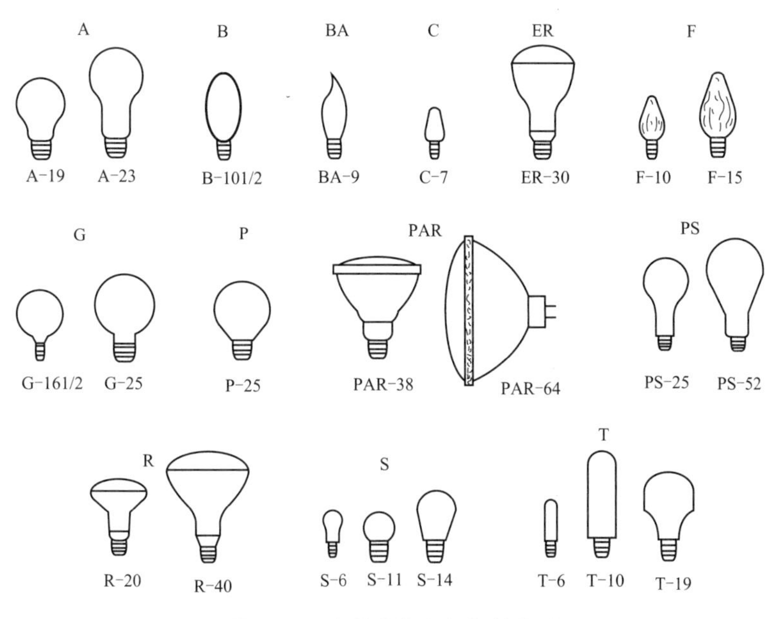

图 3-4-3　各种普通白炽灯的外形

普通白炽灯玻璃壳内一般先抽成真空，然后充以一定比例的氩、氮混合气体。充气的主要作用是抑制钨灯丝的蒸发,降低白炽灯光通量的衰减。40 W 及以下的普通白炽灯,由于其工作温度不高,一般不填充其他混合气体,仅抽成真空即可。

普通白炽灯的灯头起着固定灯泡和接通电源的作用。常用的灯头形式有插口(B15、B22)与螺口(E14、E27、E40)两种。插口灯头接触面较小,灯功率大时接触处温度较高,所以常用于小功率普通白炽灯。反之,螺口灯头接触面大,可用于大功率白炽灯。图 3-4-4 是几种常用白炽灯灯头的外形。

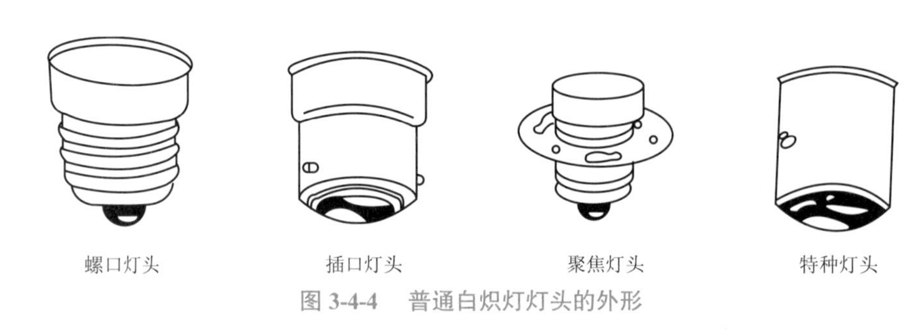

图 3-4-4　普通白炽灯灯头的外形

2. 白炽灯的分类

白炽灯的规格很多,分类方法不一,总的可分为真空灯泡和充气灯泡。用得较多的分类方法是根据白炽灯的特性和用途来分,如普通白炽灯、舞台灯、照相灯、矿用灯、装饰灯、反射灯、信号灯等。

3. 白炽灯的特性参数

白炽灯是建筑和其他场所照明用得最广泛的一种光源,为了便于选择和使用,对其主要特性参数进行如下介绍。

1)额定电压(U_N)

灯泡上标注的电压即为额定电压,单位为 V。光源(灯泡)只有在额定电压下工作,才能获得各种规定的特性。白炽灯在工作时对电压的变化比较敏感,如果在低于额定电压下工作,光源的寿命虽可延长,但发光强度不足,发光效率降低;如果在高于额定电压下工作,发光强度变强,但寿命将缩短。

2)额定功率(P_N)

白炽灯的额定功率是指灯泡上标注的功率,也是指所设计的灯泡在额定电压下工作时输出的功率,单位为 W。

3)额定光通量(Φ)

白炽灯参数中所给出的光通量是指灯泡在其额定电压下工作时,光源所辐射出的光通量,即额定光通量,单位为 lm。它一般也是指光源在工作 100 h 后的初始光通量。白炽灯的光通量会随着使用时间的增长、灯泡真空度的下降、钨丝的蒸发而衰减。

4)发光效率(η)

白炽灯的发光效率(简称光效)是指灯泡消耗单位电功率所发出的光通量,单位为 lm/W。

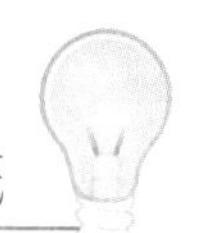

5)使用寿命(τ)

白炽灯的使用寿命是指其从开始使用到失效的累计时间。由于使用时情况比较复杂，条件不尽相同，使每个灯泡的使用寿命也不一样。因此，参数中所列使用寿命通常是指平均使用寿命，即在规定条件下，寿命实验所测得的同批白炽灯使用寿命的算术平均值。影响灯泡使用寿命的主要因素是电压。

6)色温、显色指数

白炽灯的色温较低，一般为 2 400~2 900 K，但显色性较高，显色指数 R_a 高达 99~100。普通白炽灯型号及参数见表 3-4-2。

表 3-4-2　普通白炽灯型号及参数

灯泡型号	额定值			极限值		外形尺寸 /mm			平均寿命 /h
	电压 /V	功率 /W	光通量 /lm	功率 /W	光通量 /lm	D	螺口式灯头	插口式灯头	
							L 不大于	L 不大于	
PZ220-15	220	15	110	16.1	95	61	110	1 085	1 000
PZ220-25		25	220	26.5	183				
PZ220-40		40	350	42.1	301				
PZ220-60		60	630	62.9	523				
PZ220-100		100	1 250	104.5	1 075				
PZ220-150		150	2 090	156.5	1 797	81	175	—	
PZ220-200		200	2 920	208.5	2 570				
PZ220-300		300	4 610	312.5	4 057	111.5	240		
PZ220-500		500	8 300	520.0	7 304				
PZ220-1000		1 000	18 600	1 040.5	16 368	131.5	281		

注：(1)灯泡可按需要制成磨砂、乳白色及内涂白色的玻璃壳，但其光参数允许较表中值降低使用：磨砂玻璃壳降低 3%，内涂白色玻璃壳降低 15%，乳白色玻璃壳降低 25%。

(2)外形尺寸：D 为灯泡外径；L 为灯泡长度。

4. 白炽灯的应用

白炽灯是各类建筑和其他场所照明应用最广泛的光源之一，它作为第一代电光源已有 140 多年历史，虽然各种新光源发展很迅速，但白炽灯仍然是在不断研究和开发中的光源。这是因为白炽灯具有体积小、结构简单、造价低、不需要其他附件，使用时受环境影响小，而且方便、光色优良、显色性好、无频闪现象等优点。所以，普通白炽灯常用于日常生活照明，工矿企业照明，剧场、宾馆、商店、酒吧等照明。

装饰白炽灯是利用白炽灯玻璃壳的外形和色彩的变化，工作时起到一定的照明和装饰效果。通过将装饰白炽灯以不同的方式排列组合安装，能形成多种灯光艺术风格。装饰白炽灯常用于会议室、客厅、节日装饰照明等。

反射型白炽灯是在白炽灯玻璃壳的内壁上涂有部分反射层，能使光线定向反射。反射型白炽灯适用于灯光广告、橱窗、体育设置、展览馆等需要光线集中的场合。

3.4.3.2 卤钨灯

卤钨灯属于热辐射光源，工作原理基本上与普通白炽灯一样，但结构上有较大的差别。最突出的差别就是卤钨灯玻璃壳内所填充的气体含有部分卤族元素或卤化物。

1. 卤钨灯的结构

卤钨灯由灯丝、充入卤素的玻璃壳和灯头等构成。卤钨灯有双端、单端和双泡壳之分。图 3-4-5 为常用卤钨灯的外形。

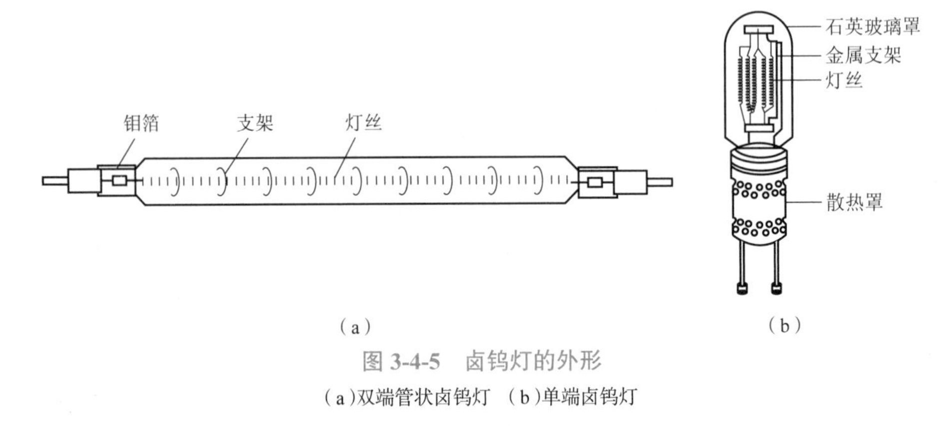

图 3-4-5　卤钨灯的外形

(a)双端管状卤钨灯　(b)单端卤钨灯

图 3-4-5(a)为双端管状卤钨灯的典型结构，外形呈管状，功率为 1 000~2 000 W，灯管的直径为 8~10 mm，长为 80~330 mm，两端采用磁接头，需要时在磁管内还装有保险丝。这种灯主要用于室内外泛光照明。图 3-4-5(b)为单端卤钨灯的典型结构，这类灯有 75 W、100 W、150 W 和 250 W 等多种功率规格，灯的玻璃壳有磨砂和透明两种，单端型灯头采用 E27 螺口。

500 W 以上的大功率卤钨灯一般制成管状。为了使生成的卤化物不附在管内壁上，必须提高管壁的温度，所以卤钨灯的玻璃管一般用耐高温的石英玻璃或高硅氧玻璃制成。

目前，国内用的卤钨灯主要有两类：一类是灯内充入微量的碘化物，称为碘钨灯；另一类是灯内充入微量的溴化物，即为溴钨灯。

2. 卤钨灯的分类

卤钨灯按充入灯泡内的卤素种类不同可分为碘钨灯和溴钨灯。

卤钨灯按灯泡外壳的材料不同可分为硬质玻璃卤钨灯、石英玻璃卤钨灯。

卤钨灯按工作电压的高低不同可分为市电型卤钨灯(220 V)和低电压型卤钨灯(6 V/12 V/24 V)。

卤钨灯按灯头结构的形式不同可分为双端卤钨灯和单端卤钨灯。

3. 卤钨灯的工作原理

当充入卤素物质的灯泡通电工作时，从灯丝蒸发出来的钨，在灯泡壁区域内与卤素化合，形成一种挥发性的卤钨化合物。卤钨化合物在灯泡中发生扩散运动，当扩散到较热的灯丝周围区域时，卤钨化合物分解成卤素和钨，释放出来的钨沉积在灯丝上，而卤素再继续扩散到温度较低的灯泡壁区域与灯丝蒸发出的钨化合，形成卤钨循环。

由于卤钨循环有效地抑制了钨的蒸发，所以可以延长卤钨灯的使用寿命，同时可以进一步提高灯丝温度，获得较高的光效，并降低使用过程中的光通量衰减。

4. 卤钨灯的工作特性

1）发光效率

卤钨灯与普通白炽灯相比，其光效要高出许多倍。另外，由于卤钨灯工作时是采用卤钨循环原理，较好地抑制了钨的蒸发，从而防止卤钨灯泡的发黑，使卤钨灯在寿命期内的光维持率基本保持在 100%。

2）色温和显色性

卤钨灯属低色温光源，其色温一般在 2 800~3 200 K，与普通白炽灯相比，光色更白一些，色调更冷一些，但显色性较好，显色指数 R_a=100。

3）调光性能

卤钨灯也可以进行调光，但当灯的功率下调到某一值时，由于其玻璃壳的温度下降较多，于是卤钨循环不能进行，这时相当于白炽灯使用。同时，由于卤钨灯的玻璃壳很小，此时玻璃壳容易发黑；另外游离的溴会腐蚀灯丝，因此一般不主张对卤钨灯进行调光。

5. 卤钨灯的应用

由于卤钨灯与白炽灯相比，具有光效高、体积小、便于控制、色温和显色性良好、寿命长、输出光通量稳定、输出功率大等优点，所以在各个照明领域中都具有广泛的应用，尤其是被广泛地应用在大面积照明与定向投影照明场所，如建筑工地施工照明，展厅、广场、舞台、影视照明和商店橱窗照明及较大区域的泛光照明等。

卤钨灯在使用时应注意以下问题。

（1）为了使在灯泡壁上生成的卤化物处于气态，卤钨灯不适用于低温场合。双端卤钨灯工作时，灯管应水平安装，其倾斜角度不得超过 4°，否则会缩短其使用寿命。

（2）由于卤钨灯工作时产生高温（灯泡壁温度 600 ℃），因此卤钨灯附近不准放易燃物质，且灯脚引入线应用耐高温的导线。另外，由于卤钨灯灯丝细长且脆，卤钨灯使用时，要避免振动和撞击，也不宜作为移动照明灯具。

3.4.3.3　荧光灯

荧光灯是低压汞蒸气弧光放电灯，也被称为第二代电光源。与白炽灯相比，荧光灯具有光效高、寿命长、光色和显色性都比较好的特点，因此在大部分场合取代了白炽灯。

1. 荧光灯的结构与原理

1)荧光灯的结构

荧光灯主要由玻璃管和电极组成。

玻璃管内壁涂有荧光粉,将玻璃管内抽真空后加入一定量的汞、氩、氪、氖等气体。常见的荧光灯是直管状的,根据需要,玻璃管也可以弯成环形或其他形状。

玻璃管两端有电极,并引出管外,它是气体放电灯的关键部件,也是决定灯的寿命的主要因素。荧光灯的电极通常由钨丝绕成双螺旋或三螺旋形状,在灯丝上涂以发射材料(一般为三氧化物)。荧光灯的电极主要用来产生热电子发射,以维持灯管的放电。

荧光灯的附件有启辉器和镇流器。启辉器(俗称跳泡)的主要元件是一个由两种膨胀系数不同的金属材料压制而成的双金属片(冷态触头常开)和一个固定触头。启辉器的工作过程是:在灯管刚接电路时,启辉器双金属片闭合,有电流通过灯丝,对灯丝进行预热;双金属片断开的瞬间,镇流器产生高压脉冲,两电极之间的气体被击穿,产生气体放电。镇流器是一个有铁芯的线圈,其主要作用是在启动时在启辉器的作用下产生高压脉冲,在工作时用于平衡灯管电压。荧光灯的基本结构如图 3-4-6 所示,工作电路如图 3-4-7 所示。

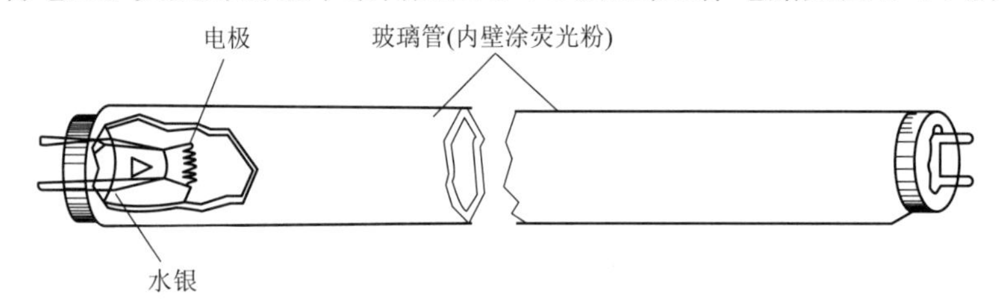

图 3-4-6　荧光灯结构

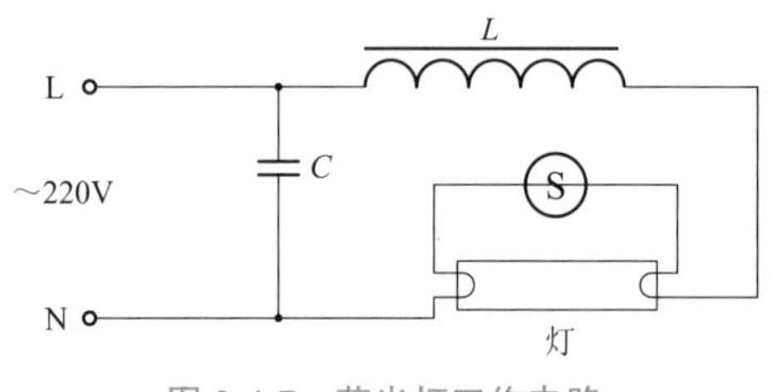

图 3-4-7　荧光灯工作电路

近年来,电子镇流器得到广泛应用,与电感镇流器相比,电子镇流器具有如下优点:光效高、光无闪烁、能瞬时启动且无须外加启辉器、调光性能好、功率因数高、温升小、无噪声、体积小、质量轻。电子镇流器由低通滤波器、整流器、缓冲电容、高频功率振荡器和灯电流稳压器五部分组成。图 3-4-8 为电子镇流器原理图。

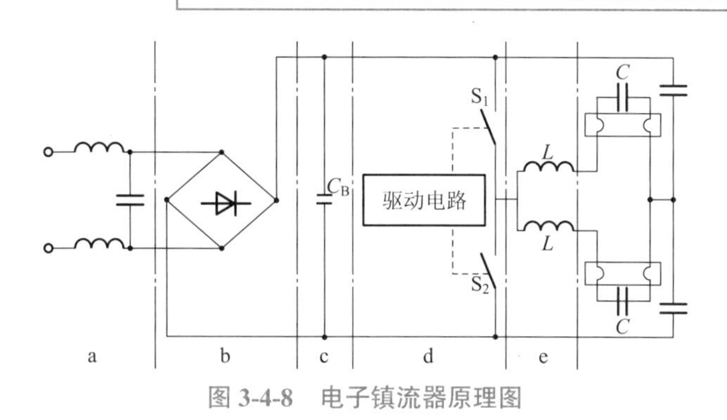

图 3-4-8　电子镇流器原理图

2）荧光灯的工作原理

当荧光灯接通电源时，启辉器内的双金属片产生辉光放电，玻璃管内的温度骤然升高，同时双金属片因放电被加热膨胀而发生变形，当双金属片与固定触点接触时，电路被接通。在由镇流器、灯丝、启辉器触点组成的电路中有电流通过，灯管两端的钨丝电极因通过电流而被加热，温度达到 800~1 000 ℃时，在灯丝上释放出大量的电子。由于辉光放电停止，启辉器双金属片的温度很快下降，双金属片与固定触点断开（断开电路），断开电路的瞬间，在镇流器线圈中产生很高的自感电动势并加在灯管上，使灯管两个电极之间产生弧光放电。汞蒸气辐射出紫外线，在紫外线的照射下，灯管内壁的荧光粉被激发而发出可见光。

荧光粉的化学成分可决定其发光颜色，有日光色、暖白色、白色、蓝色、黄色、绿色、粉红色等。

2. 荧光灯的分类

1）直管形荧光灯

直管形荧光灯按启动方式又可分为预热启动式、快速启动式和瞬时启动式。

Ⅰ. 预热启动式荧光灯

预热启动式荧光灯是荧光灯中用量最大的一种，这种荧光灯在工作时，需要有由镇流器、启辉器组成的工作电路（图 3-4-7）。预热启动式荧光灯有 T12、T8 和 T5 等几种。T12（管径 35 mm）的功率范围为 20~125 W。T8（管径 25 mm）用电感镇流器的，功率范围为 15~70 W；用高频电子镇流器的，功率范围为 16~50 W。T5（管径 5 mm）多用电子镇流器，功率范围为 14~35 W。根据功率大小，其还有微型和大功率荧光灯之分，最小功率只有 4 W，最大功率可达 125 W。还有一些特殊的荧光灯，如环形荧光灯、U 形荧光灯及彩色荧光灯和反射荧光灯等。

Ⅱ. 快速启动式荧光灯

快速启动式荧光灯是在灯管的内壁涂敷透明的导电薄膜（或在管内壁或外壁敷设导电条），提高极间电场。在镇流器内附加灯丝预热回路，且镇流器的工作电压设计得比启动电压高，所以其在电源电压施加后的 1 s 内就可启动。

Ⅲ. 瞬时启动式荧光灯

瞬时启动式荧光灯不需要预热，可以采用漏磁变压器产生的高压瞬时启动灯管。

2）紧凑型荧光灯

紧凑型荧光灯一般使用直径为 10~16 mm 的细管弯曲或排列成一定的形状（U 形、H 形、螺旋形等），以缩短放电管的线形长度。它可以广泛用于替代白炽灯，在达到同样光输出的情况下，可以节约大量电能。

紧凑型荧光灯不仅光色好、光效高、能耗低，而且寿命长。国外厂家（如飞利浦公司等）的相关产品的寿命已达到 8 000~10 000 h。图 3-4-9 为几种常见的紧凑型荧光灯。

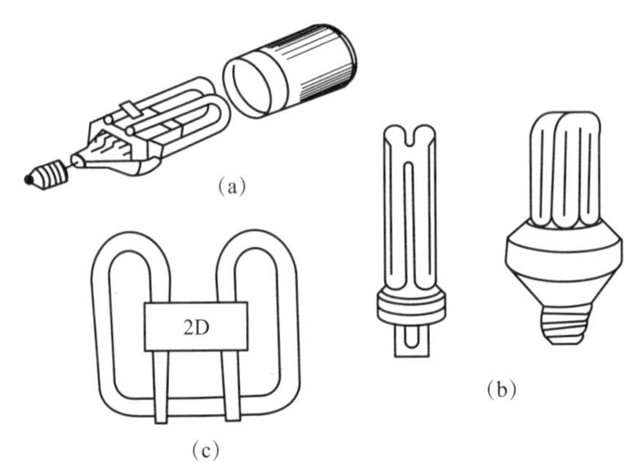

图 3-4-9　常见紧凑型荧光灯

（a）双曲灯　（b）H 灯　（c）双 D 灯

3. 荧光灯的特性

1）电源电压变化的影响

电源电压的变化对荧光灯光电参数是有影响的，电压过高时，灯管的电流变大，电极过热，加速灯管两端发黑，缩短灯管使用寿命；电压过低时，灯管启动困难，启辉器往往多次工作才能启动，不仅影响照明效果，而且会缩短灯管使用寿命。

2）光色

荧光灯可通过改变管壁所涂荧光粉的成分来得到不同的光色、色温和显色指数。

3）环境温度的影响

环境温度的变化对荧光灯的工作也有较大影响，温度过低会使荧光灯难以启动。这主要是因为荧光灯发出的光通量与汞蒸气放电激发紫外线的强度有关，紫外线强度又与汞蒸气压力有关，汞蒸气压力与灯管直径、冷端温度（冷端温度与环境温度有关）等因素有关。一般直管形荧光灯，在环境温度为 20~30 ℃、冷端温度为 38~40 ℃时发光效率最高。一般来说，环境温度低于 10 ℃会使灯管启动困难。

4）闪烁与频闪效应

随着供电电源频率的变化，荧光灯发出的光线会有闪烁感。这种由电源频率变化所造

成的荧光灯周期性闪烁的现象称为频闪效应。

在正弦交流电作用下，在电流每次过零时，光通量即为零，由此会产生闪烁感。由于电流变化较快，加之荧光粉的余辉作用，使得人们对其感觉不甚明显，只有在灯管老化时才能较明显地感觉出来。但由于频闪效应的客观存在，对于特殊工作场所（高速旋转的设备环境）频闪效应可能引发人身和设备安全事故。因此，对照明要求较高的场所应采取必要的补偿措施，如在大面积照明场所以及在双管、三管灯具中采用分相供电，即可明显地减小频闪效应的影响。

荧光灯的优点是光效高、寿命长、光谱接近日光（常称日光灯）、显色性好、表面温度低、表面亮度低、眩光影响小。荧光灯的颜色分为暖白色、白色、冷白色、日光色和彩色，色温为3 000~6 700 K，一般显色指数 R_a=70。荧光灯的缺点是功率因数低，发光效率与环境温度和电源频率有关，而且有频闪效应、附件多、有噪声、不宜频繁开关。采用电子镇流器的荧光灯工作在高频状态，可明显地减小频闪效应。采用直流供电的荧光灯可以做到几乎无频闪效应。直管形荧光灯型号及参数见表 3-4-3。

表 3-4-3 直管形荧光灯型号及参数

灯管型号	功率 /W	光通量 /lm	工作电压 /V	外形尺寸 /mm				灯头型号	平均寿命 /h
				L 最大值	L_1 最大值	L_1 最小值	D 最大值		
YZ20RR	20	775	57	604	589.8	586.8	40.5	G13	3 000
YZ20RL		835							
YZ20RN		880							
YZ30RR	30	1 295	81	908.8	894.6	891.6	40.5		5 000
YZ30RL		1 415							
YZ30RN		1 465							
YZ40RR	40	2 000	103	1 213.6	1 199.4	1 196.4	40.5		
YZ40RL		2 200							
YZ40RN		2 285							

注：（1）型号中 RR 表示发光颜色为日光色（色温为 6 500 K）；RL 表示发光颜色为冷白色（色温为 4 500 K）；RN 表示发光颜色为暖白色（色温为 2 900 K）。

（2）灯管使用时必须配备相应的启辉器和镇流器。

（3）外形尺寸：L 为含两端针脚的长度，L_1 为含一端针脚的长度，D 为灯管直径。

4. 荧光灯的应用

荧光灯具有良好的显色性和发光效率，因此广泛用于图书馆照明、教室照明、隧道照明、地铁照明、商店照明、办公室照明及其他对显色性要求较高的场所的照明。

异型荧光灯（环形、U 形、紧凑型等）、反射式荧光灯、彩色荧光灯常用于室内装饰照明。

3.4.3.4 钠灯

钠灯是利用钠蒸气放电发光的气体放电灯，按钠蒸气的工作压力不同可分为低压钠灯、高压钠灯两大类。

1. 低压钠灯

1）低压钠灯的结构

低压钠灯由抽成真空的玻璃壳、放电管、电极和灯头构成，如图 3-4-10 所示。把抗钠玻璃管制成的 U 形放电管放在圆桶形的外套管内，放电管内除放入钠以外，还充入氖－氩混合气体以便于启动。为减少热损失，提高发光效率，外套管内部应抽成真空，且在管内壁涂上氧化铟之类的透明红外反射层；在放电管内封入一对电极，电极是三螺旋结构，能储存大量的氧化物电子发射材料。低压钠灯的灯头采用插口灯头。

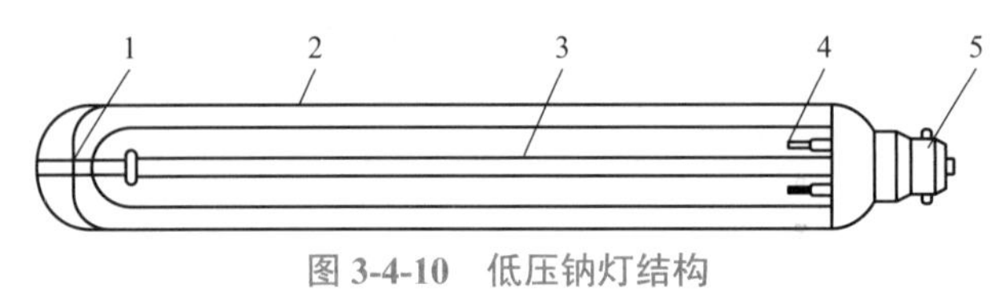

图 3-4-10　低压钠灯结构

1—固定弹簧；2—玻璃壳；3—放电管；4—电极；5—灯头

2）低压钠灯的工作原理

低压钠灯是利用低压钠蒸气放电产生可见光，放电时大部分辐射能量都集中在共振线上，钠的共振线波长为 589 nm 和 589.6 nm。低压钠灯的启动电压高，目前大多数钠灯利用开路电压较高的漏磁式变压器直接启动，触发电压在 400 V 以上，从启动到稳定需要 8~10 min。

3）低压钠灯的特点

低压钠灯的光色为橙黄色，显色性差，但发光效率很高（150 lm/W 以上）。低压钠灯是现今所有电光源中发光效率最高的一种光源。低压钠灯的使用寿命较长，可达 2 000~5 000 h。

4）使用场所

由于低压钠灯具有耗电少、发光效率高、穿透云雾能力强等优点，常用于铁路、公路、广场照明。

2. 高压钠灯

高压钠灯是利用高压钠蒸气放电发光的一种高强度气体放电光源，广泛应用于对显色性要求不高的场所。

1）高压钠灯的结构

高压钠灯由放电管、玻璃外壳、双金属片、铌帽、金属支架、电极和灯头等构成，如图 3-4-11 所示。

放电管是用半透明的氧化铝陶瓷或全透明刚玉制成，耐高温。放电管两端各装有一个工作电极。放电管内排除空气后，充入钠、汞和氙气。在放电管外套装一个透明的玻璃外

壳,并抽成真空。双金属片继电器由两种膨胀系数不同的金属材料压制而成。高压钠灯的灯头和普通白炽灯相同,因此可以通用。

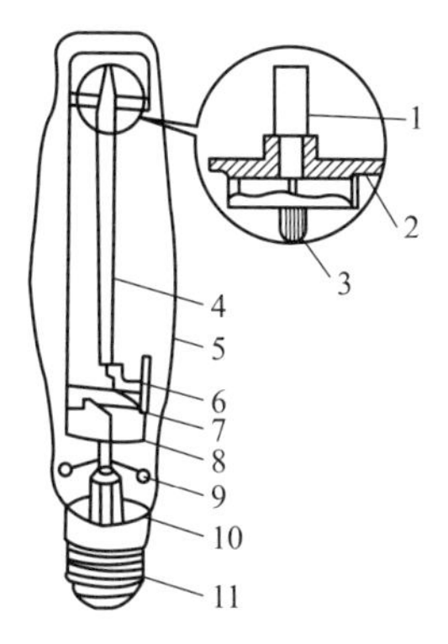

图 3-4-11 高压钠灯结构

1—金属排气管;2—铌帽;3—电极;4—放电管;5—玻璃外壳;6—管脚;
7—双金属片;8—金属支架;9—钡消气剂;10—焊锡;11—灯头

2)高压钠灯的工作原理

高压钠灯启动时,附件和镇流器产生 3 kV 的脉冲电压将钠灯点亮,开始时通过氙气和汞进行放电,随着放电管内温度的上升,由氙气和汞放电向高压钠蒸气放电转变,钠蒸气气压升高,钠的共振线加宽,光色改善,约 5 min 后趋于稳定,其在稳定工作时可发出一种金白色的光。当工作电流、工作电压均稳定在额定值时,启动过程结束。

高压钠灯的触发方式可分为内触发、外触发两种。

外触发高压钠灯是采用电子触发器在电源接通瞬间使灯管两端获得高压脉冲将灯管点燃。

内触发高压钠灯是在灯管内安装一双金属片开关和加热电阻丝。其工作原理是当接通电源时,电流经过加热电阻丝和双金属片开关时对其加热,由于双金属片正反面的膨胀系数不同,在达到一定温度时,双金属片产生弯曲变形,触点分离,在其分离的瞬间,在镇流器电感线圈上产生数千伏自感电动势并加在灯的两端,将钠灯点亮。钠灯工作后,由于放电管的热辐射,玻璃外壳内温度升高,使开关触点维持在断开状态。内触发高压钠灯接线原理如图 3-4-12 所示。

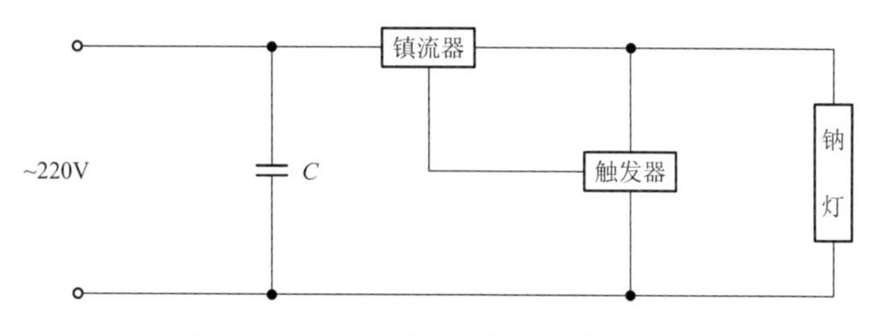

图 3-4-12 内触发高压钠灯接线原理图

3）高压钠灯的基本性能

高压钠灯的工作蒸气气压为 26.67 kPa，光色为金黄色，色温为 2 100 K，显色指数 R_a=30，故显色性较差，但发光效率比较高。国产高压钠灯的光效可达 70~130 lm/W。高压钠灯的特点是光效接近低压钠灯、光色优于低压钠灯、体积小、功率密度高、亮度高、紫外线辐射少、寿命长，属于节能型电光源，但光色偏黄、透雾性能好。

4）高压钠灯的应用

由于高压钠灯的发光效率高、寿命长、透雾性能好，所以被广泛用于高大厂房、车站、广场、体育馆，特别是城市道路等处的照明。

高压钠灯在使用时应注意的问题：电源电压波动对灯的正常工作影响较大，电压升高易引起灯的自行熄灭；电压降低，则光通量减少，光色变坏；灯的再启动时间较长，一般为 10~20 min，故不能用于应急照明或其他需要迅速点亮的场所；不宜用于需要频繁开启和关闭的地方，否则会影响其使用寿命。

3.4.3.5 金属卤化物灯

金属卤化物灯是在高压汞灯的基础上，在放电管中加入了各种不同的金属卤化物，依靠这些金属原子的辐射，提高灯管内金属蒸气的压力，有利于发光效率的提高，从而获得了比高压汞灯更高的光效和更好的显色性。

1. 金属卤化物灯的结构与原理

金属卤化物灯的结构和高压汞灯极其相似，由放电管（石英玻璃管或陶瓷管）、玻璃外壳、电极和灯头等构成。

在金属卤化物灯中虽然像高压汞灯那样也充入了汞，但金属卤化物的激发电位低于汞，因此在放电辐射中金属谱线占主要地位。由于金属卤化物比汞难蒸发，充入汞的作用就是为了使灯容易启燃。刚启燃时，金属卤化物灯就如高压汞灯一样；启燃后，金属卤化物被蒸发，放电辐射的主导地位转移到金属原子的辐射。

由于能充入放电管内的金属元素的种类很多，各种原子有各自的特征谱线，所以只要选择适当的比例，金属卤化物灯就可以制成多种光色不同的光源。目前，广泛应用的有碘化钠－碘化铊－碘化铟灯（简称钠－铊－铟灯）、镝灯、钪－钠卤化物灯等，如白色型光源钠－铊－铟灯、日光型光源镝灯、绿光光源铊灯、蓝光光源铟灯等。

2. 金属卤化物灯的分类

金属卤化物灯按渗入的金属原子种类不同分为钠－铊－铟灯、镝灯、卤化锡灯与碘化铝灯等。金属卤化物灯按其特点不同可分为紧凑金属卤化物灯、中大功率金属卤化物灯、陶瓷金属卤化物灯。

金属卤化物灯按结构不同可分为双泡壳单端型金属卤化物灯、双泡壳双端型金属卤化物灯和单泡壳双端型金属卤化物灯。

金属卤化物灯按发光颜色不同分为白色金属卤化物灯和彩色金属卤化物灯。

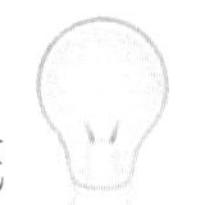

3. 金属卤化物灯的特性

金属卤化物灯工作时需要镇流器，但不需要特殊设计。对钠－铊－铟灯可以采用高压汞灯的镇流器，而对很多稀土金属卤化物灯和卤化锡灯也可以采用高压钠灯的镇流器。

金属卤化物灯熄灭后，由于灯内气压太高，不能立即再启燃，一般需要 5~20 min 后才能再启燃。

金属卤化物灯发光效率较高，可达 70 lm/W，一般为荧光高压汞灯的 1.5~2 倍；显色性较好，显色指数 R_a=60~80。

4. 金属卤化物灯的应用

金属卤化物灯具有发光体积小、亮度高、质量轻、光色接近太阳光、显色性较好、发光效率高等特点，所以该光源具有很好的发展前途。这类光源常用作室外场所的照明，如广场、车站、码头等大面积照明场所。

金属卤化物灯在使用时应注意：电源电压波动限制在 ±5%；在安装或设计造型时有向上、向下和水平安装方式，参考使用说明书；安装高度一般都比较高，如 NTY 型灯的安装高度最低要求为 10 m，最高要求为 25 m。

3.4.3.6　其他电光源

1. 霓虹灯

霓虹灯是一种辉光放电光源，它用细长、内壁涂有荧光粉的灯管在高温下加工成各种图形或文字，然后抽成真空，再在灯管中充入少量的氩、氦、氙和汞等气体。在灯管两端安装电极，配以专用的漏磁式变压器产生 2 kV 左右高压。霓虹灯在高电压作用下，产生辉光放电现象发出各种鲜艳的光色。霓虹灯的发光色彩和灯管内的气体及灯管颜色的关系见表 3-4-4。

表 3-4-4　霓虹灯的发光色彩和灯管内的气体及灯管颜色的关系

<table>
<tr><th>灯光色彩</th><th>灯管内气体</th><th>灯管颜色</th><th>灯光色彩</th><th>灯管内气体</th><th>灯管颜色</th></tr>
<tr><td>红色
橘黄色
橘红色
玫瑰色</td><td>氖</td><td>无色
奶黄色
绿色
蓝色</td><td rowspan="2">白色
奶黄色
玉色
淡玫瑰红
金黄色
淡绿色</td><td rowspan="2">氩、少量汞</td><td rowspan="2">白色
奶黄色
玉色
淡玫瑰红
金黄色加奶黄色
绿白混合粉</td></tr>
<tr><td>蓝色
绿色</td><td>氩、少量汞</td><td>蓝色
绿色</td></tr>
</table>

霓虹灯的灯管直径一般为 6~20 mm，灯管的长度越长，管径越小，阻抗越大，需要的电压越高。一般霓虹灯的长度在 8~10 m 时，就需要由专用的漏磁式变压器供电。

霓虹灯的各种形状灯管，在电子程序控制器的控制下，产生多种循环变化的灯光彩色图案，给人一种美丽动感的气氛和广告效果。霓虹灯常常用于装饰性的营业广告或作为指示标记牌。图 3-4-13 为霓虹灯电路原理图。

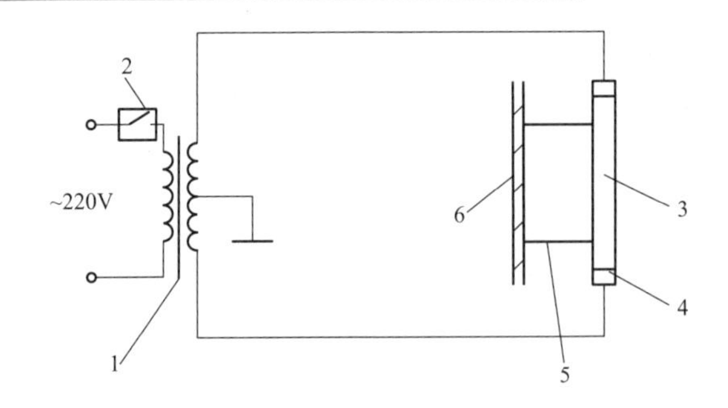

图 3-4-13　霓虹灯电路原理图

1—漏磁式变压器;2—电子程序控制器;3—霓虹灯;4—电极;5—玻璃支架;6—墙或支架

2. 场致发光灯(屏)

场致发光灯的厚度仅几十微米,其结构如图 3-4-14 所示。场致发光灯在电场的作用下,自由电子被加速到具有很高的能量,从而激发发光层,使之发光。场致发光灯的发光效率为 15 lm/W,寿命长,而且耗电少。场致发光灯可以通过分割做成各种图案与文字,因此场致发光灯可用于指示照明、广告、电脑显示屏、飞机和轮船仪表的夜间显示器(仪)。

3. 发光二极管

发光二极管(Light Emitting Diode, LED)的发光原理:对二极管 PN 结加正向电压时,N 区的电子越过 PN 结向 P 区注入,并与 P 区的空穴复合,而将能量以光子形式放出。发光二极管结构如图 3-4-15 所示。发光二极管体积小、质量轻、耗电少、寿命长、亮度高、响应快。通过组合,发光二极管常用于广告显示屏、计算机、数字化仪表的显示器件。

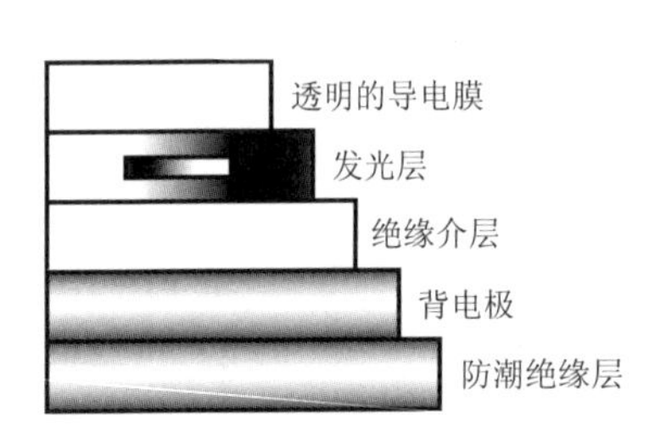

图 3-4-14　场致发光灯(屏)结构

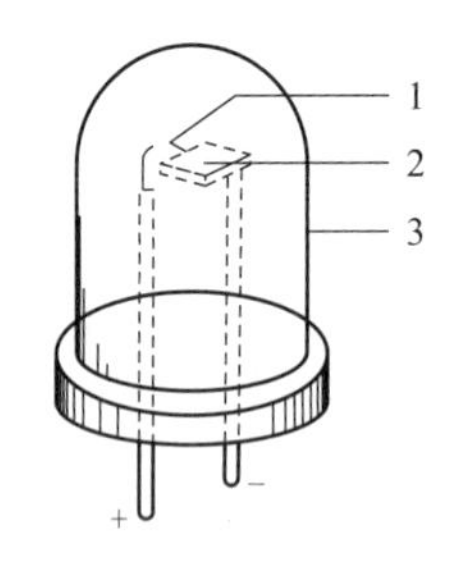

图 3-4-15　发光二极管结构

1—引线;2—PN 结芯片;3—环氧树脂帽

【知识加油站】

LED 灯照明大事记

1879 年爱迪生发明电灯。

1938 年荧光灯问世。

1959 年卤素灯问世。

1961 年高压钠灯问世。

1962 年金属卤化物灯问世。

1969 年第一盏 LED 灯(红色)问世。

1976 年绿色 LED 灯问世。

1993 年蓝色 LED 灯问世。

1999 年白色 LED 灯问世。

2000 年 LED 灯应用于室内照明。

LED 灯照明的出现是继白炽灯照明发展 120 多年以来照明的第二次革命。

21 世纪开始,通过自然、人类和科学之间奇妙的相遇而开发的 LED,成为光世界的创新,开启了对人类必不可少的绿色技术光革命。

LED 灯是继爱迪生发明电灯之后开始的巨大的光革命。

照明用 LED 灯是以大功率白光 LED 单灯为主,大颗粒 LED 灯发光效率大于或等于 100 lm/W,小颗粒 LED 灯发光效率大于或等于 110 lm/W。大颗粒 LED 灯光衰每年小于 3%,小颗粒 LED 灯光衰每年小于 3%。

目前,LED 太阳能路灯、LED 投光灯、LED 吊顶灯、LED 日光灯都已经可以被批量生产了。例如 10 W 的 LED 日光灯就可以替换 40 W 的普通日光灯或者节能灯。越来越多 LED 灯已经进入平常百姓家,正在逐渐普及。

【课后练习】

(1)白炽灯的特性及参数有哪些?主要应用在哪些场所?

(2)荧光灯的工作原理是什么?有哪些特性?适用于哪些场所?

(3)金属卤化物灯的工作原理是什么?有何特点?适用于哪些场所?

【知识跟进】

(1)查阅资料,了解其他光源。

(2)查阅资料,了解荧光灯和金属卤化物灯在现代建筑中的应用。

(3)查阅资料,了解国内及国外知名光源及灯具生产厂家。

任务 5　选用合适的电光源

【任务目标】

（1）了解电光源的选用原则。
（2）了解常用电光源的特点和应用场所。

【知识储备】

3.5.1　电光源性能比较

电光源的性能指标主要是发光效率、使用寿命和显色性。表 3-5-1 给出了常用电光源的性能指标。从表中可以看出，发光效率较高的有低压钠灯、高压钠灯和金属卤化物灯等；显色性较好的有白炽灯、金属卤化物灯和荧光灯等；使用寿命较长的有高压钠灯和荧光灯等；启动性能较好的（能瞬时启动和再启动）光源有白炽灯等；显色性最差的为低压钠灯和高压汞灯。

表 3-5-1　常用电光源的性能指标

性能指标	电光源名称				
	白炽灯	荧光灯	高压钠灯	低压钠灯	金属卤化物灯
额定功率 /W	10~1 000	5~125	35~1 000	18~180	100~1 000
发光效率 /（lm/W）	6.5~19	30~67	60~120	100~175	60~80
平均寿命 /h	1 000	2 500~5 000	16 000~24 000	2 000~3 000	2 000
一般显色指数 R_a	95~99	70~80	20~25	40~60	65~85
启动稳定时间 /min	瞬时	0~3	4~8	7~15	4~8
再启动时间 /min	瞬时	0~3	10~20	＞5	10~15
功率因数 $\cos\varphi$	1.0	0.45~0.8	0.30~0.44	0.06	0.4~0.61
频闪效应	不明显	明显	明显	明显	明显
表面亮度	高	低	较高	低	高
电压变化对光通量的影响	大	较大	大	大	较大
环境温度对光通量的影响	小	大	较小	小	较大
耐震性能	较差	好	好	较好	好
所需附件	无	镇流器、启辉器	镇流器	镇流器	触发器、镇流器
色温 /K	2 400~2 900	3 000~6 500	2 000~4 000	2 000~4 000	4 500~7 000

在常用的电光源中，电压变化对电光源光通输出影响最大的是高压钠灯，其次是白炽灯，影响最小的是荧光灯。由实验得知，对于维持气体放电灯正常工作不至于自行熄灭的供电电压波动最低允许值，荧光灯为 160 V，高强度气体放电灯为 190 V。

气体放电灯受电源频率影响较大，频闪效应较为明显。而热辐射光源（白炽灯）的发光体（灯丝）热惰性大，闪烁感觉不明显，所以在机械加工车间常常将白炽灯用作局部重点照明，以减小频闪效应的影响。

电光源能瞬时启动和再启动时间短的有白炽灯和荧光灯。高压气体放电灯由于受气压缓慢上升等因素影响，启动时间和再启动时间较长，如高压钠灯的再启动时间为 10~20 min。

3.5.2　电光源的选用

选用电光源首先要满足照明场所的使用要求，如照度、显色性、色温、启动稳定时间和再启动时间等，尽量优先选择新型、节能型电光源；其次考虑环境条件要求，如光源安装位置、装饰和美化环境的灯光艺术效果等；最后综合考虑初始投资与年运行费用。

3.5.2.1　按照明设施的目的和用途选择电光源

不同场所照明设施的目的和用途不同，对显色性要求较高的场所，应选用平均显色指数 ≥ 80 的光源，如美术馆、商店、化学分析实验室、印染车间等常选用日光灯、金属卤化物灯等。

对照度要求较低时（一般小于 100 lx），宜选用低色温光源。对照度要求较高时（一般大于 200 lx），宜选用高色温光源，如室外广告、城市夜景、体育馆等高照度照明场所常选用高压气体放电灯。

在下列工作场所可选用白炽灯：

（1）局部照明场所，如金属加工工作台的重点照明；

（2）不能有电磁波干扰的照明场所，如电子、无线电工作室；

（3）照度要求不高，且经常开关灯的照明场所，如地下室照明；

（4）应急照明；

（5）要求有温暖、华丽的艺术照明的场所，如大厅、会客室、宴会厅、饭店、咖啡厅、卧室等。

由于高压钠灯的发光效率很高、光色偏黄，在下列工作场所可选用高压钠灯：

（1）对显色性要求不高的照明场所，如仓库、广场等；

（2）多尘、多雾的照明场所，如码头、车站等；

（3）城市道路照明。

3.5.2.2　按环境要求选择电光源

环境条件常常限制了某些电光源的使用。在选择电光源时，必须考虑环境条件是否许用该类型电光源，如低压钠灯的发光效率很高，但显色性较差，所以低压钠灯不适用于要求显色性很高的场所。

低温场所不宜选用使用电感镇流器的荧光灯和卤钨灯，以免启动困难。在空调房间内不宜选用发热量大的白炽灯、卤钨灯等，以降低空调用电量。在转动的工件旁不宜采用气体放电灯作为局部照明，以免发生因频闪效应造成的事故。有振动的照明场所不宜采用卤钨灯（灯丝细长而脆）等。

在有爆炸危险的场所，应根据爆炸危险介质的类别和组别选择相应的防爆灯。在多灰尘的房间，应选择限制尘埃进入的防尘灯具。在灯具受到有压力的水冲洗的场所，必须采用防溅型灯具。在有腐蚀性气体的场所，宜采用耐腐蚀材料制成的密封灯具。

3.5.2.3 按投资与年运行费选择电光源

选择电光源时，在保证满足使用功能和照明质量的要求下，应重点考虑灯具的效率和经济性，并进行初始投资、年运行费和维修费的综合计算。其中，初始投资包括电光源的购置费、配套设备和材料费、安装费等；年运行费包括每年的电费和管理费；维修费包括电光源检修和更换费用等。

在经济条件比较好的地区，可设计选用发光效率高、寿命长的新型电光源，并综合各种因素考虑整个照明系统，以降低年运行费和维修费。常用电光源的特点和应用场所见表 3-5-2。

表 3-5-2　常用电光源的特点和应用场所

光源名称	发光原理	特点	应用场所
白炽灯	钨丝通过电流时被加热而发光的一种热辐射光源	结构简单、成本低、显色性好、使用方便、有良好的调光性能	日常生活照明，工矿、酒吧、应急照明
卤钨灯	白炽灯内充入微量的卤素，利用卤素循环提高发光效率	体积小、显色性好、使用方便	建筑工地、摄影等照明
荧光灯	氩气、汞蒸气放电发出可见光和紫外线	光效高、显色性好、寿命长	家庭、学校、办公室、医院、图书馆、商业等照明
紧凑型荧光灯	发光原理同荧光灯，但光效比荧光灯高	集中白炽灯和荧光灯的优点，光效高、寿命长、体积小、显色性好、使用方便	家庭、宾馆照明
高压汞灯	发光原理同荧光灯	光效较白炽灯高、寿命长、耐震性能较好	街道、车站等室外照明，但不推荐应用
金属卤化物灯	在灯泡中充入金属卤化物，金属原子参与气体放电发光	发光效率高、寿命长、显色性好	体育场馆、展览中心、广场、广告照明
高压钠灯	在灯泡中充入钠元素，高压钠蒸气参与气体放电发光	发光效率很高、寿命很长、透雾性能好、使用方便	道路、车站、广场、工矿企业等照明
管形氙灯	电离的氙气被激发而发光	功率大、发光效率高、触发时间短、不需镇流器、使用方便	广场、港口、机场、体育馆、城市夜景照明

【知识加油站】

LED灯选用关注事项

(1)小心低价陷阱。LED光源价格差别很大,同颜色、同亮度的LED,价格上能相差几倍。这种差距主要体现在LED灯的可靠性、光衰、外观工艺等性能差异上。价格低的LED灯,其芯片尺寸较小,电极比较粗糙,所使用的材料(荧光粉及胶水)较差,耐电流、温湿度变化差,光衰快、寿命短,所以一味追求低价可能得不偿失。

(2)认清相关标准。从安全角度看,产品应符合相关的国际、国家标准。有国际安全认证的产品,价格一般较高。

(3)选用恒流电源的LED灯。LED灯驱动电源的电阻、电容、集成电路(Integrated Circuit, IC)等元器件价格差别很大,整个电源所采用的方案和线路本身设计的合理性都会直接影响产品的质量。有的驱动电源只是恒压输出,并没有做到恒流输出,而LED灯必须要恒流驱动才能更好地确保品质和使用寿命。所以,采购时需要额外注意,特别是对大功率LED灯。

【课后练习】

电光源的选用应遵循哪些原则?

任务6　选用照明灯具

【任务目标】

(1)了解灯具的作用。

(2)了解灯具的光学特性。

(3)掌握灯具的分类方法及其种类。

(4)掌握灯具的选择原则。

【知识储备】

根据国际照明委员会(Commission Internationale De L' E' clairage, CIE)的定义,灯具是透光、分配和改变光源光分布的器具,包括除光源外所有用于固定和保护光源的全部零部件以及与电源连接所必需的线路附件。照明灯具对节约能源、保护环境和提高照明质量具有重要的作用。

3.6.1 灯具的作用

3.6.1.1 控光作用

利用灯具如反射罩、透光棱镜、格栅或散光罩等将光源所发出的光重新分配，照射到被照面上，满足各种照明场所的光分布，实现照明控光的作用。

3.6.1.2 保护光源作用

保护光源免受机械损伤和外界污染；使灯具中光源产生的热量尽快散发出去，避免因灯具内部温度过高而使光源和导线过早老化和损坏。

3.6.1.3 安全作用

灯具具有电气和机械安全性。在电气方面，采用符合使用环境条件（如能够防尘、防水，确保适当的绝缘和耐压性）的电气零件和材料，避免触电与短路；在灯具的构造上，要有足够的机械强度，有抗风、雨、雪的性能。

3.6.1.4 美化环境作用

灯具分功能性照明器具和装饰性照明器具。功能性主要考虑保护光源、提高光效、降低眩光；而装饰性就是要达到美化环境和装饰的效果，所以要考虑灯具的造型和光线的色泽。

3.6.2 灯具的光学特性

灯具的光学特性主要有三项：发光强度的空间分布、灯具的效率和灯具的保护角。

3.6.2.1 发光强度的空间分布

灯具可以使电光源的光强在空间各个方向上重新分配，不同灯具的光强分布也不同。通常将空间各方向上光强的分配称为配光，用来表示这种配光的曲线又称为灯具配光曲线。由于各种灯具引发的空间光强分布不同，所以其配光曲线也不同。利用灯具的配光曲线可以进行照度、亮度、利用系数、眩光等照明计算。配光曲线常用三种方法表示，分别是极坐标配光曲线、直角坐标配光曲线和等光强曲线图。

1. 极坐标配光曲线

极坐标配光曲线顾名思义是利用极坐标的方法描述光在空间的分配。设光源为一点光源，称为光源中心，且为灯具中心；通过光源中心的竖垂线被称为光轴，如图 3-6-1（a）所示。光强在空间的分布状态通常取与光轴平行（纵向）、垂直（横向）、相交 45° 的各一个平面，并将这些平面称为测光平面。极坐标配光曲线定义为以光源中心（灯具中心）为极坐标原点，测出灯具在位于测光平面上不同角度的光强值：从某一给定方向起，把灯具在各个方向上的发光强度用矢量表示，连接矢量顶端得到的曲线即为灯具的极坐标配光曲线。若灯具相对光轴旋转对称，并在与光轴垂直的测光平面各方向上的光强值相等，这时只要取与一个光轴平行（纵向）面上的光强分布，就可得到该灯具的配光曲线。例如，图 3-6-1（b）为旋转轴对称灯具的配光曲线，将画有光强分布的测光平面绕光轴旋转一周，就可以得到该灯具的空间

光强分布。大多数灯具都是轴对称的旋转体（点光源），其光强分布均为轴对称。

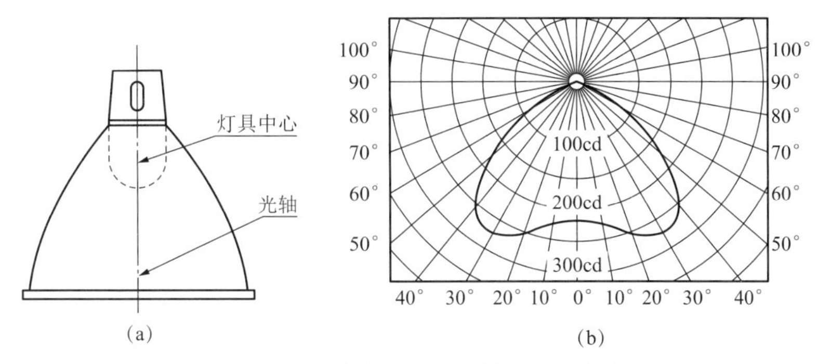

图 3-6-1　旋转轴对称灯具的配光曲线

（a）灯具中心与光轴　（b）配光曲线

而对于非轴对称旋转体灯具（如荧光灯灯具、碘钨灯灯具），则要用三个测光平面（纵向、横向和相交 45° 平面）的发光强度分布曲线来表示光在空间的分配。

为了便于对各种照明灯具的发光强度分布特性进行比较，统一规定以光通量为 1 000 lm 的假想光源来提供光强分布数据。因此，实际发光强度应当是该灯具测光参数提供的光强值乘以光源实际光通量与 1 000 lm 之比，计算方法如下：

$$I = \frac{\Phi \times I_{\Phi}}{1\,000} \tag{3-6-1}$$

式中　I——灯具在该角度方向上的实际光强，cd；

Φ——光源的实际光通量，lm；

I_{Φ}——光源光通量为 1 000 lm 时该角度方向上的光强，即光源为 1 000 lm 时配光曲线上的数值，cd。

室内照明灯具一般采用极坐标配光曲线来表示其光强的空间分布。

2. 直角坐标配光曲线

投光型灯具所发出的光束集中在狭小的立体角内，用极坐标难以表示清楚，故常用直角坐标来表示配光曲线。直角坐标的纵轴表示光强大小，横轴表示投光角大小。用这种方法绘制的曲线称为直角坐标配光曲线，如图 3-6-2 所示。

3. 等光强曲线图

为了正确表示发光体空间的光分布，假想发光体被放在一球体内并发光，光射向球体表面，将球体表面上光强相同的各点连接起来即形成封闭的等光强曲线图。它可以表示该发光体光强在空间各方向的分布情况，如图 3-6-3 所示。

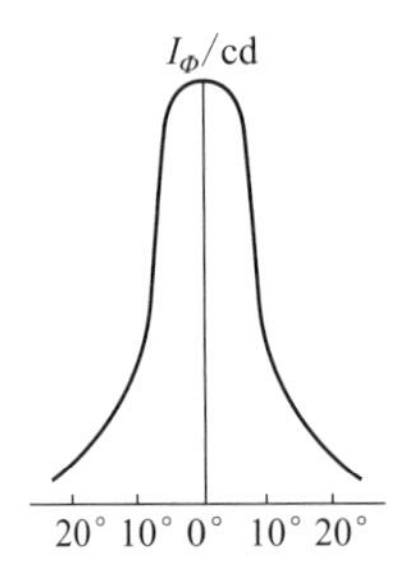

图 3-6-2　直角坐标配光曲线

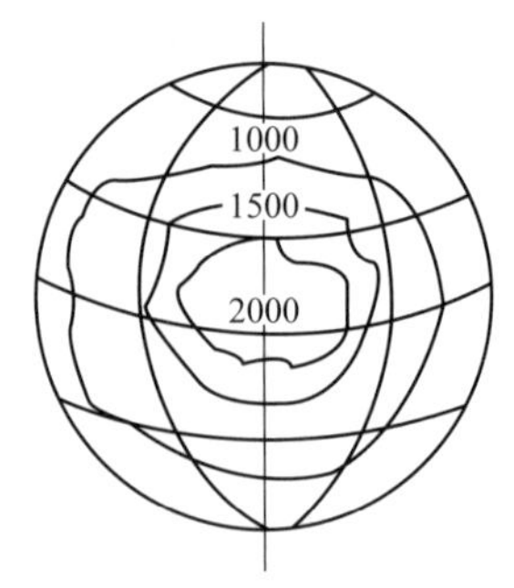

图 3-6-3　等光强曲线图（cd）

3.6.2.2　灯具的效率

在规定条件下，测得灯具发出的光通量占灯具内所有光源发出的总光通量的百分比，称为灯具效率。其定义式如下：

$$\eta = \frac{\Phi_1}{\Phi_2} \times 100\% \tag{3-6-2}$$

式中　η——灯具的效率；

Φ_1——灯具发出的光通量，lm；

Φ_2——光源发出的总光通量，lm。

灯具的形状不同，所使用的材料不同，光源的光通量在出射时将受到灯具（如灯罩）的折射与反射，使得实际光通量下降。因此，灯具效率与灯具材料的反射率或透射率以及灯具的形状有关。灯具效率永远是小于 1 的数值，灯具的效率越高说明灯具发出的相对光通量越多，入射到被照面上的光通量也越多，被照面上的照度越高，越节约能源。

3.6.2.3　灯具的保护角

在视野内由于亮度的分布或范围不适宜，或者在空间或时间上存在着极端的亮度对比，而引起不舒适和降低目标可见度的视觉状况，称为眩光。

根据产生方式不同，眩光可分为直接眩光、反射眩光和光幕眩光。

（1）直接眩光是在靠近视线方向存在的发光体所产生的眩光。

（2）反射眩光是由靠近视线方向所见反射像产生的眩光。

（3）光幕眩光是由视觉对象的镜面反射引起的视觉对象的对比度降低所产生的眩光，可分为如下几种。

①不舒适眩光是产生不舒适感觉，但不一定降低视觉对象可见度的眩光。

②失能眩光是降低视觉对象的可见度，但不一定产生不舒适感觉的眩光。

眩光对视力有很大危害，严重时可使人晕眩。长时间的轻微眩光，也会使视力逐渐下降。当被视物体与背景亮度对比超过 1∶100 时，就容易引起眩光。眩光可由光源的高亮度直接照射到眼睛造成，也可由镜面的强烈反射造成。限制眩光的方法一般是使灯具有一定的保护角（又叫遮光角），或改变安装位置和悬挂高度，或限制灯具的表面亮度。

所谓保护角，是指投光边界线与灯罩开口平面的夹角，用符号 γ 表示。几种灯具或部件的保护角如图 3-6-4 所示。

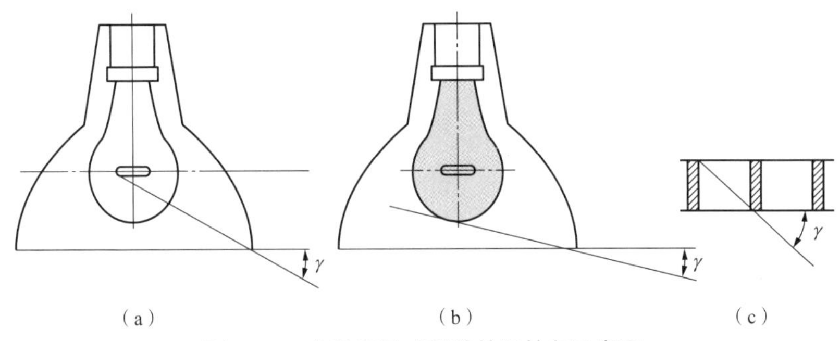

图 3-6-4　几种灯具或部件的保护角示意图

(a)普通灯泡　(b)乳白灯泡　(c)挡光栅格片

一般，灯具的保护角越大，配光曲线越狭小，效率也越低；保护角越小，配光曲线越宽，效率越高，但防眩光的作用也随之减弱。当要求配光分布宽广，且又要避免直接眩光时，应该在灯具开口处用能够透射光线的玻璃灯罩包合光源，也可以用各种形状的格栅罩住光源。照明灯具保护角的大小是根据眩光作用的强弱来确定的。一般说来，灯具的保护角范围应为 15°~30°。在规定的灯具最低悬挂高度下，保护角把光源在强眩光视线角度区内隐藏起来，从而避免了直接眩光。最低悬挂高度是评价灯具照明质量和视觉舒适感的一个重要参数。室内一般照明灯具的最低悬挂高度见表 3-6-1。

表 3-6-1　室内一般照明灯具的最低悬挂高度

光源种类	灯具形式	灯具遮光角度	光源功率 /W	最低悬挂高度 /m
白炽灯	有反射罩	10°~30°	≤ 100	2.5
			150~200	3.0
			300~500	3.5
	乳白玻璃漫射罩	—	≤ 100	2.0
			150~200	2.5
			300~500	3.0
荧光灯	无反射罩	—	≤ 40	2.0
			>40	3.0
	有反射罩	—	≤ 40	2.0
			>40	2.0

续表

光源种类	灯具形式	灯具遮光角度	光源功率 /W	最低悬挂高度 /m
荧光高压汞灯	有反射罩	10° ~30°	<125	3.5
			125~250	5.0
			≥ 400	6.0
	有反射罩带格栅	>30°	<125	3.0
			125~250	4.0
			≥ 400	5.0
金属卤化物灯、高压钠灯、混光光源	有反射罩	10° ~30°	<150	4.5
			150~250	5.5
			250~400	6.5
			>400	7.5
	有反射罩带格栅	>30°	<150	4.0
			150~250	4.5
			250~400	5.5
			>400	6.5

3.6.3 灯具的分类

照明灯具通常根据灯具的光通量在空间上下部分的分配比例、灯具的结构、灯具的安装方式或者灯具的防触电保护等进行分类。

3.6.3.1 按灯具的光通量在空间上、下部分的分配比例分类

照明灯具按其光通量在空间上、下部分的分配比例可分为直接型、半直接型、漫射型、半间接型和间接型五种，见表 3-6-2。

表 3-6-2 按灯具的光通量在空间上、下部分的分配比例分类

类型	直接型	半直接型	漫射型	半间接型	间接型
配光曲线					
光通量分布	上半球:0%~10% 下半球:90%~100%	上半球:10%~40% 下半球:60%~90%	上半球:40%~60% 下半球:40%~60%	上半球:60%~90% 下半球:10%~40%	上半球:90%~100% 下半球:0%~10%
灯罩材料	不透光材料	半透光材料	漫射透光材料	半透光材料	不透光材料

1. 直接型灯具

直接型灯具的用途最广泛，其大部分光通量向下照射，所以光通量利用率最高。其特点是光线集中、方向性很强，适用于工作环境照明，并且应当优先采用。此外，由于灯具的上、下部分光通量分配比例相差较为悬殊且光线集中，容易产生对比眩光和较重阴影。

直接型灯具可按其配光曲线的形状分为特深照型、深照型、广照型、配照型和均匀配照型五种，它们的配光曲线如图 3-6-5(a)所示。图 3-6-5(b)为几种直接型灯具的外形。

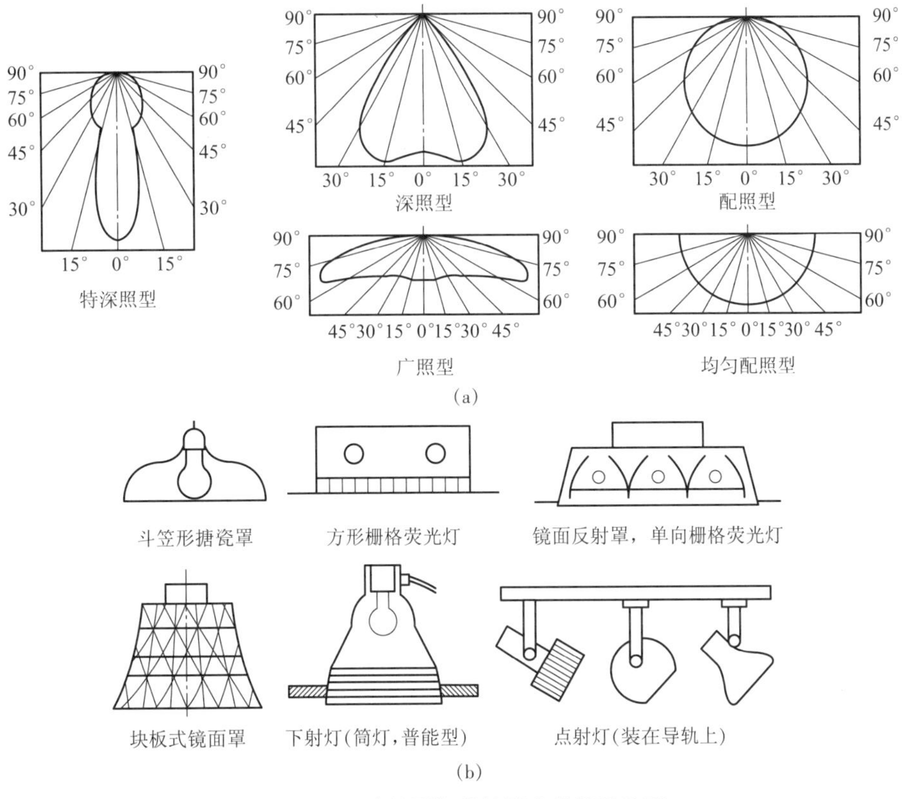

图 3-6-5　直接型灯具的配光曲线及外形

(a)几种直接型灯具的配光曲线　(b)几种直接型灯具的外形

深照型灯具和特深照型灯具的光线集中，适用于高大厂房或要求工作面有高照度的场所。这种灯具配备镜面反射罩，并以大功率的高压钠灯、金属卤化物灯、高压汞灯作为光源，能将光控制在狭窄的范围内，获得很高的轴线光强。

广照型灯具一般用于路灯照明，它的主要优点有：直接眩光区亮度低，直接眩光小；灯具间距大，有均匀的水平照度，便于使用光通输出高的高效光源，减少灯具数量，产生光幕反射的概率亦相应减小；有适当的垂直照明分量。

点射灯和嵌装在顶棚内的下射灯也属直接型灯具，光源为白炽灯或卤钨灯，如图 3-6-5(b)所示。

2. 半直接型灯具

半直接型灯具也有较高的光通量利用率，它能将较多的光线照射到工作面上，又能发出少量的光线照射顶棚，减小了灯具与顶棚间的强烈对比，使室内环境亮度更舒适，常用于办公室、书房等场所。其外形如图 3-6-6 所示。

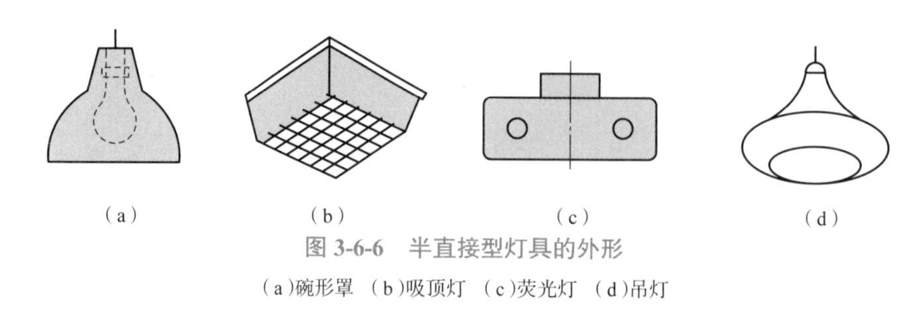

图 3-6-6　半直接型灯具的外形

(a)碗形罩　(b)吸顶灯　(c)荧光灯　(d)吊灯

3. 漫射型灯具

漫射型灯具将光线均匀地投向四面八方，对工作面而言，光通量利用率较低。这类灯具采用漫射透光材料制成封闭式灯罩，造型美观，光线柔和均匀，适用于起居室、会议室和厅堂照明。其外形如图 3-6-7 所示。

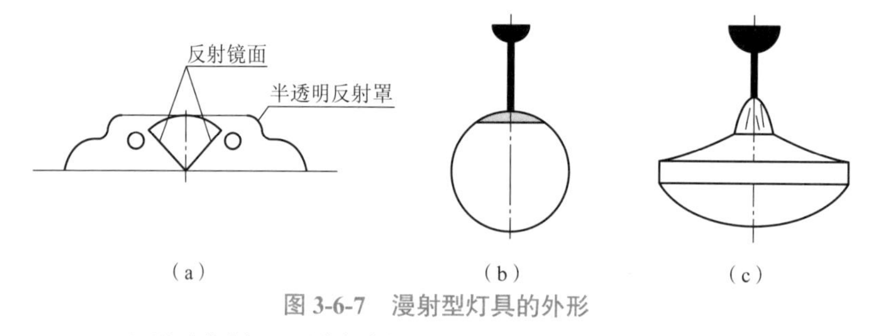

图 3-6-7　漫射型灯具的外形

(a)组合荧光灯　(b)乳白玻璃灯具(球形)　(c)乳白玻璃灯具(伞形)

4. 半间接型灯具

半间接型灯具大部分光线投向顶棚和上部墙面，增加了室内的间接光，光线更为柔和宜人。这类灯具上半部用透光材料制成，下半部用漫射透光材料制成，在使用过程中上半部容易积灰尘，影响灯具的效率。其外形如图 3-6-8 所示。

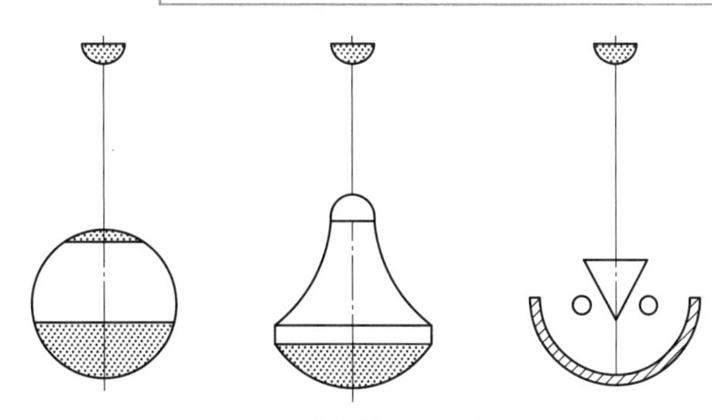

图 3-6-8 半间接型灯具的外形

5. 间接型灯具

间接型灯具将光线绝大部分投向顶棚，使顶棚成为二次光源。因此，室内光线扩散性极好，光线均匀柔和，几乎没有阴影和光幕反射，也不会产生直接眩光；但灯具的光通量损失较大，不经济，常用于起居室和卧室。其外形如图 3-6-9 所示。

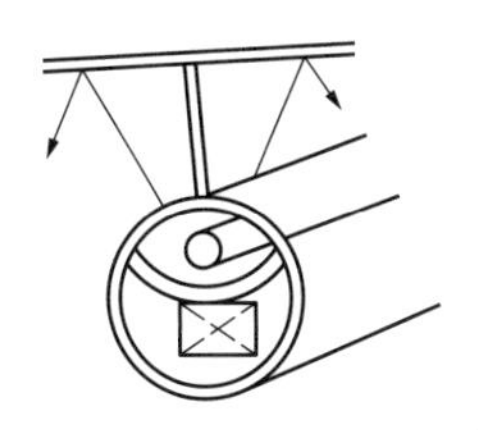

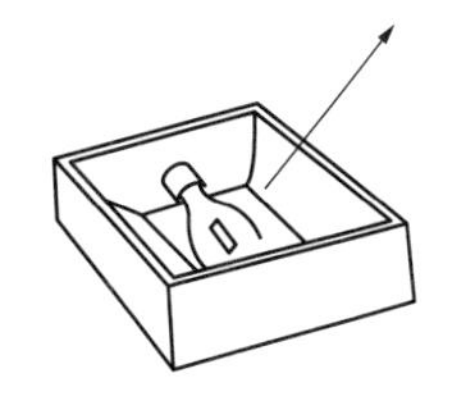

图 3-6-9 间接型灯具的外形

3.6.3.2 按灯具的结构分类

照明灯具按灯具的结构可分为以下几类。

（1）开启型灯具：无灯罩，光源直接照射周围环境。

（2）闭合型灯具：具有闭合的透光罩，但罩内外仍能自然通气，不防尘。

（3）封闭型灯具：透光罩接合处进行一般封闭，与外界隔绝比较可靠，罩内外空气可有限流通。

（4）密闭型灯具：透光罩接合处严密封闭，具有防水、防尘功能。

（5）防爆型灯具：透光罩及其接合处、灯具外壳均能承受要求的压力，能安全使用在有爆炸危险的场所，如高压水银安全防爆灯等。

（6）隔爆型灯具：灯具结构特别坚实，即使发生爆炸也不会破裂，适用于有可能发生爆炸的场所。

（7）防震型灯具：灯具采取了防震措施，可安装在有振动的设施上，如行车、吊车或有振动的车间、码头等场所。

（8）防腐型灯具：灯具外壳采用防腐材料，且密封性好，适用于具有腐蚀性气体的场合。

3.6.3.3 按灯具的安装方式分类

照明灯具按灯具的安装方式大致可分为以下几类。

1. 壁灯

壁灯是将灯具安装在墙壁、庭柱上，主要用于局部照明、装饰照明或不适于在顶棚安装灯具、没有顶棚的场所。其光线柔和，造型美观，主要形式有筒式壁灯、夜间壁灯、镜前壁灯、亭式壁灯、灯笼式壁灯、组合式壁灯、投光壁灯、吸壁式荧光灯、门厅壁灯、床头摇臂式壁灯、壁画式壁灯、安全指示式壁灯等。壁灯式样如图 3-6-10 所示。

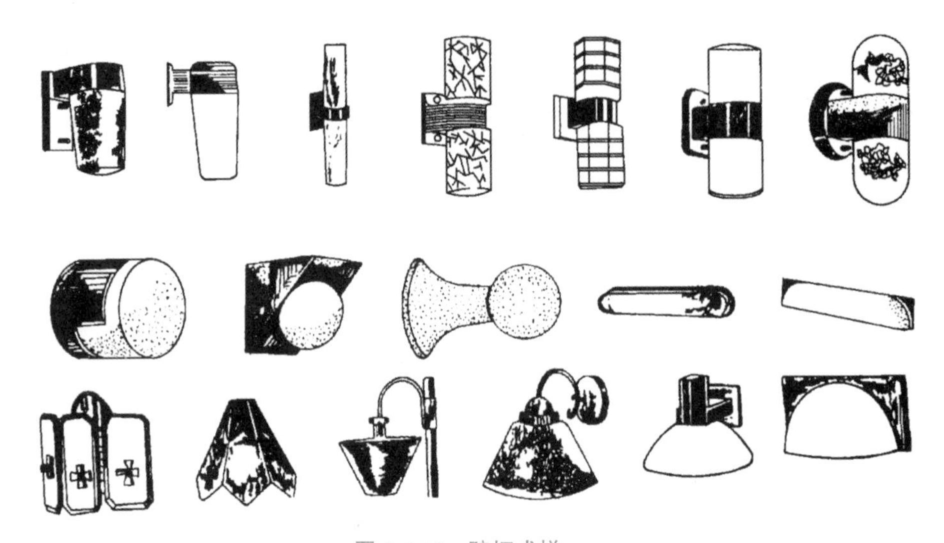

图 3-6-10　壁灯式样

2. 吸顶灯

吸顶灯是将灯具贴顶棚面安装，主要用于没有吊顶的房间。吸顶灯主要有组合方形灯、晶罩组合灯、晶片组合灯、灯笼吸顶灯、圆格栅灯、筒形灯、直口直边形灯、斜边扁圆形灯、尖扁圆形灯、圆球形灯、长方形灯、防水型灯、吸顶式点源灯、吸顶式荧光灯、吸顶式发光带、吸顶裸灯泡等。吸顶灯式样如图 3-6-11 所示。

吸顶灯应用比较广泛。吸顶式发光带适用于计算机房、变电站等；吸顶式荧光灯适用于对照度要求较高的场所；封闭式带罩吸顶灯适用于对照度要求不很高的场所，它能有效地限制眩光，外形美观，但发光效率低；吸顶裸灯泡适用于普通的场所，如厕所、仓库等。

3. 嵌入式灯

嵌入式灯适用于有吊顶的房间，灯具嵌入在吊顶内安装。当顶棚吊顶深度不够时，可以安装半嵌入式灯，其结构介于吸顶灯和嵌入式灯之间。嵌入式灯能有效地消除眩光，与吊顶结合能形成美观的装饰艺术效果。嵌入式灯主要形式有圆栅格灯、方栅格灯、平方灯、螺丝罩灯、嵌入式栅格荧光灯、嵌入式保护荧光灯、嵌入式环形荧光灯、方形玻璃片嵌顶灯、嵌入式点源灯、浅圆嵌入式平顶灯等。嵌入式灯式样如图 3-6-12 所示。

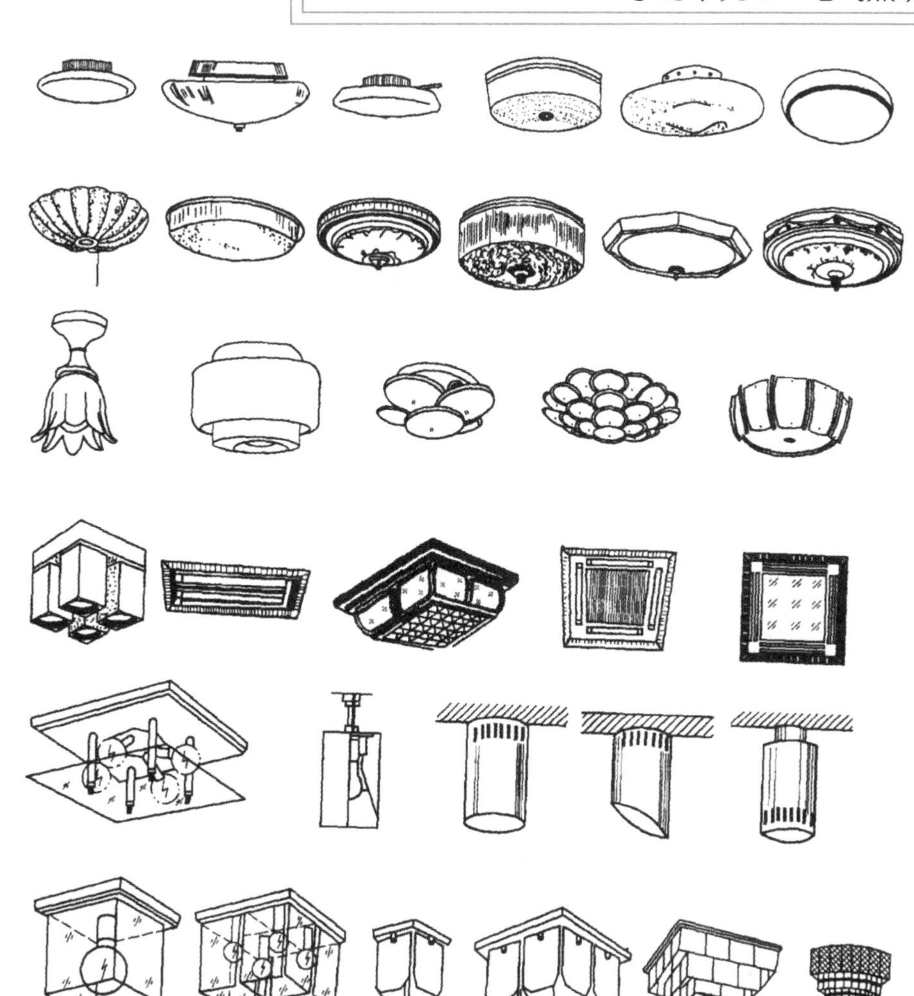

图 3-6-11 吸顶灯式样

4. 吊灯

吊灯主要利用吊杆、吊链、吊管、吊灯线安装，是最普通、最广泛的一种灯具。吊灯主要有圆球直杆灯、碗形罩吊灯、伞形吊灯、明月罩吊灯、束腰罩吊灯、灯笼吊灯、组合水晶吊灯、三环吊灯、玉兰罩吊灯、花篮罩吊灯、棱晶吊灯、吊灯点源灯等。吊灯式样如图 3-6-13 所示。

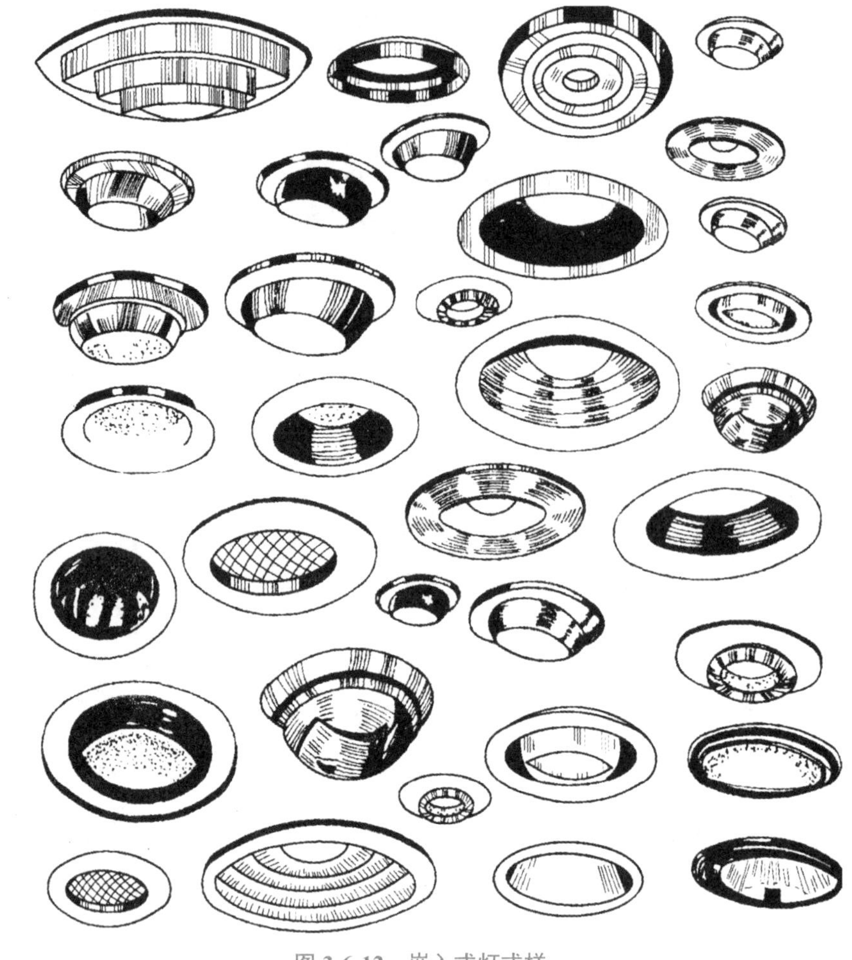

图 3-6-12　嵌入式灯式样

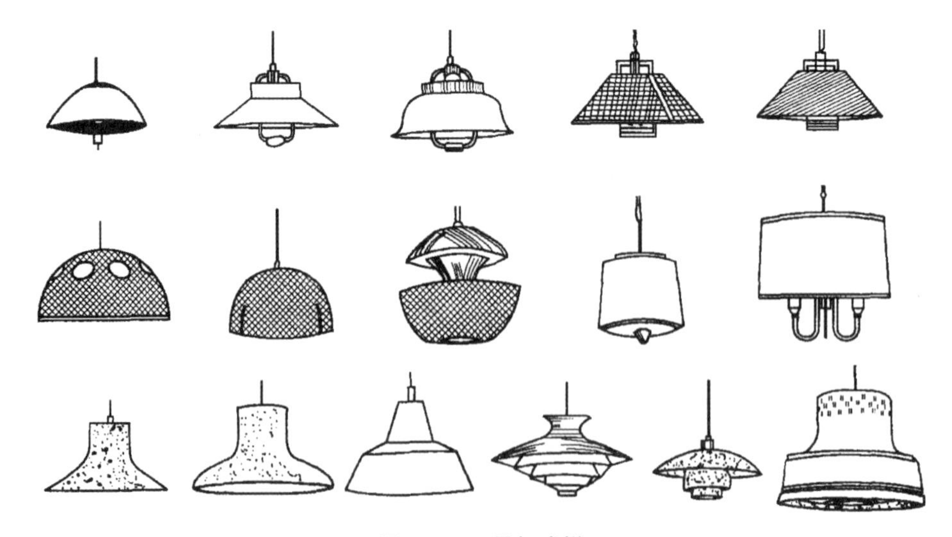

图 3-6-13　吊灯式样

带有反光罩的吊灯的配光曲线比较好，照度集中，适用于顶棚较高的场所，如教室、办公室、设计室。吊线灯适用于住宅、卧室、休息室、小仓库、普通用房等。吊管、吊链花灯适用于有装饰性要求的房间，如宾馆、餐厅、会议厅、大展厅等。

5. 地脚灯

地脚灯暗装在墙内，距地面高度为 0.2~0.4 m。地脚灯的主要作用是照明走道，便于人员行走，夜间起床开灯时，可以避免刺眼的光线，保证他人的休息，主要应用于医院病房、宾馆客房、公共走廊、卧室等场所。

6. 台灯

台灯主要放在写字台、工作台、阅览桌上，供书写阅读之用。台灯的种类很多，目前市场上流行的主要有变光调光台灯、荧光台灯等，此外还流行一类装饰性台灯，将其放在装饰架或电话桌上，能起到很好的装饰效果。台灯式样如图 3-6-14 所示。

图 3-6-14　台灯式样

7. 庭院灯

庭院灯灯头或灯罩多数向上安装，灯管和灯架多数安装在庭院地坪上，特别适合于公园、街心花园、宾馆以及工矿企业、机关学校的庭院等场所。庭院灯主要有盆圆形庭院灯、玉坛罩庭院灯、草坪柱灯、四叉方罩庭院灯、琥珀庭院灯、花坛柱灯、六角形庭院灯、磨花圆形罩庭院灯等。

8. 落地灯

落地灯一般放置在需要局部照明或局部装饰照明的场所，多用于高级客房、宾馆、带茶几沙发的房间以及床头或书架旁。落地灯有的单独使用，有的与落地式台扇组合使用，还有的与衣架组合使用。落地灯式样如图 3-6-15 所示。

图 3-6-15　落地灯式样

9. 道路广场灯

道路广场灯主要用于夜间的通行照明。道路灯有高杆球形路灯、高压汞灯路灯、双管荧光灯路灯、高压钠灯路灯、双腰鼓路灯、飘形高压汞灯等。广场灯有广场塔灯、六叉广场灯、碘钨反光灯、圆球柱灯、高压钠灯柱灯、高压钠灯投光灯、深照卤钨灯、搪瓷斜照卤钨灯、搪瓷配照卤钨灯等。道路广场灯式样如图 3-6-16 所示。

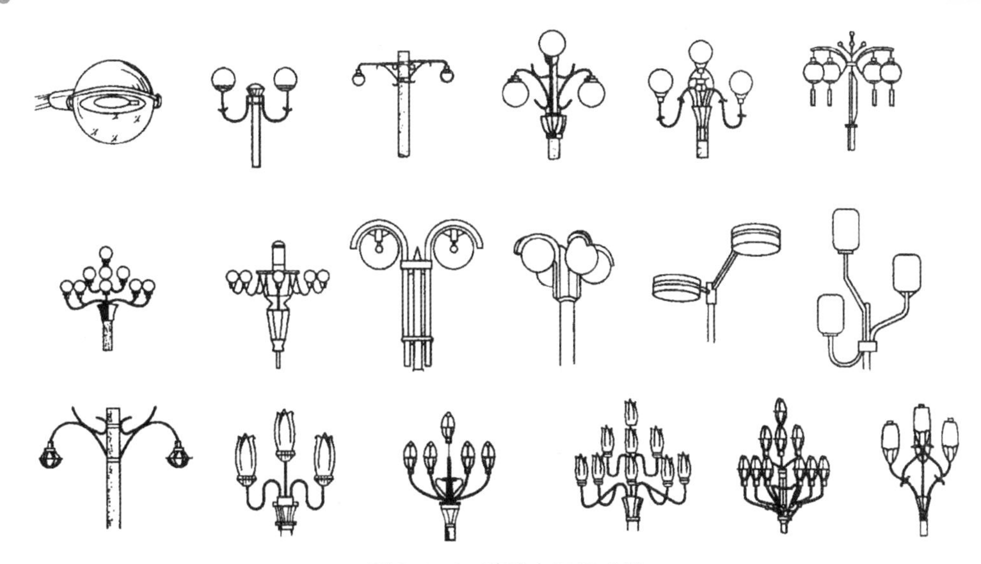

图 3-6-16 道路广场灯式样

道路照明一般使用高压钠灯、荧光高压汞灯的目的是给车辆、行人提供必要的视觉条件，预防交通事故。广场灯用于车站前广场、机场前广场、港口码头、公共汽车站广场、立交桥、停车场、室外体育场等。广场灯应根据广场的形状、面积及使用特点来选择。

10. 移动式灯

移动式灯常用于室内、外移动性的工作场所以及室外电视、电影的摄影场所等。移动式灯主要有深照型特挂灯、广照型带防护网防水防尘灯、平面灯、移动式投光灯等。移动式灯都有金属防护网罩或塑料防护罩。

11. 自动应急照明灯

自动应急照明灯作应急照明之用，也可用于紧急疏散、安全防灾等重要场所，适用于宾馆、饭店、医院、影剧院、商场、银行、邮政、地下室、会议室、计算机房、动力站房、人防工事、隧道等公共场所。

自动应急照明灯的供电系统应当性能稳定、安全可靠。当交流电源因故停电时，应急照明灯自动切换系统将自动切换到蓄电池供电，为人员安全撤离指示方向。

自动应急照明灯的种类有照明型、放音指示型、字符图样标志型等。按其安装方式可分为吊灯、壁灯、挂灯、吸顶灯、筒灯、投光灯、转弯指示灯等多种样式。专业用灯中的安全出口字符图样标志灯即属于自动应急照明灯的一种。

12. 民间灯与节日灯

民间灯与节日灯都是带有传统文化色彩的灯具，许多灯具的造型和民族民俗节日紧密相关，适用于具有民族特色或欢庆民族节日的场合。民间灯与节日灯式样如图 3-6-17 所示。

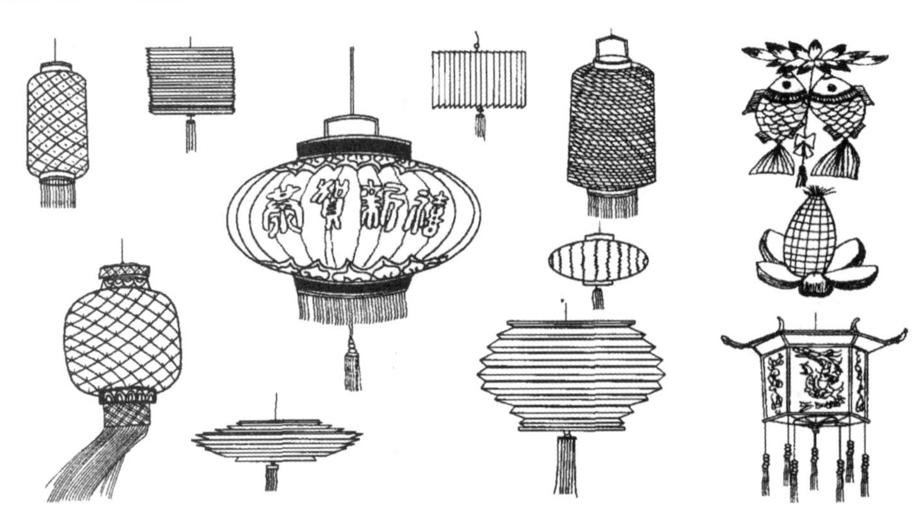

图 3-6-17　民间灯与节日灯式样

13. 投光灯

投光灯在室内室外均有安装。大型探照灯（投光灯的一种）通常作发送信号或搜索照明之用。大型投光灯广泛应用于广场、停车场、机场、站场、体育场和公园内。特别是对于一些大型、重要且具有观赏意义的建筑物，使用投光灯进行夜间的泛光照明，会使城市的夜景产生强烈的艺术效果。小型投光灯用于商品陈列，对主要商品及其场所进行重点照明，以增强对顾客的吸引力。投光灯式样如图 3-6-18 所示。

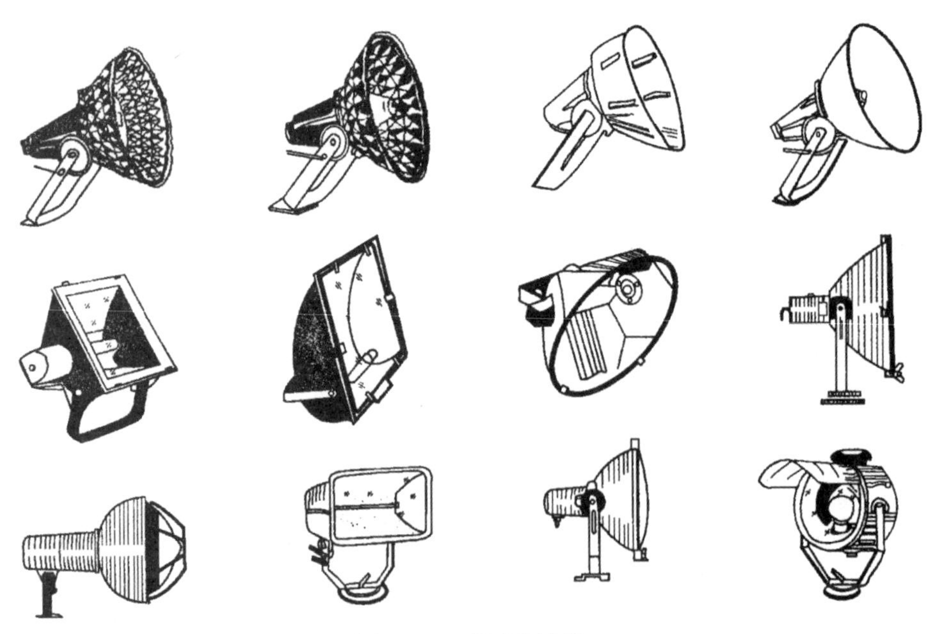

图 3-6-18　投光灯式样

14. 专业用灯

专业用灯包括舞台灯、娱乐灯、信号标志灯、广告灯、医院的手术用灯、字符图样标态灯等，它们的选用主要取决于功能设计，因此也有广泛的用途。专业用灯式样如图 3-6-19 所示。

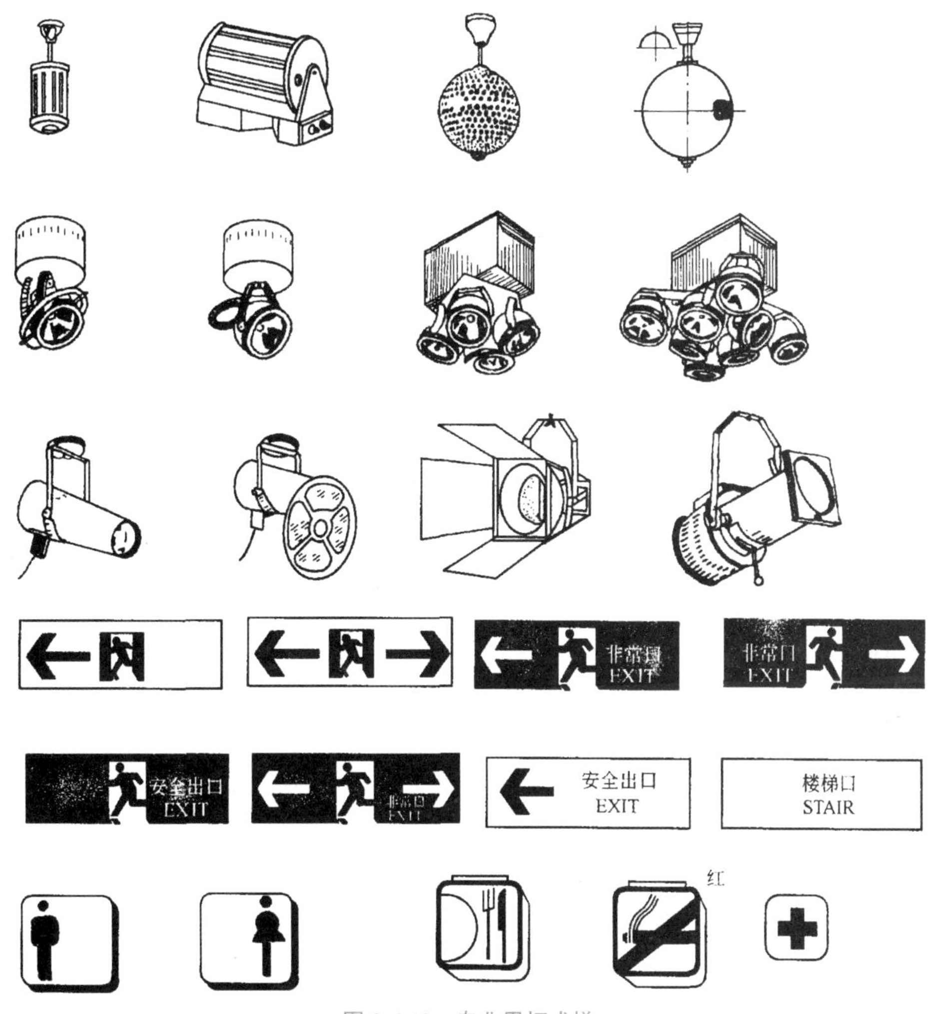

图 3-6-19 专业用灯式样

3.6.3.4 按灯具的防触电保护分类

为了保证电气安全，照明灯具所有带电部分必须采用绝缘材料等加以隔离。这种保护人身安全的措施称为防触电保护，它可以分为 0、Ⅰ、Ⅱ和Ⅲ四类，每一类灯具的主要性能及其应用情况见表 3-6-3。

表 3-6-3　灯具的防触电保护分类

灯具等级	灯具主要性能	应用说明
0 类	保护依赖基本绝缘,基本绝缘为易触及的部分及外壳和带电体间的绝缘	适用于环境好的场合,且灯具安装、维护方便,如空气干燥、灰尘少、木地板等条件下的吊灯
Ⅰ类	除基本绝缘外,易触及的部分及外壳有接地装置,一旦基本绝缘失效,不致有危险	用于金属外壳灯具,如投光灯、路灯、庭院灯等,提高了安全程度
Ⅱ类	除基本绝缘外,还有补充绝缘,做成双重绝缘或加强绝缘,提高安全性	绝缘性好,安全程度高,适用于环境差、人经常触摸的灯具,如台灯、手提灯等
Ⅲ类	采用交流有效值小于 50 V 的特低安全电压,且灯内不会产生高于此值的电压	灯具安全程度最高,用于恶劣环境和需要安全程度高的环境,如机床工作台、儿童用灯等

从电气安全角度看，0 类灯具的安全保护程度最低,目前有些国家从安全的角度出发,已不允许生产 0 类照明灯具;Ⅰ、Ⅱ类灯具安全保护程度较高,一般情况下可采用Ⅰ类或Ⅱ类灯具;Ⅲ类灯具安全保护程度最高,在使用条件或使用方法恶劣的场所应使用Ⅲ类灯具。总之,在照明设计时,应综合考虑使用场所的环境、操作对象、安装和使用位置等因素,选用适合的灯具类别。

3.6.4　灯具的选择

灯具的选择应首先满足使用功能和照明质量的要求,同时便于安装与维护,并且长期运行费用低。基于这些要求,应优先采用高效节能电光源和高效灯具。对于灯具的具体选择应遵循如下原则。

3.6.4.1　根据灯具的特性选择

1. 根据灯具的配光曲线合理选择灯具

选择灯具应使其出射光通量最大限度地落到工作面上,最大限度地实现节能,即有较高的利用系数。利用系数值取决于灯具效率、灯具配光、室内装修等因素。

2. 尽量选择不带附件的一体化灯具

灯具的格栅、棱镜、有机玻璃板、各种装饰罩等附件的作用是改变光线的方向,减少眩光,增加美感和装饰效果。同时,这些附件会引起灯具的效率下降,灯泡的温度上升,灯具、灯泡的寿命降低。因此,尽量选择不带附件的一体化灯具,如大型公共建筑物内多采用直接型、半直接型的天棚筒灯照明。

3. 尽量选择具有高保持率的灯具

高保持率指在运行期间光通量降低较少。光通量降低包括光源光通量下降以及灯具老化污染引起的灯具输出光通量下降。

(1)常用的照明光源中,在寿命期间内高压钠灯的光通量降低最少,约为 17%;金属卤化物灯的光通量降低较大,约为 30%。

(2)灯具的表面易老化、受污染,其反射罩的表面通常要进行特殊处理,目的是提高耐热冲击性能,增强罩的抗弯强度,提高表面光洁度,使其不易积灰、易于清洗和耐腐蚀等。

3.6.4.2　根据灯具的效率和经济性选择

选择灯具时,在保证满足使用功能和照明质量的前提下,应重点考虑灯具的效率和经济性,并进行初始投资、年运行费和维修费的综合计算。其中,初始投资包括灯具费、安装费等;年运行费包括每年的电费和管理费;维修费包括灯具检修和更换费用等。

在经济条件比较好的地区,可选用效率较高、造型美观并且实用的新型灯具,进行一次性较大投资,降低年运行费和维修费。

3.6.4.3　根据环境条件选择灯具

(1)在正常环境中,宜选用开启型灯具。

(2)在潮湿、多灰尘的场所,根据灯具保护等级,选用密闭型防水防尘灯具。

(3)在有爆炸危险的场所,可根据爆炸危险的级别或组别适当地选择相应的防爆灯具。

(4)在有化学腐蚀的场所,可选用耐腐蚀性材料制成的灯具。

总之,应根据不同工作环境条件,灵活、实用、安全地选用开启式、防尘式、封闭式、防爆式、防水式以及直接和半直接照明型等多种形式的灯具。

3.6.4.4　灯具形状应与建筑物风格相协调

建筑物按建筑艺术风格可分为古典式和现代式、中式和欧式等。若建筑物为现代式建筑风格,其应采用流线型、具有现代艺术风格的造型灯具。灯具外形应与建筑物相协调,不要破坏建筑物的艺术风格。

建筑物按结构形式可分为直线形、曲线形、圆形等。选择灯具时根据建筑结构的特征合理地选择和布置灯具,如在直线形结构的建筑物内,宜采用直管日光灯组成的直线光带或矩形布置,以突出建筑物的直线形结构特征。

建筑物按功能可分为民用建筑物、工业建筑物和其他用途建筑物等。在民用建筑物照明中,可采用照明与装饰相结合的照明方式;而在工业建筑物照明中,则以照明为主。

3.6.4.5　符合防触电保护要求

灯具的防触电保护分类见表3-6-3。

【知识加油站】

灯具风格

按照灯具的风格,灯饰可以简单分为现代、欧式、美式、中式四种不同的风格,这四种风格的灯饰各有千秋。

1. 现代灯

简约、另类、追求时尚是现代灯的最大特点。其材质一般采用具有金属质感的铝材、另类气息的玻璃等,在外观和造型上以另类的表现手法为主,色调上以白色、金属色居多,更适合与简约现代的装饰风格搭配。

2. 欧式灯

与强调以华丽的装饰、浓烈的色彩、精美的造型达到雍容华贵的装饰效果的欧式装修风格相近,欧式灯注重曲线造型和色泽上的富丽堂皇。有的灯还会以铁锈、黑漆等故意造出斑驳的效果,追求仿旧的感觉。

从材质上看,欧式灯多以树脂和铁艺为主。其中,树脂灯造型很多,可有多种花纹,贴上金箔、银箔显得颜色亮丽、色泽鲜艳;铁艺等造型相对简单,但更有质感。

3. 美式灯

与欧式灯相比,美式灯似乎没有太大区别,其用材一致。美式灯依然注重古典情怀,只是风格和造型相对简约,外观简洁大方,更注重休闲和舒适感。其用材与欧式灯一样,多以树脂和铁艺为主。

4. 中式灯

与传统的造型讲究对称、精雕细琢的中式风格相近,中式灯也讲究色彩的对比,图案多具有清明上河图、如意图、龙凤、京剧脸谱等中式元素,强调古典和传统文化神韵的感觉。

中式灯的装饰多以镂空或雕刻的木材为主,宁静古朴。其中,仿羊皮灯光线柔和、色调温馨,装在家里,给人温馨、宁静的感觉。仿羊皮灯主要以圆形与方形为主。圆形的仿羊皮灯大多是装饰灯,在家里起画龙点睛的作用;方形的仿羊皮灯多以吸顶灯为主,外围配以各种栏栅及图形,古朴端庄,简洁大方。中式灯也有纯中式和简中式之分。纯中式更富有古典气息,简中式则只是在装饰上采用一些中式元素。

【课后练习】

(1)灯具有哪些作用?

(2)灯具的光学特性用哪些指标来表示?

(3)灯具按安装方式分为哪些种类?

(4)灯具选择应遵循哪些原则?

【知识跟进】

(1)查阅资料,了解10个知名灯具品牌,并制作PPT。

(2)利用互联网,了解国内及国外知名灯具生产厂家。

任务7　学会计算照度及布置灯具

【任务目标】

(1)了解灯具布置应注意的几个问题。

(2)掌握一般照明方式的典型布灯法(点光源布灯、线状光源布灯)。

(3)了解照度计算方法——利用系数法。

(4)掌握照度计算方法——单位容量法。

【知识储备】

3.7.1　灯具的布置

3.7.1.1　概述

灯具的布置即确定灯具在房间内的空间位置。它对光的投射方向、工作面的照度、照度的均匀性、眩光的限制以及阴影等都有直接的影响。灯具的布置是否合理还关系到照明安装容量和投资费用以及维护检修的方便与安全。要正确选择布灯方式,应着重考虑以下几方面:

(1)灯具布置必须以满足生产工作、活动方式的需要为前提,充分考虑被照面照度分布是否均匀,有无挡光、阴影及引起眩光的程度;

(2)灯具布置的艺术效果与建筑物是否协调,产生的心理效果及造成的环境气氛是否恰当;

(3)灯具安装是否符合电气技术规范和电气安全的要求,并且便于安装、检修与维护。

3.7.1.2　一般照明方式典型布灯法

1. 点光源布灯

点光源布灯是将灯具在顶棚上均匀地按行列布置,如图3-7-1所示。其中,灯具与墙的间距取灯间距离的1/2,如果靠墙区域有工作桌或设备,灯距墙也可取1/4~1/3的灯间距。

2. 线状光源布灯

如图3-7-2所示,布置线状光源时希望光带与窗平行,光线从侧面投向工作桌,灯管的长度方向与工作桌长度方向垂直,这样可以减少光幕反射引起的视觉功能下降。靠墙光带与墙之间的距离一般取$S/2$,若靠墙有工作台可取$S/4$~$S/3$,光带端部与墙的距离不大于500 mm。

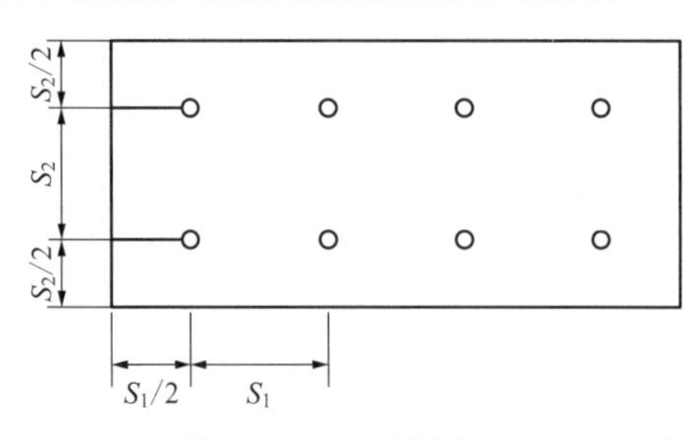

图 3-7-1　点光源布灯

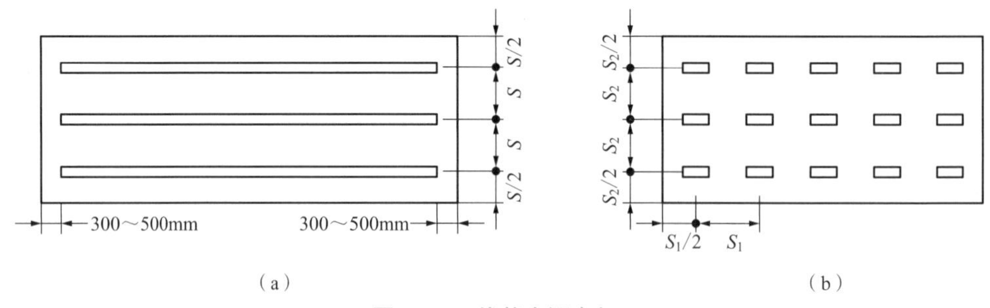

图 3-7-2　线状光源布灯

(a)光带布灯方式　(b)间隔布灯方式

线状光源布灯方式下,房间内光带最少排数:

$$N_1 = \frac{\text{房间宽度}}{\text{最大允许间距}}$$

线状光源纵向灯具的个数:

$$N_2 = \frac{\text{房间长度} - 1}{\text{光源长度}}$$

其中,房间长度和光源长度的单位是 m。

3.7.1.3　装饰布灯

1. 天棚装饰布灯法

建筑物内装修标准很高时,布灯也应采用高标准,以便与建筑物的富丽堂皇相协调。布灯时常按一定几何图案布置,如直线形、角形、梅花形、葵花形、圆弧形、渐开线形、满天星形或它们的组合,如图 3-7-3、图 3-7-4 和图 3-7-5 所示。

采用线状光源时也可采用线状横向、线状纵向、光带或线状格子等布灯方案,如图 3-7-6、图 3-7-7 和图 3-7-8 所示。

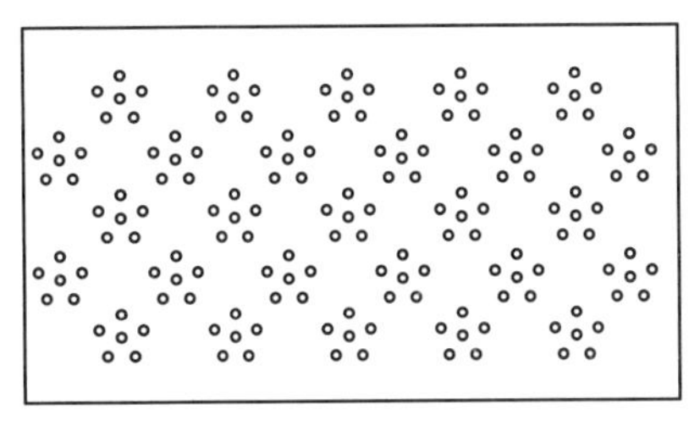

图 3-7-3　梅花形布灯

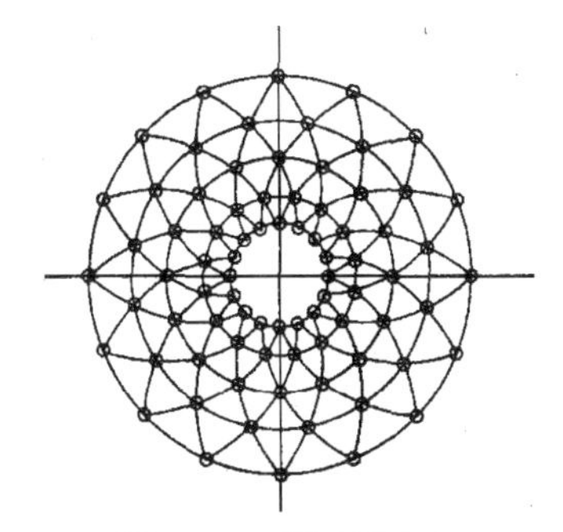

图 3-7-4　渐开形布灯

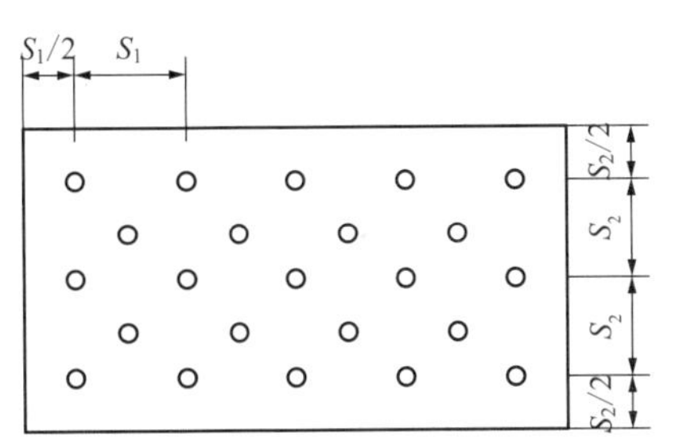

图 3-7-5　组合布灯

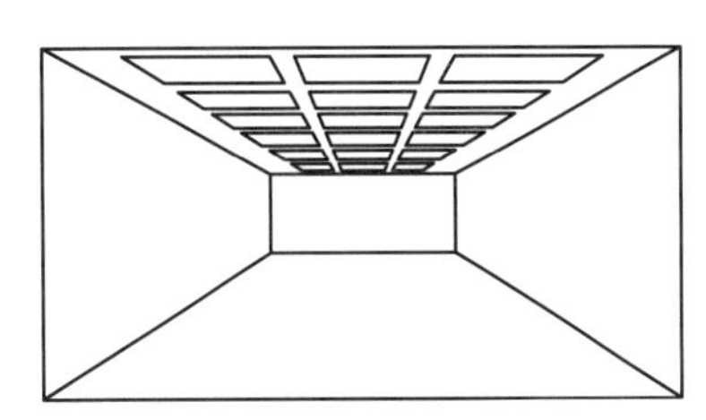

图 3-7-6　线状光源横向布灯

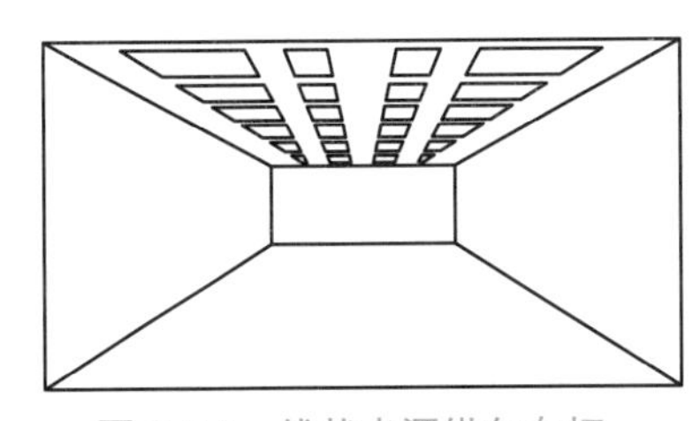

图 3-7-7　线状光源纵向布灯

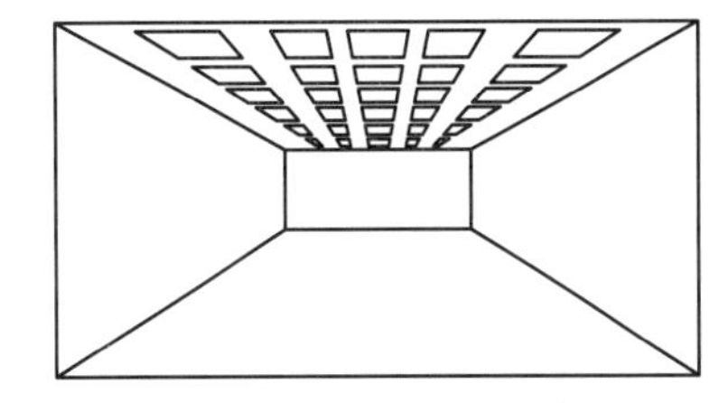

图 3-7-8　线状光源格子布灯

线状光源横向布灯的特点是工作面照度分布均匀,并造成一种热烈气氛,且舒适感良好。线状光源纵向布灯的特点是诱导性好,工作面照度均匀,且舒适感良好。线状光源格子布灯的特点是从各个方向进入室内时有相同的感觉,适应性好,排列有整齐感,照度分布均匀,舒适性好。

2. 室内装修配合布灯法

现代照明不仅是提供一定照度水平,许多场合还用光作装饰,以使环境更加优美,并创造出丰富多彩的光环境,使场景气氛更加诱人。

3.7.1.4　灯具的悬挂高度

为了达到良好的照明效果,避免眩光的影响,保证人们活动的空间,防止产生碰撞,避免发生触电,保证用电安全,灯具要具有一定的悬挂高度。对于室内照明而言,通常最低悬挂高度为 2.4 m。

3.7.1.5 满足照度分布均匀的合理性

与局部照明、重点照明、加强照明不同，大部分建筑物都会按均匀的布灯方式布灯。如前所述将同类型灯具按照不同的几何图形，如矩形、菱形、角形、满天星形等布置在车间、商店、大厅等场所的灯棚上，以满足照度分布均匀的基本条件。一般在这些场所要求的设计照度均匀度不低于0.7。

照度是否均匀主要还取决于灯具布置间距和灯具本身的光分布特性(配光曲线)两个条件。为了设计方便，常常给出灯具的最大允许距高比 S/H。

根据研究，各种灯具最有利的距高比见表3-7-1。已知灯具至工作面的高度 H，根据表中的 S/H 值，就可以确定灯具的间距 S。图3-7-9给出了点光源灯具的几种布置和 S 的计算。

表3-7-1 灯具最有利的距高比 S/H

灯具形式	距离比 S/H		宜采用单行布置的房间高度
	多行布置	单行布置	
乳白玻璃圆球灯、散照型防水防尘灯、天棚灯	2.3~3.2	1.9~2.5	$1.3H$
无漫射罩的配照型灯	1.8~2.5	1.8~2.0	$1.2H$
搪瓷深照型灯	1.6~1.8	1.5~1.8	$1.0H$
镜面深照型灯	1.2~1.4	1.2~1.4	$0.75H$
有反射罩的荧光灯	1.4~1.5	—	—
有反射罩的带栅格的荧光灯	1.2~1.4	—	—

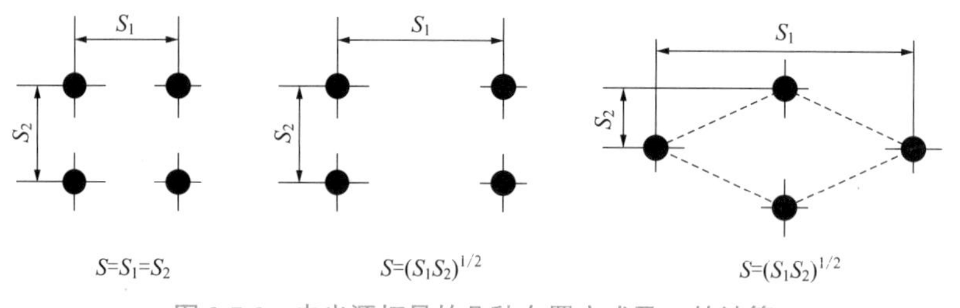

图3-7-9 电光源灯具的几种布置方式及 S 的计算

3.7.2 照度计算

照度计算是照明设计的主要内容之一，是正确进行照明设计的重要环节，是对照明质量作定量评价的技术指标。照度计算的目的是根据照明需要及其他已知条件，来决定照明灯具的数量以及其中电光源的容量，并据此确定照明灯具的布置方案；或者在照明灯具类型、布置及电光源的容量都已确定的情况下，通过照度计算来定量评价实际使用场合的照明质量。

照度计算的方法通常有利用系数法、单位容量法、逐点计算法等。前两种方法用于计算

工作面上的平均照度，后一种方法可计算任一倾斜工作面上的照度。本节只介绍应用较多的前两种计算法。

3.7.2.1　利用系数法

利用系数法是一种平均照度计算方法，它是根据房屋的空间系数等因素，利用多次相互反射的理论，求得灯具的利用系数，计算出要达到平均照度值所需要的灯具数的计算方法。这种方法适用于灯具均匀布置的一般照明。

1. 计算公式

计算平均照度的基本公式：

$$E_{av} = \frac{\Phi NUK}{A} \tag{3-7-1}$$

式中　E_{av}——工作面上的平均照度，lx；

Φ——光源光通量，lm；

N——由布灯方案得出的灯具数量；

A——房间面积，m^2；

U——光通利用系数；

K——灯具维护系数，见表3-7-2。

表3-7-2　灯具维护系数

环境类别	房间或场所举例	维护系数	
		白炽灯、荧光灯、高光强气体放电灯	卤钨灯
清洁	住宅卧室、办公室、餐厅、阅览室、教室、绘图室、客房等	0.25	0.8
一般	商店营业厅、候车室、影剧院、体育馆等	0.7	0.75
污染严重	厨房、锻造车间等	0.65	0.7

2. 利用系数的有关概念

1）空间系数

为了表示房间的空间特征，引入空间系数的概念，将一矩形房间分成三部分，灯具出光口平面到顶棚之间的空间叫顶棚空间；工作面到地面之间的空间叫地板空间；灯具出光口平面到工作面之间的空间叫室空间，如图3-7-10所示。上述三个空间的空间系数定义如下。

室空间系数：

$$\mathrm{RCR} = \frac{5h_{rc}(l+w)}{l \cdot w} \tag{3-7-2}$$

顶棚空间系数：

$$\mathrm{CCR} = \frac{5h_{cc}(l+w)}{l \cdot w} = \frac{h_{cc}}{h_{rc}}\mathrm{RCR} \tag{3-7-3}$$

地板空间系数：

$$\mathrm{FCR}=\frac{5h_{\mathrm{fc}}(l+w)}{l\cdot w}=\frac{h_{\mathrm{fc}}}{h_{\mathrm{rc}}}\mathrm{RCR} \tag{3-7-4}$$

式中 l——室空间（地面）长度，m；

w——室空间（地面）宽度，m；

h_{rc}——室空间高，即灯具的计算高度，m；

h_{cc}——顶棚空间高，即灯具的垂度，m；

h_{fc}——地板空间高，即工作面的高度，m。

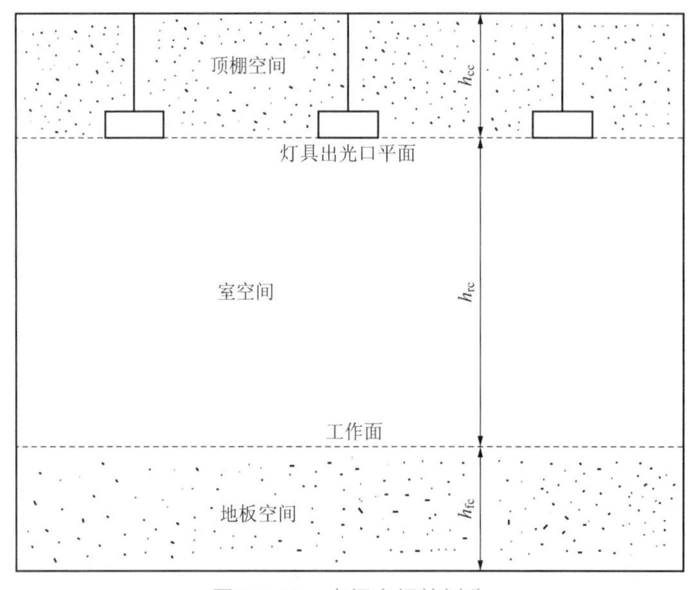

图 3-7-10 房间空间的划分

2）有效空间反射比

灯具出光口平面（以下简称灯具开口平面）上方空间（包括实际顶棚表面和顶棚空间部分的墙面）中，一部分光被吸收，另一部分光经过多次反射从灯具开口平面射出。为简化计算，把灯具开口平面看成一个具有有效反射比 ρ_{cc} 的假想平面，光在这个假想平面上的反射效果同在实际顶棚空间的效果等价。同样，地板空间的反射效果也可以用一个假想平面来表示，其有效反射比为 ρ_{fc}。

有效空间反射比可由下式求得

$$\rho_{\mathrm{cc}}(\text{或}\rho_{\mathrm{fc}})=\frac{\rho A_0}{A_{\mathrm{S}}-\rho A_{\mathrm{S}}+\rho A_0} \tag{3-7-5}$$

式中 A_0——顶棚（或地板）平面面积，m²；

A_{S}——顶棚（或地板）空间内所有表面的总面积，m²；

ρ——顶棚（或地板）空间各表面的平均反射比。

当一个面或多个面内各部分的实际反射比各不相同时，其平均反射比的计算公式是

$$\rho = \frac{\sum \rho_i A_i}{\sum A_i} \tag{3-7-6}$$

式中　A_i——第 i 块表面的面积；

ρ_i——第 i 块表面的实际反射比。

长期连续作业的受照房间的反射比可按表 3-7-3 确定，实际的建筑表面（含墙壁、顶棚和地板）的反射比可按表 3-7-4 确定。

表 3-7-3　工作房间表面的反射比

参数	顶棚 ρ_{cc}	墙面 ρ_w	地面 ρ_{fc}	设备
反射比	0.7~0.8	0.5~0.7	0.2~0.4	0.25~0.45

表 3-7-4　建筑表面的反射比近似值

建筑表面情况	反射比
刷白的墙壁、顶棚、窗子装有白色窗帘	0.7
刷白的墙壁，但窗子未装窗帘，或挂有深色窗帘；刷白的顶棚，但房间潮湿；虽未刷白，但墙壁和顶棚干净光亮	0.5
有窗子的水泥墙壁、水泥顶棚；木墙壁、木顶棚；糊有浅色纸的墙壁、顶棚；水泥地面	0.3
有大量深色灰尘的墙壁、顶棚；无窗帘遮蔽的玻璃窗；未粉刷的砖墙；糊有深色纸的墙壁、顶棚；较脏污的水泥地面，油漆、沥青等地面	0.1

3）确定利用系数的步骤

（1）确定房间的各特征量：分别按式（3-7-2）、式（3-7-3）、式（3-7-4）求出其室空间系数 RCR、顶棚空间系数 CCR、地板空间系数 FCR。

（2）确定顶棚空间的有效反射比：按式（3-7-5）求出顶棚空间有效反射比 ρ_{cc}。当顶棚空间各面反射比不等时，应求出各面的平均反射比 ρ，然后代入式（3-7-5）求得 ρ_{cc}。

（3）确定墙面平均反射比：由于房间开窗或装饰物遮挡等原因会引起的墙面反射比的变化，在求利用系数时，墙面反射比应采用加权平均值，可利用式（3-7-6）求得。

（4）确定地板空间有效反射比：地板空间同顶棚空间一样，可利用同样的方法求出有效反射比 ρ_{fc}。应注意的是，利用系数表中的数值是按照 ρ_{fc} =0.2 算出来的，当 ρ_{fc} 不是该值时，若要求较精确的结果，利用系数应加以修正。如果计算精度要求不高，也可不做修正。

（5）确定利用系数：根据已求出的室空间系数 RCR、顶棚有效反射比 ρ_{cc}、墙面平均反射比 ρ_w，按所选用的灯具从计算图表中即可查得利用系数 U。当 RCR、ρ_{cc}、ρ_w 不是图表中分级的整数时，可用内插法求出对应值。

表 3-7-5 给出了 YG1-1 型 40 W 荧光灯具的利用系数。一般表上未加说明的则表示是按 ρ_{fc} =0.2 求得的利用系数。

表 3-7-5　YG1-1 型 40 W 荧光灯具的利用系数

反射系数		室空间系数									
		1	2	3	4	5	6	7	8	9	10
$\rho_{cc}=0.7$	$\rho_w=0.7$	0.75	0.68	0.61	0.56	0.51	0.47	0.43	0.40	0.37	0.34
	$\rho_w=0.5$	0.71	0.61	0.53	0.46	0.41	0.37	0.33	0.29	0.27	0.24
	$\rho_w=0.3$	0.67	0.55	0.46	0.39	0.34	0.30	0.26	0.23	0.20	0.17
	$\rho_w=0.1$	0.63	0.50	0.41	0.34	0.29	0.25	0.21	0.18	0.16	0.13
$\rho_{cc}=0.5$	$\rho_w=0.7$	0.67	0.60	0.54	0.49	0.45	0.41	0.38	0.35	0.33	0.30
	$\rho_w=0.5$	0.63	0.54	0.47	0.41	0.37	0.33	0.30	0.27	0.24	0.21
	$\rho_w=0.3$	0.60	0.50	0.42	0.36	0.31	0.27	0.24	0.21	0.19	0.16
	$\rho_w=0.1$	0.57	0.46	0.38	0.31	0.26	0.23	0.20	0.17	0.15	0.12
$\rho_{cc}=0.3$	$\rho_w=0.7$	0.59	0.53	0.47	0.43	0.39	0.36	0.33	0.31	0.29	0.26
	$\rho_w=0.5$	0.56	0.48	0.42	0.37	0.33	0.29	0.26	0.24	0.22	0.19
	$\rho_w=0.3$	0.54	0.45	0.38	0.32	0.28	0.25	0.22	0.19	0.17	0.15
	$\rho_w=0.1$	0.52	0.41	0.34	0.28	0.24	0.21	0.18	0.16	0.14	0.11
$\rho_{cc}=0.1$	$\rho_w=0.7$	0.52	0.46	0.41	0.37	0.34	0.32	0.29	0.27	0.25	0.23
	$\rho_w=0.5$	0.50	0.43	0.37	0.33	0.29	0.26	0.24	0.21	0.19	0.17
	$\rho_w=0.3$	0.48	0.40	0.34	0.29	0.25	0.22	0.20	0.17	0.15	0.13
	$\rho_w=0.1$	0.46	0.37	0.31	0.26	0.22	0.19	0.16	0.14	0.12	0.10
$\rho_{cc}=0$	0	0.43	0.34	0.28	0.23	0.20	0.17	0.14	0.12	0.11	0.09

【例 3-7-1】 有一教室长为 6.6 m，宽为 6.6 m，高为 3.6 m，在顶棚下方 0.5 m 处均匀安装 8 盏 YG1-1 型 40 W 荧光灯，每个荧光灯光源的光通量为 2 200 lm，课桌高度为 0.8 m，教室内各表面的反射比如图 3-7-11 所示，试计算课桌面上的平均照度。YG1-1 型 40 W 荧光灯具的利用系数见表 3-7-5。

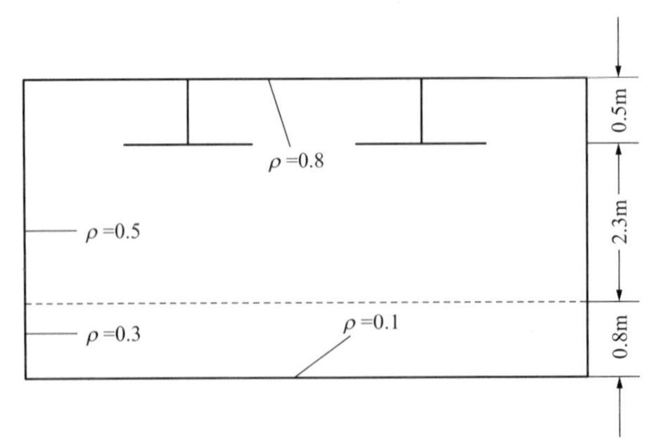

图 3-7-11　教室内各表面反射比

解　采用利用系数法求平均照度。

（1）求室空间系数：

$$\mathrm{RCR}=\frac{5h_{\mathrm{rc}}(l+w)}{l\cdot w}=\frac{5\times(3.6-0.5-0.8)\times(6.6+6.6)}{6.6\times6.6}=3.48$$

（2）求天棚的有效反射比 ρ_{cc}：

$$\rho=\frac{\sum\rho_iA_i}{\sum A_i}=\frac{0.5\times(0.5\times6.6)\times4+0.8\times(6.6\times6.6)}{(0.5\times6.6)\times4+6.6\times6.6}=0.73$$

将 ρ 值代入式（3-7-5），得

$$\rho_{\mathrm{cc}}=\frac{\rho A_0}{A_{\mathrm{S}}-\rho A_{\mathrm{S}}+\rho A_0}=\frac{0.73\times(6.6\times6.6)}{(6.6\times6.6+0.5\times6.6\times4)\times0.27+0.73\times(6.6\times6.6)}\approx0.7$$

（3）求地板空间的有效反射比 ρ_{fc}，同上，有

$$\rho=\frac{\sum\rho_iA_i}{\sum A_i}=\frac{0.3\times(0.8\times6.6)\times4+0.1\times(6.6\times6.6)}{(0.8\times6.6)\times4+6.6\times6.6}=0.17$$

$$\rho_{\mathrm{fc}}=\frac{\rho A_0}{A_{\mathrm{S}}-\rho A_{\mathrm{S}}+\rho A_0}=\frac{0.17\times43.56}{64.68-0.17\times64.68+0.17\times43.56}=0.12$$

（4）确定利用系数。先根据 RCR=3.00，ρ_{w} =0.5，ρ_{cc} =0.7，查表 3-7-5 得 U=0.53；再根据 RCR=4.00，ρ_{w} =0.5，ρ_{cc} =0.7，查表 3-7-5 得 U=0.46。

用内插法可得当 RCR=3.48 时，U=0.5。

因表 3-7-5 是对应 ρ_{fc} =0.2 的标准情况，而本例计算的 ρ_{fc} =0.12，因此必须进行修正，对应 ρ_{fc} =0.1 的修正系数为 0.96（仍用内插法）。故修正后的利用系数为

$$U=0.96\times0.5=0.48$$

（5）由式（3-7-1）求平均照度，查表 3-7-2 得维护系数 K=0.75，则有

$$E_{\mathrm{av}}=\frac{\Phi NUK}{A}=\frac{2\,200\times8\times0.48\times0.75}{6.6\times6.6}=145.45\ \mathrm{lx}$$

即在桌面上产生的平均水平照度为 145.45 lx。若已知教室的开窗面积，则在求各墙表面的平均反射比 ρ_{w} 时，应计入玻璃低反射比的影响（玻璃的反射比在 0.08~0.1），此时室内桌面上的平均照度将降低。

3.7.2.2　单位容量法

单位容量法的依据也是利用系数法，只是进一步进行了简化。单位容量法是对不同类型的灯具、不同的室空间条件，列出“单位面积光通量（lm/m²）”或“单位面积安装电功率（W/m²）”的表格，以供设计人员根据不同的设计对象和条件使用。

单位容量法计算非常简单，但计算结果不精确，一般适用于生产及生活用房平均照度的照明设计方案或初步设计的近似计算。

1. 单位容量的概念

照明光源的单位容量就是在单位水平面积上照明光源的安装功率，即

$$P_0 = \frac{P_\Sigma}{A} = \frac{nP_L}{A} \tag{3-7-7}$$

式中 P_0——单位容量，即房间每平方米应装光源的功率，W/m²；

P_Σ——房间安装光源的总功率，W；

A——房间的总面积，m²；

P_L——每盏灯的功率，W；

n——房间灯的总盏数。

2. 按单位容量法求照明灯具的安装容量或灯数

在已知单位容量及受照面积后，室内一般照明的总安装容量为

$$P_\Sigma = P_0 A \tag{3-7-8}$$

每盏灯具的光源容量为

$$P_L = \frac{AP_0}{n} = \frac{P_\Sigma}{n} \tag{3-7-9}$$

【例 3-7-2】 用单位容量法计算例 3-7-1。采用 YG2-1 型荧光灯，每盏 40 W，若规定照度为 150 lx，需要安装多少盏？

解 由 h_{rc}=2.3 m，E_{av}=150 lx 及 A=43.56 m²，查附录 2 的附表 2-8 得 P_0=11.6 W/m²，因此一般照明总的安装容量应为

$$P_\Sigma = P_0 A = 11.6\ \text{W/m}^2 \times 43.56\ \text{m}^2 = 505.3\ \text{W}$$

因此，应装 YG2-1 型荧光灯的盏数为

$$n = \frac{P_\Sigma}{P_L} = \frac{505.3}{40} = 12.6 \approx 12\ \text{盏}$$

考虑对称布置取 12 盏。从计算结果可以看出，用单位容量法求得的灯数比利用系数法计算的灯数要多一些。

【课后练习】

（1）正确布灯应着重考虑哪些方面的因素？

（2）有一教室长为 11.3 m，宽为 6.4 m，高为 3.6 m，灯具离地高度为 3.1 m（课桌高度 0.75 m），要求桌面平均照度为 150 lx，室内顶棚、墙壁为大白粉刷，纵向外墙开窗面积占 60%，纵向走廊侧开窗面积占 10%，端面不开窗，若采用 YG2-1 型荧光灯，请确定所需灯具数量及灯具布置，校验课桌面上最低照度是否符合规定（大于 150 lx）。

【知识跟进】

查阅资料，结合平时观察到的布灯方式，了解其他布灯方式。

学习单元4

供配电线路及敷设

任务1　导线和电缆的选择

【任务目标】

(1)了解导线和电缆的选择原则。

(2)掌握并熟悉低压中性点接地系统中N(PE)线截面的选择原则。

(3)掌握并熟悉PE线截面的选择原则。

(4)掌握按电压损失选择导线截面。

(5)掌握用综合分析的方法选择导线截面。

【知识储备】

4.1.1　导线和电缆的选择原则

导线、电缆的型号应根据其所处的电压等级和使用场所来选择,导线、电缆的截面应按下列原则选择。

(1)按使用环境、敷设方法及用途选择导线和电缆的类型。

(2)按机械强度选择导线的最小允许截面。

(3)按允许载流量选择导线和电缆的截面。

(4)按电压损失校验导线和电缆的截面。

当按上述条件选择的导线和电缆具有多种规格的截面时，应取其中较大的一种。

4.1.2 按照机械强度要求选择导线的最小允许截面

在供电线路中要求导线能够承受一定的外力，确保导线在空中不会因本身的重量及受风、雨、冰、雪等的影响而断裂，架空导线截面及室内配线规定了符合机械强度所允许的最小截面，见表 4-1-1 和表 4-1-2。

表 4-1-1 导线最小截面

线路导线种类	高压线路		低压线路
	居民区 /mm²	非居民区 /mm²	
铝绞线	35	25	16 mm²
钢芯铝绞线	25	16	16 mm²
铜绞线	16	16	直径 3.2 mm

表 4-1-2 按机械强度选择导线的最小允许截面

用途			导线最小允许截面 /mm²		
			铝	铜	铜芯软线
裸导线敷设于绝缘子上（低压架空线路）			16	10	—
绝缘导线敷设于绝缘子上，支点距离 L/m	室内	$L \leqslant 2$	2.5	1.0	—
	室外	$L \leqslant 2$	2.5	1.5	—
		$2 < L \leqslant 6$	4	2.5	—
		$6 < L \leqslant 15$	6	4	—
		$15 < L \leqslant 25$	10	6	—
固定敷设护套线，轧头直敷			2.5	1.0	—
移动式用电设备用导线		生产用	—	—	1.0
		生活用	—	—	0.2
照明灯头引下线	工业建筑	屋内	2.5	0.8	0.5
		屋外	2.5	1.0	1.0
	民用建筑、室内		1.5	0.5	0.4
绝缘导线穿管			2.5	1.0	1.0
绝缘导线槽板敷设			2.5	1.0	—
绝缘导线线槽敷设			2.5	1.0	—

4.1.3　按允许载流量选择导线和电缆截面

4.1.3.1　选择导线和电缆截面的一般条件

按允许载流量选择导线和电缆截面时，应满足下式要求：

$$I_y \geqslant I_{js} \tag{4-1-1}$$

式中　I_{js}——线路计算电流，A；

I_y——导线和电缆按发热条件的长期允许电流，A。

常用导线和电缆的允许载流量见附录 1。

为使用方便，附录 1 中编入了不同环境温度下的载流量数值。在地面上敷设（明设）的有 25 ℃、30 ℃、35 ℃、40 ℃四种，在土壤中直接埋设的有 20 ℃、25 ℃、30 ℃三种，耐热塑料绝缘线有 50 ℃、55 ℃、60 ℃、65 ℃四种。

当敷设的环境温度不同于上述数值时，载流量应乘以校正系数 K_t，其计算公式为

$$K_t = \sqrt{\frac{\theta_e - \theta_a}{\theta_e - \theta_c}} \tag{4-1-2}$$

式中　θ_e——电线、电缆线芯允许长期工作的温度，℃，见表 4-1-3；

θ_a——敷设处的环境温度，℃；

θ_c——已知载流量数据的对应温度，℃。

表 4-1-3　电线、电缆线芯允许长期工作的温度

电线、电缆种类			线芯允许长期工作温度 /℃
塑料、橡皮绝缘线	500 V		65
油浸纸绝缘电力电缆	1~3 kV		80
	6 kV		65
	10 kV		60
	20~35 kV		50
聚氯乙烯绝缘电力电缆	1 kV		65
	6 kV		65
橡皮绝缘电力电缆	500 V		65
通用橡套软电缆			65
交联聚乙烯绝缘聚氯乙烯护套电力电缆		6~10 kV	90
		35 kV	80
裸铝（铜）母线和裸铝（铜）绞线			70

为使用方便，将环境温度 θ_a 分别为 5 ℃、10 ℃、15 ℃、20 ℃、25 ℃、30 ℃、35 ℃、40 ℃、45 ℃时的校正系数 K_t 值列于表 4-1-4，其中 θ_c 为 25 ℃。

表 4-1-4　不同环境温度时载流量的校正系数 K_t 值

线芯工作温度/℃	环境温度/℃								
	5	10	15	20	25	30	35	40	45
90	1.14	1.11	1.08	1.03	1.0	0.960	0.920	0.875	0.830
80	1.17	1.13	1.09	1.09	1.0	0.954	0.905	0.853	0.798
70	1.20	1.15	1.10	1.10	1.0	0.940	0.860	0.815	0.745
65	1.22	1.17	1.12	1.12	1.0	0.935	0.865	0.791	0.707
60	1.25	1.20	1.13	1.13	1.0	0.926	0.845	0.756	0.655
50	1.34	1.26	1.18	1.18	1.0	0.895	0.775	0.633	0.447

穿管敷设是指电线穿管敷设在地面上或暗设在墙壁、楼板、地坪中。环境温度采用敷设点在最热月份的平均最高温度。

穿电线的管子多根并列敷设时，其载流量应乘以表 4-1-5 中的校正系数 K_g，而对于备用的或正常情况下载流很小的管线则不计入管子根数。

表 4-1-5　穿电线的管子多根并列敷设时载流量校正系数 K_g

管子并列根数	校正系数 K_g
2~4	0.95
>4	0.9

在空气中敷设是指电缆在室内明设或在地沟中、隧道中单根敷设，环境温度采用敷设地点在最热月份的平均最高温度。

直接埋地敷设是指电缆直接埋设在土壤中，埋深≥ 0.7 m，并非地下穿管敷设。土壤温度采用一年中最热月份地下 0.8 m 的土壤平均温度；土壤热阻系数按 80 ℃・mm/W 考虑。当土壤热阻系数不同时，应乘以表 4-1-6 中的校正系数 K_{tr}。

表 4-1-6　不同土壤热阻系数直接埋地敷设时载流量校正系数 K_{tr}

电缆线芯截面面积/mm²	土壤热阻系数 ρ_t/(℃·mm/W)				
	60	80	120	160	200
2.5~16	1.06	1.00	0.90	0.83	0.77
25~95	1.08	1.00	0.88	0.80	0.73
120~240	1.09	1.00	0.86	0.78	0.71
土壤情况	潮湿土壤：沿海、湖、河畔地带，雨量多的地区，如华东、华南地区		普通土壤：如东北大平原夹杂质的黑土或黄土，华北大平原黄土、黄黏土、砂土等	干燥土壤：如高原地区，雨量少的山区、丘陵、干燥地带	

电缆多根并列敷设时，载流量应乘以表 4-1-7 或表 4-1-8 中的校正系数。

表 4-1-7 在空气中多根并列敷设时载流量的校正系数 K_{th}

电缆中心距 /mm	电缆根数及排列方式				
	1	2	3	4	6
	O	OO	OOO	OOOO	OOOOOO
d	1.00	0.90	0.85	0.82	0.80
$2d$	1.00	1.00	0.98	0.95	0.90
$3d$	1.00	1.00	1.00	0.98	0.96

注：d 为电缆外径，当电缆外径不同时，可取平均值。

表 4-1-8 直接埋地多根并列敷设时载流量的校正系数 K_{td}

电缆间净距 /mm	电缆根数							
	1	2	3	4	5	6	7	8
100	1.00	0.88	0.81	0.80	0.78	0.75	0.73	0.72
200	1.00	0.90	0.86	0.83	0.81	0.80	0.80	0.79
300	1.00	0.92	0.89	0.87	0.86	0.85	0.85	0.84

4.1.3.2 低压中性点接地系统中 N(PEN)线截面的选择

（1）负荷接近平衡的供电线路，中性(Neutral，N)线和保护接地中性(Protecting Earthing Neutral，PEN)线的截面取相线截面的 1/2。

（2）当负荷大部分为单相负荷时，如照明供电回路，则 N 线或 PEN 线的截面应与相线等截面。

（3）采用晶闸管调光的配电回路，或大面积采用电子镇流器的荧光灯供电线路，由于三次谐波大量增加，则 N 线的截面应为相线截面的 2 倍，否则 N 线会过热，而使供电回路的故障增多。

4.1.3.3 PE 线截面选择

（1）在接零保护系统(TN 系统)中，保护接地(Protecting Earthing，PE)线中通过短路电流，为使保护装置有足够的灵敏度，应减小零相阻抗，所以 PE 线截面不宜过小，在一般情况下，其支干线的截面应与相应的 N 线截面相等。

（2）若采用单芯导线作固定装置的 PE 干线，铜芯时截面不小于 10 mm²，铝芯时截面不小于 16 mm²。当用多股电缆的芯线并联作 PE 线时，其最小截面可为 4 mm²。

（3）PE 线所用的材质与相线相同时，按热稳定要求，截面不应小于《民用建筑电气设计规范》(JGJ 16—2008)规定值，见表 4-1-9。

（4）PE 线若不是供电电缆其中的一芯或电缆外护层的铠装带，而是另外敷设的线路，按机械强度的要求，其截面亦不应小于表 4-1-9 中的规定值。

表 4-1-9　PE 线的最小截面

装置的相线截面面积 S/mm²	PE 线的最小截面面积 /mm²
$S \leqslant 16$ $16 < S \leqslant 35$ $S > 35$	S 16 $S/2$

4.1.4　按允许电压损耗选择导线和电缆

当线路输送电能时，由于线路存在阻抗而产生电压损耗，但用电设备的端电压降有一定的允许范围。因此，对线路的电压损耗也有一定的允许值。如果线路的电压损耗超过了允许值，就要增大导线或电缆的截面。

电压损耗用线路首端电压 U_1 与末端电压 U_2 的差值的绝对值与线路的额定电压 U_N 之比的百分值来表示，即

$$\Delta U\% = \frac{|U_1 - U_2|}{U_N} \times 100\% \tag{4-1-3}$$

照明线路常根据给定的电压损耗允许值，选择导线或电缆的截面，用电设备允许电压损耗见表 4-1-10。

表 4-1-10　用电设备允许电压损耗表

设备名称及情况	允许电压损耗 /%	说明
1. 照明 （1）一般照明； （2）一般照明（特殊情况）； （3）事故照明； （4）12~36 V 的局部或移动照明	 5 6 6 10	线路较长或与动力共用线路自 12 V 或 36 V 降压变压器开始计算
2. 动力 （1）正常工作时； （2）正常工作时（特殊情况）； （3）启动时； （4）启动时（特殊情况）； （5）吊车（交流）	 5 8 10 15 9	事故情况、数量少及容量小的电动机，且使用时间不长。例如，大型鼠笼式电动机，且启动次数少、尖峰电流小的情况
3. 电热及其他设备	5	

对于非感应负荷（如照明、电热设备等），选择截面的计算公式为

$$A = \frac{P_c L}{C\Delta U\%} \tag{4-1-4}$$

式中　A——导线截面面积，mm²；

P_c——负荷的计算负荷（三相或单相），kW；

$\Delta U\%$——允许电压损耗,%;

L——单程导线长度,m;

C——由电路的相数、额定电压及导线材料的电阻率等因素决定的常数,称为电压损失计算常数,见表 4-1-11。

表 4-1-11　电压损失计算常数 C 值($\cos\varphi=1$)

线路标称电压 /V	线路系统	导线 C 值($\theta=50$ ℃)	
		铝	铜
220/380	三相四线	45.70	75
220/380	两相三线	20.30	33.3
220	单相及直流	7.66	12.56
110		1.92	3.14
36		0.21	0.34
24		0.091	0.15
12		0.023	0.037
6		0.005 7	0.009 3

注:θ 为导线工作温度。

4.1.5　按照经济电流密度选择导线截面

电力系统中的电气设备、输电线路及一切日用电器,都广泛使用铜或铝导线,节约有色金属,减少铜、铝耗量,是重要的经济政策之一。减小导线截面可以节省有色金属,但同时会增加导线的电阻,从而增加电能损耗,二者存在矛盾。经济电流密度兼顾二者关系,所提出的导线截面对二者都是经济的。

$$S=\frac{I_c}{\delta_{ec}} \tag{4-1-5}$$

式中　S——经济截面面积,mm^2;

I_c——计算电流,A;

δ_{ec}——经济电流密度,A/mm^2,见表 4-1-12。

表 4-1-12　经济电流密度　(A/mm^2)

线路形式	导线材料	年最大负荷利用时长 /h		
		小于 3 000	3 000~5 000	5 000 以上
架空线路	铝	1.65	1.15	0.90
	铜	3.00	2.25	1.75
电缆线路	铝	1.92	1.73	1.54
	铜	2.50	2.25	2.00

4.1.6 导线及电缆截面选择的综合分析

根据上述几种选择导线及电缆截面的方法，可得出几个不同的数值，这时应选择最大的数值作为结果。例如，某一段供电线路，当按允许载流量选择时，截面面积为 2.5 mm²；按允许电压损耗选择时，截面面积为 4 mm²；按机械强度选择时，截面面积为 6 mm²。该段线路的截面面积应选择为 6 mm²，这样才能同时满足导线截面选择的三个条件。

对于低压动力供电线路，因为负荷电流较大，可先按发热条件来选择导线或电缆截面，然后用允许电压损耗条件和机械强度条件进行校验。对于汇流母线截面的选择，首先按照允许载流量选择母线截面，然后用经济电流密度校验截面，再用母线短路电流计算母线电动力稳定性。

对于高压和低压输电线路，因为线路较长、电压水平要求较高，所以可先按允许电压损耗条件选择导线或电缆截面，然后用经济电流密度、允许载流量和机械强度条件进行校验。

对于室内照明供电线路，因为负荷电流小、线路短，可先按允许电压损耗条件选择导线或电缆截面，然后用发热条件和机械强度条件进行校验。

【例 4-1-1】 距变电所 400 m 的某教学大楼，其照明的有功计算负荷 P_c=43 kW，$\cos\varphi$=0.8，用 380/220 V 三相四线制系统供电，干线上的电压损耗不超过 5%，敷设地点的环境温度为 35 ℃，请选择干线的导线截面。

解 （1）因为线路长度是 400 m（距离较长），且为照明负荷，可先按允许电压损耗条件选择导线截面。查表 4-1-11，三相四线制采用铜导线，其电压损失计算常数 C=50，则其截面面积为

$$A=\frac{P_c L}{C\Delta U\%}=\frac{43\times 400}{50\times 5}=68.8\ \text{mm}^2$$

查附表 1-4，选用截面面积为 70 mm² 的铜芯聚氯乙烯绝缘（BV）导线，其明敷设时允许载流量为 229 A。

（2）用允许载流量校验。

视在计算负荷为

$$S_c=\frac{P_c}{\cos\varphi}=\frac{43}{0.8}=53.75\ \text{kV·A}$$

$$I_c=\frac{S_c\times 10^3}{\sqrt{3}U_N}=\frac{53.75\times 10^3}{\sqrt{3}\times 380}=81.76\ \text{A}$$

可见，所选导线的允许载流量 229 A 远远大于计算电流 81.76 A，满足允许载流量。

（3）用机械强度条件校验。

查表 4-1-2 固定敷设在绝缘支持件上的导线，支持点间距离在 25 m 及以下的铜芯导线最小截面面积为 4 mm²，所选导线截面面积 70 mm² 大于 4 mm²，符合机械强度要求。

【课后练习】

（1）选择导线及电缆截面应满足哪些条件？

（2）怎样选择低压动力线路导线的截面？

（3）怎样选择照明导线的截面？

（4）如果用四个条件分别选择导线截面，但结果不同，应如何选取？

（5）怎样选择 N 线的截面？怎样选择 PE 线的截面？

（6）配电箱引出的长 100 m 的干线上，树干式分布着 10 台 15 kW 的电动机，采用铜芯塑料线明敷。设各台电动机的需要系数 K_x=0.6，电动机的平均效率 η =0.8，cos φ=0.7。试选择该干线的截面。

【知识跟进】

（1）在工程应用中，可不可以尽可能地选择大的导线截面？

（2）三相四线制中相线截面面积为 16 mm^2 时，可否选择 N 线截面面积为 10 mm^2？

（3）查阅相关规范，了解配电线路导体选择的其他要求。

任务 2　掌握低压配电线路保护

【任务目标】

（1）掌握低压配电线路的保护装置及装设要求。

（2）掌握低压电器设备的选型。

（3）掌握熔断器、空气断路器的保护及应用。

（4）掌握保护装置与配电线路截面的配合。

【知识储备】

4.2.1　保护装置及装设要求

低压配电线路的保护应根据不同故障及具体工程的要求，装设下列保护：短路保护、过负荷保护、接地故障保护、中性线断线保护。

4.2.1.1　低压配电线路保护配置及装设要求

1. 保护配置

（1）配电线路应装设短路保护。保护电器应装设在每个回路的电源侧、线路的分支处和线路截面减小处。室外配电线路引入室内后,宜装设保护电器。

在连接处或分支处装设保护电器有困难时,可将保护电器安装在离连接点或分支点3 m以内便于操作维修的地点。

从高处干线引下的具有不延燃性外护层或穿管敷设的分支线,保护电器可安装在距分支点30 m以内便于操作维修的地点。但在保护装置安装处发生单相或两相短路时,上一级保护应能可靠动作。

(2)符合下列情况之一者,线路截面减小处或分支处可以不装设保护电器:

①上级保护已能保护截面减小的全段线路或全段分支线时;

②线路首端保护电器的熔丝电流或脱扣器整定电流小于15 A时;

③室外架空配电线路,但道路照明的每个灯具宜加装熔断器;

④配电装置内部从母线上接往保护电器的分支线。

(3)下列线路应装设过负荷保护:

①居住建筑、重要仓库和公共建筑中的照明线路;

②有可能长时间过负荷的电力线路,但裸导体除外;

③在燃烧体或难燃烧体结构上,明敷带有延燃性外护套绝缘导线的线路。

(4)除自动切换的线路外,配电线路不宜装设低电压保护。

(5)保护接地系统(TT系统)、触电危险性较高的场合或TN系统中单相接地短路不能在要求的时间内切除故障时,可采用漏电保护。

2. 装设要求

配电线路的保护一般采用熔断器或空气断路器。

(1)熔断器应装在不接地的各相上,PEN线及N线上不应装设熔断器。

(2)空气断路器的过电流脱扣器应装在不接地的各相上。在中性点不接地的三相网络中(中性点不接地系统,即IT系统),可仅在两相上装设过电流脱扣器,此时对由同一电源供电的配电线路,过电流脱扣器都应装设在相同的两相上。

(3)单相用电设备的PEN线及N线上可装设过电流脱扣器,但其过电流脱扣器动作后必须同时开断相线,严禁保护设备开断PE线。

(4)熔体额定电流或长延时脱扣器整定电流,应尽量接近而又不小于线路的负荷计算电流,并在出现正常尖峰电流时不会产生误动作。

(5)配电线路各级之间保护应具有选择性,当达不到此要求时,应尽量使变压器低压侧第一级保护具有选择性;上下级熔丝电流尽量保持适当级差。空气断路器除带长延时脱扣器外,还应带瞬时脱扣器,或采用复式脱扣器。

4.2.1.2 低压电动机保护

电动机应装设短路保护,并应根据具体情况分别装设过负荷保护、两相运行保护和低电压保护。

1. 短路保护

每台交流电动机宜装设单独的短路保护。总电流不超过 20 A 的几台小电动机，或者一组工艺上密切相关的电动机(不限容量)，只要能保证每台电动机的短路故障都能切除，则几台电动机可合用一套短路保护装置。

电动机的短路保护电器在 TN 及 TT 系统中，应在每相上装设。对 IT 系统，熔断器亦应在每相上装设，而空气断路器的过电流脱扣器可装设在两相上，但同一网络中保护电器应该都装在相同的两相上。

2. 过负荷保护

容易过负荷的交流电动机，由于启动或自启动困难而可能使启动失败，或需要限制启动时间的电动机，应装设过负荷保护。长时间运行且无人监视的电动机，3 kW 及以上的电动机，都应装设过负荷保护。

过负荷保护装置一般采用热继电器或自动开关的长延时脱扣器，必要时可采用反时限甚至定时限过电流继电器。

3. 两相运行保护(一般称断相保护)

连续运行的三相电动机宜装设断相保护，但有下列条件之一者可以不装设：

(1)运行中定子为星形接线，且装有三相或两相过负荷保护时；

(2)经常有人值班，能及时发现断相情况时；

(3)用空气断路器作短路保护时；

(4)采用直接反映电动机绕组过热的过负荷保护装置时；

(5)3 kW 以下的鼠笼型电动机。

4. 低电压保护

低电压保护应按下列规定装设。

(1)对于在电源电压短时降低或短时中断时允许断开的电动机，一般装设瞬时动作的低电压保护，但容量不超过 10 kW。当工艺或安全条件允许其自启动时，可不装设。

(2)不需要或不允许自启动的重要电动机，应装设短延时的低电压保护，其时限一般为 0.5 s。

(3)需要自启动的重要电动机，不宜装设低电压保护，但按工艺或安全条件在长时间停电后不允许自启动时，应装设长延时的低电压保护，其时限一般为 5~10 s。

低电压保护装置常利用空气断路器的低电压脱扣器或启动器的吸引线圈。启动器的吸引线圈应由电动机的主回路供电，如用其他电源供电，应装设主回路失压时断开吸引线圈的联锁装置。对一些重要的电动机，允许在短时停电后恢复工作的，若采用启动器吸引线圈作失压保护，当电压在允许时间内恢复时，应增加设施使启动器重新吸合，以便满足连续工作的条件。

4.2.2　低压电器设备选型

4.2.2.1　按正常工作条件选择

(1)电器的额定电压应不低于所有网络的额定电压,电器的额定频率应符合所有网络的额定频率。

(2)电器的额定电流应不小于所在回路的负荷计算电流。切断负荷电流的电器(如负荷开关),应校验其开断电流。接通和断开启动尖峰电流的电器(如接触器、磁力启动器),应校验其接通开断能力和操作频率。

(3)保护电器应按保护特性选择,如整定电流倍数与动作时间特性等。

(4)有些电器应按有关的专门要求选择,如互感器应符合准确度要求等。

4.2.2.2　按短路工作条件选择

(1)可能通过短路电流的电器(如刀开关、熔断器、空气断路器),应满足在短路条件下的动稳定与热稳定要求。

(2)断开短路电流的电器(如熔断器、自动开关),应满足在短路条件下的分断能力要求。

4.2.2.3　按使用环境选择

1. 防护等级的选择

防护等级常用IP“*AB*”表示。

“*A*”为防止人身、小动物、灰尘等接触带电或运动部分的导体,分级如下:

0——无保护;

1——防止大于50 mm的固体侵入,即防止人手等意外碰触带电导体或运动部分的导体;

2——防止大于12 mm的固体侵入;

3——防止大于2.5 mm的固体侵入;

4——防止大于1 mm的固体侵入;

5——防尘;

6——防密,即全封闭免维护设备。

“*B*”为防止水分入侵的电器设备,分级如下:

0——无专门防护;

1——垂直滴水;

2——15° 滴水;

3——淋水;

4——溅水;

5——喷水;

6——猛烈喷水；

7——设备可在规定的水压及时间内浸水；

8——在规定的水压下，长期在水中工作。

“*A*”或“*B*”若用X表示，则无此种保护。如开关柜的防护等级用IP（1~4）X表示，防水的设备用IPX（0~8）表示。防护等级越高，对电器设备的散热越不利，因此选型应按工作环境选取，不宜要求过高。

2. 气候条件选择

（1）高原地区采用高原型电器。海拔高度超过1 000 m的地区称为高海拔地区，其特点是气压、气温和绝对湿度都随海拔升高而降低。一般电器设备都适用于海拔在1 000 m以下的地区，因为气压降低有碍于保证电器设备的空气绝缘强度，即相对地、相对相之间的间距应加大；但气温降低有利于电器设备的散热，因此可不减小其额定电流；绝对湿度降低有利于减少电器设备的电流泄漏，从而可减小电器设备的爬电距离，在《低压开关设备和控制设备 第1部分：总则》（GB 14048.1—2012）中，规定普通低压电器的正常工作条件为海拔不超过2 000 m。根据电器科研部门的调查研究，现有普通型低压电器可按下述原则在高原地区使用。

①由于气温随海拔升高而降低，足够补偿高海拔对电器温升的影响，因此低压电器的额定电流可以保持不变。但对连续工作的大发热量电器（如电阻器等），可适当降低电流使用。

②普通低压电器在2 500 m以上高海拔地区仍有60%的耐压裕度，因此仍可在其额定电压下正常运行。

③海拔升高时双金属片热继电器和熔断器的动作特性会有少许变化，但在海拔4 000 m以下时，其仍在技术条件规定的范围内。

（2）高温高湿地区的电器设备应选用湿热型，由于高温、凝露及霉菌的作用，电器的金属件及绝缘材料容易腐蚀、老化，使绝缘性能降低；昼夜温差大、日照强烈，密封材料易产生变形开裂、熔化流失，导致绝缘油等介质老化；低压电器在户外使用时，受太阳辐射，且气温高，从而影响其额定电流。因此，湿热带地区应选用湿热型设备，代号为TH。干热带地区宜选用干热型电器，代号为TA。上述代号加注在产品型号的尾部。

（3）环境条件如需防火、防爆、隔爆等，应选用相应的密封型、防爆型、安全型电器。在民用建筑中，仅对燃油锅炉房及容量较大的高压锅炉房才有防火、防爆要求，很少使用这些设备。

4.2.3 熔断器作过电流及过负荷保护

熔断器是熔管及熔丝的组合体。

4.2.3.1 熔丝电流选择

1. 按正常工作电流选择

$$I_{dz} \geqslant I_j \tag{4-2-1}$$

式中 I_{dz}——熔丝的额定电流,A;

I_j——计算电流,A。

2. 按尖峰电流选择

单台电动机回路:

$$I_{dz} \geqslant \frac{I_e K_q}{K} \geqslant \frac{I_q}{K} \tag{4-2-2}$$

式中 I_e——电动机的额定电流,A;

K_q——电动机的启动倍数;

K——选择熔断器的计算系数,取决于电动机的启动状况和熔断器的特性,启动时间不超过 8 s 的鼠笼型电动机取 2.5,启动困难、启动时间较长或启动频繁的电动机取 1.6~2.0;

I_q——电动机的启动电流,A。

配电线路,不考虑电动机自启动时:

$$I_{dz} \geqslant \frac{(I_{q1} + I_{j(n-1)})}{K_1} \tag{4-2-3}$$

式中 I_{q1}——线路中启动电流最大的一台电动机的启动电流,A;

$I_{j(n-1)}$——除启动电流最大的一台电动机外的线路计算电流,A;

K_1——配电线路熔丝的计算系数,取决于启动电流最大的电动机启动状况、线路计算电流与尖峰电流之比及熔断器的特性,当 I_{q1} 很小时取 1,当 I_{q1} 较大时取 1.8~2.0,当 $I_{j(n-1)}$很小时可按 K 值选取。

配电线路,考虑电动机自启动时:

$$I_{dz} \geqslant \frac{I_{\Sigma q}}{K} \tag{4-2-4}$$

式中 $I_{\Sigma q}$——干线上全部自启动电动机的启动电流之和,A。

3. 照明线路

$$I_{dz} \geqslant K_m I_j \tag{4-2-5}$$

式中 K_m——照明线路熔断器的计算系数,取决于光源及熔断器的特性,见表 4-2-1。

表 4-2-1 照明线路选择熔断器的计算系数 K_m

熔断器型号	熔丝材料	熔丝额定电流/A	K_m		
			白炽灯、卤钨灯	荧光灯、金属卤化物灯、高压汞灯	高压钠灯
RL1	铜、银	≤ 60	1	1.3~1.7	1.5
RC1A	铅、铜	≤ 60	1	1~1.5	1.1

按选定的熔丝额定电流选择熔管的额定电流，一定熔管的额定电流，可配相应的几级熔丝额定电流。选择时，使熔丝的额定电流正好在这一级熔管的额定电流范围内，如 80 A 的熔丝选 100 A 的熔管，而 RT0 型 200 A 的熔管也有 80 A 的熔管，一般取前者，不取后者，只有当熔管的极限分断能力不足时，才选后者。

4.2.3.2 按短路电流校验熔丝动作的灵敏系数 K_s

$$K_s = \frac{I_{dmin}}{I_{ds}} \tag{4-2-6}$$

式中 K_s——灵敏系数，为使其动作可靠，应为 4，但在 TN 系统中，单相接地短路还应满足固定式设备在 5 s、手握式设备在 0.4 s 内切除故障的时限要求，因此其动作灵敏系数应满足 0.4 s 及 5 s 内动作的整定电流倍数；

I_{dmin}——被保护线段的最小短路电流，在中心点接地的 TN 及 TT 系统中为单相接地短路电流 $I_d^{(1)}$，在中性点不接地的 IT 系统中为二相短路电流 $I_d^{(2)}$；

I_{ds}——过电流保护一次动作电流。

4.2.3.3 熔丝动作选择性的配合

1. 熔丝熔断时间与启动设备的动作时间配合

启动设备常用接触器，它不能开断短路电流，因此在启动过程中或运行过程中发生短路时，若过电流保护采用熔断器，则要求熔断器在此短路电流下的熔断时间为启动器释放时间的 1/2，即可靠系数为 2。由于短路时作用于接触器分合线圈上的电压接近相电压的 1/2，因此它也释放而使接触器开断，若它在熔断器熔断前开断，由于接触器的分断能力有限，将会损坏它的触头，造成设备损耗，故要求熔断器在接触器固有释放时间的 1/2 时就熔断。

从接触器的技术参数中可查到它的固有释放时间，如 CJ20 型接触器的释放时间为 0.03~0.15 s，CJ12 型的释放时间为 0.06 s，则熔断器应在 0.02 s 内熔断，才能保护启动设备。熔断器在 0.02 s 熔断所需的短路电流有效值见表 4-2-2。

表 4-2-2　熔断器在 0.02 s 熔断所需的短路电流有效值

型号	项目									
RT0 型	熔丝规格 /A	30	40	50	60	80	100	120	150	200
	所需电流值 /kA	0.9	1.5	2	2.5	3	4	5	6.3	8
	熔丝规格 /A	250	300	350	400	450	500	550	600	
	所需电流值 /kA	10	11.7	13.4	15.1	16.8	18.5	20.2	22	
RM10 型	熔丝规格 /A	6	10	15	20	25	35	45	60	80
	所需电流值 /kA	0.23	0.35	0.5	0.6	0.7	0.83	1.3	1.8	2.7
	熔丝规格 /A	100	125	160	200	225	260			
	所需电流值 /kA	3.4	4	5.4	7	9	10			
RL1 型	熔丝规格 /A	2	4	5	6	10	15	20	25	30
	所需电流值 /kA	0.016	0.04	0.05	0.07	0.12	0.15	0.22	0.27	0.36
	熔丝规格 /A	35	60	80	100					
	所需电流值 /kA	0.5	1.1	1.8	2.6					
RC1A 型	熔丝规格 /A	2	3	5						
	所需电流值 /kA	0.038	0.13	0.23						

如因短路电流较小，熔断器的熔断时间大于启动器的释放时间，为了满足选择性要求，可采用下列方法之一：

（1）改用快速动作的空气断路器；

（2）加大供电线路截面，以增大短路电流值。

2. 熔断器与熔断器之间的配合

为了保证动作的选择性，上、下级应在电流及时限上进行配合。严格来讲，应按熔丝的额定电流及被保护范围内的最大短路电流值，从熔丝的安秒特性曲线上查取动作时间，当前一级的动作时间大于下一级保护的动作时间时，保护具有选择性。

由于有些熔断器的安秒特性不全，计算又烦琐，因此在工程中低压部分常简化为级差控制，即前一级的熔丝额定电流与后一级的熔丝额定电流相差 2~4 级，这样一般就能使上、下级配合具有选择性。当短路电流很小时，如 10 kV 长距离供电的末端，或低压照明及电力的末级干线及支线，上、下级熔丝的电流级差可减为 1~2 级，40 A 以下差 2 级，40 A 以上差 1 级。

4.2.4　空气断路器作过电流及过负荷保护

4.2.4.1　空气断路器的类别及应用

空气断路器的额定电流是指其壳体电流，在此电流下还有不同的脱扣器额定电流。如 ME20 表示 ME 型断路器，壳体电流为 2 000 A，它具有脱扣器额定电流为 2 000 A、1 500 A、1 000 A 三种，另外它是三段保护空气断路器，具有瞬时、短延时及长延时三段保护。

（1）具有三段保护，即瞬时、短延时、长延时过电流保护的空气断路器，国产的有 ME 型、AH 型、DW15C 型等，进口的有 AT 型、M 型、F 型等大容量、高分断的空气断路器，这类设备也就是常说的 DW 系列万能断路器。这些断路器的瞬时过电流、脱扣器的整定电流调节范围为 7~14 倍脱扣器的额定电流（适用于空气断路器的额定电流为 2 500 A 以上）或 10~20 倍脱扣器的额定电流（适用于空气断路器的额定电流为 7 500 A 以下），动作电流值与整定电流值间的误差不大于 ±10%。其短延时过电流脱扣器的整定电流为 3~6 倍脱扣器的额定电流（适用于空气断路器的额定电流为 7 500 A 以上）或 3~10 倍脱扣器的额定电流（适用于空气断路器的额定电流为 2 500 A 以下），动作电流值与整定电流值间的误差不大于 ±10%。其长延时脱扣器的整定电流可在 70%~100% 的脱扣器额定电流范围内调节。上述断路器适用于变压器低压侧出线保护，也可用于大容量低压鼠笼型或绕线型电动机的保护。使用这些断路器，应提供长延时、短延时及瞬时的整定电流值。

（2）限流型，具有二段保护，即瞬时、长延时过电流保护的空气断路器，有 DWX15 型、DW15C 型、DZX10 型等。其长延时动作电流有的不可调、有的可调，调节范围为 70%~100% 的脱扣器额定电流值。瞬时动作电流的设计要求由厂家调定，配电用的为 8~10 倍脱扣器额定电流，保护电动机用的为 10~12 倍脱扣器额定电流。此类空气断路器适用于低压配电网出线、大容量干线及大型电动机的保护。这些断路器只要按正常最大计算电流选用长延时动作电流，即可选定过电流脱扣器的额定电流。

（3）具有二段保护，即瞬时及长延时过电流保护的空气断路器，这类设备就是常说的断装，即 DZ 型空气断路器，由于它们大部分的外壳是由塑料压铸成型的，因此又称塑壳空气断路器，有 DZ20 型、TO 型、NC 型、S 型、CM 型等。这些断路器可以分别带复式脱扣器，即具有瞬时及长延时二段保护；或带有电磁脱扣器，仅具有瞬时电流保护；或仅带有分励脱扣线圈，可供远距离或自动控制，同时可另带复式脱扣器或电磁脱扣器；也可带失压脱扣器，用于失压后自动断开电动机或线路。在这些组合中可以带有 1~3 对辅助接点，以供联锁控制用。这类空气断路器长延时整定电流即为脱扣器的额定电流。其瞬动电流大部分是不可调的，有 4 倍或 6 倍于脱扣器额定电流的，可用于照明干线的保护；有 8 倍或 10 倍于脱扣器额定电流的，可用于配电线路的保护；有 12 倍于脱扣器额定电流的，可用于电动机的末级保护。用途应在设计或订货时注明。但也有部分是可调的，如 NC 型及 S 型，它们的长延时及瞬时二段保护都可调。采用这种空气断路器，一般选定脱扣器的额定电流作长延时过负荷保护，选用相应倍数的瞬动动作电流作瞬时过电流保护。

这些空气断路器用于电动机末级保护时，可仅采用瞬时过电流保护作电动机的短路保护。正常投切电动机采用接触器，过负荷保护采用热继电器。容量小于 2.8 kW 的不频繁启动的电动机，可利用小型空气断路器直接操作，这些空气断路器应有瞬时及长延时二段保护。电动机需要断相保护时，可选用型号中带有 D 字母的热继电器。

（4）小型高分断空气断路器，它的宽度每极为 18 mm，高度为 70~80 mm，厚度为 73 mm

左右，分断能力为 6~8 kA，脱扣器额定电流为 6~60 A。这种断路器也具有长延时及瞬时过电流二段保护，其长延时整定电流为脱扣器额定电流，瞬时动作电流也是不可调的。对于小型高分断空气断路器用于照明的，其瞬时过电流脱扣电流为 6 倍脱扣器额定电流；用于电动机的，其瞬时过电流脱扣电流为 10 倍脱扣器额定电流。它们广泛用于照明线路的终端保护及小型电动机的控制，在照明领域中已几乎代替了熔断器。

4.2.4.2 空气断路器整定电流计算

1. 额定电流及额定电压的选择

空气断路器的额定电压 U_{edz} 应大于或等于被保护线路的额定电压 U_e；空气断路器的额定电流 I_{edz}（壳体电流）应大于或等于被保护线路及设备的计算电流 I_j，即

$$U_{edz} \geqslant U_e \tag{4-2-7}$$

$$I_{edz} \geqslant I_j \tag{4-2-8}$$

2. 用于配电线路保护的空气断路器整定电流计算

（1）瞬时动作的过电流脱扣器的整定值应能躲过配电线路瞬时出现的尖峰电流，即躲过启动电流最大的一台电动机刚启动时的全电流，它包括周期分量及非周期分量，用 I'_q 表示，它常为启动电流 I_q 的 1.7 倍，即

$$I'_q = 1.7I_q \tag{4-2-9}$$

所以，瞬时过电流脱扣器的整定电流为

$$I_{dz3} \geqslant K_3(I'_{q1} + I_{j(n-1)}) \geqslant 1.7I_{q1} + I_{j(n-1)} \tag{4-2-10}$$

式中 K_3——空气断路器瞬时脱扣器的可靠系数，考虑电动机启动电流误差以及计算电流误差和瞬时脱扣器动作电流的误差，常取 1.2；

I_{q1}——线路中启动电流最大的一台电动机的启动电流，A；

$I_{j(n-1)}$——除启动电流最大的一台电动机外的线路计算电流，A。

（2）短延时过电流脱扣器的整定值应能躲过配电线路短时出现的尖峰电流，即躲过启动电流最大的一台电动机的启动电流 I_{q1}，即

$$I_{dz2} \geqslant K_2(I_{q1} + I_{j(n-1)}) \tag{4-2-11}$$

式中 K_2——空气断路器短延时脱扣器的可靠系数，取 1.2；

I_{q1}、$I_{j(n-1)}$——同式（4-2-10）。

短延时动作时间分 0.1 s（或 0.2 s）、0.4 s 两种，按上、下级保护的选择性要求确定其动作时间。

（3）长延时动作的过电流脱扣器整定电流为

$$I_{dz1} \geqslant K_1 I_j \tag{4-2-12}$$

式中 K_1——空气断路器长延时脱扣器可靠系数，考虑负荷计算误差及脱扣器动作电流与

整定值之间的误差，取 1.1；

I_j——线路的计算电流，A。

对于长延时过电流保护动作时间的校验，3 倍 I_{dz1} 时可返回时间应大于线路短时尖峰电流的持续时间，使线路中所接的启动电流较大和启动时间最长的鼠笼型电动机正常启动时，长延时过电流脱扣器不误动作。

3. 用于电动机保护的空气断路器整定电流计算

（1）选用瞬时电流脱扣器作电动机的短路保护，其整定电流应能躲过电动机的启动电流，即

$$I_{dz3} \geqslant KI_q \tag{4-2-13}$$

式中　K——空气断路器瞬时电流脱扣器的计算系数，对低返回系数的空气断路器的瞬动电器宜取 1.7~2，对高返回系数的空气断路器的瞬动电器宜取 1.35~1.4；

I_q——电动机的启动电流，A。

（2）用空气断路器的长延时电流脱扣器作电动机的过负荷保护时，整定电流 I_{dz1} 应按电动机的额定电流选择，即

$$I_{dz1} \approx I_{dM} \tag{4-2-14}$$

式中　I_{dM}——电动机的额定电流，A。

但长延时电流脱扣器在 6 倍整定电流时，其返回时间应大于或等于电动机的实际启动时间，才能使电动机正常启动、空气断路器不误动作。

（3）对连续工作、断续工作或短时工作制的电动机，其过负荷保护可选用热继电器，它的整定值为 95%~105% 的电动机额定电流，同样它的动作电流应能躲过电动机的启动电流，选取 6 倍额定电流下返回时间大于电动机的启动时间（为 3 s 或 5 s 或 8 s）的热继电器。

电动机需要断相保护时，应选用带差动导板的三相热继电器，凡是热元件型号中带有 D 字母的，均带断相保护装置。

（4）照明电气设备、电路保护用空气断路器的整定电流为

$$I_{dz1} \geqslant KI_j \tag{4-2-15}$$

式中　I_{dz1}——长延时电流脱扣器的额定电流，A；

K——计算系数，对高压汞灯取 1.1，其余均取 1；

I_j——照明回路的计算电流，A。

对于这类空气断路器，其线路电流达 6 倍长延时电流脱扣器的额定电流时，应能瞬时开断。

4.2.4.3　空气断路器之间、空气断路器与熔断器之间保护选择性的配合

1. 空气断路器之间的配合

在空气断路器之间，上一级的瞬时过电流脱扣器的整定电流值应大于下一级过电流脱扣器的整定电流值的 1.2 倍。对瞬时整定电流不可调的空气断路器，可按脱扣器额定电流的 1.2 倍考虑，2 000 A 以上应按其动作特性进行校验。

2. 熔断器与空气断路器之间的配合

（1）熔断器在前，空气断路器在后：如果是限流型熔断器，则空气断路器的瞬时整定电流值应低于上一级熔断器的限流电流；如果不是限流型熔断器，则空气断路器的长延时整定电流比熔丝额定电流小一级即可。

（2）空气断路器在前，熔断器在后：如果是限流型熔断器，则可不作校验；如果不是限流型熔断器，应作校验，一般 60 A 以下至少差 2 级，60 A 以上至少差 1~2 级。

4.2.5　保护装置与配电线路截面的配合

过负荷保护装置的整定电流应与被保护线路的长期允许持续电流相配合，以防导线过热、走火，而保护装置还未动作，酿成火灾。因此，过负荷保护应能在线路过电流而引起导线温升，并对导体的绝缘、接头、端子造成损害前切断故障电流，以防损坏导线及设备。所以，它应满足以下两式的要求，以防止电线截面过小，电线损坏起火而保护仍未动作，即

$$I_j \leqslant I_e \leqslant I_H \tag{4-2-16}$$

$$I_z \leqslant 1.45 I_H \tag{4-2-17}$$

式中　I_j——被保护线路的计算电流，A；

I_e——熔断器熔丝的额定电流或低压空气断路器长延时电流脱扣器的整定电流，A；

I_H——被保护导线的允许持续载流量，A；

I_z——保证断路器可靠动作的电流，在实际使用中，当保护电器为低压断路器时 I_z 为约定时间内的约定动作电流，当保护电器为低压熔断器时 I_z 为约定时间内的约定熔断电流。

过负荷保护装置的整定电流 I_e 与被保护线路的长期允许载流量 I_H 的配合见表 4-2-3。

表 4-2-3　过负荷保护装置的整定电流 I_e 与被保护线路的长期允许载流量 I_H 的配合

保护装置		与绝缘线缆允许持续电流 I_H 的配合
熔断器熔丝的整定电流 I_e	$I_e \leqslant 25$ A	$\leqslant 0.85 I_H$
	$I_e > 25$ A	$\leqslant I_H$
空气断路器长延时电流脱扣器的整定电流 I_e		$< I_H$

【知识加油站】

断路器操动机构

断路器的操动机构是用来控制断路器跳闸、合闸和维持合闸状态的设备。其性能直接影响断路器的工作性能,因此操动机构应符合以下基本要求。

(1)足够的操作功。为保证断路器具有足够的合闸速度,操动机构必须具有足够大的操作功。

(2)较高的可靠性。断路器工作的可靠性,在很大程度上由操动机构决定。因此,要求操动机构具有动作快、不拒动、不误动等特点。

(3)动作迅速。

(4)具有自由脱扣装置。自由脱扣机构装置是保证在合闸过程中,若继电保护装置动作需要跳闸,能使断路器立即跳闸,而不受合闸机构位置状态限制的连杆机构。自由脱扣装置是实现线路故障情况下,在跳闸过程中快速跳闸的关键设备之一。

断路器操动机构一般按其能源取得方式进行分类,目前常用的可分为手动操动机构、电磁操动机构、弹簧储能操动机构、气动操动机构和液压操动机构等。

【课后练习】

(1)什么情况下低压配电线路上可不装设保护装置?

(2)低压配电线路保护装置的装设要求有哪些?

(3)低压电动机都应装设哪些保护?

(4)低压电器设备选型应该注意哪些问题?

(5)选择熔断器应注意哪些问题?

(6)选择空气断路器应注意哪些问题?

(7)熔断器与空气断路器之间、空气断路器之间应如何配合?

【知识跟进】

(1)在高原地区,电器设备应如何选择?

(2)查阅相关资料,了解高低压配电线路中还有哪些保护电器?

(3)查阅相关图纸,了解低压保护电器在供配电工程中的应用。

任务3　了解线路敷设

【任务目标】

（1）了解建筑工程供配电中的主要材料：封闭母线、电力电缆、绝缘导线、裸导线。

（2）掌握低压配电线路的敷设方式。

【知识储备】

4.3.1　建筑工程供配电中的主要材料

4.3.1.1　封闭母线

敞露母线暴露在环境中，容易受到人、动物（如老鼠、蛇等）以及其他物体的偶然接触而发生对地及相间短路故障。支持母线的绝缘子容易受到空气中灰尘和潮气等的污染，导致其绝缘性能下降。上述情况在敞露母线的使用中经常发生，而且检修人员对敞露母线的定期清扫工作量也很大，这些都是敞露母线存在的缺点。

由于现今对供电可靠性的要求越来越高，敞露母线和其他敞露的电器设备（如隔离开关、断路器等）也逐渐向封闭式的方向发展。目前，在我国封闭母线用得比较多的地方是发电机出口及现代化工厂和高层建筑，本书只介绍建筑供配电中的封闭母线。

现在随处可见巍峨高耸的楼宇大厦，气度非凡的现代化工厂，这些都是设计者精心之作。它们能够充满活力的运作，源自绵绵不断的电能供应，然而面对这些庞大负荷所需的成百上千安培的强大电流，一定要选用安全可靠的传导设备。封闭母线槽系统是理想的选择，因为封闭母线槽系统是一种可高效输送电流的配电装置，能够适应规模越来越大的建筑物和工厂经济、合理配线的需要。

封闭母线槽结构如图4-3-1所示。该母线槽的特点：传输电流密度大；绝缘强度高；供电可靠、安全；装置通用性强；互换性强；配电线路延伸和改变方向灵活（可通过各种形状的接头任意改变配电线路的走向）；动、热稳定性好；安装、维护、检修方便；运行费用低；带插接孔的线段，可通过插接开关箱很方便地引出电源分路。

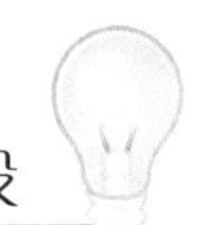

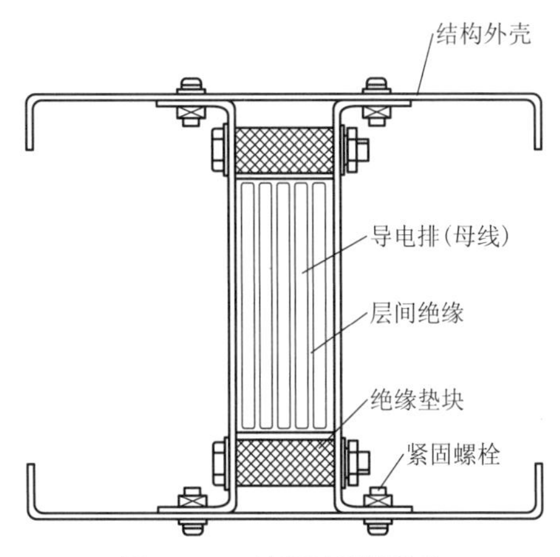

图 4-3-1　封闭母线槽结构

随着现代化工程设施和装备的涌现,各行各业的用电量迅速增长,尤其是众多的高层建筑和大型厂房、车间的出现,作为输电导线的传统电缆在大电流输送系统中已不能满足要求,多路电缆的并联使用给现场安装施工连接带来了诸多不便。插接式母线作为一种新型配电导线应运而生,与传统的电缆相比,在大电流输送时充分体现出其优越性,同时由于采用了新技术、新工艺,大大降低了母线槽两端部连接处及分线口插接处的接触电阻和温升,由于在母线槽中使用了高质量的绝缘材料,从而提高了母线槽的安全性、可靠性,使整个系统更加完善。

1. 母线槽的分类

1)按绝缘方式分类

母线槽分为空气绝缘母线槽、密集型母线槽、高强封闭母线槽、耐火型母线槽等。

Ⅰ. 空气绝缘母线槽

空气绝缘母线槽主要指母线槽的铜排之间为分离空气绝缘式,杜绝了因绝缘材料不良而产生的相间短路,为安全输配电提供了有力的保障。其母线槽接头结构新颖,安装方便,确保了母线绝缘的性能和强度质量的可靠,母线槽备有各种功能的连接,可满足各种不同环境条件下输配电工程的需要。

Ⅱ. 密集型母线槽

密集型母线槽是在导电体上包覆高性能绝缘材料,以密集方式排列在钢制外壳中,它具有输送电流大、体积小、安装灵活、效益高的特点,适用于高层建筑、大型厂房和低压配电房的大电流输送回路。

Ⅲ. 高强封闭母线槽

高强封闭母线槽是在空气绝缘母线槽和密集型母线槽的基础上,对外形结构进行了改进,采用成型机成型,使其具有良好的支撑强度,解决了大跨度无法支撑吊装的问题。

Ⅳ. 耐火型母线槽

耐火型母线槽与密集型母线槽的差别在于壳体部分,耐火型母线槽的壳体上涂有一层耐火涂料，而密集型母线槽表面喷塑，表面平整、防腐层附着力强。

2）按线制分类

母线槽分为三相三线制、三相四线制、三相五线制等。

3）按结构分类

母线槽分为无插孔直通段母线槽、一组插孔直通段母线槽、二组插孔直通段母线槽、三组插孔直通段母线槽、L型水平母线槽、L型垂直母线槽、T型水平母线槽、T型垂直母线槽、X型水平母线槽、X型垂直母线槽、Z型水平母线槽、Z型垂直母线槽、F型水平母线槽、F型垂直母线槽、变径（变容）母线槽、膨胀母线槽、始端母线槽、终端箱、刀开关箱、自动开关箱、熔断器箱、分线箱、计量及仪表箱、端盖等。

母线槽备有供水平及垂直连接的L型、T型、X型、Z型、F型等接头，用于水平及垂直配电母线的连接及改变母线的走向。

在母线干线电流逐渐减小时，可采用变容母线进行调整，其调整范围可根据要求进行配置；变径母线槽是能连接同一系统中不同形式、不同额定电流的两种母线干线的馈电装置；膨胀母线槽是能吸收由于热膨胀而产生的母线轴向变化量的馈电装置，在母线干线长度达80 m时，建议中心处设一段膨胀母线槽；母线槽在与变压器、配电柜、电缆相连接时，均采用始端母线槽；对连接形式、结构尺寸有特殊要求时可采用特制型号母线槽。

2. 母线槽的工作条件

（1）安装海拔高度不超过2 000 m。

（2）周围环境温度不超过+40 ℃，不低于−5 ℃，并且在24 h内温差不得超过35 ℃。

（3）周围空气相对湿度在温度为+40 ℃时不超过50%，在+20 ℃时不超过90%。

（4）无显著摇动或冲击振动的地方。

（5）无爆炸危险的介质中，且介质中无足以腐蚀金属和破坏绝缘的气体和灰尘（包括导电灰尘）。

（6）无雷雨侵袭的地方。

3. 母线槽的技术参数

（1）母线槽额定工作电压为660 V以下。

（2）母线槽能保证在不超过1.1倍额定电压及额定电流下连续工作。

（3）母线槽能承受交流50/60 Hz，3 750 V试验电压，历时1 min而无击穿或闪络现象。

（4）每个母线槽的绝缘电阻不小于20 MΩ。

（5）母线槽在长期通过额定电流时，其连接处最大温升不超过60 ℃。

（6）馈电箱与母线的插接次数不少于200次。

（7）额定电流有100 A、200 A、400 A、630 A、800 A、1 000 A、1 250 A、1 600 A、2 000 A、2 500 A、3 150 A、4 000 A、5 000 A等。

（8）直通段母线槽的标准长度有500 mm、600 mm、700 mm、800 mm、900 mm、

1 000 mm、1 100 mm、1 200 mm、1 300 mm、1 400 mm、1 500 mm、1 600 mm、1 700 mm、1 800 mm、1 900 mm、2 000 mm、2 100 mm、2 200 mm、2 300 mm、2 400 mm、2 500 mm、2 600 mm、2 700 mm、2 800 mm、2 900 mm、3 000 mm 等，额定电流有 100 A、200 A、400 A、630 A、800 A、1 000 A、1 250 A、1 600 A、2 000 A、2 500 A、3 150 A、4 000 A、5 000 A 等。

插孔直通段母线槽与插接式开关箱配套使用，引出电源最大电流达 630 A，当在同一干线上分设多处插孔，且电流达 630 A 时，其间距应不小于 800 mm。

4.3.1.2　电力电缆

电力电缆在电力系统中用于传输或分配大功率电能。用电缆构成输配电线路是一种既安全可靠，又可以节省大量空间的传输和分配电能的方式。用电力电缆为用户供电，不仅可使厂区和市容整齐美观，增加出线走廊，而且由于电缆电容较大，还可以提高电力系统的功率因数。根据电力系统不同电压等级，可生产出不同电压等级的电力电缆产品。

电力电缆与架空线路相比，其优点是受外界气候干扰小、安全可靠、隐蔽、维护量少、经久耐用、占地面积小，可在各种场合下敷设；缺点是结构与生产工艺均较复杂，价格较高，敷设、维护和检修也都比较复杂且难度大。因此，电力电缆一般用于发电厂、变电所、工矿企业、高层建筑的动力引入或引出线路以及跨越江河、铁路站场、城市市区的输配电线路和工矿企业内部的主干电力线路之中。

电力电缆主要由导体、绝缘层、护套和外护层四部分组成。

(1)导体：采用铜或铝等材料作为电缆的导体。

(2)绝缘层：包在导体外面起绝缘的作用(可分为纸绝缘、橡皮绝缘和塑料绝缘三种)。

(3)护套：起保护绝缘层的作用(可分为铅包、铝包、铜包、不锈钢包和综合护套等)。

(4)外护层：主要起承受机械外力或拉力的作用，避免电缆受到外界的机械损伤，材质主要有钢带和钢丝两种。

1. 电力电缆的型号

电力电缆的型号可以表示电缆的结构特征，同时也可以表示电缆的使用场合。电力电缆型号各部分的代号及其含义见表 4-3-1。

表 4-3-1　电力电缆型号各部分的代号及其含义

类别、用途	导体	绝缘	内护层	特征	铠装层	外护层
N—农用电缆； V—聚氯乙烯绝缘电缆； X—橡皮绝缘电缆； YJ—交联聚乙烯绝缘电缆； Z—纸绝缘电缆	L—铝线芯； T—铜线芯(一般省略)	V—聚氯乙烯； X—橡皮； Y—聚乙烯	H—橡套； F—聚丁橡皮护套； L—铝套； Q—铅套； V—聚氯乙烯； Y—聚乙烯护套	CY—充油； D—不滴流； F—分相护套； P—贫油干绝缘； P—屏蔽； Z—直流	0—无； 2—双钢带； 3—细圆钢丝； 4—粗圆钢丝	0—无； 1—纤维层； 2—聚氯乙烯套； 3—聚乙烯套

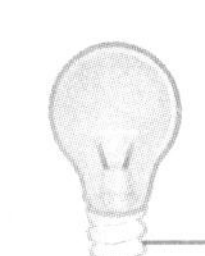

2. 电力电缆的特点

（1）电力电缆工作电压较高，具有良好的电气绝缘性能。

（2）电力电缆传输的容量比较大，热性能要好。

（3）电力电缆大都是固定敷设于各种场合（如地下、隧道沟管、竖井斜坡以及水下等），而且要求能可靠地运行数十年，电力电缆护套的材料与结构具有防潮、防腐、防损伤等特点。

（4）电力系统容量、电压、相数等参数的变化以及敷设场合的不同，决定电力电缆产品的品种规格非常繁多。

随着科技的发展和电力电缆制造技术的进步，电力电缆继续朝着更高的电压等级、更大的传输容量、更长的使用年限方向发展。

3. 电力电缆的种类

电力电缆的分类方法很多，可以按电缆线芯数、电压等级、绝缘材料等的不同分类。

1）按电缆线芯数分类

电力电缆按电缆线芯数分类，有单芯、二芯、三芯、四芯、五芯及以上等多种。单芯电缆主要用于传送单相交流电、直流电，也可在特殊场合使用。二芯电缆主要用于传送单相交流电或直流电。三芯电缆主要用于三相交流线路中，在 35 kV 及以下的各种电缆线路中应用很广泛。四芯电缆主要用于低压配电线路、中性点接地的三相四线制系统中（四芯电缆中有一根导体的截面面积通常为其他三根导体截面面积的 40%~60%，是用来作为 N 线使用的）。只有电压等级为 1 kV 的电力电缆才有二芯和四芯。

2）按电缆的电压等级分类

从施工技术要求、电缆接头、电缆终端头结构特征及运行维护等方面考虑，也可以根据电缆的电压等级对电力电缆进行分类，可分为低压电力电缆（0.6/1 kV）、中压电力电缆（3~35 kV）、高压电力电缆（60~110 kV）。

3）按电缆的绝缘材料分类

电力电缆按电缆的绝缘材料不同可分为以下几类。

Ⅰ. 油浸纸绝缘电力电缆

油浸纸绝缘电力电缆是历史悠久、应用最广和最常用的一种电缆。由于其成本较低，寿命长，耐热、耐电性能稳定，在需要 1 kV 及以上各种电压等级的电缆中应用最广。

油浸纸绝缘电力电缆的绝缘层是以纸为主要绝缘基材，并用绝缘浸渍剂充分浸渍而成的。根据浸渍情况和绝缘结构，油浸纸绝缘电力电缆可分为以下几种。

（1）普通黏性浸渍纸绝缘电力电缆，即一般常用的油浸纸绝缘电力电缆。电缆的浸渍剂是由低压电缆油和松香混合而成的黏性浸渍剂。根据结构不同，这种电缆又分为统包型、分相铅（铝）包型和分相屏蔽型。统包型电缆的各线芯共用一个金属护套，这种电缆主要用于 10 kV 及以下电压等级。分相铅（铝）包型电缆的每个绝缘线芯都有金属护套。分相屏蔽型电缆的绝缘线芯分别加屏蔽层，并共用一个金属护套。后两种电缆多用于 20~35 kV 电

压等级。

（2）滴干绝缘电力电缆，即绝缘层厚度增加的黏性浸渍纸绝缘电力电缆，浸渍后经过滴出浸渍剂制成。滴干绝缘电力电缆主要用于10 kV及以下电压等级和落差较大的场合。

（3）不滴流浸渍电力电缆，其结构、尺寸与滴干绝缘电力电缆相同，而由不滴流浸渍剂浸渍而成。不滴流浸渍剂是低压电缆油与某些塑料及合成蜡的混合物。这种电缆敷设落差不受绝缘本身限制。

（4）油压油浸纸绝缘电力电缆，包括自容式充油电缆和钢管充油电缆。其电缆的浸渍剂一般是低黏度的电缆油。油压油浸纸绝缘电力电缆主要用于35 kV以及以上电压等级的电缆线路。

（5）气压油浸纸绝缘电力电缆，包括自容式充气电缆和钢管充气电缆，主要用于35 kV及以上电压等级的电缆线路。

Ⅱ.橡皮绝缘电力电缆

橡皮绝缘电力电缆主要用于发电厂、变电所和工业企业内部的连接线。这种电缆的优点是柔软，富有弹性，性能稳定，有较好的电气、机械、化学性能，特别适用于移动性的用电与供电装置。目前，使用最多的是0.6/1 kV等级的橡皮绝缘电力电缆，6~35 kV等级供移动或半移动以及特殊场合使用的合成橡胶绝缘电力电缆（如乙丙橡胶、丁基橡胶绝缘电力电缆）。

Ⅲ.塑料绝缘电力电缆

塑料绝缘电力电缆制造工艺简单，质量轻，终端头和中间接头制作容易，弯曲半径小，敷设简单，维护方便，还具有耐化学腐蚀性和一定的耐水性，适用于高落差和垂直敷设的线路，并且工作温度可以提高，又有较好的抗化学腐蚀性能等，现已成为电力电缆中很有发展前途的一种电缆。塑料绝缘电力电缆有聚氯乙烯绝缘电力电缆、聚乙烯绝缘电力电缆和交联聚乙烯绝缘电力电缆等几种。聚氯乙烯绝缘电力电缆一般用于10 kV及以下的电缆线路；交联聚乙烯绝缘电力电缆主要用于6 kV及以上的电缆线路。

Ⅳ.阻燃聚氯乙烯绝缘电力电缆

前述油浸纸绝缘电力电缆、橡皮绝缘电力电缆及塑料绝缘电力电缆，其绝缘材料有一个共同的缺点，就是具有可燃性。当线路中或接头处发生故障时，电缆会因为局部过热而燃烧，从而扩大故障范围。阻燃聚氯乙烯绝缘电力电缆是在聚氯乙烯绝缘材料中加入阻燃剂，即使在明火烧烤下，其也不会燃烧。这种电缆属于塑料绝缘电力电缆的一种，主要用于10 kV及以下的电缆线路。

4）电力电缆的基本结构

电力电缆主要由导体、绝缘层、护套和外护层四部分组成。为了改善电场的分布情况，减小切向应力，有的电缆加有屏蔽层。多芯电缆各个绝缘线芯之间，还需增加填芯和填料，以便将电缆绞制成圆形。

Ⅰ.黏性浸渍纸绝缘统包型电力电缆

黏性浸渍纸绝缘统包型电力电缆,各个导线外面用绝缘纸包裹,纸绝缘的厚度根据电压等级确定。绝缘线芯之间填以纸或麻等填料。各绝缘线芯及填料扭绞成圆形,外面再用绝缘纸统包起来。如果用于中性点接地的电力系统中,那么统包绝缘层的厚度较薄;如果用于中性点不接地的电力系统中,那么统包绝缘层的厚度较厚。统包绝缘层不仅增强了各个线芯导体与铅(铝)护套之间的绝缘,同时也把三个绝缘线芯扎紧,使其不会散开,统包绝缘层外面为多芯共用的一个金属(铅或铝)护套。由于敷设场合不同,有的电缆在金属护套外还有铠装层,铠装层内外还分别有沥青防腐层和沥青黄麻防腐层。黏性浸渍纸绝缘统包型扇形线芯三芯铠装电缆的结构如图 4-3-2 所示。

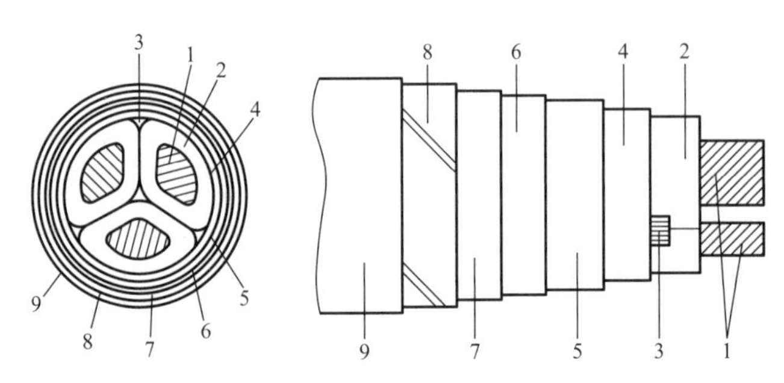

图 4-3-2　黏性浸渍纸绝缘统包型扇形线芯三芯铠装电缆结构图

1—导体;2—线芯绝缘;3—填料;4—统包绝缘;5—铅护套;6—沥青防腐层;7—沥青黄麻防腐层;8—铠装层;9—沥青黄麻防腐层

黏性浸渍纸绝缘统包型电力电缆制造简单,价格便宜,具有良好的性能。电缆绝缘线芯的周围有填充物,其内含有大量的浸渍剂,当电缆运行温度降低时,浸渍剂的体积缩小,填料中会形成气隙,在电场的作用下易产生气体游离,而且由于多芯之间电场分布不均匀,在绝缘中产生正切应力,这将逐渐损坏绝缘。当电缆敷设有较大落差时,浸渍剂会沿电缆向下流动,易使低端护套内油压加大,甚至造成低端电缆终端头漏油,高端绝缘油压降低,使绝缘水平下降。因此,这种电缆主要用于 10 kV 及以下电压等级和落差不太大的场合。

Ⅱ.聚氯乙烯绝缘电力电缆

聚氯乙烯绝缘电力电缆的绝缘层是由聚氯乙烯挤包而成。多芯电缆的绝缘线芯绞合成圆形后挤包聚氯乙烯护套或者绕包塑料带作为内护层。内护层外面是铠装层和聚氯乙烯外护套。聚氯乙烯绝缘电力电缆的结构如图 4-3-3 所示。

10 kV 及以上电压等级的电缆导电线芯表面有半导电屏蔽层;而 6 kV 及以上电压等级的电缆绝缘层外有半导电材料与金属带或金属丝制成的屏蔽层。金属带(丝)的作用是保证零电位,且在短路时能承载短路电流,避免因短路电流引起的电缆温升过高而损坏绝缘层。聚氯乙烯绝缘电力电缆与浸渍纸绝缘电力电缆相比,其没有铅护套和浸渍剂,安装简便,所以适用于高落差场合,主要用于 10 kV 及以下电压等级的线路。

Ⅲ. 黏性浸渍纸绝缘分相铅（铝）包型电力电缆

黏性浸渍纸绝缘分相铅（铝）包型电力电缆的主要特点是各线芯绝缘层外有铅包，各铅包线芯再和内衬垫及填料扭绞成圆形，用沥青麻带扎紧后，外面再加铠装层和保护层。6~10 kV 分相铅包电力电缆，其绝缘层的表面有半导电屏蔽层；20~35 kV 分相铅包电力电缆，其导电线芯及绝缘层表面均有半导电屏蔽层，如图 4-3-4 所示。

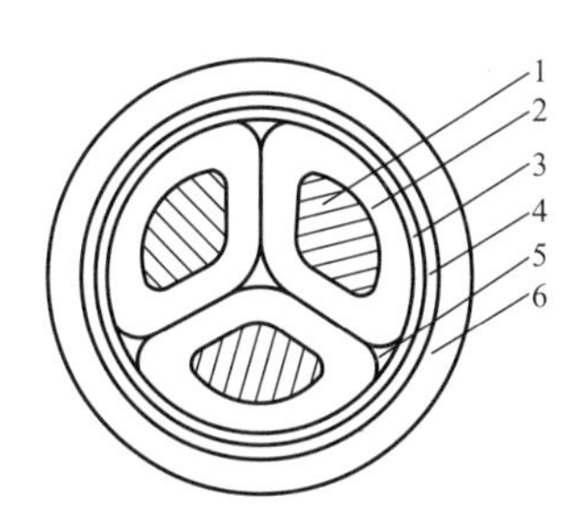

图 4-3-3　聚氯乙烯绝缘电力电缆结构图

1—导线；2—聚氯乙烯绝缘；
3—聚氯乙烯内护套；4—铠装层；5—填料；
6—聚氯乙烯外护套

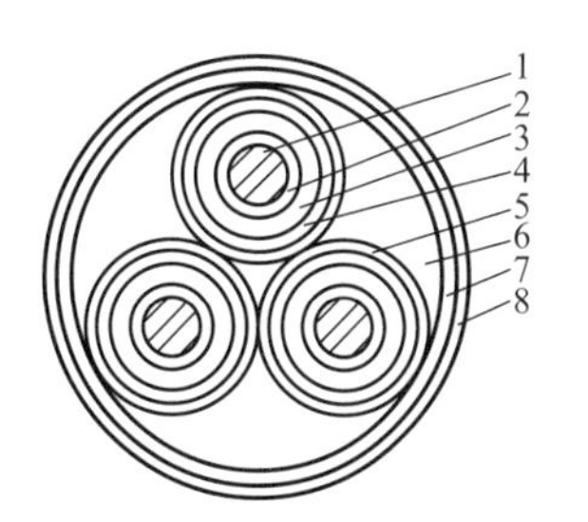

图 4-3-4　分相铅包电力电缆结构图

1—导线；2—导线屏蔽；3—油浸纸绝缘层；
4—绝缘屏蔽；5—铅护套；6—内垫层及填料；
7—铠装层；8—外被层

黏性浸渍纸绝缘分相铅（铝）包型电力电缆与统包型电力电缆相比，其制造工艺比较复杂，价格比较贵，但是由于其有屏蔽层，而使电缆线芯周围电场分布均匀，没有绝缘表面的正切应力；在铅护套内没有浸渍的填料，这样可减少运行中的漏油现象和绝缘中气隙的产生，因此其比统包型电力电缆绝缘性能要好，故适用于 20~35 kV 电压等级的线路。

Ⅳ. 交联聚乙烯绝缘电力电缆

交联聚乙烯绝缘电力电缆属于塑料绝缘电力电缆，很有发展前途。这种电力电缆电场分布比较均匀，没有切向应力，质量较轻，载流量大，多用于 6~35 kV 电压等级有高落差的电缆线路。

三芯交联聚乙烯绝缘铠装电力电缆的结构为在圆形导体外面有内屏蔽层、交联聚乙烯绝缘和外屏蔽层，外面还有保护带、铜线屏蔽、铜带和塑料带保护层，而三个缆芯中间有一个圆形的填芯，连同填料一起扭绞成电缆后，外面再加护套、铠装等保护层。

6 kV 及以上电压等级的电缆导线表面及绝缘层表面都有屏蔽层。导线的屏蔽层为半导电材料；绝缘层的屏蔽层为半导电交联聚乙烯，其外面还绕包一层 0.1 mm 厚的金属带（丝）。电缆内护层（套）的形式，除了上述的三个绝缘线芯共用一个护套外，还有绝缘线芯分相护套。分相护套电力电缆相当于三个单芯电力电缆的简单综合。这种电力电缆的电场分布情况与单芯电力电缆及纸绝缘分相铅包电力电缆相类似，但其电性能更好，适用范围与纸绝缘分相铅包电力电缆一样。

Ⅴ. 橡皮绝缘电力电缆

橡皮绝缘电力电缆的绝缘层是用丁苯橡皮或丁基橡皮做成。6~35 kV 电压等级的橡皮绝缘电力电缆，其导线表面有半导电屏蔽层，绝缘层表面有半导电材料和金属材料组合而成

的屏蔽层。多芯电力电缆的绝缘线芯绞合时，都采用具有防腐蚀性能的纤维来填充，并包上橡皮布带或涂胶玻璃纤维带。橡皮绝缘电力电缆的护套主要有聚氯乙烯护套和氯丁橡皮护套。

橡皮绝缘电力电缆的绝缘层柔软性好，这是它优于其他电力电缆的地方，其导线的绞线根数要比其他类型的电力电缆稍多，所以这种电力电缆的敷设、安装简便，适用于落差较大和弯曲半径较小的场合。它可用于固定敷设的电力线路，也可用于定期移动的敷设线路。其缺点是橡皮绝缘遇到油类时容易损坏，在高电压、电晕作用下会产生裂缝，因此这种电力电缆主要用于 10 kV 及以下电压等级的电力线路。

4.3.1.3　绝缘导线（电线）

绝缘导线是由某种绝缘材料把导体表面及各导体之间进行隔离绝缘的电线，由导体、绝缘体以及保护被覆材料构成，其中绝缘体和保护被覆材料一般是由同一材料构成，但具有两种不同的作用。

在建筑工程中常用的导体是金属导体（导电材料）。使用最广泛的金属导电材料有铜、铜铝合金、铝合金、银铜合金、钢（铁）等。

铜是最常用的金属导电材料，具有导电性能优良、导热性极佳、机械性能好、易于焊接、便于加工、耐腐蚀等特点，属于非磁性物质。铝具有良好的导电性、导热性、耐腐蚀性，且密度小，便于加工制造，有一定的机械强度，也属于非磁性物质。

绝缘体要求的性能是绝缘电阻和绝缘强度大，根据使用条件要求其具有耐热、耐寒、耐燃、耐磨、防电晕、耐油、耐蚀、耐臭氧并且柔软等性能。

1. 绝缘导线（电线）的种类与结构

1）合成树脂绝缘电线

这种电线主要是以乙烯、聚乙烯、聚四氟乙烯、交联聚氯乙烯等作为绝缘层包在导体外表面而制成的合成树脂绝缘电线。它具有代替天然橡胶的优越特性，故应用广泛。其中有用于低频低压的聚氯乙烯绝缘电线和用于高频的聚乙烯绝缘电线。

Ⅰ. 聚氯乙烯绝缘电线

这种电线是一种在导体外包上聚氯乙烯绝缘层的电线，分为 600 V 聚氯乙烯绝缘电线、电器用聚氯乙烯软线、聚氯乙烯橡皮软线、户外用聚氯乙烯绝缘电线、引线用聚氯乙烯绝缘电线、端口配线电缆等。

聚氯乙烯绝缘电线的优越性在于它具有耐燃、耐气候、耐油、耐化学药品腐蚀、耐臭氧、耐磨、耐水解、耐潮等性能，并且电线可以随意着色，使布线鲜明、美观。这种电线无须外部被覆，故占空系数高，缺点是耐热性差。

聚氯乙烯绝缘电线因绝缘体是聚氯乙烯，所以铜线可不必镀锡，其导电率和柔软性不受影响，但有时为了便于焊接而镀锡。

Ⅰ)600 V 聚氯乙烯绝缘电线

在铜线上包以聚氯乙烯绝缘层，可代替 600 V 橡胶绝缘电线，用于 600 V 以下的低压配电线路及电器设备的配线中。

600 V 聚氯乙烯绝缘电线的导体是用单股或多股软铜绞线及硬铜线组成，并在其上挤压聚氯乙烯绝缘包层。这种导体表面可不必镀锡。

Ⅱ)电器用聚氯乙烯软线

这种软线主要用于室内台灯、收音机、电视机、电风扇等低压小型电器上。电器用聚氯乙烯软线的绝缘材料为聚氯乙烯，由于这种软线具有前述的优点，所以目前使用非常广泛，其缺点是耐热性差，不适合做电炉、电熨斗等温度较高电器设备的电源线。

电器用聚氯乙烯软线的品种有单股聚氯乙烯软线、双股聚氯乙烯软线、二芯圆线、三芯圆线、二芯扁线、椭圆聚氯乙烯软线等。

Ⅲ)聚氯乙烯橡皮软线

聚氯乙烯橡皮软线是以聚氯乙烯为主体的化合物作为软线的绝缘体和外皮。这种软线多用于矿山、工厂、农场及其他的交流 600 V 或直流 800 V 以下可移动的电器设备或配线等处。它比用天然橡胶的橡皮电线柔软性稍差，但耐燃性、耐油性、耐腐蚀性较好。

聚氯乙烯橡皮软线按芯线数目可分为单芯、二芯、三芯、四芯四种。

Ⅳ)户外用聚氯乙烯绝缘电线

户外用聚氯乙烯绝缘电线用于低压架空线路，可代替棉纱绝缘电线。棉纱绝缘电线耐气候性能差，外皮容易损伤。而这种电线是以耐气候性良好的聚氯乙烯作为绝缘体，在任何恶劣的气候条件下可安全使用。

这种电线的导体是硬铜线或硬铜绞线，其聚氯乙烯绝缘层的厚度比 600 V 聚氯乙烯绝缘电线略薄些。另外，导体除用铜外，还有用铝的，如户外用钢芯铝导体聚氯乙烯绝缘电线。

Ⅴ)引线用聚氯乙烯绝缘电线

引线用聚氯乙烯绝缘电线用于 600 V 以下架空引导线，可代替棉纱绝缘电线。这种电线分为二股、三股、二芯扁平线等。其绝缘体是聚氯乙烯，所以绝缘性能好、耐气候性好。而棉纱绝缘电线架设时需要保持线间距离，而引线用聚氯乙烯绝缘电线直接使用即可，故便于施工。其导体除用铜外，现已开始用铝，其称为引线用铝导体聚氯乙烯绝缘电线。

Ⅵ)端口配线电缆

端口配线电缆是用于 600 V 以下端口配线上的电缆，常被用作用户电能表的输入输出引线。这种电线按结构可分为同芯式、扁平式或圆形等。

Ⅱ.乙烯高压引线

从高压配电线经高压跌落开关引向柱上变压器的引线常采用这种电线。它是用乙烯、聚苯乙烯、天然橡胶等做绝缘体，并包覆乙烯。这种电线电气性能优越，耐气候性、耐老化性、耐磨性均好，并且价格低廉。

2)棉纱绝缘电线

这种电线是在铜线上编织一层或两层白色棉纱,然后用黑色的耐水解的绝缘涂料浸渍而成。它可分为第一类棉纱绝缘电线和第二类棉纱绝缘电线,这种电线主要用于大负荷的架空配电线、输入线、室内配线等。

另外,还有在原有棉纱绝缘上绕扎线的电线,用于在架线工程中做捆扎。通常是在软钢丝或镀锌铁丝上编织一层棉纱,再涂上黑色耐潮的涂料而成。

Ⅰ.第一类棉纱绝缘电线

第一类棉纱绝缘电线是在铜线上编织一层棉纱,再用黑色耐潮的绝缘涂料浸渍而成。如用单股线编织,其厚度为 0.75 mm;如用多股绞线编织,标称截面面积在 80 mm^2 以下者厚度为 0.75 mm,标称截面面积在 100 mm^2 以上者厚度为 0.9 mm。

Ⅱ.第二类棉纱绝缘电线

第二类棉纱绝缘电线是在铜线上编织两层棉纱,再用黑色耐潮的绝缘涂料浸渍而成。其编织厚度为第一类棉纱绝缘电线在各种情况下厚度的 2 倍。

因棉纱的绝缘电阻受湿度的影响很大,所以绕包在绝缘电线上的棉纱或棉布要用黑色耐潮的绝缘涂料充分浸渍。这种黑色的防水绝缘涂料是用煤焦油沥青、石油沥青等与树脂、油等熔融混合制成的。

Ⅲ.橡胶绝缘电线

橡胶绝缘电线是导体外围用橡胶或合成橡胶进行绝缘的电线,为了增加强度,在橡胶上编织棉纱层而成。

橡胶绝缘电线使用的导体是镀锡铜,这样既可预防橡胶中离子对铜的腐蚀作用,又可防止橡胶在铜的作用下发生老化。

Ⅳ.橡胶绝缘铅包电线

用铅皮代替 600 V 橡胶绝缘电线所用的编织棉纱便得到橡胶绝缘铅包电线。与橡胶绝缘电线相比,它既可防潮,又可防化学药品腐蚀,适用于 600 V 以下地埋线路和户外配线,如路灯线、桥梁电灯线、户外灯线等。

Ⅴ.高压引线

从高压配电线向柱上变压器的引线用的绝缘电线为高压引线,其有如下几种:橡胶绝缘氯丁铠装高压引线、异丁橡胶绝缘高压引线、交联聚乙烯绝缘高压引线。它们都是用软铜线做芯线的。这些高压引线的绝缘材料具有良好的耐臭氧、耐电晕、表面漏电小等性能,并且耐气候性优越,适用于各种气候条件。

Ⅵ.室内软线

室内软线适用于作室内吊灯用线、台灯用线和其他小型电器用线等,有单股软线、双股绞合线、袋形编织软线、编成筒状软线及防潮双股绞合线等。室内软线的绝缘材料为天然橡胶,电气性能好,耐热性比聚氯乙烯软线(电器用的软线)好,但耐油、耐酸性能差,又由于其采用棉纱编织外皮，故防潮性差。

为了得到良好的弯曲性能，以上软线用 0.18 mm、0.26 mm、0.32 mm 的细线多股绞合而成，其上包以纸带，再包上橡皮和丝线编织外皮，以此做芯线，做成下述各种形式。用两根芯线绞合成的双股绞合线，适用于干燥场所且移动较少的电器的配线。袋形编织软线是双股绞合线上再编织上棉纱。编成筒状软线是把两根单股软线绞合时，让棉纱介于缝隙中间，其上编织棉纱而成筒状，这种软线也适用于干燥场所且移动少的电器的配线。防潮双股绞合线是在单根芯线上涂以石蜡之类的防潮涂料后，用两根绞合而成，适用于湿度大的场所和移动较少的电器的配线。

Ⅶ. 电热器用袋形软线

在电热器上使用的电线要求有耐热性时，可采用袋形软线，其有天然橡胶绝缘、SBR 型绝缘、氯丁绝缘等软线。

2. 绝缘导线（电线）的型号与规格

1）聚氯乙烯绝缘电线

聚氯乙烯绝缘电线（简称塑料线）适用于各种交直流电器装置、电工仪表、仪器、通信设备、电力及照明线路。其型号见表 4-3-2。

表 4-3-2　聚氯乙烯绝缘电线的型号

型号	名称	主要用途
BV BLV BVV BLVV	铜芯聚氯乙烯绝缘电线 铝芯聚氯乙烯绝缘电线 铜芯聚氯乙烯绝缘聚氯乙烯护套电线 铝芯聚氯乙烯绝缘聚氯乙烯护套电线	用于交流 500 V 及以下或直流 1 000 V 及以下的电气线路，可明敷、暗敷，护套线可以直接埋地
BVR BV-105 BLV-105	铜芯聚氯乙烯软电线 铜芯耐热 105 ℃聚氯乙烯绝缘电线 铝芯耐热 105 ℃聚氯乙烯绝缘电线	同 BV 型，安装要求柔软时用 同 BV 型，用于高温场所 同 BV-105 型

2）聚氯乙烯绝缘软线

聚氯乙烯绝缘软线适用于各种交直流移动电器、电工仪器、通信设备及自动化装置接线。其型号见表 4-3-3。

表 4-3-3　聚氯乙烯绝缘软线的型号

型号	名称	主要用途
RV RVB RVS	铜芯聚氯乙烯绝缘软线 铜芯聚氯乙烯绝缘平型软线 铜芯聚氯乙烯聚氯乙烯护套电线	供交流 250 V 及以下各种移动电器接线

续表

型号	名称	主要用途
RVV RV-105	铜芯聚氯乙烯绝缘聚氯乙烯护套软线 铜芯耐热 105 ℃聚氯乙烯绝缘软线	用于电器、仪表和电子设备及自动化装置的电源线、控制线及信号传输线 同 RV 型,用于高温场所

3)RFB、RFS 型丁腈聚氯乙烯复合物绝缘软线

RFB、RFS 型丁腈聚氯乙烯复合物绝缘软线(简称复合物绝缘软线)适用于交流 250 V 及以下或直流 500 V 及以下的各种移动电器、无线电设备和照明灯座接线。

4)聚氯乙烯绝缘屏蔽电线

聚氯乙烯绝缘屏蔽电线适用于交流 250 V 及以下的电器、仪表和电子设备及自动化装置有屏蔽要求的布设连接。其型号见表 4-3-4。

表 4-3-4　聚氯乙烯绝缘屏蔽电线的型号

型号	名称	型号	名称
BVP	聚氯乙烯绝缘屏蔽电线	RVVP	聚氯乙烯绝缘聚氯乙烯护套屏蔽软线
RVP	聚氯乙烯绝缘屏蔽软线	BVP-105	耐热 105 ℃聚氯乙烯绝缘屏蔽电线
BVVP	聚氯乙烯绝缘聚氯乙烯护套屏蔽电线	RVP-105	耐热 105 ℃聚氯乙烯绝缘屏蔽软线

5)橡皮绝缘电线

橡皮绝缘电线适用于交流 500 V 及以下或直流 1 000 V 及以下的电气设备及照明装置配线。氯丁橡皮线具有良好的耐气候老化性能和不延燃性,并有一定的耐油、耐腐蚀性能,特别适用于户外敷设。其型号见表 4-3-5。

表 4-3-5　橡皮绝缘电线的型号

型号	名称	主要用途
BLXF(BXF)	铝(铜)芯氯丁橡皮线	固定敷设,尤其适用于户外
BLX(BX)	铝(铜)芯橡皮线	固定敷设
BXR	铜芯橡皮软线	室内安装,要求较柔软时用

各种绝缘导线的型号与规格见表 4-3-6。

表 4-3-6　绝缘导线的型号与规格

绝缘导线的型号	绝缘导线的标称截面面积 /mm^2
BV;BV-105; BLV;BLV-105	0.75、1.0、1.5、2.5、4、6、10、16、25、35、50、70、95、120、150、185

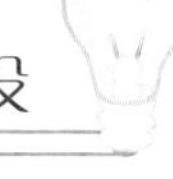

续表

绝缘导线的型号	绝缘导线的标称截面面积 /mm²
BVR	0.75、1.0、1.5、2.5、4、6、10、16、25、35、50
BVV; BLVV	0.75、1.0、1.5、2.5、4、6、10
RV;RV-105; RVB;RVS	0.75、1.0、1.5、2.5、4、6
RVV	0.75、1.0、1.5、2.5、4、6
RFB;RFS	0.75、1.0、1.5、2.5
BVP;BVP-105; RVP;RVP-105; BVVP;RVVP	0.75、1.0、1.5
BLXF(BXF); BLX(BX); BXR	0.75、1.0、1.5、2.5、4、6、10、16、25、35、50、70、95、120、150、185、240、300

4.3.1.4 裸导线

按构成导线的材料不同，裸导线可分为单金属线、合金线、复合金属线、合成绞线等；按结构不同，可分为单股线、绞合线、编织线等。具有代表性的裸导线有铜线、镉铜线、铜镍硅合金线、硅铜线、钢芯铜线、镀银铜线、磷青铜线、镀锡铜线、铁丝、镀锌铁丝、铜软绞线、硬铝线、铝绞线、钢芯铝绞线、铝镁硅合金线、耐蚀铝线等。

细长的金属线或金属棒及扁带构成的导线称为单股线，其截面形状有圆形、矩形、方形、U 字形等，根据不同的使用环境可分别选用。

多股线是由单股线绞制而成的，可获得容许通以大电流的导体，可用于对弯曲性能要求高的场合。多股线的规格用截面面积表示，详细的表示方法是写明单股线直径和根数，即单股线根数 / 单股线直径，如 19/4.0。多股线的种类有同芯绞线、绞合线（或集中绞线、软绞线）、复合绞线、换位绞线等。同芯绞线应用最广泛，它是以一根或数根导线为中心，在其周围绞绕数层别种单股线，每相邻两层绞绕的方向相反。

绞合线是将多根细线拢在一起按同一方向绞制而成，各细线不像同芯绞线那样分层。这种绞线可作为要求弯曲性能好的绝缘电线的中心导体。复合绞线是用几根绞线再绞制而成的，所以又称为多股同芯绞合线，用来作为要求弯曲性好的绝缘电线的导体。

1. 裸导线的结构

1）软铜线与硬铜线

（1）软铜线是在真空中或惰性气体中，经 450~600 ℃高温加热进行退火的铜线，用于室内配线等要求柔软性和弯曲性好的场合。

（2）硬铜线是经压延或拉伸加工的铜线，它的导电率比软铜线略小些，但抗拉强度高，

所以适用于架空线等要求抗拉强度高的场合。

2）铜合金线

在纯铜中掺入其他元素制成合金铜，虽然导电率降低一些，但获得了比铜线强度大的铜合金线。铜合金线可用于风雪大的地方作为长距离输电线、通信线、电车线、地线等。铜合金线通常有镉铜线、硅铜线、铜镍硅合金线、磷青铜线、钴铜线、铍铜线、含银铜线、锆铜线等。此外，铜合金还有黄铜、锌镍铜合金、钛铜、青铜等，这些合金有板、带、棒等型材，可用来做弹簧、电极、接触片等。

镉铜线是在铜中加 0.5%~1.2% 的镉元素的铜合金线。铜中加镉与加银一样，几乎不降低导电率，但能提高导线的强度。镉铜线的性能随含镉量多少而异。通常其导电率为 85%~90%，抗拉强度为 50~65 kg/mm^2。此外，其还有很好的耐蚀性、耐磨性。因此，其适用于长距离的架空输电线。

由于铍铜合金是典型的时效硬化铜合金（铜的过饱和固溶体合金），故它是强度最高的铜合金。这种铜合金有以强度为主的，也有以导电性为主的，这取决于合金中含铍、钴量的微小差异。含铍量为 2%~2.5% 的铍铜线，其导电率为 25%，抗拉强度为 100~140 kg/mm^2，在 315 ℃下进行时效硬化处理，可提高导电率。

3）镀层铜线

一般作电线用的铜线，通常是原铜线或者镀层铜线。其中，镀层铜线有镀锡线和镀焊料线。

铜线用橡皮绝缘时，预先在铜线上镀锡是为了防止橡皮中游离的硫使铜线硫化，同时也为了消除铜对橡皮老化的催化作用。但是，在铜线上镀锡会使导电率有所下降，并且使铜线变脆而易断。因此，乙烯树脂绝缘线的铜线芯就不镀锡，有时考虑易于焊接，也有用镀锡线做芯线使用的。

镀焊料线是在铜线表面镀焊料（锡和铅的合金），或者用浸渍的方法形成镀层。这种镀焊料线由于具有良好的焊接性能，故常用作电气零部件的引线。

4）钢芯铜线

为了增强铜导线的抗拉强度，采用具有高机械强度的钢线做芯线，外皮包覆高导电率的铜。其制法有焊接法、包层法和电镀法。对于用在输电线、通信线的铜包钢芯线，大多采用电镀法和包层法。其导电率有 30% 和 40% 两种，抗拉强度为 80~120 kg/mm^2。

5）硬铝线

硬铝线是铝在常温下经过压延或拔丝加工而成的。

铝的导电率约为 61%，虽然比铜的导电率低，但因铝比铜价格便宜，质量轻，资源也较丰富，所以在输电线、配电线中广泛采用铝线。作为电线用的铝是纯度约为 99.7% 的高纯度铝。

对于使用铝线的场合，在连接和操作方式等方面，有很多注意事项。

对硬铝线的表面进行氧化铝处理，可使其具有耐热性、耐蚀性等特点。除硬铝除外，还有铜包铝线和铝包钢线。

铝线的连接是指铝线之间的连接，是使用压缩式直线套管接头实现的。在跨接部位直线连接时，使用压缩式跨接套管、压缩式分支套管或固紧式连接夹件。在分支连接时，使用压缩式分支套管或固紧式连接夹件。

铝线与铜线连接时，在跨接部位的直线连接和分支连接采用不同金属压缩式分支套管或异种金属固紧式连接夹件，不管采用哪种方法都要注入优质的化合物。套管材料用优质的铝或铝合金，固紧式连接夹件用镀锡的高强度的铜合金或高强度的铝合金制成。铝线与铜线连接时，必须把铜线配置在铝线下侧。如果铜线在上侧，则铜离子会向铝线传导，有发生电化学腐蚀的危险。在进行连接时，所用的作业手套和金属刷子如附着铜粉，也有发生电化学腐蚀的危险。所以，在进行铝线操作时最好使用专用的手套和刷子。

另外，还有利用铝焊料进行连接的。这时，要考虑焊料的电化学性质（单极电位、电离倾向），在使用焊料（如 Zn、Zn-Al、Zn-Cd 合金）的同时涂覆具有防腐蚀性的涂料。在焊接方法上可采用钨极惰性气体保护电弧焊（Tungsten Inert Gas Arc Welding，TIG）、熔化极惰性气体保护焊（Metal Inert-Gas welding，MIG）以及点焊、压接焊等。

6）铝合金线

主要的铝合金线是铝镁硅合金线。另外，还有 5005 合金线、耐热铝合金线等。在拉力大的输电线及其他场所，使用硬铝线强度不够，故经常采用铝合金线。耐热铝合金线的特点是容许温度比硬铝线高，即硬铝线为 90 ℃，则耐热铝合金线为 150 ℃；硬铝线的最高允许温度为 100 ℃，而耐热铝合金线则可达 180 ℃。

铝镁硅合金线是在铝中加入镁、硅以增加其强度的铝合金线。它比纯铝的抗拉强度高，并且导电率也大，耐蚀性好，疲劳极限高，所以输配线等采用这种合金线。其特性是导电率超过 52 %，抗拉强度大于 31.5 kg/mm^2。

7）钢芯铝绞线

钢芯铝绞线是为了增加铝线强度，用单股或多股的钢线（镀锌钢线）为芯线，在其外层用绞制铝线而成的。这是利用铝的质量轻、导电性好及钢的强度高等特点组合起来的电线。其导电率为 35%~48%。

这种电线由于钢芯的存在使得强度很高，适用于跨度大的输电线路，并且具有外径大、可以防止因辉光放电而引起的功率损耗等特点。

2. 裸导线的型号与规格

1）TRJ 型裸铜软绞线

TRJ 型裸铜软绞线供连接电动机、电气设备部件使用。

2）TJ 型铜绞线

TJ 型铜绞线供架空线路输送电能使用。

3）LJ 型铝绞线及 LGJ 型、LGJQ 型、LGJJ 型钢芯铝绞线

LJ 型铝绞线、LGJ 型钢芯铝绞线、LGJQ 型轻型钢芯铝绞线、LGJJ 型加强型钢芯铝绞线

适用于架空电力线路,也可用于其他线路。

裸导线的型号与规格见表 4-3-7。

表 4-3-7　裸导线的型号与规格

裸导线型号	裸导线的标称截面面积 /mm²
TRJ	10、16、25、35、50、70、95、120、150、185、240、300、400、500
TJ	10、16、25、35、50、70、95、120、150、185、240、300、400
LJ	10、16、25、35、50、70、95、120、150、185、240、300、400、500、600
LGJ	10、16、25、35、50、70、95、120、150、185、240、300、400
LGJQ	150、185、240、300、400、500、600、700
LGJJ	150、185、240、300、400

4.3.1.5　配电辅助材料

配电辅助材料通常指一些能架设、固定、穿越绝缘导线(保证电通过导线能正常送到用户)的辅助配件。下面简单介绍几种。

1. 管材

1)焊接钢管

焊接钢管主要分镀锌和不镀锌两种。镀锌钢管有较强的抗腐蚀性能,主要用于潮湿、有腐蚀介质的场所作暗敷;不镀锌钢管的抗腐蚀能力差,主要用于干燥场所作明敷。

焊接钢管按壁厚又分为普通管和加厚管两种,普通管能承受 2 MPa 的水压,加厚管能承受 3 MPa 的水压。焊接钢管的规格、技术数据见表 4-3-8。

表 4-3-8　焊接钢管的规格、技术数据

公称口径		外径 /mm	普通管			加厚管		
/mm	/in		壁厚 /mm	内径 /mm	理论质量 /(kg/m)	壁厚 /mm	内径 /mm	理论质量 /(kg/m)
6	1/8"	10	2	8	0.39	2.5	5	0.46
8	1/4"	13.5	2.25	9	0.62	2.75	8	0.73
10	3/8"	17	2.25	12.5	0.82	2.75	11.5	0.97
15	1/2"	21.25	2.75	16.25	1.25	3.25	14.75	1.44
20	3/4"	26.75	2.75	21.25	1.63	3.5	19.75	2.01
25	1"	33.5	3.25	27	2.42	4	25.5	2.91
32	11/4"	42.25	3.25	35.75	3.13	4	34.25	3.77
40	11/2"	48	3.5	41	3.84	4.25	39.5	4.58
50	2"	60	3.5	53	4.88	4.5	51	6.16
70	21/2"	75.5	3.75	68	6.64	4.5	66.5	7.88
80	3"	88.5	4	80.5	8.34	4.75	79	9.81
100	4"	114	4	106	10.85	5	104	13.44
125	5"	140	4.5	131	15.04	5.5	129	18.24
150	6"	165	4.5	156	17.81	5.5	154	21.63

2）电线管（也称薄钢管）

电线管一般用在低层建筑中，主要用于进户线与电源箱、楼层之间穿越导线的主干通道。

3）硬聚氯乙烯管

硬聚氯乙烯管耐酸、碱性强，适用于温度在 0 ~ 40 ℃输送腐蚀性液体及气体，也可用作电线套管。

4）软聚氯乙烯管

软聚氯乙烯管按用途可分为电器套管（颜色有本色和红、黄、蓝、白、黑色）和液体输送管。

5）自熄塑料电线管

自熄塑料电线管以改性聚氯乙烯作材质，绝缘优良，耐腐性、自熄性良好，并且韧性大，曲折不易断裂。其全套组件的连接只许用胶黏剂粘接，与金属管材相比，减轻了质量，降低了造价，且色泽鲜明，故具有防火、绝缘、耐腐、材轻、美观、价廉、便于施工等优点。管子、接线盒、灯头盒、入盒接头、弯头、束节等全套组件可配套供应，每根管长度为 4 m。

部分管材的规格见表 4-3-9。

表 4-3-9　部分管材的规格

名称	公称口径 /mm	外径 /mm	内径 /mm
电线管	10	9.51	7.03
	13	12.7	10.22
	16	15.87	12.67
	20	19.05	15.85
	25	25.4	22.2
	32	31.75	28.55
	38	38.1	34.9
	50	50.8	47.6
硬聚氯乙烯管	—	10、12、16、20、25、32、40、50、63、75、90、110、125、140、160、180、200、225、250、280、315、355、400	—
软聚氯乙烯管中的电器套管	—	—	1、1.5、2、2.5、3、3.5、4、4.5、5、6、7、8、9、10、12、14、16、18、20、22、25、28、30、34、36、40
自熄塑料电线管（PVC 型）	—	16、19、25、32、40、50	—

2. 槽材

1)聚氯乙烯塑料电线槽板(通称塑料槽板)

聚氯乙烯塑料电线槽板具有聚氯乙烯塑料的性能,即耐酸、耐碱、耐油,且电气绝缘的性能良好,主要用于明敷,可用胶将其粘于墙壁固定或用线钉将其钉于墙壁固定等。电线槽板的色泽一般为白色,施工时要求做到横平竖直、拐直角处横竖槽板各占45°对接、底槽与盖板的接缝错开且平整。电线槽板的长度也为4 m,由底槽、盖板组成,它给明配线带来了极大的方便。

2)钢薄板接线槽

钢薄板接线槽适用于大厦、公寓、广场、车站、医院和工矿企业等现代化建筑物,用于各种电器连接和布线。接线槽由镀锌薄钢板冲压制成,分直线槽、直通接驳头、单弯头、三通弯头四种形式。其中,直线槽长度为1 m。

3. 绝缘子

绝缘子又称瓷瓶,用于固定导线,并能使带电导线之间或导线和大地之间绝缘,同时也承受导线的垂直荷重和水平拉力。由此可见,绝缘子应有足够的电气绝缘能力和机械强度;对化学物质的侵蚀应有足够的防护能力;而且不受温度急剧变化的影响和水分渗入的影响。以下简单介绍几种绝缘子。

1)低压架空电力线路绝缘子

低压架空电力线路绝缘子适用于1 kV以下架空电力线路,作绝缘和固定导线用,常用的有针式绝缘子(PD系列)、蝶式绝缘子(ED系列)、线轴式绝缘子(EX系列)等,如图4-3-5至图4-3-8所示。

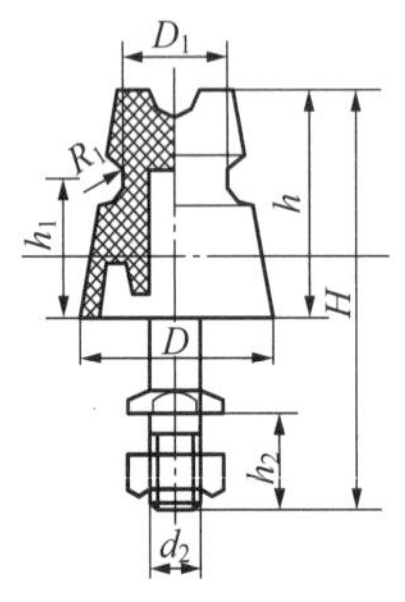

图4-3-5　PD-1T型、PD-1M型、PD-2T型、PD-2M型针式绝缘子外形

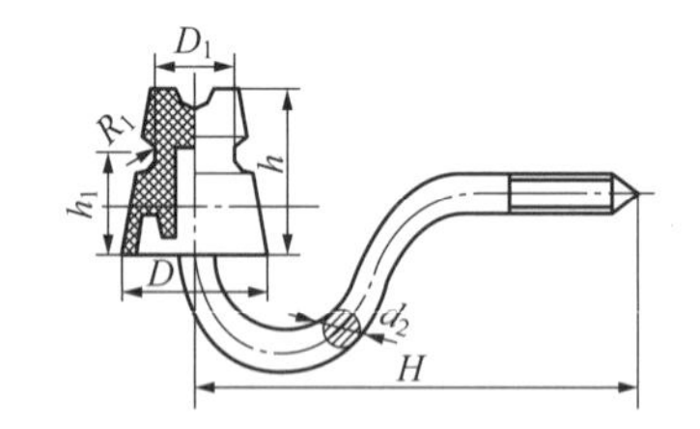

图4-3-6　PD-2W型针式绝缘子外形

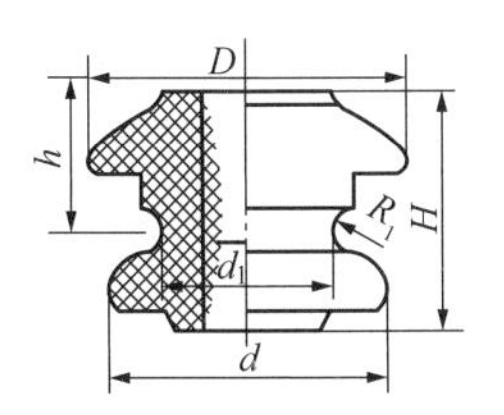

图 4-3-7 ED 系列蝶式绝缘子外形

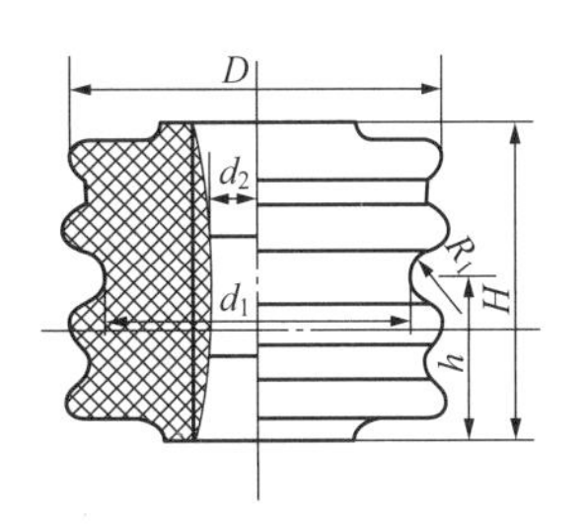

图 4-3-8 EX 系列线轴式绝缘子外形

2)低压布线绝缘子

低压布线绝缘子适用于户内低压配电线路，作绝缘和固定导线用。鼓形绝缘子(G 系列、GK 系列)如图 4-3-9 和图 4-3-10 所示。

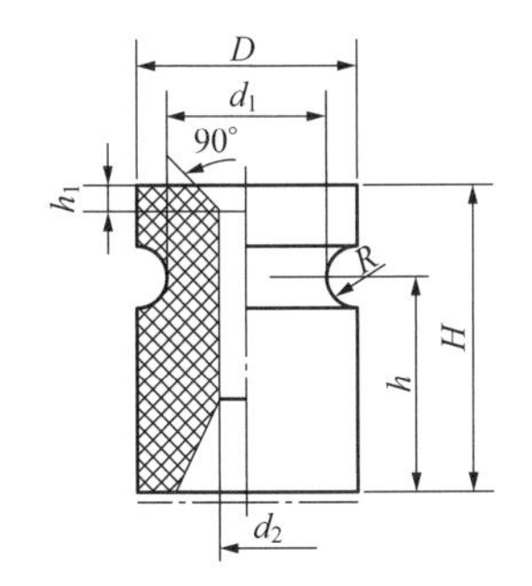

图 4-3-9 G-25 型、G-38 型、G-50 型、G-60 型鼓形绝缘子外形

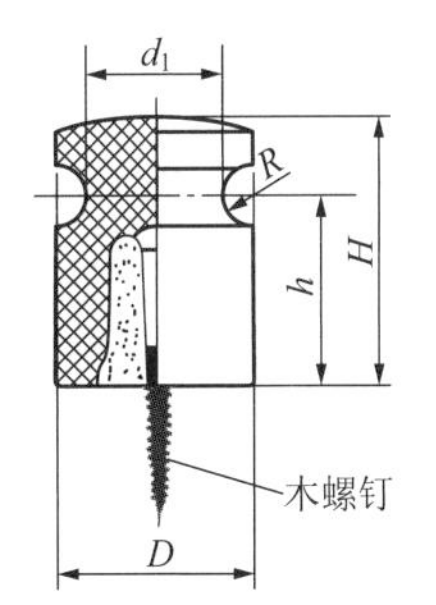

图 4-3-10 GK-50 型鼓形绝缘子外形

3)电器用支柱绝缘子

电器用支柱绝缘子(Z 系列)适用于电器或配电装置，作固定导体和绝缘用，额定电压有 0.5 kV、3 kV、6 kV 等。

4. 电杆

电杆是用来支持绝缘子和导线的，并保持导线对地面有足够的高度，以保证人身的安全。电杆具备的性能主要有足够的机械强度、造价低、寿命长。

1)电杆按其材质分类

电杆按其材质可分为木电杆、钢筋混凝土电杆、金属电杆三种。目前，35 kV 及以下的架空线路均采用钢筋混凝土电杆或木电杆。

(1)木电杆，其主要优点是质量轻，价格低廉，易于搬运，制造、安装方便。木材是绝缘材料，能增强线路的绝缘水平。其缺点是机械强度低，容易腐烂，特别是埋入土中部分，使用年限不长(一般可使用 5~8 年)，采用防腐措施可以提高使用年限(可达 15 年)，目前使用较少。

(2)钢筋混凝土电杆又称水泥电杆，其强度高，价格便宜，经久耐用，使用年限长(一般可使用 50 年左右)，维护方便，可以节省大量钢材和木材，是目前应用最广的一种电杆，主要用于 10 kV 以下线路。其缺点是比较笨重，增加了施工组装和运输的困难，且提高了造价。

我国生产的钢筋混凝土电杆标准规格：高度一般有 6 m、7 m、8 m、9 m、10 m、12 m、15 m 等几种；梢径有 150 mm、170 mm、190 mm 等几种，可根据需要选用。

（3）金属电杆又包括铁杆、铁塔两种。金属电杆主要用于 35 kV 以上的线路，是目前高压线路中应用最广泛的一种电杆，其结构稳定，使用年限长。其主要优点是机械强度较大、坚固耐用、寿命较长；缺点是消耗了大量的钢材，很容易生锈，且造价高。

2）电杆按其截面形状分类

电杆按其截面形状可分为方形杆和环形杆两种。一般架空线路采用环形杆。环形杆可分为锥形杆和等径杆两种。锥形杆又称拔梢杆，其锥度为 1∶1.75。锥形杆应用的最多。

电杆上架设横担、包箍、M 形垫铁、拉线抱箍等金属时，必须根据架设部位选择确定金具的几何尺寸，过大或过小均不能满足规定的要求。

3）电杆按其作用分类

电杆按其作用可分为直线杆、耐张杆、转角杆、终端杆、分支杆等。

（1）直线杆：又称中间杆，位于线路直线段上，仅作支持导线、绝缘子和金具用。在正常情况下，其能承受线路侧面的风力，但不能承受线路方向的拉力，此类电杆占线路全部电杆的 80% 左右。

（2）耐张杆：又称分段杆，位于线路直线段的几根直线杆之间，或有特殊要求的地方，如铁路、公路、河流、管道等交叉处。这种电杆的作用是将架空线路分段，在断线事故和紧线情况下，能承受一侧导线的拉力。

（3）转角杆：位于线路改变方向的地方。这种电杆可以是耐张型的，也可以是直线型的，视转角大小而定。转角在 15°~30° 时，采用直线型转角杆；转角在 30°~60° 时，采用耐张型转角杆；转角在 60°~90° 时，采用十字型转角耐张杆。转角杆能承受两侧导线的合力。

（4）终端杆：位于线路的始端与末端，在正常情况下，能承受线路方向上全部导线拉力。

（5）分支杆：位于线路的分支线处，这种电杆在主线路方向有直线型和耐张型两种；在分路方向则为耐张型，应能承受分支线路导线的全部拉力。向一侧分支用 T 型分支杆；向两侧分支用十字型分支杆。

5. 电缆桥架

电缆桥架一般包括成型的电缆桥架和现场制作的角钢支架及装配式支架。

1）成型的电缆桥架

我国的成型的电缆桥架技术是从国外引进的。随着成型的电缆桥架的推广，改变了过去单一采取型钢焊接或组装电缆支架的状况，给全塑型塑料电缆的大量应用创造了良好条件。在数量众多且密集的电缆回路布线上，使用成型的电缆桥架可使通道空间中容纳的电缆敷设数量显著增多，对电缆线路的保护、抑制干扰的强度和防火等安全措施的实现均有益处，并且施工方便、安装迅速。

电缆桥架可用于敷设动力电缆、控制电缆，也可用于敷设自动控制、仪表等专业控制电缆及控制管缆，还可用在地面上架空敷设电缆以及在大桥、隧道、钻井平台中敷设电缆。成型的电缆桥架不仅适用于室内，还适用于户外。

电缆桥架的整体示意图如图 4-3-11 所示(以槽式桥架为例)。

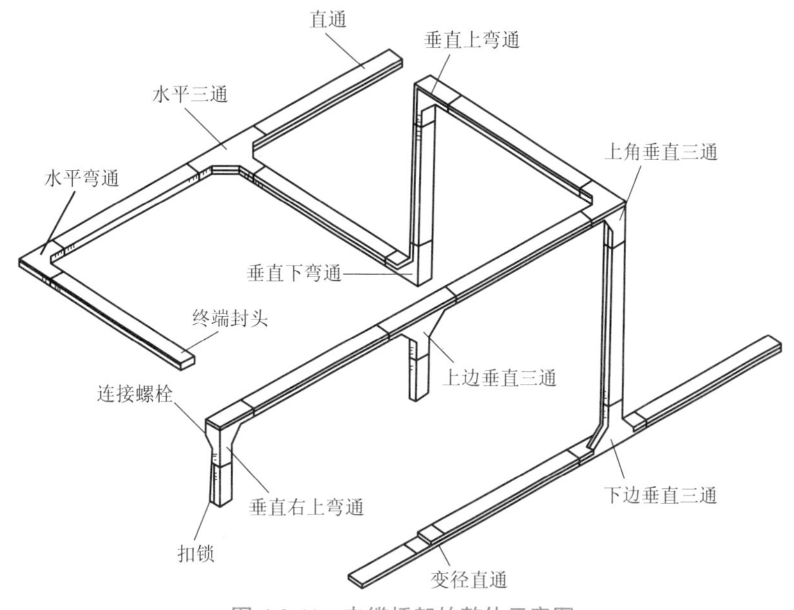

图 4-3-11　电缆桥架的整体示意图

Ⅰ. 成型的电缆桥架结构类型

(1)直通段：又称直通，指一段不能改变方向或尺寸的用于直接承托电缆的刚性直线部件。

(2)弯通：指一段能改变方向或尺寸的用于直接承托电缆的刚性非直线部件，包括下列品种。

①水平弯通：在同一水平面改变梯架、托盘方向的部件，分 30°、45°、60°、90° 四种。

②水平三通：在同一水平面以 90° 分开三个方向连接梯架、托盘的部件，分等宽、变宽两种。

③水平四通：在同一水平面以 90° 分开四个方向连接梯架、托盘的部件，分等宽、变宽两种。

④上弯通：使梯架、托盘从水平面改变方向向上的部件，分 30°、45°、60°、90° 四种。

⑤下弯通：使梯架、托盘从水平面改变方向向下的部件，分 30°、45°、60°、90° 四种。

⑥垂直三通：在同一垂直面以 90° 分开三个方向连接梯架、托盘的部件，有上下角垂直和上下边垂直之分，分等宽、变宽两种。

⑦垂直四通：在同一垂直面以 90° 分开四个方向连接梯架、托盘的部件，分等宽、变宽

两种。

⑧变径直通：在同一平面上连接不同宽度或高度的梯架、托盘的部件。

Ⅱ.支、吊架

支、吊架是指直接支承梯架、托盘的部件，包括如下几部分。

（1）托臂：直接支承梯架、托盘的部件，分卡接式、螺栓固定式两类。

卡接式托臂均用工字钢立柱和角钢立柱。

螺栓固定式托臂可直接用膨胀螺栓固定在墙上或结构的侧臂上。

（2）立柱：指直接支承托臂的部件，分工字钢、槽钢、角钢和异型钢等，可固定在地面上，亦可悬挂于楼顶下，根据具体使用环境而定。

（3）支吊架：指悬挂梯架、托盘的刚性部件，分圆钢单、双杆式，角钢单、双杆式，工字钢单、双杆式，槽钢单、双杆式，异型钢单、双杆式等。其品种繁多、用途各异，根据具体使用环境而定。

（4）其他固定支架：如垂直、斜面等固定用支架，不再一一列举。

2）电缆支架

电缆支架的制作应满足：钢结构支架所用钢材应平直，无显著扭曲；钢支架应焊接牢固，无明显变形；电缆支架应安装牢固，横平竖直；在有坡度的电缆沟内或建筑物上安装的电缆支架，应有与电缆沟或建筑相同的坡度；电缆支架的制作、安装应符合设计的要求；电缆支架必须先涂防腐底漆，油漆层应均匀完整。

位于湿热、盐雾以及有化学腐蚀地区的电缆支架，应作特殊的防腐处理或热镀锌，也可采用其他耐腐蚀性能较好的材料制作支架。

6.绝缘胶带

1）布绝缘胶带

布绝缘胶带又称黑胶布，是电工最常用、最熟悉的一种绝缘胶带。它适用于对交流380 V及以下电线、电缆作包扎绝缘。其在温度为 -10~+40 ℃使用时，有一定的黏性。

布绝缘胶带是在棉布上刮胶，卷切而成，胶浆由天然橡胶、炭黑、松香、松焦油、碳酸钙、沥青及工业汽油等搅拌而成。布绝缘胶带的绝缘耐压强度是在交流1 000 V电压下保持1 min不击穿。

2）塑料绝缘胶带

塑料绝缘胶带（又称聚乙烯胶黏带或聚氯乙烯胶黏带）适用于对交流500~6 000 V（多层绕包）电线、电缆接头等处作包扎绝缘。其一般可在温度为 -15~+60 ℃时使用。

塑料绝缘胶带是在聚乙烯或聚氯乙烯薄膜上涂敷胶黏剂，卷切而成，可代替布绝缘胶带，还能作绝缘防腐密封保护层。单层塑料绝缘胶带的绝缘耐压强度是在交流2 000 V电压下保持1 min不击穿。

3）涤纶绝缘胶带

涤纶绝缘胶带（又称聚酯胶黏带）适用于对交流 500~6 000 V（多层绕包）电线、电缆接头等处作包扎绝缘。其一般可在温度为 −15~+60 ℃时使用。涤纶绝缘胶带与塑料绝缘胶带相比，其耐压强度高，防水性能好，耐化学稳定性好，还能用于半导体元件的密封。

涤纶绝缘胶带是在聚酯薄膜上涂敷胶黏剂，卷切而成，可代替布绝缘胶带。涤纶绝缘胶带的绝缘耐压强度是在交流 2 500 V 电压下保持 1 min 不击穿。

4.3.2　低压配电线路敷设

4.3.2.1　封闭母线敷设

高层建筑与一般低层民用建筑相比，室内配电线路的敷设有一些特殊情况。首先，由于电源在最底层，用电设备分布在各个楼层直至最高层，配电主干线垂直敷设且距离很长；其次，消防设备配线和电气主干线有防火要求；最后，电力线路和通信线路以及闭路电视线路等存在干扰现象。这些就造成了高层建筑室内线路敷设的特殊性。

除了少数高层建筑可采用导线穿钢管墙内暗敷外，大多数高层建筑都采用竖井内配线。电气竖井，就是在建筑物中从底层到顶层留一定截面的井道。竖井的位置和数量应根据用电负荷性质、供电半径、建筑物的沉降缝设置和防火分区等因素确定。一般要求竖井靠近负荷中心，并要求与变压器联络，且进出线方便，尽可能减少干线电缆沟道的长度。为了不使电气竖井内温度太高，要避免和烟囱、热力管道相邻近。电气竖井不允许和电梯以及其他管道共用。竖井在每个楼层上设有配电小间，它是竖井的一部分，为了维修方便，每层均设向外开的小门。配电主干线敷设在竖井内，配电小间中不仅有电力干线，而且安装着电力配电箱、照明配电箱和电话线、电话汇接箱、闭路电视系统、电脑控制系统、有线电视线路等。

竖井内配线一般有三种形式：一是封闭母线；二是电缆线；三是绝缘线穿管。主干线容量较大时宜采用封闭母线。由于竖井配线是垂直的，应当考虑到导线及金属保护管的自重所带来的荷重及其相应的固定方法。为了保证管内导线不因自重而断裂，应该在超过一定长度的位置装设接线盒，在接线盒内将导线固定住。一般，当导线截面面积在 50 mm^2 以下，长度大于 30 m 时，就要装设接线盒；当导线截面面积在 50 mm^2 以上，长度大于 20 m 时，也要安装接线盒。

高层建筑中的供电干线，现在较多采用的是封闭母线，这是一种用组装插接方式引接电源的新型电气配电装置，它具有安全可靠、简化供电系统、组装方便等特点。

封闭母线的敷设主要是根据现场实际情况，采用不同的安装方式。下面就以一种母线的安装为例来说明封闭母线的敷设。

1. 封闭母线的悬臂安装

封闭母线沿悬臂敷设时，要用的材料有螺栓、膨胀螺栓、托臂。首先将托臂用膨胀螺栓固定在悬臂上，再将封闭母线用螺栓固定在托臂上，如图 4-3-12 所示。

2. 封闭母线的垂直安装

封闭母线沿墙垂直敷设时，要用的材料有螺栓、角钢、压板。首先将角钢用螺栓固定在墙上，再将封闭母线用螺栓和压板固定在角钢上，如图 4-3-13 所示。

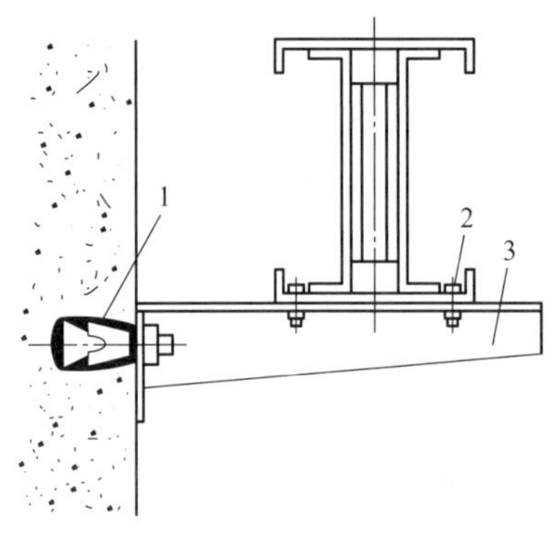

图 4-3-12　悬臂安装示意图

1—膨胀螺栓；2—螺栓；3—托臂

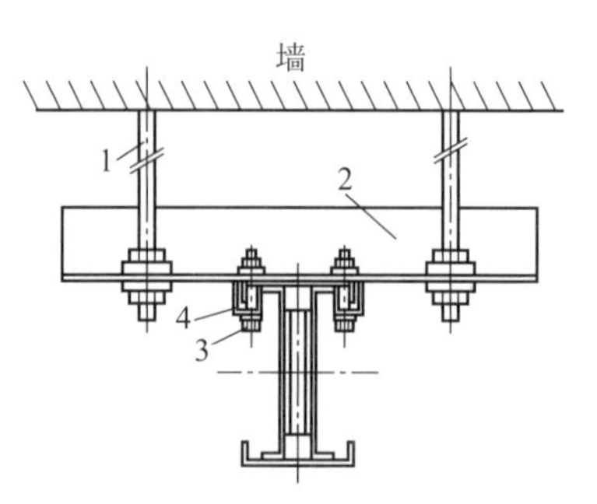

图 4-3-13　垂直安装示意图

1—螺栓；2—角钢；3—螺栓；4—压板

3. 封闭母线的吊装

封闭母线吊装敷设时，所用的材料主要有压板、螺栓、吊杆、角铁。首先用吊杆将角铁固定在顶棚上，再用压板和螺栓将封闭母线固定在角铁上面，如图 4-3-14 所示。

4. 封闭母线的反吊装

封闭母线反吊装敷设时，所用的材料主要有压板、螺栓、吊杆、角铁。首先用吊杆将角铁固定在顶棚上，再用压板和螺栓将封闭母线固定在角铁下面，如图 4-3-15 所示。

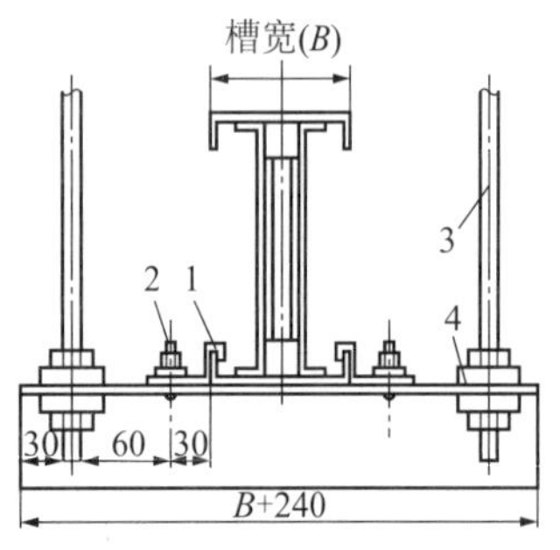

图 4-3-14　吊装示意图

1—压板；2—螺栓；3—吊杆；4—角铁

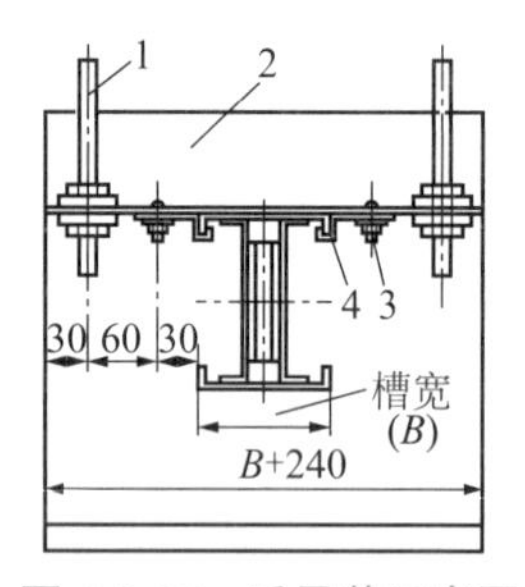

图 4-3-15　反吊装示意图

1—吊杆；2—角铁；3—螺栓；4—压板

5. 封闭母线穿楼固定装置

封闭母线穿楼固定装置是封闭母线穿越楼层时所用的装置。它所用的材料主要有橡胶垫、螺栓、膨胀螺栓、角钢、槽钢。首先将槽钢用膨胀螺栓固定在楼板的相应位置上，如图 4-3-16 所示；再将角钢用螺栓固定在封闭母线的适当位置；最后用橡胶垫和螺栓将固定在楼板上的槽钢和固定在封闭母线上的角钢连接起来。

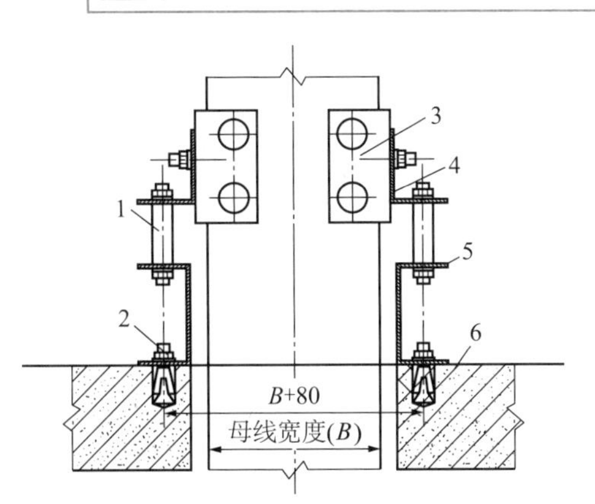

图 4-3-16 穿楼固定装置示意图

1—橡胶垫;2—膨胀螺栓;3,4—角钢;5—槽钢;6—楼面

封闭母线整体安装示意图如图 4-3-17 所示,其中列出了封闭母线在高层建筑中的所有走向,从中可见:

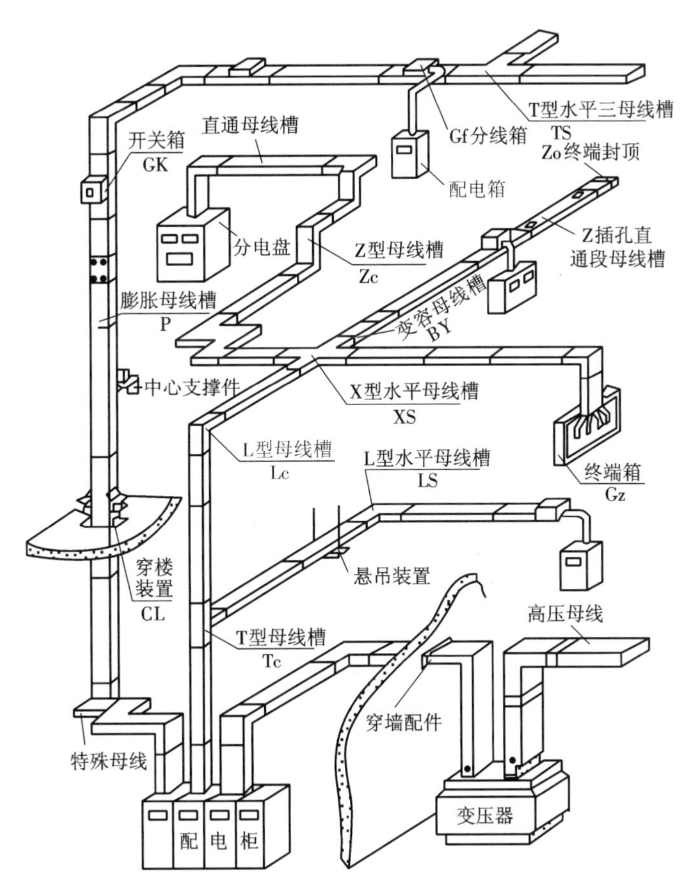

图 4-3-17 封闭母线整体安装示意图

（1）变压器高、低压封闭母线的走向；

（2）变压器与配电柜封闭母线的连接情况；

（3）封闭母线从配电柜引出到达各个楼层的布线情况；

（4）穿墙配件、T型母线槽、悬吊装置、L型水平母线槽、L型母线槽、X型水平母线槽、变容母线槽、Z插孔直通段母线槽、终端封顶、Z型垂直母线槽、直通母线槽、特殊母线、穿楼装置、中心支撑件、膨胀母线槽、分线箱、T型水平三母线槽等在封闭母线中的位置及用途；

（5）封闭母线与终端箱、配电箱、开关箱、分电盘等设备的连接位置。

4.3.2.2 电力电缆敷设

电力电缆的敷设方式很多，一般敷设于沟道、隧道内，支架上，竖井中，穿入管道内，直接埋设于地下或敷设于水底。具体采用何种敷设方式，要根据经济、安全防火、便于施工与维护的原则，并结合建筑结构的具体情况决定。而实际中，一条电缆线路往往需要采用几种敷设方式。

1. 电力电缆敷设的一般规定

（1）电力电缆敷设前应进行下列检查。第一，支架应齐全、油漆完整。第二，电缆型号、规格、电压应符合设计要求。第三，电缆绝缘良好；当对油纸电缆的密封性有怀疑时，应进行潮湿判断；直埋电缆与水底电缆应经直流耐压试验合格；充油电缆的油样应经试验合格。第四，充油电缆的油压不宜低于 1.47×10^5 Pa。

（2）在三相四线制系统中使用的电力电缆，不应采用三芯电缆另加一根单芯电缆或导线、电缆金属护套等作N线的方式；在三相系统中，不得将三芯电缆中的一芯接地运行。

（3）三相系统中使用的单芯电缆，应组成紧贴着的正三角形排列（充油电缆和水底电缆可除外），并且每隔1 m应用绑带扎牢。

（4）并联运行的电力电缆，其长度应相等。

（5）电缆敷设时，在终端头和中间接头处应留有备用长度。直线段还应在全长上留有少量裕度，并作波浪形敷设。

（6）电缆各支持点间的距离应按设计规定执行。当设计无规定时，则不应大于表4-3-10中所列的数值。

表4-3-10　电缆各支持点间的距离　（m）

电缆种类		敷设方式			
		支架上敷设		钢索上悬吊敷设	
		水平	垂直	水平	垂直
电力电缆	充油电缆	1.5	2.0	—	—
	橡皮及其他油纸绝缘电缆	1.0	2.0	0.75	1.5
控制电缆		0.8	1.0	0.6	0.75

（7）电缆的弯曲半径不应小于表 4-3-11 的规定。

表 4-3-11　电缆弯曲半径与电缆外径比值

电缆护套类型		电力电缆		其他电缆
		单芯	多芯	多芯
金属护套	铅	25	15	15
	铝	30	30	30
	皱纹铝套和皱纹钢套	20	20	20
非金属护套		20	15	无铠装 10 有铠装 15

（8）油浸纸绝缘电缆最高点与最低点之间的最大位差不应超过规定的数值，当不能满足要求时，应采用适用于高位差的电缆，或在电缆中间设置塞止式接头。

（9）电缆敷设时，电缆应从盘的上端引出，应避免电缆在支架及地面上摩擦拖拉。电缆上不得有未消除的机械损伤（如铠装压扁、电缆绞拧、护层拆裂等）。

（10）用机械敷设电缆时的牵引强度不宜大于规定的数值。

（11）油浸纸绝缘电力电缆在切断后，应将端头立即铅封；塑料绝缘电力电缆，也应有可靠的防潮封端。

（12）切断电缆时应防止金属屑及污物侵入电缆。

（13）敷设电缆时，如电缆存放地点在敷设前 24 h 内的平均温度以及敷设现场的温度低于各电缆规定的数值，应采取措施，否则不宜敷设。

（14）电缆进入电缆沟、隧道、竖井、建筑物、盘（柜）以及穿入管子时，出入口应封闭，管口应密封。对于有抗干扰要求的电缆线路，应按设计规定做好抗干扰措施。

（15）电缆的排列，当设计无规定时，应符合下列要求。第一，电力电缆和控制电缆应分开排列。第二，当电力电缆和控制电缆敷设在同一侧支架上时，应将控制电缆敷设在电力电缆的下面，1 kV 及以下电力电缆应放在 1 kV 以上电力电缆的下面，充油电缆可例外。

（16）电缆与热力管道、热力设备之间的净距，平行时应不小于 1 m；交叉时应不小于 0.5 m。如无法达到，应采取隔热保护措施。另外，电缆不宜平行敷设于热力管道的上部。

（17）明敷在室内及电缆沟、隧道、竖井内的电缆应剥除麻护层，并应对其铠装加以防腐处理。

（18）电缆敷设完毕后，应及时清除杂物，盖好盖板，必要时还应将盖板缝密封，以免水、气、油、灰等侵入。

（19）电缆穿管时，应满足下列要求。第一，每根电力电缆应单独穿入一根管内，但交流单芯电力电缆不得单独穿入钢管内。第二，裸铠装控制电缆不得与其他外护层的电缆穿入同一根管内。第三，敷设在混凝土管、陶土管、石棉水泥管内的电缆，应使用塑料护套的电

缆。第四，保护管埋入地面的深度不应小于 100 mm（埋入混凝土内的不作规定），伸出建筑物散水的长度不应小于 250 mm。

（20）电缆埋设深度应符合下列要求。第一，电缆表面与地面的距离不应小于 0.7 m，穿越农田时不应小于 1 m；66 kV 及以上的电缆不应小于 1 m；只有在引入建筑物与地下建筑物交叉及绕过地上建筑物处，可埋设浅些，但应采取保护措施。第二，电缆应埋于冻土层以下，当无法深埋时，应采取措施，防止电缆受到损坏。

（21）电缆之间，电缆与其他管道、道路、建筑物等之间平行交叉时的最小距离，也应符合规定的要求。严禁将电缆平行敷设于管道的上面或下面。

（22）电缆与铁路、公路、城市街道、厂区道路交叉时，应敷设于坚固的保护管或隧道内。电缆管的两端宜伸出道路路基两边各 2 m，伸出排水沟 0.5 m，在城市街道应伸出车道路面。

（23）直埋电缆的上、下需铺以厚度不小于 100 mm 的软土或砂层，并盖以混凝土保护板，其覆盖宽度应超过电缆两侧各 50 mm，也可用砖块代替混凝土盖板。

（24）电缆与电缆沟尺寸配合也要参照规定的数值进行选择。

2. 电力电缆敷设前的准备

敷设电缆前，电缆线路通过的建筑结构应施工完毕；检查电缆沟及隧道等土建部分转弯处的弯曲半径是否符合要求；核实电缆的型号、规格与数量是否与设计图纸相符。为了敷设方便，减少差错，在电缆支架、沟道、隧道、竖井的进出口、转弯处和适当部位应悬挂电缆敷设断面图。

冬季气温低，浸渍纸绝缘电缆内部油的黏度增大，润滑性降低，会使电缆变硬，塑料电缆在低温下也会变硬。这种变硬的电缆不易弯曲，敷设时电缆的纸绝缘或塑料绝缘易损坏。因此，冬季施工时，如果电缆存放地点在敷设前 24 h 内的平均温度以及敷设现场的温度低于规定的数值，应采取措施将电缆预热升温后才能敷设。

电缆预热的方法有两种。一种是提高周围空气温度，即将电缆放在有暖气的室内（或装有防火电炉的帐篷里），使室内温度提高来加热电缆。这种方法需要的时间较长，室内温度为 5~10 ℃时，需要 72 h；室内温度为 25 ℃时，需要 24~36 h。另一种方法是电流加热法，即用电流通过电缆导线来加热。应注意加热电流要小于电缆的额定电流。电流加热法所用设备一般是小容量的三相低压变压器（或交流电焊机），高压侧额定电压为 380 V，低压侧能提供加热电缆所需的电流。加热时，将电缆一端三相导电线芯短接；另一端接至变压器低压侧。电源部分应有调压器和保护开关或熔断器等，以防电缆过负荷而损伤。加热过程中，电缆的表面温度不应超过下列数值：3 kV 及以下的电缆，40℃；6~10 kV 的电缆，35 ℃；20~35 kV 的电缆，25℃。加热后电缆表面的温度可根据各地气候条件决定，但不得低于 5 ℃。电缆加热后应尽快敷设，放置时间不宜超过 1 h。

3. 电力电缆在支架上的敷设

1）电缆支架

在沟道、隧道、竖井及生产厂房内的电力电缆，一般都是敷设在电缆支架上的。电缆支架有角钢支架、电缆桥架(装配式支架)等多种。角钢支架强度高,能适用于各种场合,一般在施工现场制作。角钢支架有很长的应用历史,曾经被广泛采用。装配式支架是从1960年初开始推广应用的。装配式支架由工厂制造并在现场安装,对提高质量、加快安装进度、节约钢材有显著效果,在施工中被大量采用。电缆桥架被广泛应用的主要原因如下。

(1)随着生产过程机械化和自动化程度的提高,车间里的电气设备越来越多,电缆线路越来越复杂。钢管配线方式有时无法施工,满足不了要求。

(2)施工程序的改变,过去埋设钢管与基础工程必须紧密配合,费工费时而且难以保证质量。

(3)老的电缆施工方法不管是铅包、铝包还是黄麻沥青外护层,都不允许在平面上拖拉,只能直接放上,因此用电缆支架是合适的。当出现了全塑料电缆和塑料外防护层电缆后,塑料外防护层电缆允许在平面上拖拉,而用角钢支架则不合适,且这种支架侧向受力时很不牢固。采用连续刚性电缆桥架或组装电缆桥架就允许在梯架或托盘内拖拉电缆。另外,塑料有热变形,电缆在(80±2)℃时聚氯乙烯热变形率在30%左右,所以在工作温度下受到自重的挤压,在角钢支架上容易产生蠕变。

(4)桥架由工厂专业化的生产方式制造,使用桥架敷设比钢管预埋方式方便,既省工又省料。

(5)现场安装技术简单,专业化生产的桥架是组合式的,并配有各种零部件,安装简便,无须专业技能。

(6)用计算机来协助设计,大大降低了工作量。

(7)由于桥架配线方式较灵活,增添电缆方便,为使用单位的更新改造、扩建增容提供了方便,而且桥架是敞露的,有利于维护。

(8)节省钢材,减少投资。

(9)缩短施工工期,有利于加快施工速度。

2)电缆敷设在支架上的要求

电缆敷设在支架上应注意以下几点。

(1)电缆支架与热表面(如管道保护层)的距离不得小于200 mm,电缆支架之间的垂直距离不得小于250 mm。

(2)当同一侧电缆支架上敷设几种电压等级的电力电缆时,应按电压等级的高低自上层往下层排列。电力电缆和控制电缆一般应分开排列,当电力电缆和控制电缆敷设在同一侧的支架上时,应将电力电缆放在控制电缆的上面。如果达不到上述要求,6 kV与0.4 kV的电力电缆及控制电缆可布置在同一支架上,但电缆之间的距离不得小于150 mm。

(3)垂直电缆支架装设在交通道旁边时,应设保护罩将电缆支架保护起来,保护高度距地面至少2 m。保护罩应考虑空气流通,使电缆有足够的自然通风。

(4)在可能积水、积尘、积油的电缆沟中,电缆应敷设于电缆架上。

（5）敷设电缆时，一般先将电缆施放在靠近电缆支架的地上，然后自首端逐渐将电缆托上支架，这样敷设效率高。电缆终端头和中间接头附近应留有备用长度。

（6）在隧道及沟道内敷设电缆后，应及时清除杂物，盖好盖板。可能有水、油、尘侵入的地方，应将盖板的缝隙密封。

3）电力电缆在管道内的敷设

从电缆沟、电缆隧道和电缆支架引出与设备连接的那段电力电缆以及穿过楼板、墙壁的电力电缆都需要穿入电缆管中，使电缆不至于裸露，以免受到机械损伤。

在电缆管中敷设电缆应符合下列要求。

（1）电缆管与建筑物应平行，当电缆管用支架固定在建筑物结构上时，支架要布置得均匀，支架间距不得超过 2.5 m，以防止电缆管出现垂度。

（2）电缆管与墙距离应不小于 100 mm；与热表面距离不得小于 200 mm。交叉电缆管相距不得小于 30 mm；平行电缆管相距不得小于 100 mm。

（3）电缆管的内径应大于所穿电缆外径的 1.5 倍。电缆管的弯曲半径不得小于电缆管直径的 8 倍，并能保证穿入管内电缆的弯曲半径符合规定的要求。每根电力电缆应穿在单独的管内。

（4）穿入电缆管埋设于地下的电缆线路，应设有拉电缆的井坑，井坑之间的距离不能超过 25 m。在每一条敷设的电缆线路上，电缆管 90° 弯曲的地方不能超过两个。

（5）电缆穿管敷设时，应先疏通和清扫管道。一般采用铁丝绑上棉纱或破布穿入管内清除脏污，清除后检查通畅情况。管路较短时可直接将电缆穿入管内。当管路较长或有直角弯时，可先将铁丝穿入管内，一端扎紧在电缆上，牵拉另一端铁丝把电缆逐渐引入管内。当管路很长，电缆的直径较大时，可采用机械牵引来敷设电缆。

4）电力电缆的直埋敷设

电力电缆直埋敷设时，要在沟底垫上砂子、细土，沿沟全长盖上砖或水泥盖板，如图 4-3-18 所示。

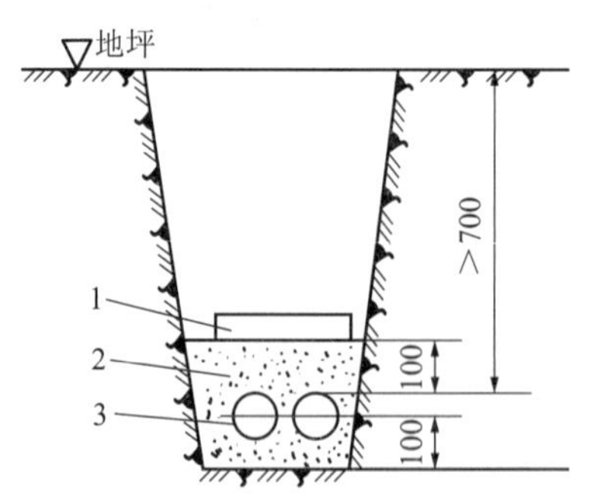

图 4-3-18　电力电缆直埋敷设

1—保护板；2—砂土；3—电缆

直埋敷设施工简便、投资少、散热条件好，适用于电缆数量不多而路径较长的情况。但是直埋电缆检修、更换不方便，不能可靠地防止外来机械损伤，容易受土壤中酸、碱等物质的腐蚀。因此，凡是腐蚀性土壤在未经过处理时，不能采用直埋方式敷设电缆。

电力电缆的直埋敷设应符合以下要求。

（1）直埋电缆必须埋于冻土层以下。为了防止电缆遭受损坏，电缆的埋设深度应不小于 0.7 m，穿越农田时应不小于 1 m。

（2）直埋电缆之间、电缆与管道及建筑物之间的最小允许净距应符合表 4-3-12 的要求。

表 4-3-12　直埋电缆之间、电缆与管道及建筑物之间的最小允许净距　（m）

序号	项目		最小允许净距		备注
			平行	交叉	
1	电力电缆之间及其与控制电缆之间	10 kV 及以下	0.10	0.50	当电缆穿管或用隔板隔开时，平行净距可降低为 0.1 m，交叉净距可降低为 0.25 m
		10 kV 以上	0.25	0.50	
2	热力管道及热力设备		2.00	0.50	（1）应采取隔热措施，使电缆周围土壤的温升不超过 10 ℃；（2）当交叉净距不能满足要求时，可将电缆穿入管中，其净距可减为 0.25 m
3	油管道		1.00	0.50	
4	可燃气体及易燃液体管道		1.00	0.50	
5	其他管道		0.50	0.50	
6	铁路路轨		3.00	1.00	
7	电气化铁路路轨	交流	3.00	1.00	
		直流	10.00	1.00	如不能满足要求，应采取适当防腐蚀措施
8	公路		1.50	1.00	
9	城市街道路面		1.00	0.70	
10	建筑物基础		0.60	—	
11	排水沟		1.00	0.50	

5）电力电缆的隧道敷设

将电力电缆敷设在电缆隧道或电缆沟内是发电厂和变电所中最常见的敷设方式。隧道是钢筋混凝土地道，其内预设有电缆支架和排水沟，如图 4-3-19 所示。将电力电缆敷设在电缆隧道或电缆沟内，能避免外力损伤和腐蚀，因此可采用无铠装电缆，价格低廉，维护、检修和更换电缆方便，走向灵活，能容纳较多的电缆，占地面积也较小，但投资较高。

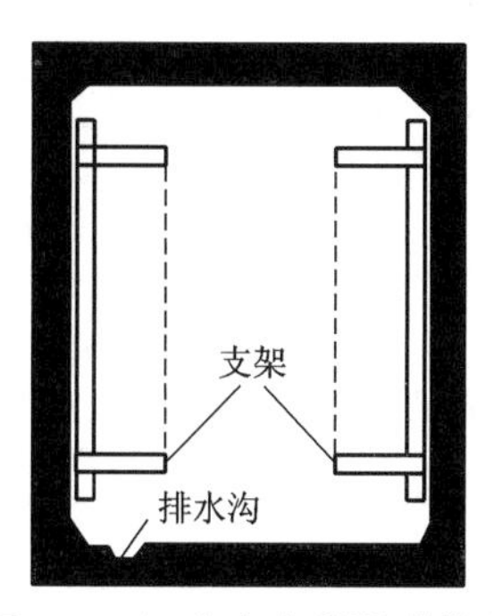

图 4-3-19　电力电缆隧道敷设

当电力电缆与控制电缆共用电缆隧道时，最好分别装在隧道两侧。如果无法分开，应将控制电缆装在电力电缆下方，以防止电力电缆发生故障时危及控制电缆。

6）电力电缆的电缆沟敷设

电力电缆的电缆沟敷设如图 4-3-20 所示。

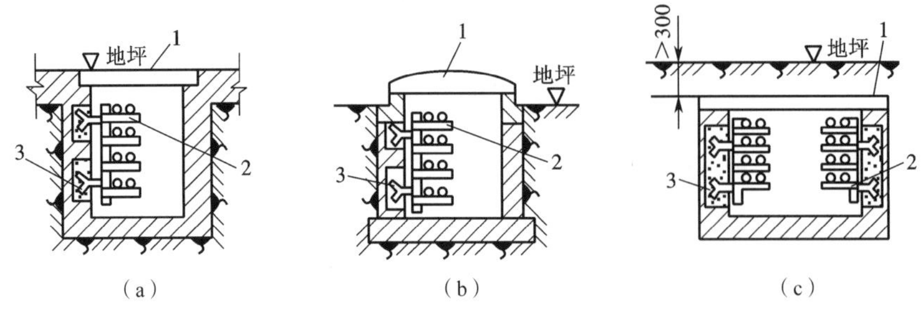

图 4-3-20　电力电缆电缆沟敷设

（a）户内电缆沟　（b）户外电缆沟　（c）厂区户外电缆沟

1—盖板；2—电缆支架；3—预埋铁件

户内电缆沟的盖板应与地面相平，当容易积水、积尘时，可用水泥砂浆抹死。户外电缆沟的盖板应高出地面，可兼作操作走道。对于厂区户外电缆沟，为了不妨碍排水，其盖板一般低于地面 0.3 m，上面铺以砂子或碎土。为了防火，电缆沟进入厂房处及隧道连接处应设置防火隔板。为了防水，在电缆沟进入厂房时，应设有朝向厂房侧的不小于 0.5% 的排水坡度，在容易积水的地方应考虑设排水沟。

7）电力电缆沿墙敷设或吊架敷设

这种敷设方法是依附建筑物，将电力电缆放置在厂房土建时预埋的吊架或沿墙的铁件上，如图 4-3-21 所示。它结构简单、土建工作量小、检修维护方便。

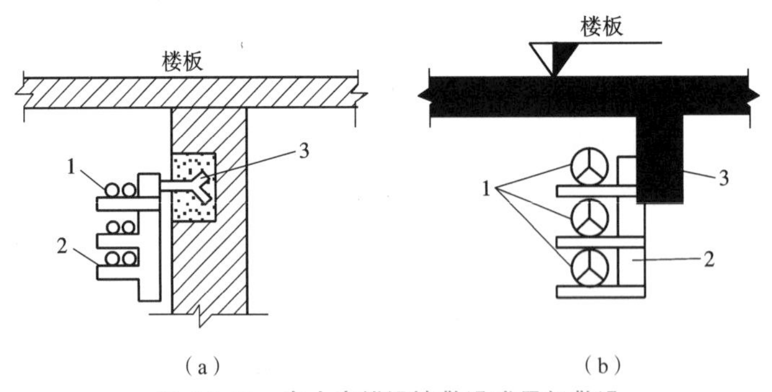

图 4-3-21　电力电缆沿墙敷设或吊架敷设

（a）沿墙敷设　（b）吊架敷设

1—电缆；2—支架；3—预埋铁件

8）电力电缆敷设于道路下管道内

作为电力电缆的保护管，可采用钢管、硬质塑料管、缸瓦管（即陶土管）、石棉水泥管和

混凝土排管等。单芯交流电缆不能使用钢管作为保护管，以避免构成磁环路而产生涡流损耗。当电缆纵向敷设于道路下边时，一般用混凝土排管作为保护管，这样可以迅速方便地检修或更换电缆，还可预留适当数量的管孔，以便在添装新的电缆线路时不必掘开路面。

电缆穿管敷设可分为两种类型：一种是跨越建筑物或道路敷设于导管中；另一种是沿道路下边纵向敷设于混凝土排管中。为了检修或更换电缆方便，管路的内径一般都比电缆的外径大得多。在导管的两端用黄麻填塞严密，然后再用沥青封堵，以免水和泥浆进入导管中。

电缆排管一般都用水泥预制成600 mm长的短管，每块3~6孔，孔的内径为电缆外径的2~2.5倍。铺设排管的底部土壤逐层夯实，必要时可铺设3∶7灰土垫层、碎石垫层及混凝土垫层，以防止地基沉陷而损伤电缆，并避免给检修、更换或添装新电缆造成困难。排管的接口应对准，连接处应平滑、高低一致，并做好密封处理。为了方便施工和检修，在直线段每隔100~200 mm以及在排管的转弯和分支处应设置人孔井，以便于电缆的穿入或拔出。当有电缆中间接头时，人孔井的尺寸还需要考虑中间接头安装、维护和检修的方便。在人孔井内电缆孔两侧的井壁上对称预埋两个锚环（终端人孔井中预埋于电缆孔的对侧井壁上），便于拉电缆时使用。锚环的强度及预埋深度应根据牵引力的大小确定。

排管内壁应光滑、无尖刺、无异物，可用试验棒检查，并疏通及清扫管路。当发现试验棒表面有擦伤痕迹或排管不很畅通，或管内有台阶及有错位可能时，使用5 m长的试验电缆，按敷设的张力进行模拟试拉，然后检查电缆护套是否有异常情况，再决定此管路能否使用。

4.3.2.3　绝缘导线的敷设

绝缘导线的敷设主要是指室内配线（内线工程），其涉及面广、方法较多、运用广泛，是常见的安装工程。按敷设的方法分为明敷设和暗敷设两种。明敷设是指绝缘导线沿墙壁、天花板、桁架及柱子等敷设。明敷设通常包括瓷（塑料）夹板配线、绝缘子配线、瓷珠（瓷柱）配线、槽板配线、钢（塑料）管配线、铅皮卡（精钢扎头）配线、钢索配线、塑料护套线配线等。暗敷设是指绝缘导线穿管埋设在墙内、地墙内或装设在顶棚内的敷设。随着科学技术水平的提高，高层建筑不断增多，民用建筑装饰美观标准提高，绝缘导线的暗敷设成为主要的配线方式，且暗敷管工程日趋复杂且要求高，与土建施工配合十分密切，与土建结构和配电箱、盘、柜的安装方式有关。在进行室内配线时，必须按设计要求进行施工，通常是明敷设对应于明配电箱、盘、盒；暗敷设对应于暗配电箱、盘、盒。至于采用何种敷设方式，这要根据环境的特征决定。由于生产、生活的性质各不相同，电气设备所处的环境不同，所以绝缘导线的敷设方式也不同。绝缘导线的敷设应该可靠、安全、便利、经济、美观、实用，可参照表4-3-13。

表 4-3-13 敷设方式及导线适用范围

环境特征	配线方式	常用导线
干燥环境	1. 瓷夹板（塑料夹板）、铝片卡明配线 2. 绝缘子明配线 3. 穿管明敷或暗敷	BLV、BLVV、BLXF、BLX BLV、LJ、BLXF、BLX BLV、BLXF、BLX
潮湿或特别潮湿的环境	1. 绝缘子明配线（敷设高度 >3.5 m） 2. 穿塑料管、钢管明敷或暗敷	BLV、BLXF、BLX
多尘环境（不包括有火灾及爆炸危险的灰尘环境）	1. 绝缘子明配线 2. 穿管明敷或暗敷	BLV、BLVV、BLXF、BLX BLV、BLXF、BLX
有腐蚀性的环境	1. 绝缘子明配线 2. 穿塑料管明敷或暗敷	BLV、BLVV、BV、BLXF
有火灾危险的环境	1. 绝缘子明配线 2. 穿钢管明敷或暗敷	BV、BX
有爆炸危险的环境	穿钢管明敷或暗敷（极少采用暗敷）	BV、BX

1. 绝缘导线敷设的技术要求与敷设工序

1）绝缘导线敷设的技术要求

绝缘导线的敷设不仅要求安全可靠，而且要使线路整齐美观、布置合理、安装牢固等，技术要求如下。

（1）导线穿墙要加装保护套管，保护套管可采用瓷管、钢管、塑料管，保护套管两端出线口伸出墙面不小于 10 mm，这样可防止导线和墙壁接触，以免因墙壁潮湿而产生漏电等现象。如用瓷管保护，除穿向外的瓷管应一线一根瓷管外，同一回路的几根导线可以穿在一根瓷管内，但管内导线的总截面面积（包括外绝缘层）不应超过管内总横截面面积的 40%。

（2）当导线沿墙壁或天花板敷设时，导线与建筑物之间的距离不小于 10 mm。在通过伸缩缝的地方，导线敷设应稍有松弛，对于钢管配线，应装设补偿盒，以适应建筑物的伸缩性。

（3）当导线互相交叉时，为避免碰线，在每根导线上应套以塑料管或其他绝缘管，并将套管牢靠地固定，使其不移动。

（4）为了确保安全用电，对室内电气管线和配电设备与其他管道、设备间以及与建筑物、地面的最小距离都有一定的要求，见表 4-3-14 至表 4-3-19。

表 4-3-14 室内电气管线和配电设备与其他管道、设备间的最小距离 (m)

敷设方式	管道与设备名称	管内导线	绝缘导线	裸母线	滑触线	配电设备
平行	煤气管	0.1	1.0	1.5	1.5	1.5
	乙炔管	0.1	1.0	2.0	3.0	3.0
	氧气管	0.1	0.5	1.5	1.5	1.5
	蒸汽管	上 1.0/ 下 0.5	上 1.0/ 下 0.5	1.5	1.5	0.5
	暖气管	上 0.3/ 下 0.2	上 0.3/ 下 0.2	1.5	1.5	0.1
	通风管	—	0.1	1.5	1.5	0.1
	上、下水管	0.1	0.1	1.5	1.5	0.1
	压缩空气管	—	0.1	1.5	1.5	0.1
	工艺设备	—	—	1.5	1.5	—
交叉	煤气管	0.1	0.3	0.5	0.5	—
	乙炔管	0.1	0.5	0.5	0.5	—
	氧气管	0.3	0.3	0.5	0.5	—
	蒸汽管	0.1	0.3	0.5	0.5	—
	暖气管	—	0.1	0.5	0.5	—
	通风管	—	0.1	0.5	0.5	—
	上、下水管	—	0.1	0.5	0.5	—
	压缩空气管	—	0.1	0.5	0.5	—
	工艺设备	—	—	1.5	1.5	—

表 4-3-15 明布线的有关距离要求

固定方式	导线截面面积 /mm²	固定点最大距离 /m	线间最小距离 /mm	与地面最小距离 /m	
				水平布线	垂直布线
槽板	≤ 4	0.05	—	2	1.3
卡钉	≤ 10	0.2	—	2	1.3
瓷（塑料）夹	≤ 6	0.8	25	2	1.3
瓷柱	≤ 16	3.0	50	2	1.3（2.7）
绝缘子	16~25	3	100	2.5	1.8（2.7）
绝缘子	≥ 35	6	150	2.5	1.8（2.7）

表 4-3-16 绝缘导线至建筑物间的距离

布线位置	最小距离 /mm
水平敷设时距阳台、平台和跨越建筑屋顶	2 500
在窗户上	300
在窗户下	800
垂直敷设时距阳台、窗户	600
导线距墙壁和构件（挑檐下除外）	35

表 4-3-17　室内、外绝缘导线间最小距离(电压在 1 kV 及以下)

固定点间距	导线最小间距 /mm	
	室内配线	室外配线
1.5 m 以下	35	100
1.5~3 m	50	100
3~6 m	70	100
6 m 以上	100	150

表 4-3-18　室内、外绝缘导线至地面最小距离(电压在 1 kV 及以下)

敷设方式		最小允许距离 /m
水平	室内	2.5
	室外	2.7
垂直	室内	1.8
	室外	2.7

表 4-3-19　接户线的最小线间距离(电压在 1kV 及以下)

电压	架设方式	档距 /m	线间距离 /mm
1 kV 及以下	从电杆上引下	25 及以下	150
	沿墙敷设水平排列或垂直排列	6 及以下	100
		6 以上	150

2)绝缘导线敷设的一般工序

(1)熟悉设计图纸,做好预留预埋工作,内容包括:电源引入的预留预埋位置,电源引入配电箱、盘的路径,垂直引上、引下以及水平穿越梁、柱、墙保护导管的预埋位置等。

(2)按施工图纸确定灯具、插座、开关、配电箱和启动设备等位置。

(3)沿建筑物确定导线敷设的路径及穿过墙壁或楼板的位置。

(4)在土建抹灰前,将配线所有固定点打好孔眼,预埋木榫及膨胀螺栓的套筒,将预埋件埋齐,并检查有无遗漏和错位。

(5)装设绝缘支持物、瓷夹板、铝夹片、敷设管线等。

(6)敷设导线。

(7)对导线进行连接、分支、封端,并将导线的出线端与灯具、插座、开关、配电箱等设备进行连接。

2. 绝缘导线的管敷设

把绝缘导线穿在管内敷设,称为线管配线。这种配线方法比较安全可靠,可避免腐蚀性气体侵蚀和遭受机械损伤,也能适用于有易燃、易爆介质的场所。线管配线有明配和暗配两种。明配把线管敷设在墙外及其他明处,要求横平竖直、整齐美观;暗配是将线管埋在墙内、

楼板或地坪以及其他看不见的地方，要求管路短、畅通、弯头少，符合施工验收规范。

线管配线的操作程序，通常是先选好管子，对管子进行一系列加工后，再敷设管路，清除管内杂物，最后把导线穿入管内，并与各种用电设备相连接。

配管主要工作内容有测位、划线、打眼、埋螺栓、锯管、清扫管口、套丝、煨弯、配管、接地、刷漆等。

施工中常用的线管有电线管、水煤气管、硬塑料管和半硬塑料管等。水煤气管的管壁较厚，适用于有机械外力和轻微腐蚀气体场所内明敷或暗敷；电线管的壁管较薄，适用于干燥场所明敷或暗敷；硬塑料管耐腐蚀性较好，但易变形老化，机械强度不如钢管好，适用于腐蚀性较大的场所明敷或暗敷；半硬塑料管刚柔结合，易于施工，质量轻，运输使用方便，已经广泛应用于民用建筑暗敷。

1）明管敷设

（1）明管配线应横平竖直、整齐美观，施工前应熟悉图纸，使用线垂、灰线包进行划线。成排同规格管子之间距离应均匀，管子较多时可紧靠一起密摆布设，所有管子应排列整齐，转弯部分应按同心圆的形式进行排列。

（2）明敷管子固定点之间应整齐均匀；管卡与终端、转弯端点以及电气器具或接线盒边缘的距离为150~500 mm；中间的管卡最大距离应符合表4-3-20的规定。

（3）不允许将电气管路焊在支架或设备上，成排管并列时，接地、接零线的跨接线应使用圆钢或扁钢进行焊接，不允许在管缝间直接焊接。

表4-3-20　钢管中间的管卡最大距离　（m）

敷设方式	钢管名称	钢管直径/mm			
		15~20	25~32	40~50	65~100
吊架、支架或沿墙敷设	厚钢管	1.5	2.0	2.5	3.5
	薄钢管	1.0	1.5	2.0	

（4）钢管进入灯头盒、开关盒、拉线盒、接线盒及配电箱时，暗配管可用焊接固定，管口露出盒（箱）应小于5 mm，明配管应用锁母锁紧或护圈帽固定，露出锁紧螺母的丝扣为2~4扣。

（5）水平或垂直的明配管路允许偏差值，在2 m以内均为3 mm，全长不应超过管内径的1/2。

（6）电气管路应敷设在热水管和蒸汽管的下面，在不得已的情况下，也允许敷设在上面，但相互间的距离应符合下列要求：第一，当电气管路在热水管下面时，间距为0.2 m，在上面时为0.6 m；第二，当电气管路在蒸汽管下面时，间距为0.5 m，在上面时为1 m。当不能满足上述要求时，应采取隔热处理措施。对有保温措施的蒸汽管，相互间的净距减为0.2 m。

（7）两个出线盒（箱）之间，不应有4个及以上的直角弯，如有4个及以上的直角弯，应加装拉线盒。

（8）竖直敷设的管子，按穿入导线截面的大小，在每隔 10~20 m 处，增加一个固定穿线的接线盒（拉线盒），用绝缘线夹将导线固定在盒内，导线越粗，固定点之间的距离越短。

2）暗管敷设

（1）在混凝土内暗敷线管时，管路不得穿越基础和伸缩缝，如必须穿过时，应改为明管，并以金属软管或过路箱等作为补偿装置。

（2）暗管敷设应密切与土建配合，做好在混凝土、楼板、地坪及墙内预埋的措施，如预埋套管、预留孔洞、槽等。预埋套管应一律在管口用木塞或硬质泡沫塑料堵口，并在管内穿好钢丝。预埋套管应注意以下几个实际问题：

①立管穿过圈梁和现浇梁的问题；

②墙体材质为七孔砖、加气混凝土砌块、煤渣砖等轻质隔墙材料时，墙体的管子暗敷应采取必要的技术措施；

③钢模板施工的现浇剪力墙、现浇板、梁、柱的暗管配置的施工难度比较大，应根据具体情况，具体分析后处理；

④轻钢龙骨吊顶结构和轻钢龙骨隔墙，应注意线管穿过梁和从天棚下引到隔墙内的暗设问题，要事先熟悉建筑结构，掌握确切可靠的尺寸位置进行暗埋，关键是抓好图纸会审，并注意同土建的交叉配合。

（3）敷设在墙内、地坪内的线管应满足下列要求：

①对于混凝土地面，暗管应尽量不深入土层中，但当弯头不能被全部埋入时，可适当增加埋入深度；

②除有设计规定外，出地管口高度一般不宜低于 200 mm；

③敷设位置应尽量与主筋平行，不使钢筋受损，如重叠时，管路应在钢筋上面，或在上、下两层钢筋之间，以使管子不受较大的压力；

④木楼板下的管子，可敷设在楼板下面的搁条的上面，搁条上所开的管槽，应与管子外径相吻合。

（4）潮湿地方的管路应使用厚度在 2.5 mm 以上的线管，管接头处应以铅油、麻丝缠绕，以增强严密性。

（5）对于引入配电箱的线管，管口要齐，由顶面或侧面引入座式箱柜的线管和由任何方向进入挂式箱、柜或类似座式、挂式箱柜的线管均应用锁母（纳子）或用焊接的方式与箱柜的壁进行固定。

（6）所有连接金属管的附件部位如接线盒、管接头（套管焊接除外）等处要用适当截面的圆钢或扁钢跨接焊接，以作良好接地。金属管引至设备的终端，应在穿线前焊好接地螺栓或接线鼻子，接跨接线截面的大小按规定处理。

3）塑料管的敷设

塑料管的敷设方式与电线管情况基本相同，可参考之。塑料管及其配件的选用应根据其特性进行,如变形、老化、煨弯和连接方式等。所选用的灯头盒、开关盒、接线盒及插座盒等均应采用塑料制品。如因工程规模小、数量少,采用塑料管敷设配铁盒时应加穿一根接地线。塑料管敷设要求如下。

(1)塑料管应存放于室内平直放置,不能受暴晒。塑料管运输加工和使用中,不得用金属工具敲打。塑料管路穿越墙壁或楼板时应加装金属套管,套管两端要伸出墙壁或楼板各10 mm。塑料管架空敷设所用的支吊架应刷防腐漆,支架间距一般为管径50 mm及以下者不大于1.5 m,管径50 mm以上者不得大于2 m。管接头不应设在支架上,应设在距支架约0.5 m处。

(2)明敷塑料管应排列整齐,固定点的间距应均匀,管卡与终端转弯端点、电气器具或接线盒边缘的距离为150~500 mm;中间的管卡最大距离应符合规定。塑料管的线膨胀系数较大,在直线管及室外管路应每15 m加装伸缩补偿装置。塑料管应尽量不与热力管道靠近,必须靠近时(如位置限制)其间隔距离不应低于300 mm,当两种管道平行敷设时,应加装隔热板。

(3)塑料管适用于一般民用建筑的照明工程暗敷设,不得在高温场所和顶棚内敷设。塑料管在制造时已加了阻燃剂,是不延燃的。目前采用的轻钢龙骨吊顶结构,其天棚粘贴石膏板,防火性能较好,这类结构的吊天棚内也可以采用塑料管。

(4)塑料电线管应使用套管粘接法连接,管的长度不应小于连接管外径的2倍,接口处应用胶合剂粘接牢固。塑料电线管的弯曲半径不应小于管外径的6倍。敷设塑料电线管宜减少弯曲,当线路直线段的长度超过15 m或直角弯超过3个时,均应装接线盒。

(5)塑料电线管敷设在现场浇注的混凝土结构中时,应有预防机械损伤的措施。

3. 绝缘导线的瓷夹板、瓷柱、瓷瓶敷设

(1)瓷夹板、瓷柱、瓷瓶配线只适用于室内外的明配线。敷设的导线应平直,无松弛现象;导线在转弯处不应有急弯和损伤。

(2)当两根导线相互交叉时,应将其中靠近建筑物的那段线的每根导线穿入绝缘管内。绝缘导线的绑扎线应有保护层,绑扎时不得损伤导线的绝缘层。

(3)导线在转弯、分支和进入电气设备处,均应装设支持件固定。支持件与转弯端点、分支点和电气设备边缘的距离:瓷夹板配线为40~60 mm,瓷柱配线为60~100 mm。

(4)室内绝缘导线与建筑物表面的最小距离:瓷夹板配线应不小于5 mm,瓷柱和瓷瓶配线应不小于10 mm。

(5)绝缘导线沿室内墙壁、顶棚敷设时,应符合规定要求。

(6)室外配线跨越人行道时,导线距地面的高度不应低于3.5 m;跨越通车道时,不应低于6 m。

(7)绝缘子安装前必须擦洗干净,除去毛刺,不得使用破裂的绝缘子。绝缘子安装必须牢固,瓷夹和瓷珠等应用木螺丝直接固定,木螺丝的拧入长度不得小于12 mm。当固定在钢

结构上时，应采用支架并以螺栓固定。

（8）导线在瓷瓶上固定时，应采用绑线绑扎。

4. 绝缘导线的塑料槽板敷设

塑料槽板配线是把绝缘导线安装在塑料槽板的线槽内，外面加塑料盖板把导线盖上。塑料槽板配线比瓷夹配线整齐、美观，比钢管配线成本低，但缺点是塑料线槽容易变形或开裂。

1）敷设方法

Ⅰ. 定位、划线

塑料槽板配线的定位、划线可以参照瓷夹配线方法。选好线路路径后，根据每段槽板的长度，测定槽底板固定的位置，先测每段槽板两端的固定点，后按两固定点间的距离以不超过 500 mm 均匀地确定中间固定点。

Ⅱ. 塑料槽板的安装

首先将塑料槽板中弯曲的与平直的分开，将平直的用在明显处，弯曲的用在隐避处。

（1）底板拼接时，线槽不可错位，拼接要紧密，安装紧贴墙面。在直线段对接时，塑料槽板可以直接对接。

（2）线路在同一平面上转弯时，底板和盖板的端头要削 45° 斜角进行斜接。

（3）线路从一个平面转向另一个平面的，有两种转折方向，即向内转折和向外转折。向内转折时，转折处的塑料槽板槽底、盖板均虚切成“V”形口；向外转折时，转折处的塑料槽板槽底、盖板均虚切成倒“V”形口。缺口的顶端应留 2 mm 左右，留得多，造成弯折困难；留得少，弯折时容易断裂。

（4）当线路转角是直角时，只要开一个 90° 缺口即可；当转角是圆弧时，则需按弧度的大小开多个缺口，但每个缺口的角度可小些。具体角度的大小要根据转角的角度和缺口的多少而定。

（5）导线分支时，需作“T”形拼接，其拼接点应将横装槽板的筋铲平，便于导线通过。

（6）塑料槽板内的导线不允许有接头。

（7）线路进入各种木台时，塑料槽板应伸入木台 10 mm 左右，并将木台与塑料槽板衔接的一边，按塑料槽板伸入所需面积开出缺口，以利于安装时紧密配合。

（8）塑料槽板在终端处的安装方法是将盖板按槽斜度折复固定。

2）塑料槽板配线的技术要求

（1）槽板宜敷设于较隐蔽处，应紧贴于建筑物表面，排列整齐。

（2）槽板在敷设时，盖板的接口与底板的接口应错开，并不小于 20 mm。

（3）一条槽板应在其内敷设同一回路的导线，在宽槽内敷设同一相位的导线。

（4）塑料槽板与各种电气设备的底座连接时，导线应留有余量，底座应压住槽板头。

【知识加油站】

城市轨道交通供电系统常用电力电缆

城市轨道交通供电系统地处城市的中心，其所用电缆越来越多地倾向于交联聚乙烯（Cross-Linked Polyethylene，XLPE）绝缘电力电缆，其等级包括交流0.4 kV、10 kV、35 kV、110 kV等，此外还有直流1 500 V、750 V。由于轨道交通电缆使用场合的特殊性，电缆必须具备清洁环保、阻燃、防水、防紫外线、防鼠蚁噬咬等特性。

为了保证可靠安全运行，城市轨道交通供电系统对电力电缆的基本要求如下：

（1）地下环境的高压电缆采用低压、低卤、A类阻燃电缆，采用钢带内铠装外护套；

（2）低压电缆采用低烟、低卤、A类阻燃电缆；

（3）在火灾时仍需供电的电缆采用铜芯耐火型电缆；

（4）城市轨道交通供电系统控制信号电缆选用屏蔽电缆；

（5）聚氯乙烯（Polyvinyl Chloride，PVC）绝缘电缆一般用于高架或地面线路，交联聚氯乙烯绝缘电力电缆通常用于地铁。

【课后练习】

（1）建筑供配电中使用封闭母线有何优点？

（2）母线槽分为哪些种类？

（3）什么是电气竖井？它由哪些因素确定？有哪些要求？

（4）封闭母线的敷设形式有哪些？

（5）电力电缆敷设前要做哪些准备？

（6）电力电缆有哪几种敷设方式？

（7）什么是绝缘导线的明敷设、暗敷设？

（8）绝缘导线的管敷设有几种？各有什么要求？

（9）架空电力线路由哪些设备组成？各是什么？

【知识跟进】

（1）查阅相关资料，了解低压配电线路导线敷设的表示符号。

（2）了解架空电力线路的施工有哪些步骤？

（3）敷设低压架空接户线有哪些注意事项？

学习单元5

供配电系统安全技术

任务1　了解电气安全基本知识

【任务目标】

（1）掌握安全电流和安全电压。

（2）掌握直接触电防护和间接触电防护。

【知识储备】

5.1.1　触电对人体的危害

人体也是导体，当人体不同部位接触不同电位时，就会有电流流过人体，这就是触电。人体触电可分为两种情况：一种是雷击和高压触电，较高安培数量级的电流通过人体所产生的热效应、化学效应和机械效应将使人的机体遭受严重的电灼伤、组织炭化坏死以及其他难以恢复的永久性伤害；另一种是低压触电，在数十至数百毫安电流的作用下，人的机体会产生病理生理性反应，轻的有针刺痛感，或出现痉挛、血压升高、心律不齐，以致昏迷等暂时性的功能失常，严重的可引起呼吸停止、心搏骤停、心室纤维性颤动等。

5.1.2 安全电流和安全电压

5.1.2.1 安全电流

安全电流是人体触电后最大的摆脱电流。我国规定安全电流为 30 mA（50 Hz 交流），触电时间不超过 1 s，因此安全电流值也称为 30 mA·s。当通过人体的电流不超过 30 mA·s 时，对人的机体不会有损伤，不致引起心室纤维性颤动、心脏停搏或呼吸中枢麻痹。如果通过人体的电流达到 50 mA·s，则对人就有致命危险，而达到 100 mA·s 时，一般会致人死亡。

安全电流主要与下列因素有关。

（1）触电时间。触电时间在 0.2 s 以下或 0.2 s 以上，电流对人体的危害程度有很大的差别。触电时间超过 0.2 s，致颤电流值将急剧降低。

（2）电流性质。实验表明，直流、交流和高频电流通过人体时对人体的危害程度是不一样的，50~60 Hz 的工频电流对人体的危害最为严重。

（3）电流路径。电流对人体的危害程度主要取决于心脏的受损程度。实验表明，不同路径的电流对心脏的损害程度不同，而以电流从手到脚特别是从手到胸对人体的危害最为严重。

（4）体重和健康状况。健康人的心脏和衰弱、患病人的心脏对电流的抵抗能力是不同的。人的心理、情绪以及人的体重等也会影响电流对人体的危害。

5.1.2.2 安全电压

安全电压就是不会使人直接致死或致残的电压。我国国家标准《特低电压（ELV）限值》（GB/T 3805—2008）规定的安全电压等级见表 5-1-1。

表 5-1-1 安全电压

安全电压（交流有效值）/V		选用举例
额定值	空载上限值	
42	50	在有触电危险的场所使用的手持式电动工具等
36	43	在矿井、多导电粉尘等场所使用的行灯等
24	29	可供某些具有人体可能偶然触及带电体的设备选用
12	15	
6	8	

从电气安全的角度来说，安全电压与人体电阻有关。人体电阻一般为 1 700 Ω。因此，从触电安全角度考虑，人体允许持续接触的安全电压为 $U_{saf}=30\times10^{-3}\times1\,700\approx50$ V。

此处的 50 V（50 Hz）交流有效值称为一般正常环境条件下允许持续接触的“安全特低电压”。

5.1.3 直接触电防护和间接触电防护

根据人体触电的情况，可将触电防护分为直接触电防护和间接触电防护两类。

（1）直接触电防护是指对直接接触正常带电部分的防护，例如对带电导体加隔离栅栏或保护罩等。

（2）间接触电防护是指对故障时可带危险电压而正常时不带电的外露可导电部分（如金属外壳、框架等）的防护，例如将正常不带电的外露可导电部分接地，并装设接地保护等。

任务2 了解过电压与防雷

【任务目标】

（1）掌握过电压的形式。

（2）掌握防雷装置的组成。

【知识储备】

5.2.1 过电压的形式

过电压是指在电气设备或线路上出现的超过正常工作要求，并对其绝缘构成威胁的电压。过电压按其发生的原因可分为两大类，即内部过电压和雷电过电压。

5,2.1.1 内部过电压

内部过电压是由于电力系统本身的开关操作、发生故障或其他原因使系统的工作状态突然改变，从而在系统内部出现电磁能量的转化或传递所引起的电压升高。

内部过电压又分为操作过电压和谐振过电压等形式。操作过电压是由于系统中的开关操作、负荷骤变或由于故障出现断续性电弧而引起的过电压。谐振过电压是由于系统中的电路参数（R、L、C）在特定组合时发生谐振而引起的过电压。内部过电压的能量来源于电网本身。经验表明，内部过电压一般不会超过系统正常运行时额定电压的3~3.5倍，对线路和电气设备的威胁不是很大。

5.1.2.2 雷电过电压

雷电过电压又称为大气过电压，它是由于电力系统内的设备或建筑物遭受直接雷击或雷电感应而产生的过电压。由于引起这种过电压的能量来源于外界，因此又称为外部过电压。雷电过电压产生的雷电冲击波，电压幅值可高达上亿伏，电流幅值可高达几十万安，因此对电力系统危害极大，必须采取有效措施加以防护。

雷电过电压的基本形式有三种。

1. 直击雷过电压

雷电直接击中电气设备、线路或建筑物时，强大的雷电流通过该物体泄入大地，在该物体上会产生较高的电位降，这种雷电过电压称为直击雷过电压。雷电流通过被击物体时，将产生有破坏作用的热效应和机械效应，相伴的还有电磁效应和对附近物体的闪络放电（称为雷电反击或二次雷击）。

2. 感应过电压

当雷云在架空线路（或其他物体）上方时，会使架空线路上感应出异性电荷。雷云对其他物体放电后，架空线路上的电荷被释放，形成自由电荷并流向线路两端，将会产生很高的过电压。高压架空线路上的感应过电压可达几十万伏，低压线路上可达几万伏。

3. 雷电波侵入

由于直击雷或感应雷而产生的高电位雷电波沿架空线路或金属管道侵入变配电所或用户，因而会造成危害。据统计，供电系统中由于雷电波侵入而造成的雷害事故在整个雷害事故中占 50% 以上。因此，对雷电波侵入的防护问题应予以足够的重视。

5.2.2　防雷设备

一个完整的防雷设备一般由接闪器或避雷器、引下线和接地装置三部分组成。而防雷的主要功能是由接闪器或避雷器完成的，下面对其展开介绍。

5.2.2.1　接闪器

接闪器就是专门用来接受直接雷击的金属物体。接闪器的金属杆称为避雷针；接闪器的金属线称为避雷线或架空地线；接闪器的金属带、金属网分别称为避雷带、避雷网。所有接闪器都必须经过引下线与接地装置相连。它们都是利用其高出被保护物的突出部位，把雷电引向自身，然后通过引下线和接地装置把雷电流泄入大地，使被保护的线路、设备和建筑物免受雷击。

1. 避雷针

避雷针的功能实质上是引雷。由于避雷针高出被保护物，又与大地相连，当雷云先导放电接近地面时，它与雷云之间的电场强度最大，因而可将雷云放电的通路吸引到避雷针本身，并经引下线和接地装置将雷电流安全地泄放到大地中去，使被保护物免受直接雷击。所以，避雷针实质上是引雷针，它把雷电波引入地下，从而保护了线路、设备及建筑物等。

避雷针一般由镀锌圆钢或镀锌焊接钢管制成。它通常安装在构架、支柱或建筑物上，其下端经引下线与接地装置焊接。避雷针的保护范围以其能防护直击雷的空间来表示，按新颁布的国家标准采用“滚球法”确定。所谓“滚球法”，就是选择一个半径为 h_r（滚球半径）的球体，沿需要防护直击雷的部分滚动，如果球体只触及接闪器或者接闪器和地面，而不触及需要保护的部位，则该部位就在这个接闪器的保护范围之内。滚球半径是按建筑物的防

雷类别确定的，见表 5-2-1。

表 5-2-1　各类防雷建筑物的滚球半径和避雷网尺寸

建筑物防雷类别	滚球半径 h_r/m	避雷网格尺寸 /（m×m）
第一类防雷建筑物	30	≤5×5 或 6×4
第二类防雷建筑物	45	≤10×10 或 12×8
第三类防雷建筑物	60	≤20×20 或 24×16

单支避雷针的保护范围如图 5-2-1 所示，可通过下列方法来确定。

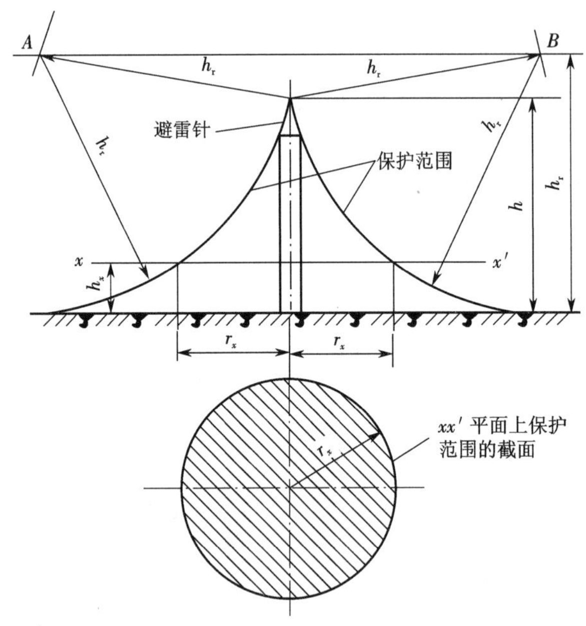

图 5-2-1　单支避雷针的保护范围

（1）当避雷针高度 $h \leqslant h_r$ 时：

①在距地面 h_r 处作一平行于地面的平行线；

②以避雷针的针尖为圆心、h_r 为半径，作弧线交平行线于 A、B 两点；

③以 A、B 为圆心，h_r 为半径作弧线，该弧线与针尖相交，并与地面相切，由此弧线起到地面止的整个锥形空间就是避雷针的保护范围。

避雷针在被保护物高度 h_x 的 xx' 平面上的保护半径 r_x 由下式来计算：

$$r_x = \sqrt{h(2h_r - h)} - \sqrt{h_x(2h_r - h_x)} \qquad (5\text{-}2\text{-}1)$$

式中　h_r——滚球半径，其值按表 5-2-1 确定。

（2）当避雷针高度 $h>h_r$ 时，在避雷针上取高度 h_r 处的一点代替避雷针的针尖作为圆心。其余做法同 $h \leqslant h_r$ 时的情况。

【例 5-2-1】 某厂一座高 30 m 的水塔边建有一个水泵房(属第三类防雷建筑物),尺寸如图 5-2-2 所示,水塔上安装一支高 2 m 的避雷针。试问此避雷针能否保护水泵房。

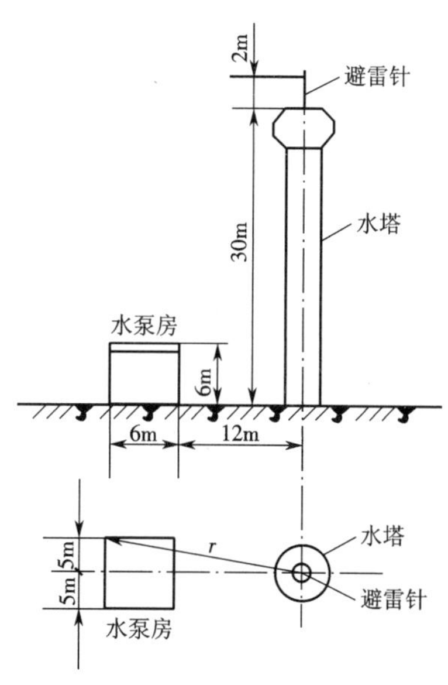

图 5-2-2 避雷针的保护范围

解 查表 5-2-1 可得,滚球半径 h_r=60 m,而避雷针的高度 h = 30+2=32 m, h_x = 6 m,根据式(5-2-1)可得避雷针的保护半径为

$$r_x = \sqrt{32\times(2\times60-32)} - \sqrt{6\times(2\times60-6)} = 26.9\ \text{m}$$

水泵房在 h_x=6 m 高度上最远屋角距离避雷针的水平距离为

$$r = \sqrt{(12+6)^2+5^2} = 18.7\ \text{m} < r_x$$

由此可见,水塔上的避雷针能保护水泵房。

2. 避雷线

避雷线架设在架空线路的上方,用来保护架空线路或其他物体(包括建筑物)免遭直接雷击。由于避雷线既架空又接地,因此又称为架空地线。避雷线的原理和功能与避雷针基本相同。

3. 避雷带和避雷网

避雷带和避雷网普遍用来保护较高的建筑物免受雷击。避雷带一般沿屋顶周围装设,高出屋面 100~150 mm,支持卡间距 1~1.5 m。装在烟囱、水塔顶部的环状避雷带又被称为避雷环。避雷网除沿屋顶周围装设外,需要时还可在屋顶上用圆钢或扁钢纵横连接成网。避雷带和避雷网必须经引下线与接地装置可靠连接。

5.2.2.2 避雷器

避雷器用来防止雷电所产生的大气过电压沿架空线路侵入变电所或其他建筑物,以免危及被保护设备的绝缘。避雷器应与被保护设备并联,装在被保护设备的电源侧,如图

5-2-3 所示，其放电电压低于被保护设备的绝缘耐压值。当线路上出现危及设备绝缘的雷电过电压时，避雷器的火花间隙被击穿，使过电压对地放电，从而保护设备的绝缘。

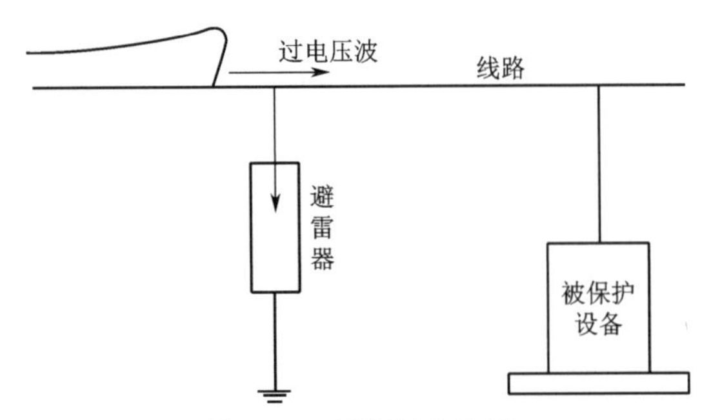

图 5-2-3　避雷器的连接

避雷器的类型主要有管型、阀型和金属氧化物避雷器等。

1. 管型避雷器

管型避雷器主要由产气管、内部间隙和外部间隙组成，其结构如图 5-2-4 所示。当线路上遭到雷击或感应雷时，雷电过电压使管型避雷器的内部间隙 s_1 与外部间隙 s_2 击穿，强大的雷电流通过接地装置泄入大地，将过电压限制在避雷器的放电电压值以内。由于避雷器放电时内阻接近于零，因此其残压极小，但工频续流极大。雷电流和工频续流使产气管内部间隙产生强烈电弧，在电弧高温作用下，管内壁材料燃烧并产生大量灭弧气体，灭弧腔内压力急剧增大，高压气体从喷口喷出，产生强烈的吹弧作用，使电弧熄灭。这时外部间隙的空气恢复绝缘，使避雷器与系统隔离，恢复正常运行状态，电力网正常供电。

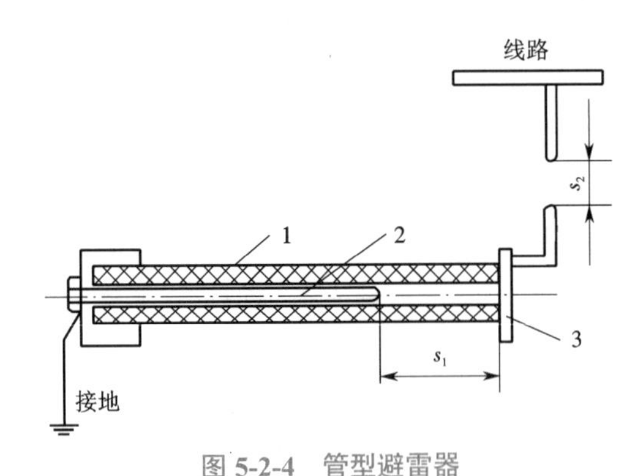

图 5-2-4　管型避雷器

1—产气管；2—内部电极；3—外部电极；s_1—内部间隙；s_2—外部间隙

管型避雷器主要用于变配电所的进线保护和线路绝缘薄弱点的保护。保护性能较好的管型避雷器可用于保护配电变压器。

2. 阀型避雷器

阀型避雷器主要由火花间隙和阀片组成，二者均装在密封的磁套管内。阀型避雷器的

火花间隙组是由多个单间隙串联组成的。正常运行时,间隙介质处于绝缘状态,仅有极小的泄漏电流通过阀片。当系统出现雷电过电压时,火花间隙很快被击穿,雷电冲击电流很容易通过阀性电阻而泄入大地,释放过电压负荷,阀片在大的雷电冲击电流下其电阻由高变低,所以雷电冲击电流在阀片上产生的压降(残压)较低。此时,作用在被保护设备上的电压只是避雷器的残压,从而使电气设备得到保护。高、低压阀型避雷器的外形结构如图 5-2-5 所示。

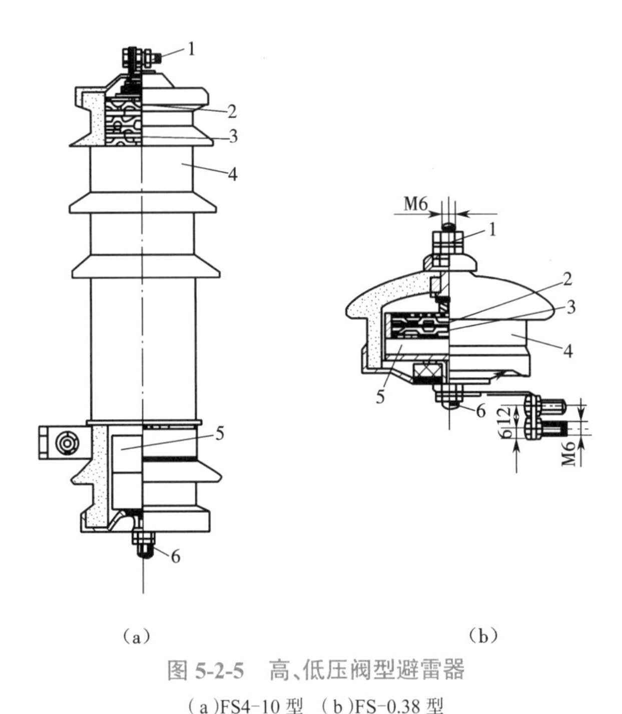

图 5-2-5 高、低压阀型避雷器

(a)FS4-10 型 (b)FS-0.38 型

1—上接线端;2—火花间隙;3—云母垫片;4—瓷套管;5—阀片;6—下接线端

阀型避雷器广泛应用于交直流系统中,保护变配电所设备的绝缘。

3. 金属氧化物避雷器

金属氧化物避雷器是以氧化锌电阻片为主要元件的一种新型避雷器。它分为有火花间隙和无火花间隙两种。无火花间隙的金属氧化物避雷器,其瓷套管内的阀电阻片是由氧化锌等金属氧化物烧结而成的多晶半导体陶瓷元件,具有理想的伏安特性。在工频电压下,阀电阻片具有极大的电阻,能迅速有效地阻断工频电流,因此不需要火花间隙来熄灭由工频续流引起的电弧;在雷电过电压的作用下,阀电阻片的电阻变得很小,能很好地泄放雷电流。有火花间隙的金属氧化物避雷器与前述的阀型避雷器类似,只是普通阀型避雷器采用的是碳化硅阀电阻片,而这种金属氧化物避雷器采用的是氧化锌电阻片,其非线性更优异,有取代碳化硅阀型避雷器的趋势。目前,金属氧化物避雷器广泛应用于高、低压设备的防雷保护。Y5W 型无间隙金属氧化物避雷器的外形结构如图 5-2-6 所示。

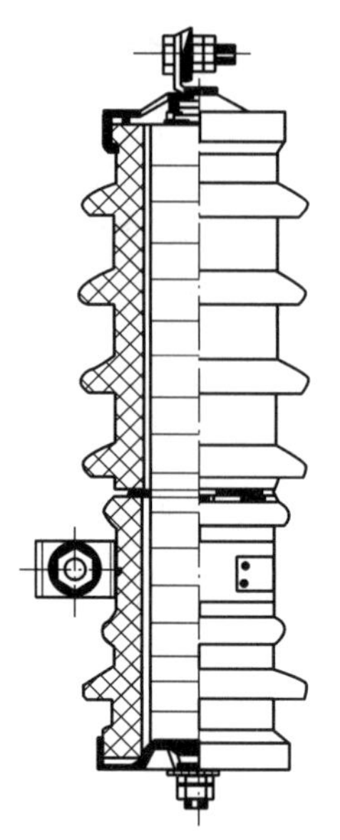

图 5-2-6　Y5W 型无间隙金属氧化物避雷器

5.2.3　防雷措施

5.2.3.1　架空线的防雷保护

（1）架设避雷线是架空线防雷的有效措施，但造价高，因此只在 66 kV 及以上的架空线路上才全线装设。对于 35 kV 的架空线路，一般只在进出变配电所的一段线路上装设避雷线。而对于 10 kV 及以下的线路，则一般不装设避雷线。

（2）提高线路本身的绝缘水平。在架空线路上，可采用木横担、瓷横担或高一级电压的绝缘子，以提高线路的防雷水平，这是 10 kV 及以下架空线路防雷的基本措施。

（3）利用三角形排列的顶线兼作防雷保护线。由于 3~10 kV 的线路是中性点不接地系统，因此可在三角形排列的顶线绝缘子上装设保护间隙。在出现雷压时，顶线绝缘子上的保护间隙被击穿，通过其接地引下线对地泄放雷电流，从而保护下面的两根导线，也不会引起线路断路器跳闸。

（4）尽量装设自动重合闸装置。线路在发生雷击闪络时之所以跳闸，是因为闪络造成的电弧形成了短路。当线路断开后，电弧将熄灭，而把线路再接通时，一般电弧不会重燃，因此重合闸能缩短停电时间。

（5）装设避雷器和保护间隙来保护线路上个别绝缘薄弱地点，包括个别特别高的杆塔、带拉线的杆塔、跨越杆塔、分支杆塔、转角杆塔以及木杆线路中的金属杆塔等处。

对于低压（220 / 380 V）架空线路的保护一般可采取如下措施。

（1）在多雷地区，当变压器采用 Y，yn0 接线时，应在低压侧装设阀型避雷器或保护间隙。当变压器低压侧中性点不接地时，应在其中性点装设击穿保险器。

(2)对于重要用户,应在低压线路进入室内前 50 m 处安装一组低压避雷器,进入室内后再安装一组低压避雷器。

(3)对于一般用户,可在低压进线第一支持物处装设低压避雷器或击穿保险器。

5.2.3.2 变配电所的防雷保护

(1)变配电所防直击雷保护。装设避雷针可保护整个变配电所建筑物免遭直击雷。避雷针可以单独立杆,也可利用户外配电装置的构架。

(2)变配电所进线防雷保护。35 kV 电力线路一般不采用全线装设避雷线来防直击雷,但为防止变电所附近线路在受到雷击时,雷电压沿线路侵入变电所内损坏设备,需在进线 1~2 km 段内装设避雷线,使该段线路免遭直接雷击。为使避雷线保护段以外的线路在受到雷击时侵入变电所内的过电压有所限制,一般可在避雷线两端处的线路上装设管型避雷器。进线防雷保护的接线方式如图 5-2-7 所示。当保护段以外的线路受到雷击时,雷电波到管型避雷器 F1 处即对地放电,降低雷电过电压值。管型避雷器 F2 的作用是防止雷电波侵入而在断开的断路器 QF 处产生过电压并击毁断路器。

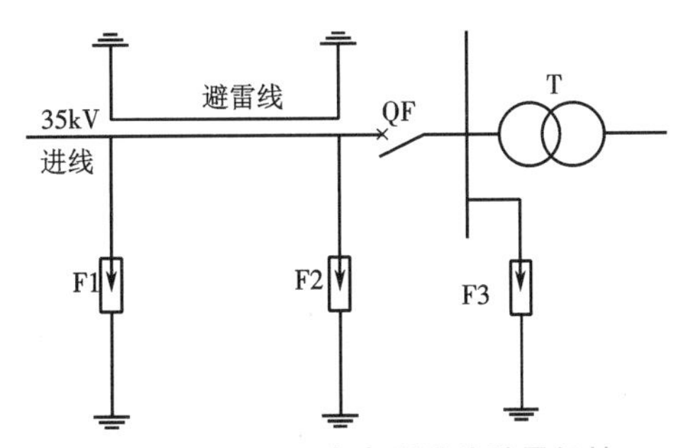

图 5-2-7 35 kV 变电所进线防雷保护

F1、F2—管型避雷器;F3—阀型避雷器

3~10 kV 配电线路的进线防雷保护可以在每路进线终端装设 FZ 型或 FS 型阀型避雷器,以保护线路断路器及隔离开关,如图 5-2-8 中的 F1、F2。如果进线是电缆引入的架空线路,则应在架空线路终端靠近电缆头处装设避雷器,其接地端与电缆头外壳相连后接地。

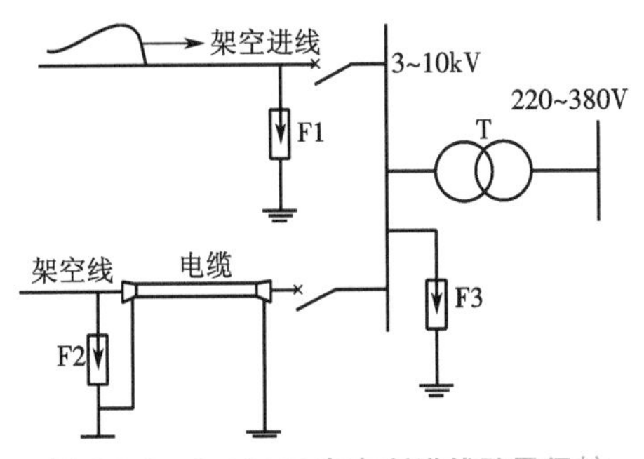

图 5-2-8 3~10 kV 变电所进线防雷保护

F1、F2、F3—阀型避雷器

（3）配电装置防雷保护。为防止雷电波沿高压线路侵入变配电所而对变配电所内设备造成危害，特别是价值最高但绝缘相对薄弱的电力变压器，在变配电所每段母线上都装设一组阀型避雷器，并应尽量靠近变压器，距离一般不应大于 5 m，如图 5-2-7 和图 5-2-8 中的 F3。避雷器的接地线应与变压器低压侧接地中性点及金属外壳连在一起接地，如图 5-2-9 所示。

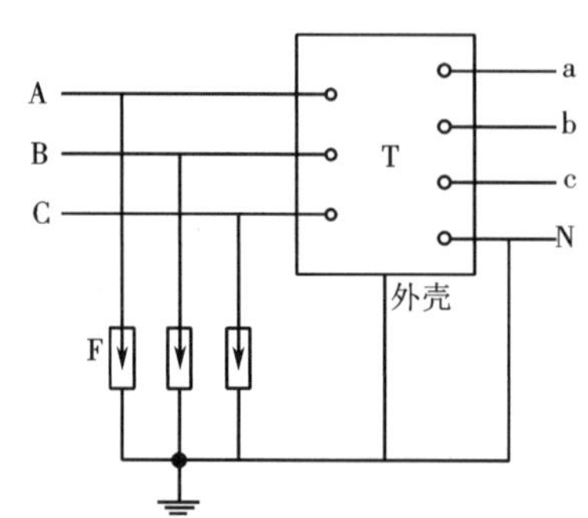

图 5-2-9　电力变压器的防雷保护及其接地系统

T—电力变压器；F—阀型避雷器

5.2.3.3　高压电动机的防雷保护

工厂企业的高压电动机一般从厂区 6~10 kV 高压配电网直接受电。高压电动机对雷电波侵入的防雷保护不能采用普通的阀型避雷器，应采用 FCD 型磁吹阀型避雷器或具有串联间隙的金属氧化物避雷器。

对于定子绕组中性点不能引出的高压电动机，为了降低侵入电动机的雷电波陡度，减轻危害，可采用如图 5-2-10 所示的接线，即在电动机前面加一段 100~150 m 的引入电缆，并在电缆前的电缆头处安装一组管型或普通阀型避雷器，而在电动机电源端（母线上）安装一组并联有电容器的磁吹阀型避雷器，这样可以提高防雷效果。

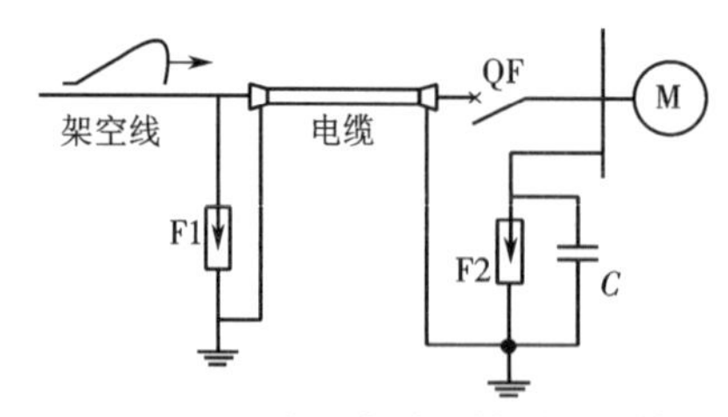

图 5-2-10　高压电动机的防雷保护

F1—管型或普通阀型避雷器；F2—磁吹阀型避雷器

5.2.3.4　建筑物的防雷保护

根据发生雷电事故的可能性和后果，建筑物可分为三类。第一类防雷建筑物是制造、使用或储存爆炸物质，电火花会引起爆炸而造成巨大破坏和人身伤亡的建筑物；第二类防雷建筑物是制造、使用或储存爆炸物质，电火花不易引起爆炸或不致造成巨大破坏和人身伤亡的

建筑物;第三类防雷建筑物是除第一、二类防雷建筑物以外的存在爆炸、火灾危险的场所,如年预计雷击次数大于 0.06 的一般工业建筑物,年预计雷击次数为 0.06~0.3 的一般性民用建筑物以及高度为 15~20 m 以上的孤立高耸的建筑物(如烟囱、水塔)。

第一类防雷建筑物和第二类防雷建筑物中有爆炸危险的场所,应有防直击雷、防感应雷和防雷电波侵入的措施。

第二类防雷建筑物(有爆炸危险的除外)及第三类防雷建筑物应有防直击雷和防雷电波侵入的措施。对建筑物屋顶易受雷击的部位应装设避雷针或避雷带(网)进行直击雷防护。屋顶上装设的避雷带(网)一般应经 2 根引下线与接地装置相连。为防直击雷或感应雷沿低压架空线侵入建筑物,使人和设备遭受损失,一般应将入户处或进户线电杆的绝缘子铁脚接地,其接地电阻应不大于 30 Ω,入户处的接地应和电气设备的保护接地装置相连。

任务3　了解供配电系统的接地

【任务目标】

(1)掌握接地装置的作用。

(2)了解接地电压和跨步电压。

【知识储备】

5.3.1　接地的作用及概念

接地的主要作用有两种:一种是保证电力系统和用电设备能够正常工作;另一种是保障设备及人身安全,防止间接触电事故的发生。

5.3.1.1　接地和接地装置

电气设备的某部分与土壤之间作良好的电气连接,称为接地。埋入地中与土壤直接接触的金属物体,称为接地体或接地极。专门为接地而人为装设的接地体称为人工接地体。兼作接地体并直接与大地接触的各种金属构件、金属管道及建筑物的钢筋混凝土基础等,称为自然接地体。连接接地体与设备接地部分的导线,称为接地线。接地线和接地体合称为接地装置。由若干接地体在大地中互相连接而组成的总体,称为接地网。接地网中的接地线又可分为接地干线和接地支线,如图 5-3-1 所示。按规定,接地干线应采用不少于两根导线在不同地点与接地网连接。

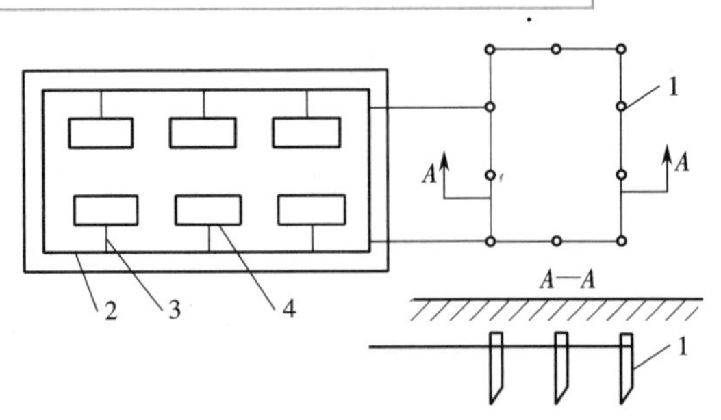

图 5-3-1　接地网示意图

1—接地体；2—接地干线；3—接地支线；4—设备

5.3.1.2　接地电流和对地电压

当电气设备发生接地故障时，电流就通过接地体向大地作半球形散开，该电流称为接地电流，用 I_E 表示。由于在距接地体越远的地方球面越大，因此距接地体越远的地方散流电阻越小，其电位分布曲线如图 5-3-2 所示。

实验证明，在距单根接地体或接地故障点 20 m 左右的地方，实际上散流电阻已趋于零，也就是说，这里的电位已趋近于零。此处电位为零的地方称为电气上的"地"或"大地"。电气设备的接地部分（如接地的外壳和接地体等）与零电位的"大地"之间的电位差就称为接地部分的对地电压，如图 5-3-2 中的 U_E。

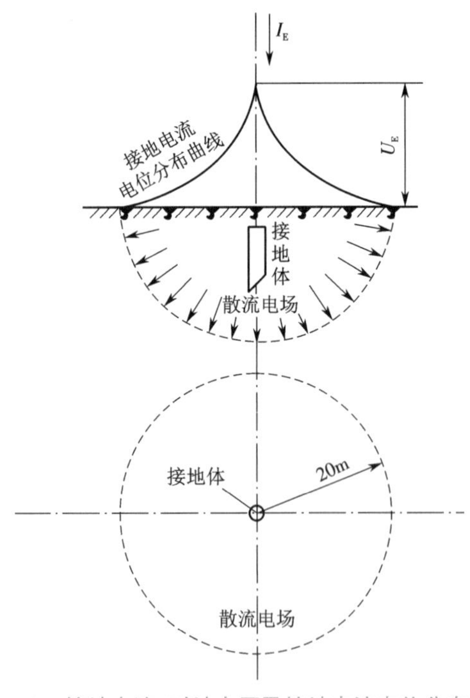

图 5-3-2　接地电流、对地电压及接地电流电位分布曲线

5.3.1.3　接触电压和跨步电压

人站在发生接地故障的设备旁边，手触及设备的外露可导电部分，此时人所接触的两点（如手与脚）之间所呈现的电位差称为接触电压 U_{tou}；人在接地故障点周围行走，两脚之间所呈现的电位差称为跨步电压 U_{step}，如图 5-3-3 所示。跨步电压的大小与离接地点的远近及跨步的长短有关，越靠近接地点，跨步越长，则跨步电压就越高，一般离接地点达 20 m 时，跨步电压为零。

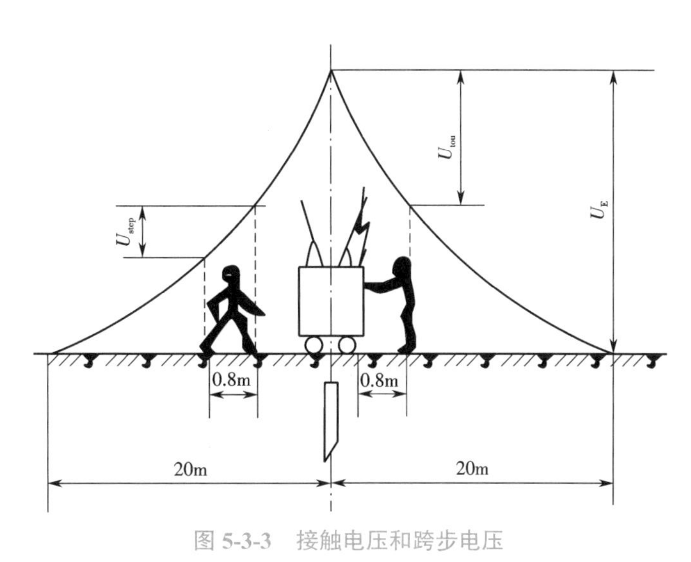

图 5-3-3　接触电压和跨步电压

5.3.2　接地的类型

供配电系统和电气设备的接地按其功能可分为工作接地、保护接地和重复接地三大类。

5.3.2.1　工作接地

工作接地是为保证电力系统和电气设备达到正常工作要求而进行的一种接地，例如电源中性点的接地、防雷装置的接地等。

5.3.2.2　保护接地

由于绝缘受到损坏，因此在正常情况下不带电的电力设备外壳有可能带电。为了保障人身安全，将电力设备在正常情况下不带电的外壳与接地体之间作良好的金属连接，这种连接即称为保护接地。低压配电系统按保护接地形式的不同可分为 TN 系统、TT 系统和 IT 系统。

1. TN 系统

TN 系统是电源中性点直接接地的三相四线制或五线制系统中的保护接地方式。系统引出中性线（N）、保护接地线（PE）或保护接地中性线（PEN）。在 TN 系统中，所有设备的外露可导电部分（正常时不带电）均接公共保护接地线（PE）或保护接地中性线（PEN）。TN 系统又分为以下三种。

1)TN-C 系统

TN-C 系统的 N 线与 PE 线合在一起成为 PEN 线,电气设备不带电金属部分与 PEN 线相连,如图 5-3-4(a)所示。该接线保护方式适用于三相负荷比较平衡且单相负荷不大的场所,在低压设备接地保护中使用相当普遍。

2)TN-S 系统

TN-S 系统配电线路 N 线与 PE 线分开,电气设备的金属外壳接在 PE 线上,如图 5-3-4(b)所示。在正常情况下, PE 线上没有电流流过,不会对接在 PE 线上的其他设备产生电磁干扰。这种系统适用于环境条件较差、对安全可靠性要求较高以及设备对电磁干扰要求较严的场所。

3)TN-C-S 系统

TN-C-S 系统是 TN-C 和 TN-S 系统的综合,电气设备大部分采用 TN-C 系统接线,在设备有特殊要求的场合,局部采用专设保护线接成 TN-S 形式,如图 5-3-4(c)所示。该系统兼有 TN-C 和 TN-S 系统的特点,常用于配电系统末端环境条件较差或有数据处理设备等的场所。

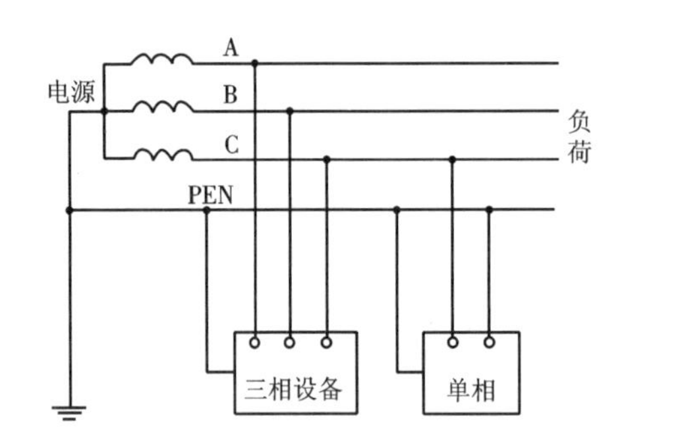

(a)

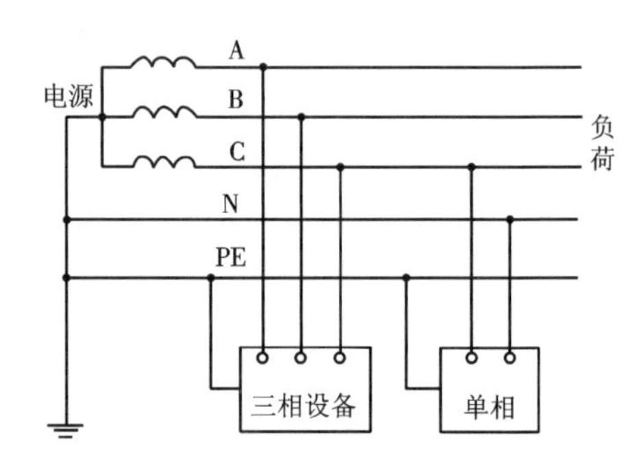

(b)

(c)

图 5-3-4 低压配电的 TN 系统

(a)TN-C 系统 (b)TN-S 系统 (c)TN-C-S 系统

在 TN 系统中,当某相相线因绝缘损坏而与电气设备外壳相碰时,将会形成单相短路电流。由于该回路内不包括任何接地电阻,因此整个回路的阻抗很小,故障电流很大,会在很

短的时间内引起熔断器熔断或自动开关跳闸而切断短路故障，从而起到保护作用。

在TN系统中，我国习惯上将设备外露可导电部分经配电系统中公共PE线或PEN线接地的形式称为“保护接零”。

2. TT系统

TT系统是中性点直接接地的三相四线制系统中的保护接地方式。配电系统的N线引出，但电气设备的不带电金属部分经各自的接地装置直接接地，与系统接地线不发生关系，如图5-3-5(a)所示。当设备发生一相接地故障时，就会通过保护接地装置形成单相短路电流 $I_k^{(1)}$(图5-3-5(b))。由于电源相电压为220 V，如按电源中性点工作接地电阻为4 Ω、保护接地电阻为4 Ω计算，则故障回路将产生27.5 A的电流。这么大的故障电流对于容量较小的电气设备而言，所选用的熔丝将会熔断或使自动开关跳闸，从而切断电源，保障人身安全。但是，对于容量较大的电气设备，因所选用的熔丝或自动开关的额定电流较大，所以不能保证切断电源，也就无法保障人身安全，这是保护接地方式的局限性。这种局限性可通过加装漏电保护开关来弥补，以完善保护接地的功能。

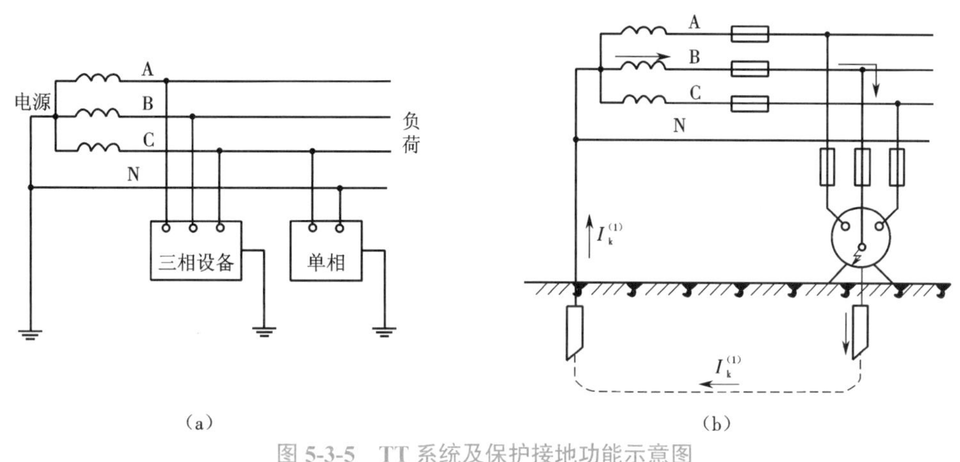

图5-3-5　TT系统及保护接地功能示意图

(a)TT系统　(b)单相接地故障

3. IT系统

IT系统是在中性点不接地或经1 kΩ阻抗接地的三相三线制系统中的保护接地方式，电气设备的不带电金属部分经各自的接地装置单独接地，如图5-3-6(a)所示。当电气设备因故障而使金属外壳带电时，接地电容电流分别经接地体和人体两条支路通过，如图5-3-6(b)所示。

由于人体电阻与接地电阻并联，且其阻值远大于接地电阻值，因此通过人体的故障电流远远小于流经接地电阻的电流，极大地降低了触电的危害程度。必须指出，在同一低压系统中，保护接地和保护接零不能混用。否则，当采取保护接地的设备发生故障时，危险电压将通过大地串至零线及采用保护接零的设备外壳上。

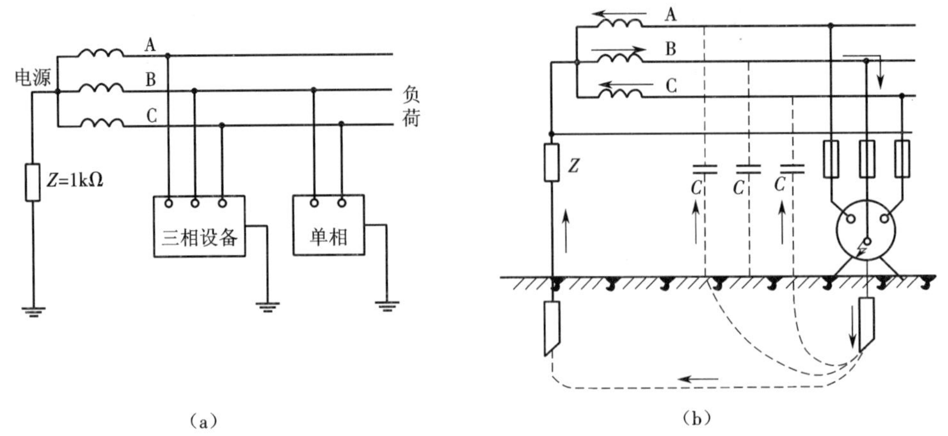

图 5-3-6　IT 系统及保护接地功能示意图

(a)IT 系统　(b)电气设备金属外壳带电

5.3.2.3　重复接地

在电源中性点直接接地系统中，为确保公共 PE 线或 PEN 线安全可靠，除在中性点进行工作接地外，还应在 PE 线或 PEN 线的下列地方进行重复接地。

(1)在架空线路终端及沿线每 1 km 处。

(2)电缆和架空线引入车间或大型建筑物处。如不重复接地，当 PE 线或 PEN 线断线且有设备发生单相接地故障时，接在断线后面的所有设备外露可导电部分都将呈现接近于相电压的对地电压，即 $U_E \approx U_\varphi$，这是很危险的，如图 5-3-7(a)所示。如进行重复接地，当发生同样故障时，断线后面的设备外露可导电部分的对地电压为 $U_E' = I_E R_E' \ll U_\varphi$，危险程度将大大降低，如图 5-3-7(b)所示。

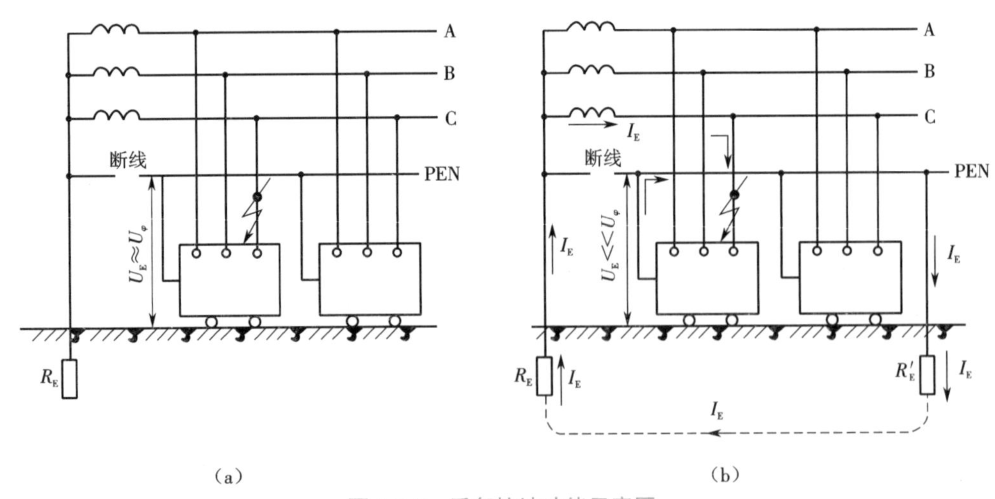

图 5-3-7　重复接地功能示意图

(a)没有重复接地的系统　(b)采用重复接地的系统

5.3.3　电气装置的接地与接地电阻的要求

5.3.3.1　电气装置的接地

根据我国国家标准规定,电气装置应接地的金属部位如下:

(1)电动机、变压器、电器、携带式或移动式用具等的金属底座和外壳;

(2)电气设备的传动装置;

(3)室内外装置的金属或钢筋混凝土构架以及靠近带电部分的金属遮栏和金属门;

(4)配电、控制、保护用的屏及操作台等的金属框架和底座;

(5)交、直流电力电缆的接头盒、终端头,膨胀器的金属外壳,电缆的金属保护层,可触及的电缆金属保护管和穿线的钢管;

(6)电缆桥架、支架和井架;

(7)装有避雷线的电力线路杆塔;

(8)装在配电线路杆上的电力设备;

(9)在非沥青地面的居民区内,无避雷线的小接地电流架空线路的金属杆塔和钢筋混凝土杆塔;

(10)电除尘器的构架;

(11)封闭母线的外壳及其他裸露的金属部分;

(12)六氟化硫封闭式组合电器和箱式变电站的金属箱体;

(13)电热设备的金属外壳;

(14)控制电缆的金属保护层。

5.3.3.2　接地电阻的要求

接地体与土壤之间的接触电阻以及土壤的电阻之和称为散流电阻。散流电阻加上接地体和接地线本身的电阻称为接地电阻。

对接地装置的接地电阻进行限定,实际上就是限制接触电压和跨步电压,保证人身安全。电力装置的工作接地电阻应满足以下要求。

(1)在电压为1 000 V以上的中性点接地系统中,电气设备应实行保护接地。由于系统中性点接地,因此当电气设备绝缘击穿而发生接地故障时,将形成单相短路,应由继电保护装置将故障部分切除。为确保可靠动作,此时接地电阻$R_E \leqslant 0.5\ \Omega$。

(2)在电压为1 000 V以上的中性点不接地系统中,由于系统中性点不接地,因此当电气设备因绝缘击穿而发生接地故障时,一般不跳闸而是发出接地信号。此时,电气设备外壳对地电压为$R_E \cdot I_E$(I_E为接地电容电流)。当这个接地装置单独用于1 000 V以上的电气设备时,为确保人身安全,取$R_E \cdot I_E$为250 V,同时还应满足设备本身对接地电阻的要求,即

$$R_E \leqslant 250/I_E$$

同时

$$R_E \leqslant 10\ \Omega \tag{5-3-1}$$

当这个接地装置与 1 000 V 以下的电气设备共用时，考虑到 1 000 V 以下设备具有分布广、安全要求高的特点，所以

$$R_E \leqslant 125 I_E \tag{5-3-2}$$

同时还应满足 1 000 V 以下设备本身对接地的要求。

（3）在电压为 1 000 V 以下的中性点不接地系统中，考虑到其对地电容通常都很小，因此规定 $R_E \leqslant 4\ \Omega$，即可保证安全。

对于总容量不超过 100 kV · A 的变压器或由发电机供电的小型供电系统，其接地电容电流更小，所以规定 $R_E \leqslant 10\ \Omega$。

（4）在电压为 1 000 V 以下的中性点接地系统中，电气设备实行保护接零。当电气设备发生接地故障时，由保护装置切除故障部分，但为了防止零线中断时产生危害，故仍要求有较小的接地电阻，规定 $R_E \leqslant 4\ \Omega$。同样，对总容量不超过 1 000 kV·A 的小系统可采用 $R_E \leqslant 10\ \Omega$。

5.3.4 接地电阻的装设

接地体是接地装置的主要部分，它的选择与装设是保证接地电阻符合要求的关键。

5.3.4.1 自然接地体

利用自然接地体不但可以节约钢材，节省施工费用，还可以降低接地电阻，因此有条件的应当优先利用自然接地体。经实地测量，可利用的自然接地体的接地电阻如果能满足要求，而且又满足热稳定条件，就不必再装设人工接地装置，否则应增加人工接地装置。凡是与大地有可靠而良好接触的设备或构件，大都可用作自然接地体，如：

（1）与大地有可靠连接的建筑物的钢结构、混凝土基础中的钢筋；

（2）敷设于地下而数量不少于两根的电缆金属外皮；

（3）敷设在地下的金属管道及热力管道，但不包括输送可燃性气体或液体（如煤气、石油）的金属管道。

利用自然接地体时，必须保证良好的电气连接。在建筑物钢结构结合处凡是用螺栓连接的，只有在采取焊接与加跨接线等措施后方可利用。

5.3.4.2 人工接地体

当自然接地体不能满足接地要求或无自然接地体时，应装设人工接地体。人工接地体大多采用钢管、角钢、圆钢和扁钢制作。一般情况下，人工接地体都采取垂直敷设，特殊情况下（如多岩石地区），可采取水平敷设。垂直敷设的接地体的材料常用直径 50 mm、长 2.5 m 的钢管，或者是截面尺寸为 40 mm × 40 mm × 4 mm~50 mm × 50 mm × 6 mm 的角钢。水平敷设的接地体常采用厚度不小于 4 mm、截面面积不小于 100 mm^2 的扁钢或直径不小于 10 mm 的圆钢，长度宜为 5~20 m。如果接地体敷设处土壤有较强的腐蚀性，则接地体应镀锌或镀锡并适当加大截面，不能采用涂漆或涂沥青的方法防腐。

5.3.4.3 变配电所和车间的接地装置的装设

由于单根接地体周围地面电位分布不均匀，在接地电流或接地电阻较大时，人容易受到

接触电压或跨步电压的威胁。因此，在变配电所及车间内应尽可能采用环路式接地装置，即在变配电所和车间建筑物四周，距墙脚 2~3 m 处打入一圈接地体，再用扁钢连成环路，如图 5-3-8 所示。这样，接地体间的散流电场将相互重叠而使地面上的电位分布较为均匀，因此跨步电压及接触电压就很低。当接地体之间的距离为接地体长度的 1~3 倍时，这种效应更明显。若接地区域范围较大，则可在环路式接地装置范围内，每隔 5~10 m 增设一条水平接地带作为均压连接线，该均压连接线还可用作接地干线，以使各被保护设备的接地线连接更为方便可靠。在经常有人出入的地方，应加装帽檐式均压带或采用高绝缘路面。

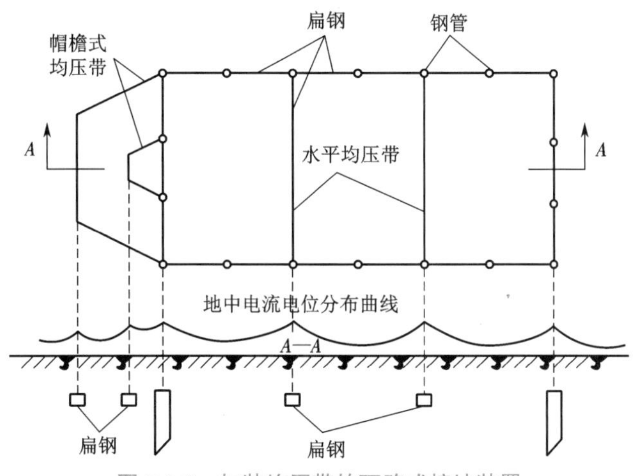

图 5-3-8　加装均压带的环路式接地装置

5.3.5　接地电阻的计算

5.3.5.1　工频接地电阻的计算

工频接地电流流经接地装置时所呈现的接地电阻，称为工频接地电阻，可按表 5-3-1 中的公式进行计算。

表 5-3-1　工频接地电阻的计算

接地体形式			计算公式	说明
人工接地体	垂直式	单根	$R_{E(1)} \approx \frac{\rho}{l}$	ρ 为土壤电阻率，Ω/m；l 为接地体长度，m
		多根	$R_E = \frac{R_{E(1)}}{n\eta_E}$	n 为垂直接地体的根数；ηE 为接地体的利用系数
	水平式	单根	$R_{E(1)} \approx \frac{2\rho}{l}$	ρ 为土壤电阻率；l 为接地体长度
		多根	$R_E \approx \frac{0.062\rho}{n+1.2}$	ρ 为土壤电阻率；n 为放射形水平接地带根数（n ≤ 12），每根长度 l=60 m
	复合式接地网		$R_E \approx \frac{\rho}{4r} + \frac{\rho}{l}$	r 为与接地网面积等值的圆半径（即等效半径）；l 为接地体总长度，包括垂直接地体

续表

接地体形式		计算公式	说明
自然接地体	钢筋混凝土基础	$R_E \approx \frac{0.2\rho}{3\sqrt{V}}$	V 为钢筋混凝土基础的体积
	电缆金属外皮、金属管道	$R_E \approx \frac{2\rho}{l}$	l 为电缆及金属管道的埋地长度

5.3.5.2 冲击接地电阻的计算

雷电流经接地装置泄入大地时所呈现的接地电阻,称为冲击接地电阻。当强大的雷电流泄入大地时,土壤会被雷电波击穿并产生火花,使散流电阻显著降低,因此冲击接地电阻一般小于工频接地电阻。冲击接地电阻 R_{Esh} 可按下式计算:

$$R_{Esh}=\frac{R_E}{\alpha} \qquad (5\text{-}3\text{-}3)$$

式中 R_E——工频接地电阻;

α——换算系数,其值可由图 5-3-9 确定。

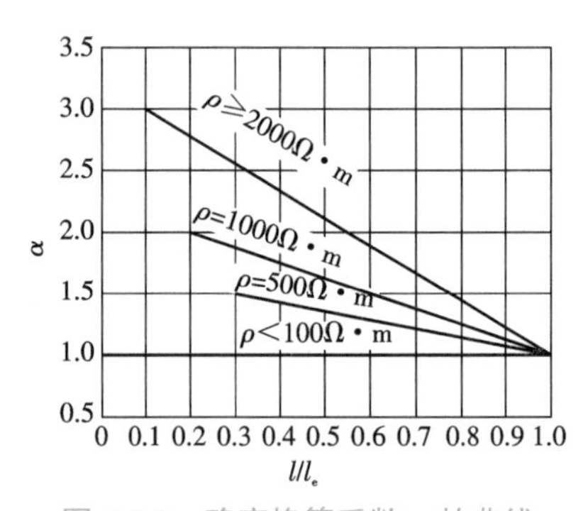

图 5-3-9 确定换算系数 α 的曲线

图 5-3-9 中,l_e 为接地体的有效长度,应按下式计算(单位为 m):

$$l_e=2\sqrt{\rho} \qquad (5\text{-}3\text{-}4)$$

式中 ρ——土壤电阻率,Ω·m。

图 5-3-10 中,对于单根接地体, l 为其实际长度;对于分支线的接地体, l 为其最长分支线的长度;对于环形接地体,l 则为其周长的一半。如果 $l_e<l$,则取 $l_e=l$,即 $\alpha=1$。

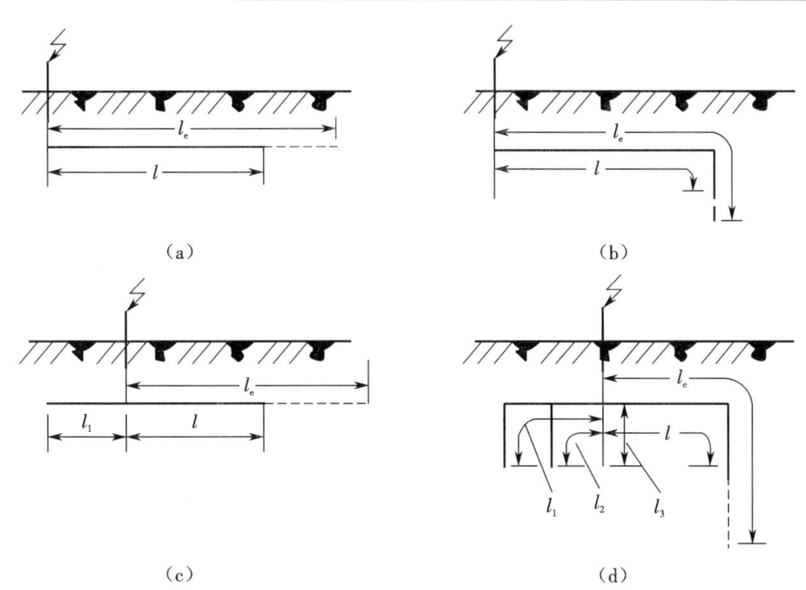

图 5-3-10 接地体的长度和有效长度

(a)单根水平接地体 (b)末端接垂直接地体的单根水平接地体

(c)多根水平接地体 (d)接多根垂直接地体的多根水平接地体($l_1 \leqslant l, l_2 \leqslant l, l_3 \leqslant l$)

5.3.6 接地装置平面布置图示例

接地装置平面布置图是表示接地体和接地线具体布置与安装要求的一种安装图。图 5-3-11 为某高压配电所及 2 号车间变电所的接地装置平面布置图。

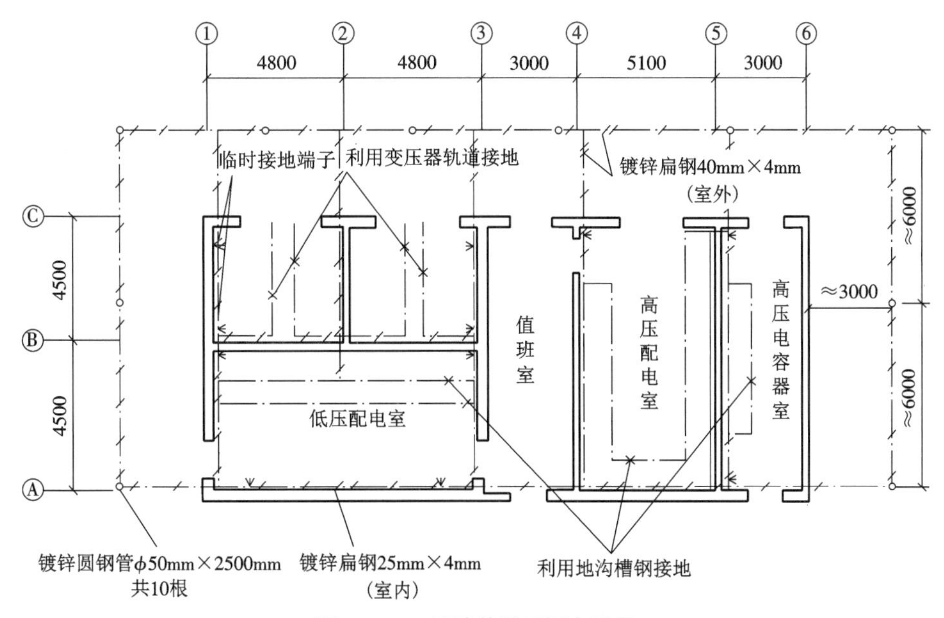

图 5-3-11 接地装置平面布置图

由图 5-3-11 可以看出，距变配电所建筑 3 m 左右，埋设有 10 根管形垂直接地体（直径 50 mm、长 2.5 m 的钢管）。接地钢管之间的距离约为 5 m，采用 40 mm × 4 mm 的扁钢焊接成一个外缘闭合的环形接地网。变压器下面的钢轨以及安装高压开关柜、高压电容器柜和低压配电屏的地沟上的槽钢或角钢，均采用 25 mm × 4 mm 的扁钢焊接成网，并与室外接地网多处连接。为了便于测量接地电阻以及移动式电气设备临时接地，在适当地点安装有临时接地端子。

5.3.7 接地电阻的测量

接地装置施工完成后，使用之前应测量接地电阻的实际值，以判断其是否符合要求。若不符合要求，则需补加接地极。每年雷雨季到来之前还需要重新检查测量。接地电阻的测量有电桥法、补偿法、电流 - 电压表法和接地电阻测量仪法，这里介绍接地电阻测量仪法。接地电阻测量仪俗称接地摇表，其自身能产生交变的接地电流，使用简单，携带方便，而且抗干扰性能较好，应用十分广泛。以常用的国产 ZC-8 型接地电阻测量仪为例，三个接线端子 E、P、C 分别接于被测接地体（E′）、电压极（P′）和电流极（C′），如图 5-3-12 所示。当以大约 120 r/min 的转速转动手柄时，接地电阻测量仪内产生的交变电流将沿被测接地体和电流极形成回路，调节粗调旋钮及细调拨盘，使表针指在中间位置，这时便可读出被测接地电阻。

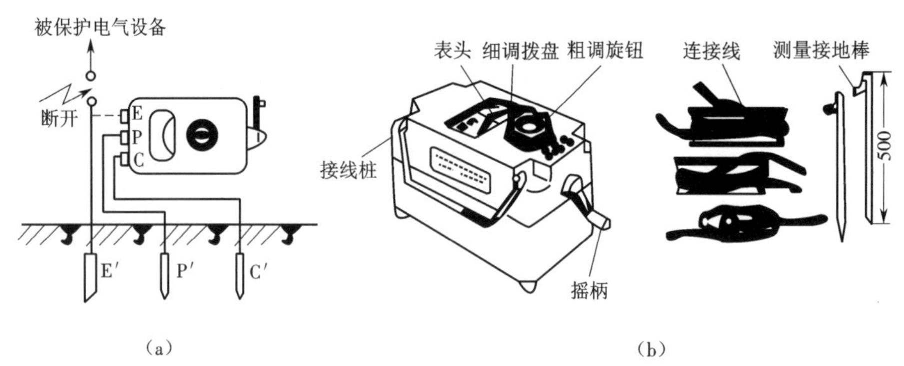

图 5-3-12　ZC-8 型接地电阻测量仪

（a）接线图　（b）外形图

具体测量步骤如下：

（1）拆开接地干线与接地体的连接点；

（2）将两支测量接地棒分别插入离接地体 20 m 与 40 m 远的地中，深度约 400 mm；

（3）把接地电阻测量仪放置于接地体附近平整的地方，然后用最短的一根连接线连接接线端子 E 和被测接地体 E′，用较长的一根连接线连接接线端子 P 和 20 m 远处的电压极 P′，用最长的一根连接线连接接线端子 C 和 40 m 远处的电流极 C′；

（4）根据被测接地体的估计电阻值，调节好粗调旋钮；

（5）以大约 120 r/min 的转速摇动手柄，当表针偏离中心时，边摇动手柄边调节细调拨

盘，直至表针居中稳定后为止；

（6）细调拨盘的读数乘以粗调旋钮倍数，即可得被测接地体的接地电阻。

任务 4　了解等电位联结与漏电保护

【任务目标】

（1）掌握等电位联结的功能和类别。

（2）掌握漏电保护器的功能和原理。

（3）了解漏电保护器的分类。

【知识储备】

5.4.1　低压配电系统的等电位联结

5.4.1.1　等电位联结的功能与类别

等电位联结是使电气装置各外露可导电部分和装置外可导电部分电位基本相等的一种电气联结。等电位联结的功能在于降低接触电压，以保障人身安全。按规定，采用接地故障保护时，在建筑物内应做总等电位联结（Main Equipotential Bonding，MEB）。当电气装置或其某一部分的接地故障保护不能满足要求时，还应在局部范围内进行局部等电位联结（Local Equipotential Bonding，LEB）。

1. 总等电位联结

总等电位联结是指在建筑物进线处，将 PE 线或 PEN 线与电气装置接地干线、建筑物内的各种金属管道（如水管、煤气管、采暖空调管道等）以及建筑物的金属构件等，都与总等电位联结端子连接，使它们都具有基本相等的电位，如图 5-4-1 中的 MEB。

2. 局部等电位联结

局部等电位联结又称辅助等电位联结，是在远离总等电位联结处且非常潮湿、触电危险性大的局部地区内进行的等电位联结，是总等电位联结的一种补充，如图 5-4-1 中的 LEB。通常在容易触电的浴室及对安全要求极高的胸腔手术室等处，应做局部等电位联结。

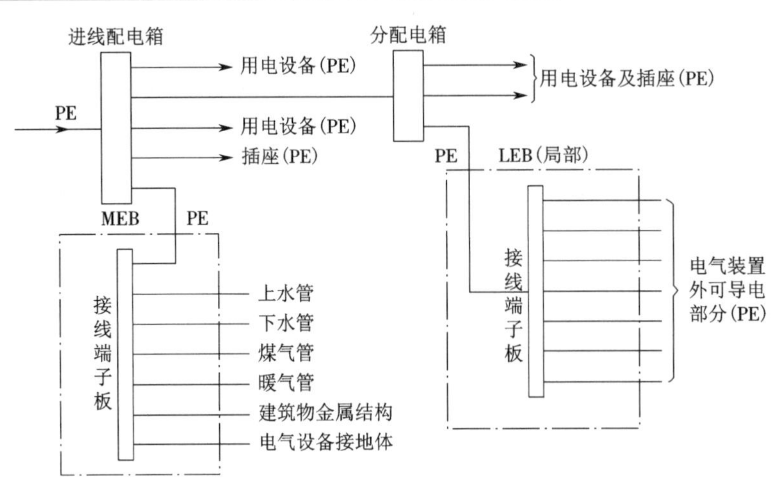

图 5-4-1 总等电位联结(MEB)和局部等电位联结(LEB)

5.4.1.2 等电位联结的接线要求

按规定,等电位联结主母线的截面面积不应小于装置中最大 PE 线或 PEN 线截面面积的一半,但当采用铜线时截面面积不应小于 6 mm²,当采用铝线时截面面积不应小于 16 mm²。采用铝线时,必须采取机械保护,并且应保证铝线连接处的持久导通性。如果采用铜导线作联结线,则其截面面积应不超过 25 mm²。如果采用其他材质导线,则其截面应能承受与之相当的载流量。连接装置外露可导电部分与装置外可导电部分的局部等电位联结线,其截面面积不应小于相应 PE 线的一半。而连接两个外露可导电部分的局部等电位联结线,其截面面积不应小于接至这两个外露可导电部分其中较小 PE 线的截面面积。

5.4.1.3 等电位联结中的几个具体问题

(1)两条金属管道连接处缠有黄麻或聚乙烯薄膜,一般不需要做跨接线。由于两条管道在做丝扣连接时,上述包缠材料实际上已被损伤而失去了绝缘作用,因此管道连接处在电气上依然是导通的。所以,仅有自来水管的水表两端需做跨接线,金属管道连接处一般不需跨接。

(2)现在有些管道系统以塑料管取代金属管,对塑料管道不需要做等电位联结。做等电位联结的目的在于使人体可同时触及的导电部分的电位相等或相近,以防人身触电,而塑料管是不导电物质,不可能传导或呈现电位,因此不需对塑料管道做等电位联结。

(3)在等电位联结系统内,原则上只需做一次等电位联结。例如,在水管进入建筑物的主管上做一次总等电位联结,再在浴室内的水道主管上做一次局部等电位联结即可。

(4)原则上不能用配电箱内的 PE 母线代替接地母线和等电位联结端子板来连接等电位联结线。由于配电箱内有带危险电压的相线,在配电箱内带电检测等电位联结和接地时,容易不慎触及危险电压而引起触电事故,此时若停电检测将给工作和生活带来不便。因此,应在配电箱外另设接地母线或等电位联结端子板,以便安全地进行检测。

(5)对于 1 000 V 及以下的工频低压装置不必考虑跨步电压的危害,因为一般情况下其跨步电压不足以对人体构成伤害。

5.4.2 低压配电系统的漏电保护

5.4.2.1 漏电保护器的功能与原理

漏电保护器又称为“剩余电流保护器”（Residual Current Protective Device，RCD）。漏电保护器是在规定条件下，当漏电电流（剩余电流）达到或超过规定值时能自动断开电路的一种开关电器。它用来对低压配电系统中的漏电和接地故障进行安全防护，防止发生人身触电事故及接地电弧引发的火灾。漏电保护器按反应动作的信号可分为电压动作型和电流动作型两类。电压动作型漏电保护器在技术上存在一些难以克服的问题，所以现在生产的漏电保护器差不多都是电流动作型的。

电流动作型漏电保护器利用零序电流互感器来反映接地故障电流，然后动作于脱扣机构。电流动作型漏电保护器按脱扣机构的结构又可分为电磁脱扣型和电子脱扣型两类。电磁脱扣型漏电保护器的原理接线图如图 5-4-2 所示。

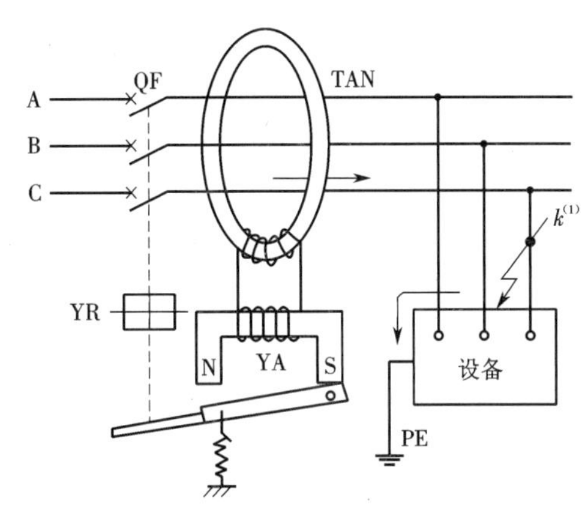

图 5-4-2 电流动作的电磁脱扣型漏电保护器原理接线图

TAN—零序电流互感器；YA—磁化电磁铁；QF—断路器；YR—自由脱扣机构

当设备正常运行时，穿过零序电流互感器 TAN 的三相电流相量和为零，零序电流互感器 TAN 二次侧不产生感应电动势，因此磁化电磁铁 YA 的线圈中没有电流，开关上的衔铁靠永久磁铁的磁力保持在吸合位置，使开关维持在合闸状态。当设备发生漏电或单相接壳故障时，会有零序电流穿过互感器 TAN 的铁芯，使其二次侧产生感应电动势，于是电磁铁 YA 线圈中有交流电流通过，磁化电磁铁 YA 铁芯中将产生交变磁通，与原有的永久磁通叠加并产生去磁作用，则其电磁吸力减小，衔铁被弹簧拉开，使自由脱扣机构 YR 动作，开关跳闸，断开故障电流，从而起到漏电保护的作用。

电流动作的电子脱扣型漏电保护器的原理接线图如图 5-4-3 所示。这种电子脱扣型漏电保护器在零序电流互感器 TAN 与自由脱扣机构 YR 之间接入的不是磁化电磁铁，而是电子放大器 AV。当设备发生漏电或单相外壳接地故障时，互感器 TAN 二次侧感生的电信号经电子放大器 AV 放大后，接通自由脱扣机构 YR，使开关跳闸，从而也能起到漏电保护的作用。

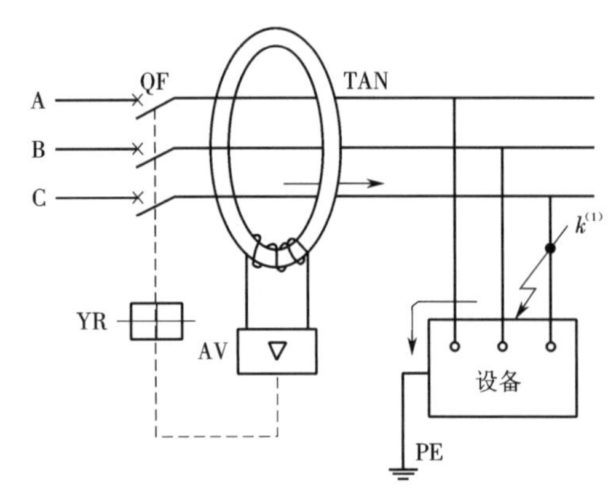

图 5-4-3　电流动作的电子脱扣型漏电保护器原理接线图

TAN—零序电流互感器；AV—电子放大器；QF—断路器；YR—自由脱扣机构

5.4.2.2　漏电保护器的分类

1. 按保护功能分类

漏电保护器按保护功能和结构特征可分为以下四类。

1）漏电保护开关

漏电保护开关由零序电流互感器、漏电脱扣器和主开关组成，它们被组装在一个绝缘外壳之中，具有漏电保护及手动通断电路的功能，但不具有过负荷和短路保护功能。这类产品主要应用于住宅，通常称为漏电开关。

2）漏电断路器

漏电断路器是在低压断路器的基础上加装漏电保护部件组成的，因此它具有漏电、过负荷和短路保护的功能。有些漏电断路器产品就是在低压断路器之外加装漏电保护附件而成的。例如，C45 系列小型断路器加装漏电脱扣器后，就成了家庭及在类似场所广泛应用的漏电断路器。

3）漏电继电器

漏电继电器由零序电流互感器和继电器组成，具有检测和判断漏电及接地故障的功能，由继电器发出信号，并控制断路器或接触器切断电路。

4）漏电保护插座

漏电保护插座由漏电开关或漏电断路器与插座组合而成，使与插座回路连接的设备具有漏电保护功能。

2. 按极数分类

漏电保护器按极数可分为单极 2 线、双极 2 线、3 极 3 线、3 极 4 线和 4 极 4 线等多种形式，其在低压配电线路中的接线如图 5-4-4 所示。

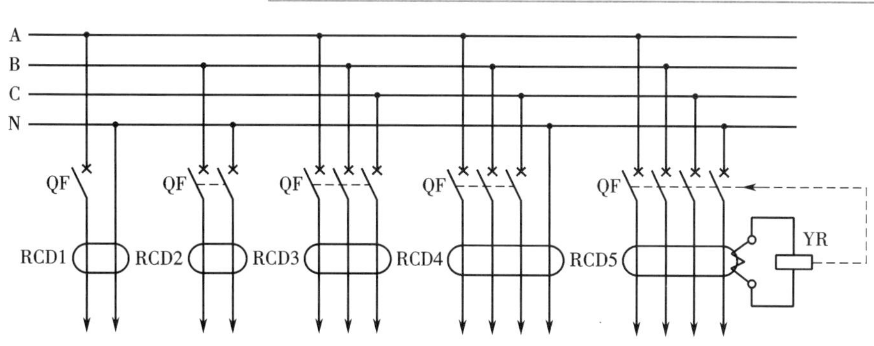

图 5-4-4 RCD 在低压线路中的接线示意图

RCD1—单极 2 线;RCD2—双极 2 线;RCD3—3 极 3 线;RCD4—3 极 4 线;RCD5—4 极 4 线;QF—断路器;YR—漏电脱扣器

5.4.2.3 漏电保护器的装设

1. 漏电保护器的装设场所

当人手握住手持式(或移动式)电器时,如果该电器漏电,则人手因触电痉挛将很难摆脱,触电时间一长就会导致死亡。而固定式电器漏电,如人体触及将会因电击刺痛而弹离,一般不会持续触电。由此可见,手持式(移动式)电器触电的危险性远远大于固定式电器触电。因此,一般规定在手持式(移动式)电器的回路上应装设 RCD。由于插座主要是用来连接手持式(含移动式)电器的,因此插座回路上一般也应装设 RCD。

《住宅设计规范》(GB 50096—2011)规定,除空调电源插座外,其他电源插座回路均应装设 RCD。

2. PE 线和 PEN 线的装设要求

在 TN-S 系统(或 TN-C-S 系统的 TN-S 段)中装设 RCD 时,PE 线不得穿过零序电流互感器铁芯,否则当发生单相接地故障时,由于进出互感器铁芯的故障电流相互抵消,因此 RCD 将不会动作,如图 5-4-5(a)所示。而在 TN-C 系统(或 TN-C-S 系统中的 TN-C 段)中装设 RCD 时,PEN 线不得穿过零序电流互感器铁芯,否则当发生单相接地故障时,RCD 同样不会动作,如图 5-4-5(b)所示。

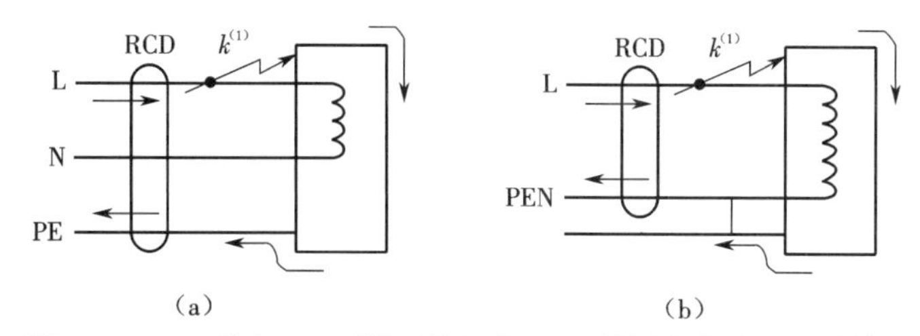

图 5-4-5 PE 线和 PEN 线不得穿过 RCD 的零序电流互感器铁芯

(a)TN-S 系统中 PE 线穿过 RCD 互感器时,RCD 不动作 (b)TN-C 系统中 PEN 线穿过 RCD 互感器时,RCD 不动作

在 TN-S 系统中和 TN-C-S 系统的 TN-S 段中,RCD 的正确接线应如图 5-4-6 所示。对于 TN-C 系统,如果系统发生单相接地故障,则形成单相短路,其单相短路保护装置应该动作,切除故障。由图 5-4-5(b)可知,在 TN-C 系统中不能装设 RCD。

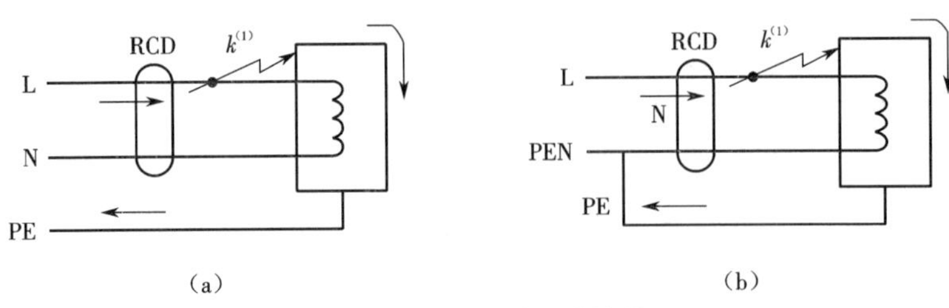

图 5-4-6　RCD 的正确接线

(a)TN-S 系统　(b)TN-C-S 系统的 TN-S 段

3. RCD 负荷侧的 N 线和 PE 线的装设要求

RCD 负荷侧的 N 线和 PE 线不能接反，如图 5-4-7 所示。

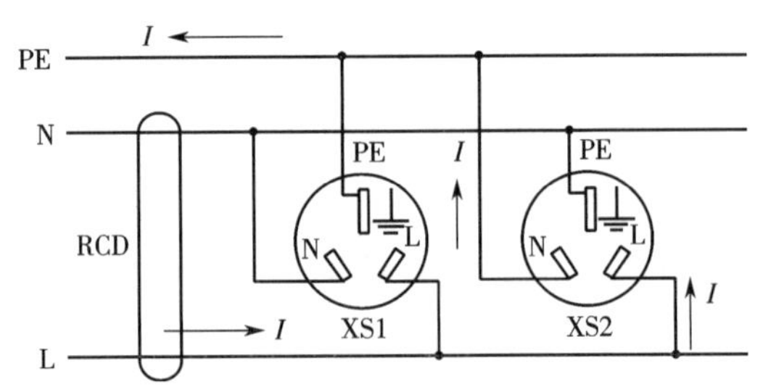

图 5-4-7　插座 XS2 的 N 线和 PE 线接反时，RCD 无法合闸

在低压配电线路中，假设其中插座 XS2 的 N 线端子误接于 PE 线上，而其 PE 线端子误接于 N 线上，则插座 XS2 的负荷电流不是经 N 线，而是经 PE 线返回电源，从而使 RCD 的零序电流互感器一次侧出现不平衡电流，造成漏电保护器 RCD 无法合闸。

为了避免 N 线和 PE 线接错，建议在电气安装中，N 线按规定使用淡蓝色绝缘线，PE 线使用黄绿双色绝缘线，而 A、B、C 三相则分别使用黄、绿、红色绝缘线。

4. 不同回路 N 线的装设要求

装设 RCD 时，不同回路不应共用一根 N 线。在电气施工中，为节约线路投资，往往将几个回路配电线路共用一根 N 线。图 5-4-8 所示为将装有 RCD 的回路与其他回路共用一根 N 线，这种接线将使 RCD 的零序电流互感器一次侧出现不平衡电流，进而引起 RCD 误动，因此这种做法是不允许的。

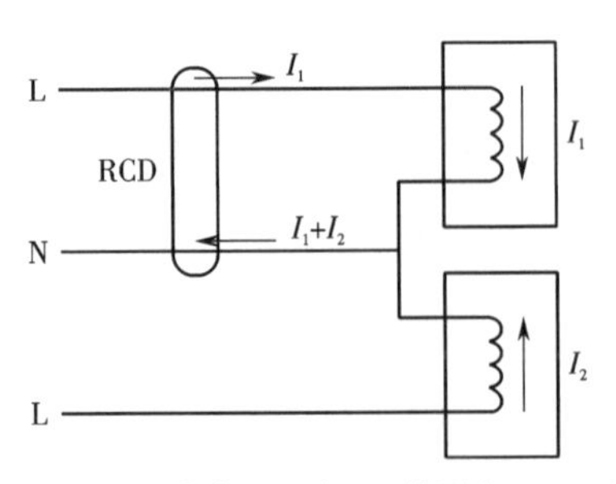

图 5-4-8　不同回路共用一根 N 线引起 RCD 误动作

5. 低压配电系统中多级 RCD 的装设要求

为了有效防止因接地故障引起人身触电事故以及因接地电弧引发的火灾，通常在建筑物的低压配电系统中装设两级或三级 RCD，如图 5-4-9 所示。

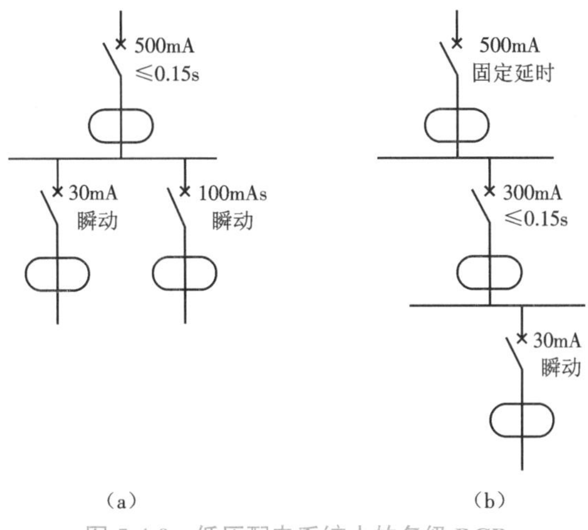

图 5-4-9　低压配电系统中的多级 RCD

(a)两级 RCD　(b)三级 RCD

线路末端装设的 RCD 通常为瞬动型，动作电流通常取 30 mA，个别可达 100 mA。其前一级 RCD 则采用选择型，最长动作时间为 0.15 s，动作电流则为 300~500 mA，以保证前后 RCD 动作的选择性。根据国内外资料，接地电流只有达到 500 mA 以上时，其电弧能量才有可能引燃起火。因此，从防火安全角度来说，RCD 的动作电流最大可达 500 mA。

学习单元6

供配电工程识图

任务1　了解电气工程图图纸幅面及其内容

【任务目标】

(1)掌握图纸幅面及幅面尺寸。

(2)掌握图纸的格式。

(3)掌握图幅分区。

【知识储备】

6.1.1　图纸图面组成及幅面尺寸

一个完整的图面由边框线、图框线、标题栏、会签栏等组成,其格式如图6-1-1所示。由边框线所围成的图面,称为图纸的幅面。

幅面的尺寸共分五类: A0~A4,尺寸见表6-1-1。A0、A1、A2号图纸一般不得加长,A3、A4号图纸可根据需要加长,沿短边以短边的倍数加长,加长幅面尺寸见表6-1-2。

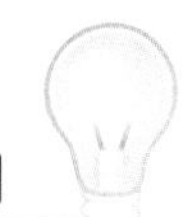

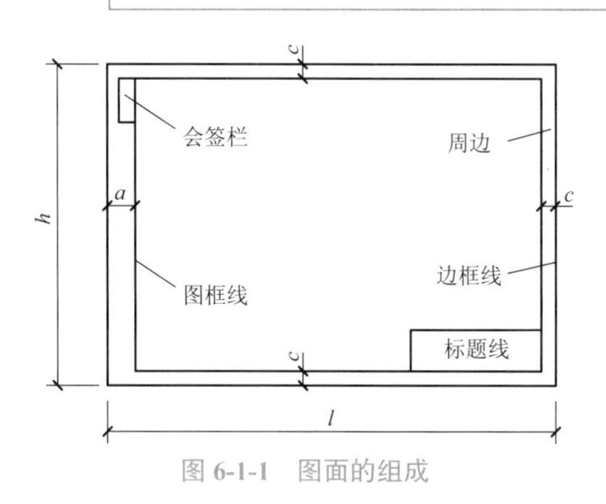

图 6-1-1　图面的组成

表 6-1-1　幅面代号及尺寸　　（mm）

尺寸参数	幅面代号				
	A0	A1	A2	A3	A4
宽 × 长（$b \times l$）	841 × 1 189	594 × 841	420 × 594	297 × 420	210 × 297
边宽（c）	10			5	
装订边宽（a）	25				

表 6-1-2　加长幅面尺寸　　（mm）

代号	尺寸	代号	尺寸
A3 × 3	420 × 891	A4 × 4	297 × 841
A3 × 4	420 × 1 189	A4 × 5	297 × 1 051
A4 × 3	297 × 630		

6.1.2　图纸的格式

图纸的格式包括图框、标题栏、会签栏、图幅分区等内容。

6.1.2.1　图框

图框的尺寸是根据图纸是否需要装订和图纸幅面的大小确定的。

当需要装订时，装订的一边要留出装订边，如图 6-1-1 所示，各边尺寸大小按照表 6-1-1 选取。对加长的幅面，尺寸 c 也参照表 6-1-1 选取。装订时一般采用 A4 幅面竖装，或者 A3 幅面横装。

当不需要装订时，图纸的四个周边尺寸相同；对 A0、A1 两种幅面，周边尺寸取 20 mm；对 A2、A3、A4 三种幅面，则取 10 mm；对于加长幅面，可参照上述规定，不留装订边和留装订边图纸的绘图面积基本相等。随着缩微技术的发展，留装订边的图纸将会逐步减少以至淘汰。

6.1.2.2 标题栏和会签栏

标题栏又名图标，是用以确定图纸的名称、图号、张次、更改和有关人员签署等内容的栏目。标题栏的方位一般在图纸的下方或右下方，也可在其他位置。但标题栏中的文字方向为看图方向，即图中的说明、符号均应以标题栏的文字方向为准。

对于标题栏的格式，我国还没有统一的规定，各设计单位的标题栏格式都不一样。常见的格式应有以下内容：设计单位名称、工程名称、项目名称、图名、图号等，如图 6-1-2 所示。

设计单位名称					工程名称		设计号	
							图号	
审定			设计			项目名称		
审核			制图					
总负责人			校对			图名		
专业负责人			复核					

图 6-1-2　标题栏格式

会签栏供建筑、结构、给排水、采暖通风、工艺等相关专业设计人员会审图纸时签名用。

6.1.2.3 图幅分区

图幅分区的目的是为了准确表示某一电器元件在图上的位置，使在读图时能迅速找到它。

图幅分区的方法是将图纸相互垂直的两对边各自加以等分，分区的数目视图的复杂程度而定，但每边必须为偶数。每一分区的长度为 25~75 mm，分区线用细实线。分区代号，竖边方向用大写英文字母从上到下标注，横边方向用阿拉伯数字从左向右编号，如图 6-1-3 所示。分区代号用字母和数字表示，字母在前，数字在后。如图 6-1-3 中线圈 K1 的位置代号为 B5，按钮 S2 的位置代号为 B3。

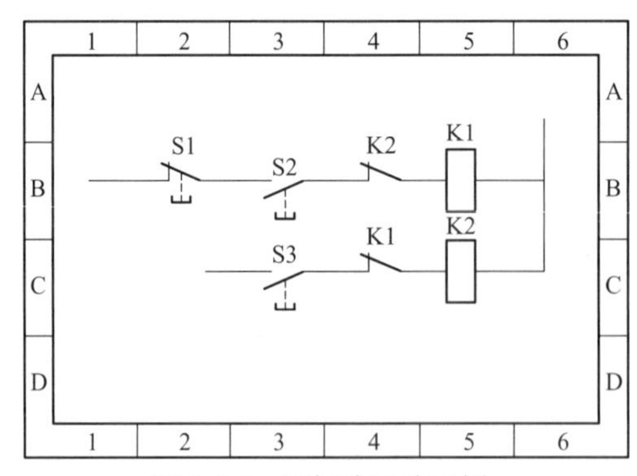

图 6-1-3　图幅分区法示例

6.1.3 图线与字体

6.1.3.1 图线

绘制电气图所用的各种线条称为图线。为了使图形清晰、含义清楚、绘图方便，常采用表 6-1-3 所示的五种图线形式。其中，实线又可分为粗实线和细实线，一般粗实线多用于表示一次线路、母线等。

图线的宽度一般有 0.25 mm、0.35 mm、0.5 mm、0.7 mm、1.0 mm、1.4 mm 六种。同一张图上，一般只选用两种宽度的图线，并且粗线宜为细线的 2 倍。

表 6-1-3 图线形式

序号	图线名称	图线形式	机械工程图中	电气工程图中
1	粗实线	————	可见轮廓线	电气线路、一次线路
2	细实线	————	尺寸线、尺寸界线、剖面线	二次线路、一次线路
3	虚线	-------------	不可见轮廓线	屏蔽线、机械连线
4	点画线	—·—·—·	轴心线、对称中心线	控制线、信号线、围框线
5	双点画线	—··—··—	假想的投影轮廓线	辅助围框线、36 V 以下线路

6.1.3.2 字体

图面上的汉字、字母和数字是图的重要组成部分，图中的字体书写必须端正、笔画清楚、排列整齐、间距均匀，且应完全符合国家标准《技术制图 字体》(GB/T 14691—1993)的规定，即汉字采用长仿宋体，字母用直体(正体)，也可用斜体(一般向右倾斜，与水平线成 75°角)，且字母可以用大写，也可以用小写；数字可用直体(正体)，也可用斜体。字体的号数，即字体的高度(mm)分为 20、14、10、7、5、3.5、2.5、1.8，字体宽度约等于字体高度的 2/3。

图面上字体的大小，应依图幅而定。一般使用的字体的最小高度见表 6-1-4。

表 6-1-4 幅面代号与字体最小高度 (mm)

幅面代号	A0	A1	A2	A3	A4
字体最小高度	5	3.5	2.5	2.5	2.5

6.1.4 比例

图纸上所画图形的大小与物体实际大小的比值称为比例。电气设备布置图、平面图和电气构件详图通常按比例绘制。比例的第一个数字表示图形尺寸，第二个数字表示实物为图形的倍数。例如 1 : 10 表示图形大小只有实物的十分之一。比例的大小是由实物大小与图幅号数相比较而确定的，一般在平面图中可选取 1 : 10、1 : 20、1 : 50、1 : 100、1 : 200、

1∶500。施工时，如需确定电气设备安装位置的尺寸或尺量取时应乘以比例的倍数，例如图纸比例是 1∶100，量得某段线路为 15 cm，则实际长度为 15 cm × 100=1 500 cm=15 m。

6.1.5 方位

电气平面图一般按上北下南、左西右东来表示建筑物和设备的位置和朝向。但在许多情况下都是用方位标记表示其方向。方位标记如图 6-1-4 所示，其箭头指向表示正北方向。

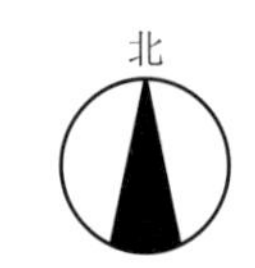

图 6-1-4　方位标记

6.1.6 安装标高

在电气平面图中，电气设备和线路的安装高度用标高来表示。标高有绝对标高和相对标高两种表示法。

绝对标高是我国的一种高度表示方法，它是以我国青岛外黄海平面作为零点而确定的高度尺寸，所以又称为海拔。如海拔 1 000 m，表示该地高出上述海平面 1 000 m。

相对标高是选定某一参考面或参考点作为零点而确定的高度尺寸。建筑工程图上均采用相对标高，一般是选定建筑物室外地坪面为 ± 0.00 m，标注方法为$\overset{\pm 0.00}{\triangledown}$。如某建筑面、设备对室外地坪安装高度为 5 m，可标注为$\overset{+5.00}{\triangledown}$。

在电气平面图中，还可选择每一层地坪或地面为参考面，电气设备和线路安装、敷设位置高度以该层地坪为基准，一般称为敷设标高。例如某开关箱的安装标高为$\overset{+1.40}{\blacktriangledown}$，则表示开关箱底边距地坪 1.40 m。室外总平面上的标高可用$\overset{\pm 0.00}{\blacktriangledown}$表示。

6.1.7 定位轴线

供配电设备平面布置和线路图通常是在建筑平面图上完成的，在这类图上一般标有建筑物定位轴线，通常是在承重墙、柱、梁等主要承重构件的位置画出轴线，并编上轴线号。定位轴线编号的基本原则是：在水平方向采用阿拉伯数字，由左向右编号；在垂直方向采用英文字母（其中 I、O、Z 不用），由下向上编号；数字和字母分别用点画线引出，如图 6-1-5 所示。通过定位轴线可以帮助我们了解电气设备和其他设备的具体安装位置，部分图纸修改、设计、变更时，用定位轴线很容易找到位置。

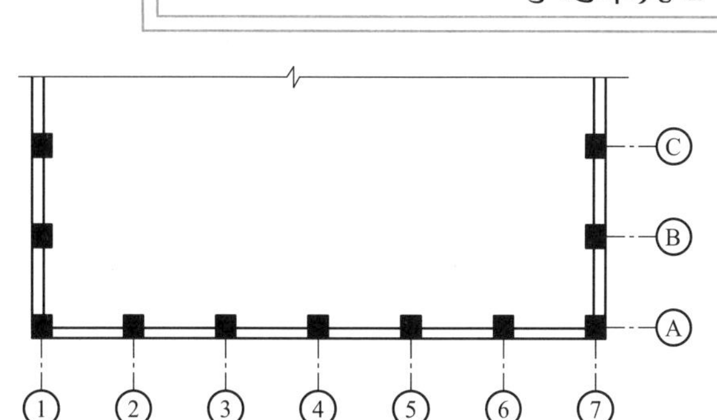

图 6-1-5　定位轴线标注方法

6.1.8　详图

为了详细表明电气设备中某些零部件、连接点等的结构、做法及安装工艺，可将这部分单独放大、详细表示，这些图称为详图。

详图可画在同一张图上，也可画在另外的图上，这就需要用一个统一的标记将它们联系起来。标注在总图位置上的标记称为详图索引标志。如图 6-1-6（a）所示，其中 $\frac{3}{—}$ 表示 3 号详图在本张图纸上；$\frac{5}{12}$ 表示 5 号详图在 12 号图纸上。标注在详图旁的标记称为详图标记，如图 6-1-6（b）所示，其中 ③ 表示 3 号详图，详图所索引的内容就在本张图上；$\frac{5}{3}$ 表示 5 号详图，详图所索引的内容在 3 号图上。

图 6-1-6　详图标注方法

（a）详图索引标志　（b）详图标志

【课后练习】

（1）图纸的幅面分为几大类？幅面代号及尺寸都是什么？

（2）图纸的格式都包括什么？

（3）建筑平面图上定位轴线编号的基本原则是什么？定位轴线有何作用？

【拓展延伸】

（1）查阅有关供配电施工图纸，进一步了解和认识所学电气识图基本概念。

（2）比较不同设计单位工程图纸在图纸的格式上有何相同和不同之处。

（3）查阅图纸，进一步了解定位轴线的编号原则。

任务2　电气工程图识图

【任务目标】

(1)掌握电气工程图的种类。

(2)掌握电气工程图的阅读方法。

(3)掌握阅读电气工程图的一般程序。

【知识储备】

6.2.1　电气工程图的种类

电气工程图是阐述电气工程的构成和功能,描述电气装置的工作原理,提供安装接线和维护使用信息的施工图。由于电气工程的规模不同,反映工程的电气图的种类和数量也是不同的。一项工程的电气施工图,通常由以下几部分组成。

6.2.1.1　首页

首页内容包括电气工程图的目录、图例、设备明细表、设计说明等。图例一般是列出本套图纸涉及的一些特殊图例。设备明细表只列出该项电气工程中主要电气设备的名称、型号、规格和数量等。设计说明主要阐述该电气工程设计的依据、基本指导思想与原则,补充图中未能表明的工程特点、安装方法、工艺要求、特殊设备的使用方法及其他使用与维护注意事项等。

6.2.1.2　电气系统图

电气系统图主要表示整个工程或其中某一项目的供电方式与电能输送之间的关系,有时也用来表示装置与主要组成部分的电气关系。

6.2.1.3　电气平面图

电气平面图主要表示各种电气设备与线路平面布置的位置,是进行供配电设备安装的重要依据。电气平面图包括外线总电气平面图和各专业电气平面图。外线总电气平面图是以建筑总平面图为基础,绘出变电所、架空线路、地下电力电缆等的具体位置,并注明有关施工方法的图纸。在有些外线总电气平面图中还注明了建筑物的面积、电气负荷分类、电气设备容量等。专业电气平面图有动力电气平面图、照明电气平面图、变配电所电气平面图、防雷与接地平面图等。专业电气平面图在建筑平面图的基础上绘制,由于电气平面图缩小的比例较大,因此不能表现电气设备的具体位置,只能反映电气设备之间的相对位置关系。

6.2.1.4　设备布置图

设备布置图主要表示各种电气设备平面与空间的位置、安装方式及其相互关系，通常由平面图、立面图、断面图、剖面图及各种构件详图等组成。设备布置图一般都是按三面视图的原理绘制，与一般机械工程图没有原则性的区别。

6.2.1.5　电路图

电路图主要表示某一具体设备或系统电气工作的原理，用来指导某一设备与系统的安装、接线、调试、使用与维护。

6.2.1.6　安装接线图

安装接线图主要表示某一设备内部各种电气元件之间的位置关系及接线关系，用来指导电气安装、接线、查线。它是与电路图相对应的一种图。

6.2.1.7　大样图

大样图主要表示电气工程中某一部分或某一部件的具体安装要求和做法，其中有一部分选用的是国家标准图。

6.2.2　电气工程图的阅读方法

电气工程图具有不同于机械工程图、建筑工程图的特点，掌握电气工程图的特点，将会对阅读电气工程图提供很多方便。其主要特点如下。

（1）电气工程图大多是采用统一的图形符号并加注文字符号绘制出来的。绘制和阅读电气工程图，首先就必须明确和熟悉这些图形符号所代表的内容和含义以及它们之间的相互关系。

（2）电气工程中的各个回路是由电源、用电设备、导线和开关控制设备组成的。要真正理解图纸，还应该了解设备的基本结构、工作原理、工作程序、主要性能和用途等。

（3）电路中的电气设备、元件等，彼此之间都是通过导线连接起来构成一个整体的。在阅读过程中要将各有关的图纸联系起来，对照阅读。一般而言，应通过电气系统图、电路图找联系，通过设备布置图、安装接线图找位置，交错阅读，这样可以提高读图效率。

（4）电气工程施工往往与主体工程及其他安装工程施工相互配合进行，如暗敷线路、电气设备基础及各种电气预埋件施工与土建工程密切相关。因此，阅读电气工程图时应与有关的土建工程图、管道工程图等对应起来阅读。

（5）阅读电气工程图的主要目的是编制工程预算和施工方案，指导施工、设备的维修和管理。在电气工程图中安装、使用、维修等方面的技术要求一般仅在说明栏内作一说明“参照 ×× 规范”，所以在读图时，应熟悉有关规程、规范的要求，才能真正读懂图纸。

6.2.3　阅读供配电工程图的一般程序

阅读供配电工程图必须熟悉电气工程图的基本知识（表达形式、通用画法、图形符号、文字符号)和供配电工程图的特点,同时掌握一定的阅读方法,才能比较迅速全面地读懂图纸,以完全实现读图的意图和目的。

阅读供配电工程图的方法没有统一规定,但当我们拿到一套供配电工程图时,面对一大摞图纸,究竟如何下手?根据经验,通常可按下面的方法读图:

(1)了解概况先浏览,重点内容反复看;

(2)安装方法找大样,技术要求查规范。

具体阅读一套图纸的一般程序如下。

6.2.3.1 看标题栏及图纸目录

看标题栏及图纸目录的目的是了解工程名称、项目内容、设计日期及图纸数量和内容等。

6.2.3.2 看总说明

看总说明的目的是了解工程总体概况及设计依据,了解图纸中未能表达清楚的各有关事项。如供电电源的来源、电压等级、线路敷设方法、设备安装高度及安装方式、补充使用的非国标图形符号、施工时应注意的事项等。有些分项局部问题是在分项工程图纸上说明的,看分项工程图时,也要先看设计说明。

6.2.3.3 看系统图

各分项工程的图纸中都包含系统图,如变配电工程的配电系统图、电力工程的电力系统图、照明工程的照明系统图以及火灾自动报警系统图、建筑设备监控系统图、综合布线系统图、有线电视系统图等。看系统图的目的是了解系统的基本组成和主要电气设备、元件等的连接关系及它们的规格、型号、参数等,掌握该系统的组成概况。

6.2.3.4 看平面布置图

平面布置图是工程施工的重要依据,也是用来编制工程预算和施工方案的主要依据,是供配电工程图纸中的重要图纸之一,如变配电所电气设备安装平面图(还应有剖面图)、电力平面图、照明平面图、防雷接地平面图、火灾自动报警平面图、综合布线平面图等,都是用来表示设备安装位置、线路敷设部位、敷设方法及所用导线型号、规格、数量、管径大小的。在阅读系统图和了解系统组成概况之后,就可依据平面图编制工程预算和施工方案,具体组织施工,所以对平面图必须熟读。阅读供配电平面图的一般顺序:进线→总配电箱→干线→支干线→分配电箱→用电设备。

6.2.3.5 看电路图

看电路图的目的是了解各系统中用电设备的电气自动控制原理,并以此来指导设备的安装和控制系统的调试工作。因电路图多是采用功能布局法绘制的,看图时应依据功能关系从上至下或从左至右一个回路、一个回路的阅读。熟悉电路中各电器的性能和特点,对读懂图纸将有极大的帮助。

6.2.3.6 看安装接线图

看安装接线图的目的是了解设备或电器的布置与接线,与电路图对应阅读,进行控制系

统的配线和调校工作。

6.2.3.7　看安装大样图

安装大样图是用来详细表示设备安装方法的图纸，是依据施工平面图进行安装施工和编制工程材料计划时的重要参考图纸。特别是对于初学安装的人员来说，其更显重要，甚至可以说是不可缺少的。安装大样图多采用《全国通用电气装置标准图集》。

6.2.3.8　看设备材料表

设备材料表提供了该工程使用的设备和材料的型号、规格和数量，是编制购置设备、材料计划的重要依据之一。

阅读图纸的顺序没有统一的规定，可以根据需要，灵活掌握，并应有所侧重。为更好地利用图纸指导施工，使安装施工质量符合要求，还应阅读有关施工及验收规范、质量检验评定标准，以详细了解安装技术要求，保证施工质量。

【课后练习】

（1）电气工程图的种类有哪些？

（2）供配电工程图的阅读应注意哪些问题？

（3）阅读供配电工程图的一般程序是什么？

【拓展延伸】

课后查阅一套供配电施工图纸，掌握供配电工程图的阅读方法。

任务3　阅读电气照明与动力工程图

【任务目标】

（1）掌握照明与动力平面图的文字标注方式。

（2）掌握灯具安装方式的标注符号。

（3）掌握照明平面图阅读的基础知识。

（4）掌握阅读电气照明与动力工程图的方法。

【知识储备】

照明与动力工程是现代建筑工程中最基本的电气工程。动力工程主要是指以电动机为动力的设备、装置及其启动器、控制柜(箱)和配电线路的安装。照明工程主要包括灯具、开关、插座等电气设备和配电线路的安装。

6.3.1 照明与动力平面图的文字标注

照明与动力平面图中的电力设备常常需要进行文字标注,其标注方式见国家标准《建筑电气工程设计常用图形和文字符号》(09DX001)。

6.3.2 灯具安装方式的标注

灯具安装方式有若干种,其文字符号标注见表 6-3-1。

表 6-3-1 灯具安装方式的标注

序号	名称	标注文字符号		序号	名称	标注文字符号	
		新标准	旧标准			新标准	旧标准
1	线吊式	SW	WP	7	顶棚内安装	CR	无
2	链吊式	CS	C	8	墙壁内安装	WR	无
3	管吊式	DS	P	9	支架上安装	S	无
4	壁装式	W	W	10	柱上安装	CL	无
5	吸顶式	C	—	11	座装	HM	无
6	嵌入式	R	R				

6.3.3 动力和照明平面图阅读基础知识

动力和照明平面图是动力及照明工程的主要图纸,是编制工程造价和施工方案、进行安装施工和运行维修的重要依据之一。由于动力和照明平面图涉及的知识面较宽,在阅读动力和照明平面图时,除要了解平面图的特点和平面图绘制基本知识外,还要掌握一定的电工基本知识和施工基本知识。下面介绍与阅读动力和照明平面图相关的部分基础知识。

6.3.3.1 阅读的一般方法

(1)应阅读动力和照明系统图。了解整个系统的基本组成及各设备之间的相互关系,对整个系统有一个全面了解。

(2)阅读设计说明和图例。设计说明以文字形式描述设计的依据、相关参考资料以及图中无法表示或不易表示但又与施工有关的问题。图例中常表明图中采用的某些非标准图形符号。这些内容对正确阅读平面图是十分重要的。

（3）了解建筑物的基本情况，熟悉电气设备、灯具在建筑物内的分布与安装位置。了解电气设备、灯具的型号、规格、性能、特点以及对安装的技术要求。

（4）了解各支路的负荷分配和连接情况。在明确了电气设备的分布之后，就要进一步明确该设备是属于哪条支路的负荷，掌握它们之间的连接关系，进而确定其线路走向。一般可以从进线开始，经过配线箱后一条支路、一条支路的阅读。动力负荷一般为三相负荷，除了保护接线方式有区别外，其主线路连接关系比较清楚；而照明负荷都是单相负荷，由于照明灯具的控制方式多种多样，加上施工配线方式的不同，对相线、零线、保护线的连接各有要求，所以其连接关系相对复杂。

（5）动力设备及照明灯具的具体安装方法一般不在平面图上直接给出，必须通过阅读安装大样图来解决，可以把阅读平面图和阅读安装大样图结合起来，以全面了解具体的施工方法。

（6）对照同建筑的其他专业的设备安装施工图纸，综合阅图。为避免供配电设备及电气线路与其他建筑设备及管路在安装时发生位置冲突，在阅读动力和照明平面图时要对照其他建筑设备安装工程施工图纸，同时要了解相关设计规范要求。电气线路设计施工时必须满足表 6-3-2 中关于电气线路与管道间最小距离的规定。

表 6-3-2　电气线路与管道间最小距离　（mm）

管道名称	配线方式		穿管配线	绝缘导线的配线	裸导线配线
蒸汽管	平行	管道上	1 000	1 000	1 500
		管道下	500	500	1 500
	交叉		300	300	1 500
暖气、热水管	平行	管道上	300	300	1 500
		管道下	200	200	1 500
	交叉		100	100	1 500
通风、给排水及压缩空气管	平行		100	200	1 500
	交叉		100	100	1 500

注：（1）对蒸汽管道，当在管外包隔热层时，上下平行距离可减至 200 mm；
（2）暖气管、热水管应设隔热层；
（3）对裸导线，应在裸导线处加装保护网。

6.3.3.2　导线敷设的基本方法

导线敷设的方法有许多种，按线路在建筑物内的敷设位置，分为明敷设和暗敷设；按在建筑结构上的敷设位置，分为沿墙、沿柱、沿梁、沿顶棚和沿地面敷设。

导线明敷设是指导线敷设在建筑物表面可以看得见的部位。导线明敷设是在建筑物全部完工以后进行，一般用于简易建筑或新增加的线路。

导线暗敷设是指导线敷设在建筑物内的管道中。导线暗敷设与建筑结构施工同步进行，在施工过程中首先把各种导管和预埋件置于建筑结构中，建筑完工后再完成导线敷设工作。暗敷设是建筑物内导线敷设的主要方式。

导线敷设的方法也叫配线方法。不同敷设方法的差异主要是导线在建筑物上的固定方式不同,所使用的材料、器件及导线种类也随之不同。按导线的固定材料,可将常用的室内导线敷设方法分为以下几种。

(1)夹板配线。夹板配线使用瓷夹板或塑料夹板来夹持和固定导线,适用于一般场所。双线式瓷夹板如图 6-3-1 所示,瓷夹板配线做法如图 6-3-2 所示。

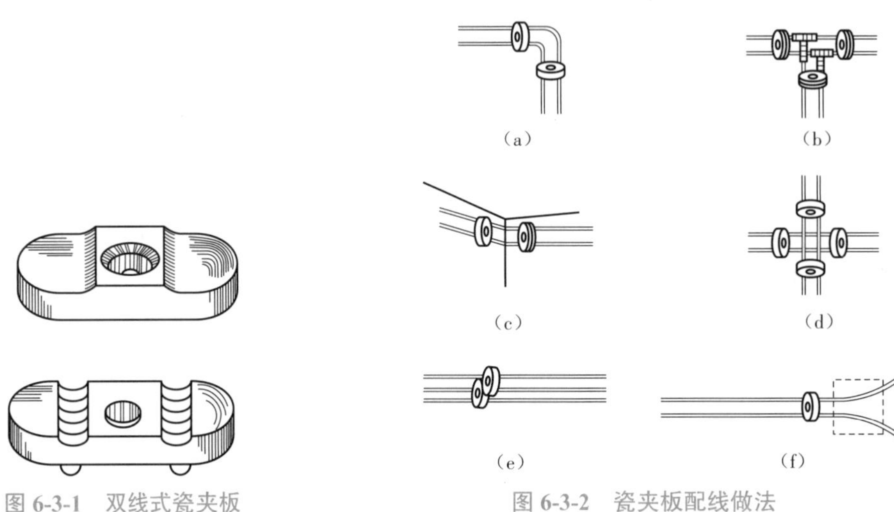

图 6-3-1 双线式瓷夹板

图 6-3-2 瓷夹板配线做法

(a)同一平面转角 (b)不同平面转角 (c)三线平行
(d)丁字交叉 (e)十字交叉 (f)导线进入设备

(2)瓷瓶配线。瓷瓶配线使用瓷瓶来支持和固定导线。瓷瓶的尺寸比夹板大,适用于导线截面较大、比较潮湿的场所。常用瓷瓶如图 6-3-3 所示,瓷瓶配线做法如图 6-3-4 所示。

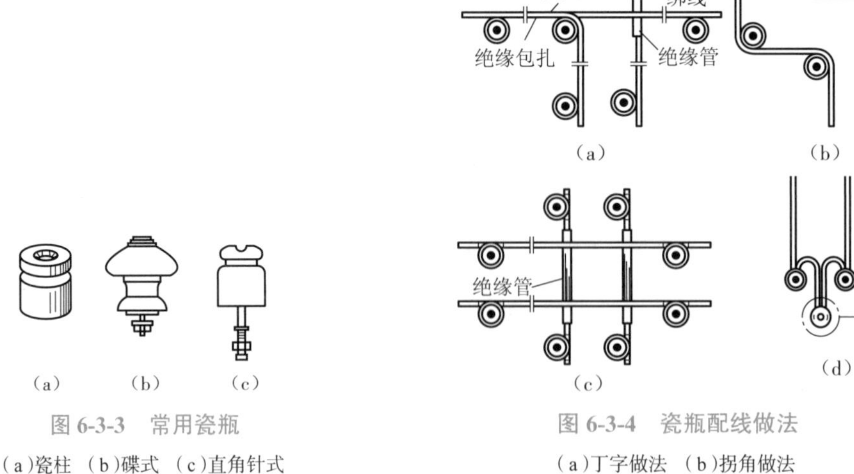

图 6-3-3 常用瓷瓶

(a)瓷柱 (b)碟式 (c)直角针式

图 6-3-4 瓷瓶配线做法

(a)丁字做法 (b)拐角做法
(c)交叉做法 (d)导线插入座做法

（3）线槽配线。线槽配线使用塑料线槽或金属线槽支持和固定导线，适用于干燥场所。线槽外形如图 6-3-5 所示，塑料线槽配线示意如图 6-3-6 所示。

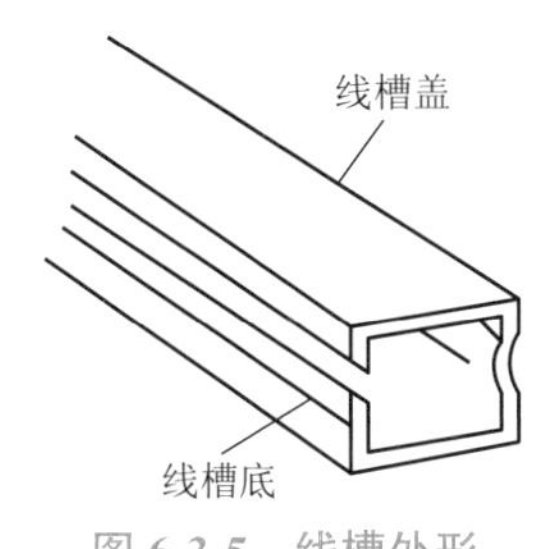

图 6-3-5　线槽外形

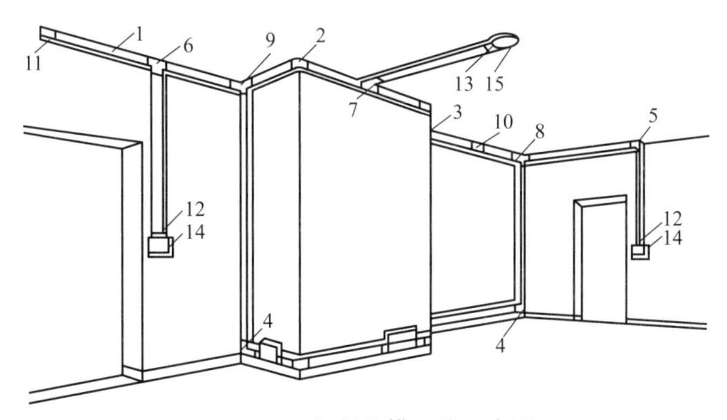

图 6-3-6　塑料线槽配线示意图

1—直线线槽；2—阳角；3—阴角；4—直转角；5—平转角；6—平三通；7—顶三通；8—左三通；9—右三通；10—连接头；11—终端头；12—开关盒插口；13—灯位盒插口；14—开关盒及盖板；15—灯位盒及盖板

（4）卡钉护套配线。卡钉护套配线使用塑料卡钉来支持和固定导线，适用于干燥场所。常用塑料卡钉如图 6-3-7 所示。

（a）　　（b）

图 6-3-7　常用塑料卡钉

（a）拱形　（b）矩形

（5）钢索配线。钢索配线是将导线悬吊在拉紧的钢索上的一种配线方法，适用于大跨度场所，特别是大跨度空间照明。钢索在墙上安装示意如图 6-3-8 所示。

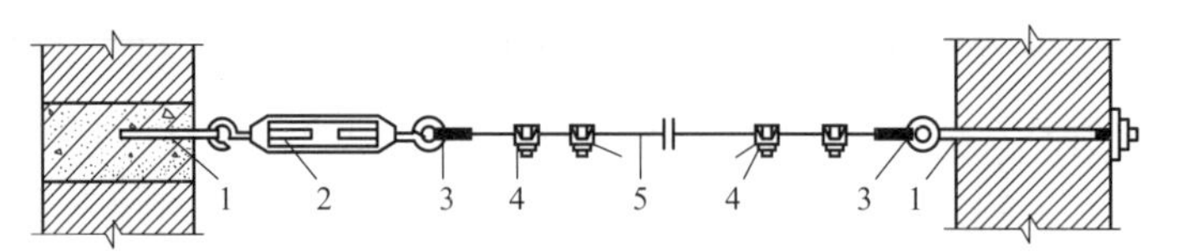

图 6-3-8 钢索在墙上安装示意图

1—终端耳环;2—花篮螺栓;3—心形环;4—钢丝绳卡子;5—钢丝绳

(6)线管配线。线管配线是将导线穿在线管中,然后再明敷或暗敷在建筑物的各个位置。使用不同的管材,可以适用于不同场所,主要用于暗敷设。

穿管常用的管材有两大类:钢管和塑料管。

①钢管。钢管按管壁厚,分为薄壁管和厚壁管。薄壁管也叫电线管,是专门用来穿电线的,其内外均已做过防腐处理。电线管不论管径大小,管壁厚度均为 1~1.6 mm。厚壁管分为焊接钢管和水煤气钢管。焊接钢管的管壁厚度,接管径的不同分成 2.5 mm 和 3 mm 两种。水煤气钢管主要用于通水与煤气,管壁厚度随管径增加而增加。厚壁管又分为镀锌管和不镀锌黑管,不镀锌黑管在使用前需做防腐处理。在现场浇注的混凝土结构中主要使用厚壁钢管,而水煤气钢管则用于敷设在自然地面内和素混凝土地面中。在有轻微腐蚀性气体的场所和有防爆要求的场所必须使用水煤气钢管。

②塑料管。穿管敷设使用的塑料管有聚乙烯硬质管、聚氯乙烯半硬质管、聚氯乙烯波纹管和改性聚氯乙烯硬质管。为了保证供配电线路安装符合防火规范要求,各种塑料管均应为阻燃管,但防火工程线路一律使用水煤气钢管。

a. 聚乙烯硬质管是灰色塑料管,强度较高。由于其加工连接困难,目前建筑施工中已很少使用,主要用在腐蚀性较强的场所。

b. 聚氯乙烯硬质管,也叫 PVC 管,白色。PVC 管绝缘性能好,耐腐蚀,抗冲击、抗拉、抗弯强度大(可以冷弯),不燃烧,附件种类多,是建筑物中暗敷设常用的管材。

c. 聚氯乙烯半硬质管,又叫流体管。由于半硬质管易弯曲,主要用于砖混结构中开关、灯具、插座等处线路的敷设。阻燃型聚氯乙烯半硬质管如图 6-3-9 所示。

d. 聚氯乙烯波纹管,也叫可挠管。波纹管的抗压性和易弯曲性比半硬质管好,许多工程中用其来取代半硬质管,但波纹管比半硬质管薄,易破损。另外,由于管上有波纹,穿线的阻力较大。聚氯乙烯波纹管如图 6-3-10 所示。其暗敷设示意如图 6-3-11 所示。

图 6-3-9 阻燃型聚氯乙烯半硬质管

图 6-3-10 聚氯乙烯波纹管

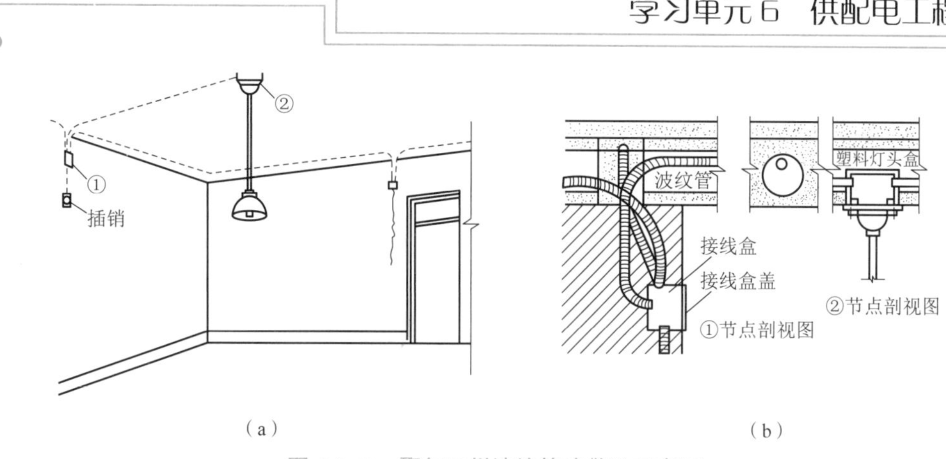

（a）　（b）

图 6-3-11　聚氯乙烯波纹管暗敷设示意图

（a）布线图　（b）节点示意图

③普利卡金属套管是一种新型复合管材，是可挠性电线保护套管，外层为镀锌钢带，内层为电工纸，表面被覆一层具有良好柔韧性的软质聚氯乙烯（PVC）材料，可用于任何环境条件下的室内外配线，按用途可分为标准型、防腐型、耐寒型和耐热型等。

对于管材的规格，厚壁管以内径为准，其他管材以外径为准。

（7）封闭式母线槽配线。封闭式母线槽配线适用于高层建筑、工业厂房等大电流配电场所。密集型母线槽结构如图 6-3-12 所示，母线槽配线示意如图 6-3-13 所示。

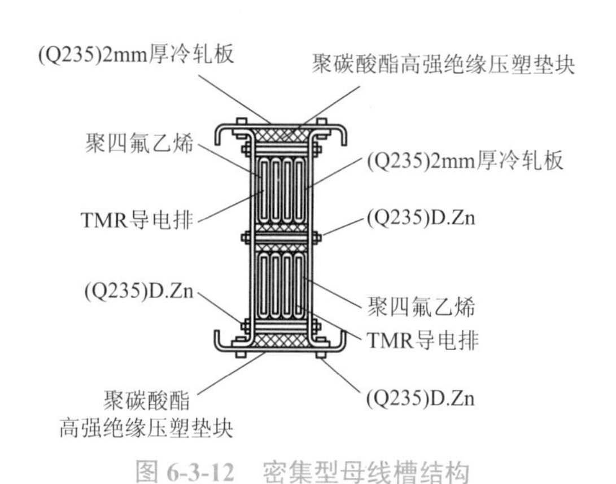

图 6-3-12　密集型母线槽结构

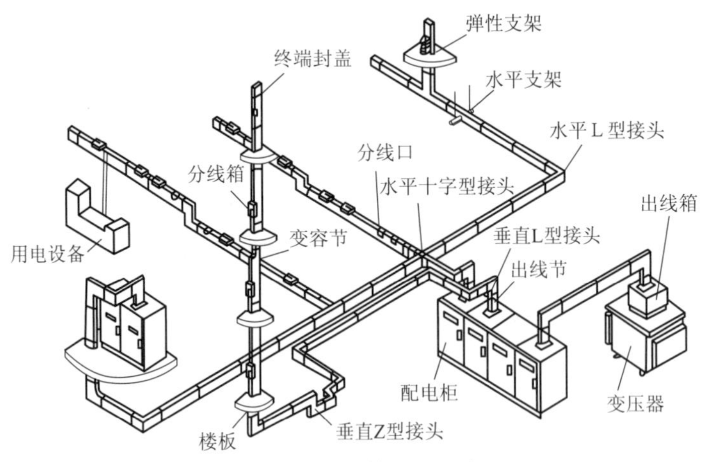

图 6-3-13　母线槽配线示意图

6.3.3.3　管内配线的一般规则

在工业与民用建筑中采用较多的配线方式是线管配线。线管配线的做法是把绝缘导线穿入保护管内敷设。这种配线的特点是比较安全可靠，可以避免腐蚀性气体、液体的侵蚀，还可以避免导线受机械损伤，便于维修更换导线。穿管敷设使用的保护管有钢管（镀锌管）、塑料管（PVC 管）和普利卡金属套管等。

敷管时要根据所穿导线的截面、根数及所采用的保护管的类型合理选定保护管直径。敷管时应该根据管路的长度、弯头的数量和接线位置等实际情况在管路中间的适当位置设置接线盒或拉线盒。其设置原则如下。

（1）安装电器的位置应设置接线盒。

（2）线路分支处或导线规格改变处要设置拉线盒。

（3）水平敷设的管路遇下列情况之一时，中间应增设接线盒或拉线盒，且接线盒或拉线盒的位置应便于穿线。

①管路长度每超过 30 m，无弯。

②管路长度每超过 20 m，有 1 个弯（90° ~120° ）。

③管路长度每超过 15 m，有 2 个弯（90° ~120° ）。

④管路长度每超过 8 m，有 3 个弯（90° ~120° ）。

（4）垂直敷设的管路遇下列情况之一时，应增加固定导线的拉线盒。

①导线截面面积在 50 mm^2 及以下，长度超过 30 m。

②导线截面面积为 70~95 mm^2，长度超过 20 m。

③导线截面面积为 120~240 mm^2，长度超过 18 m。

（5）管路穿过建筑物变形缝时应增设接线盒。

穿管敷设时，管内穿线应符合以下规定。

①穿管敷设的绝缘导线，其绝缘额定电压不能低于 500 V。

②管内所穿导线含绝缘层在内的总截面面积不要大于管内径截面面积的 40%。

③导线在管内不要有接头或扭结,接头应设置在接线盒(箱)内。

④同一交流回路的导线应该穿在同一管内。

⑤不同回路、不同电压等级以及交流与直流回路,不得穿在同一管内。

但下列几种情况或设计有特殊规定的除外:

①电压为 50 V 及以下的回路;

②同一台设备的电动机回路和无抗干扰要求的控制回路;

③照明花灯的所有回路;

④同类照明的几个回路,但管内导线的根数不能超过 8 根。

6.3.3.4 常用绝缘导线

常用绝缘导线的种类按其绝缘材料划分有橡皮绝缘线(BX、BLX)和塑料绝缘线(BV、BLV),按其线芯材料划分有铜芯线和铝芯线,建筑物内多采用塑料绝缘线。常用绝缘导线的型号及用途参见表 6-3-3。

表 6-3-3 常用绝缘导线的型号及用途

型号	名 称	主要用途
BV	铜芯聚氯乙烯绝缘电线	用于交流 500 V 及直流 1 000 V 及以下的线路中,供穿钢管或 PVC 管,明敷或暗敷
BLV	铝芯聚氯乙烯绝缘电线	
BVV	铜芯聚氯乙烯绝缘聚氯乙烯护套电线	用于交流 500 V 及直流 1 000 V 及以下的线路中,沿墙、平顶、线卡明敷用
BLVV	铝芯聚氯乙烯绝缘聚氯乙烯护套电线	
BVR	铜芯聚氯乙烯软线	与 BV 同,安装要求柔软时使用
RV	铜芯聚氯乙烯绝缘软线	供交流 250 V 及以下各种移动电器接线用,大部分用于电话、广播、火灾报警等,前三者常用 RVS 绞线
RVS	铜芯聚氯乙烯绝缘绞型软线	
BXF	铜芯氯丁橡皮绝缘线	具有良好的耐老化性和不延燃性,并具有一定的耐油、耐腐蚀性能,适用于户外敷设
BLXF	铝芯氯丁橡皮绝缘线	
BV-105	铜芯耐 105 ℃聚氯乙烯绝缘电线	供交流 500 V 及直流 1 000 V 及以下电力、照明、电工仪表、通信设备、电子设备等温度较高的场合使用
BLV-105	铝芯耐 105 ℃聚氯乙烯绝缘电线	
RV-105	铜芯耐 105 ℃聚氯乙烯绝缘软线	供 250 V 及以下的移动式设备及温度较高的场所使用

6.3.3.5 照明基本线路

(1)一只开关控制一盏灯或多盏灯。这是一种最常用、最简单的照明控制方式。一只开关控制一盏灯的平面图和原理图如图 6-3-14 所示。到开关和到灯具的线路都是两根线(两根线不需要标注),相线(L)经开关控制后到灯具,零线(N)直接到灯具,一只开关控制多盏灯时,几盏灯均应并联接线。(按目前规范,灯具都要加装接地线,本书接地线略)

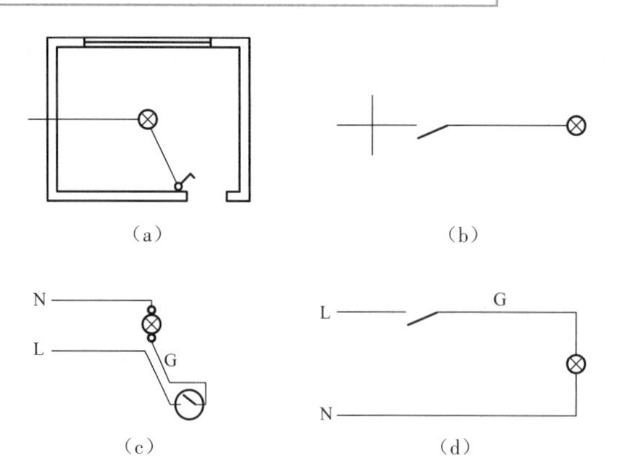

图 6-3-14　一只开关控制一盏灯

(a)平面图　(b)系统图　(c)透视接线图　(d)原理图

(2)多只开关控制多盏灯。当一个空间有多盏灯并需要多只开关单独控制时，可以适当把控制开关集中安装，相线可以公用接到各个开关，开关控制后分别连接到各个灯具，零线直接接到各个灯具，如图 6-3-15 所示。

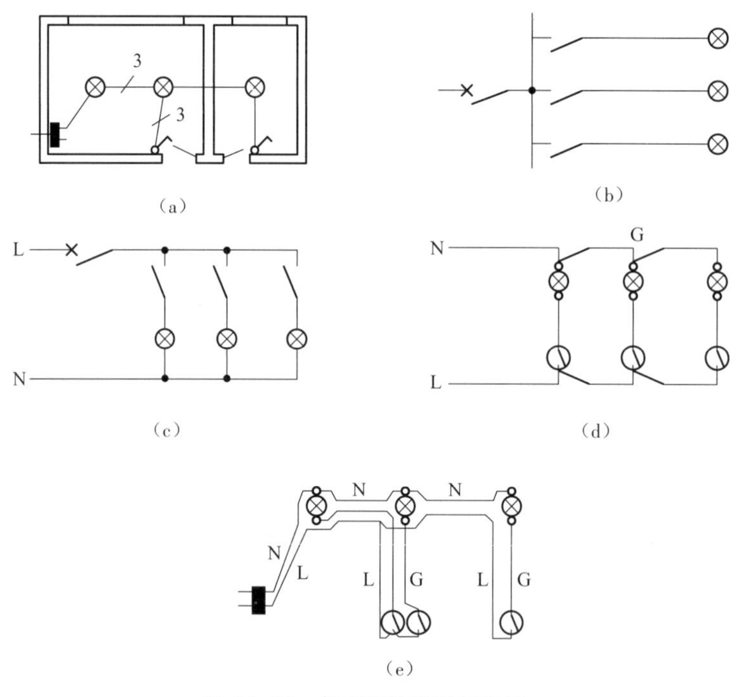

图 6-3-15　多只开关控制多盏灯

(a)平面图　(b)系统图　(c)原理图　(d)原理接线图　(e)透视接线图

(3)两只开关控制一盏灯。用两只双控开关在两处控制同一盏灯，通常用于楼上楼下分别控制楼梯灯，或走廊两端分别控制走廊灯。其原理图和平面图如图 6-3-16 所示，在图示开关位置时，灯处于关闭状态，无论扳动哪个开关，灯都会亮。

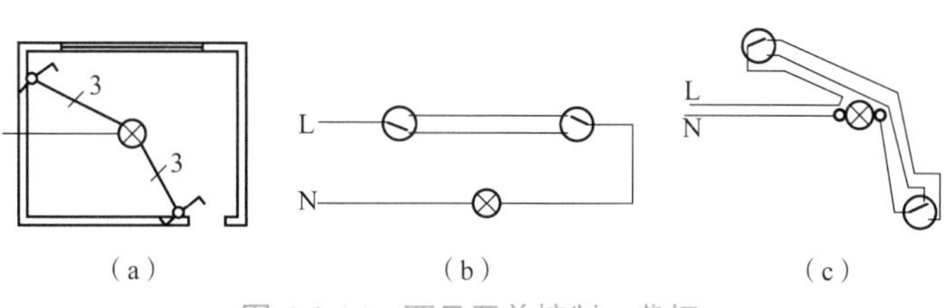

图 6-3-16　两只开关控制一盏灯
（a）平面图　（b）原理图　（c）透视接线图

（4）动力配电基本原则。动力配电图主要表明电动机型号、规格和安装位置；配电线路的敷设方式、路径、导线型号和根数、穿管类型及管径；动力配电箱型号、规格、安装位置与标高等。动力配电设计时要注意尽量将动力配电箱放置在负荷中心，具体安装位置应该便于操作和维护。

6.3.4　例图试读 1——办公科研楼照明工程图

某办公科研楼是一栋两层平顶楼房，图 6-3-17 至图 6-3-19 分别为该楼的总照明配电系统图及各楼层的照明平面图。

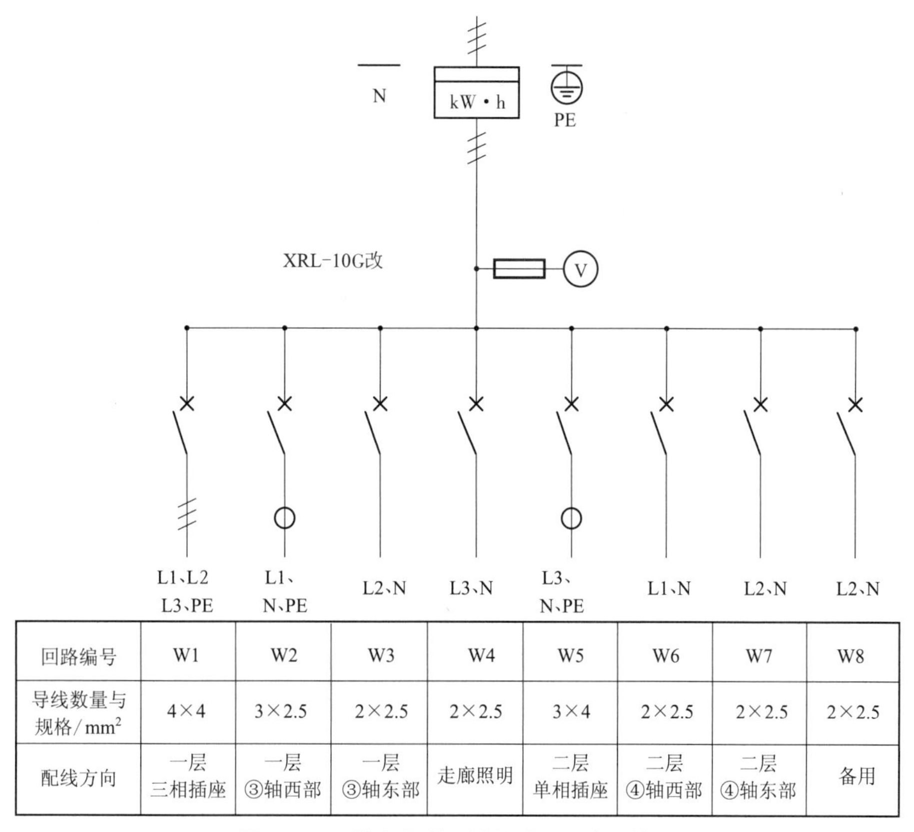

回路编号	W1	W2	W3	W4	W5	W6	W7	W8
导线数量与规格/mm^2	4×4	3×2.5	2×2.5	2×2.5	3×4	2×2.5	2×2.5	2×2.5
配线方向	一层三相插座	一层③轴西部	一层③轴东部	走廊照明	二层单相插座	二层④轴西部	二层④轴东部	备用

图 6-3-17　某办公科研楼总照明配电系统图

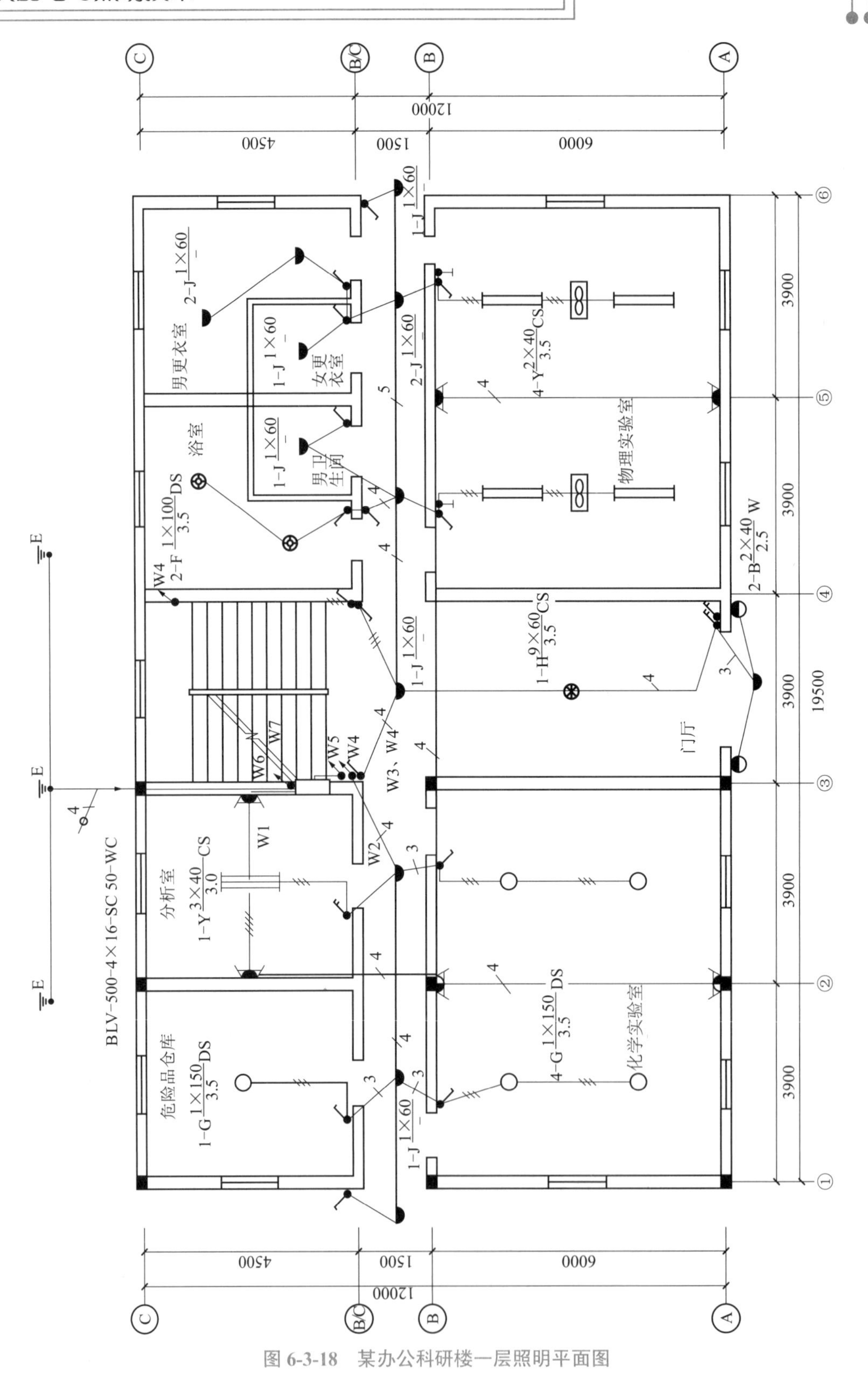

图 6-3-18　某办公科研楼一层照明平面图

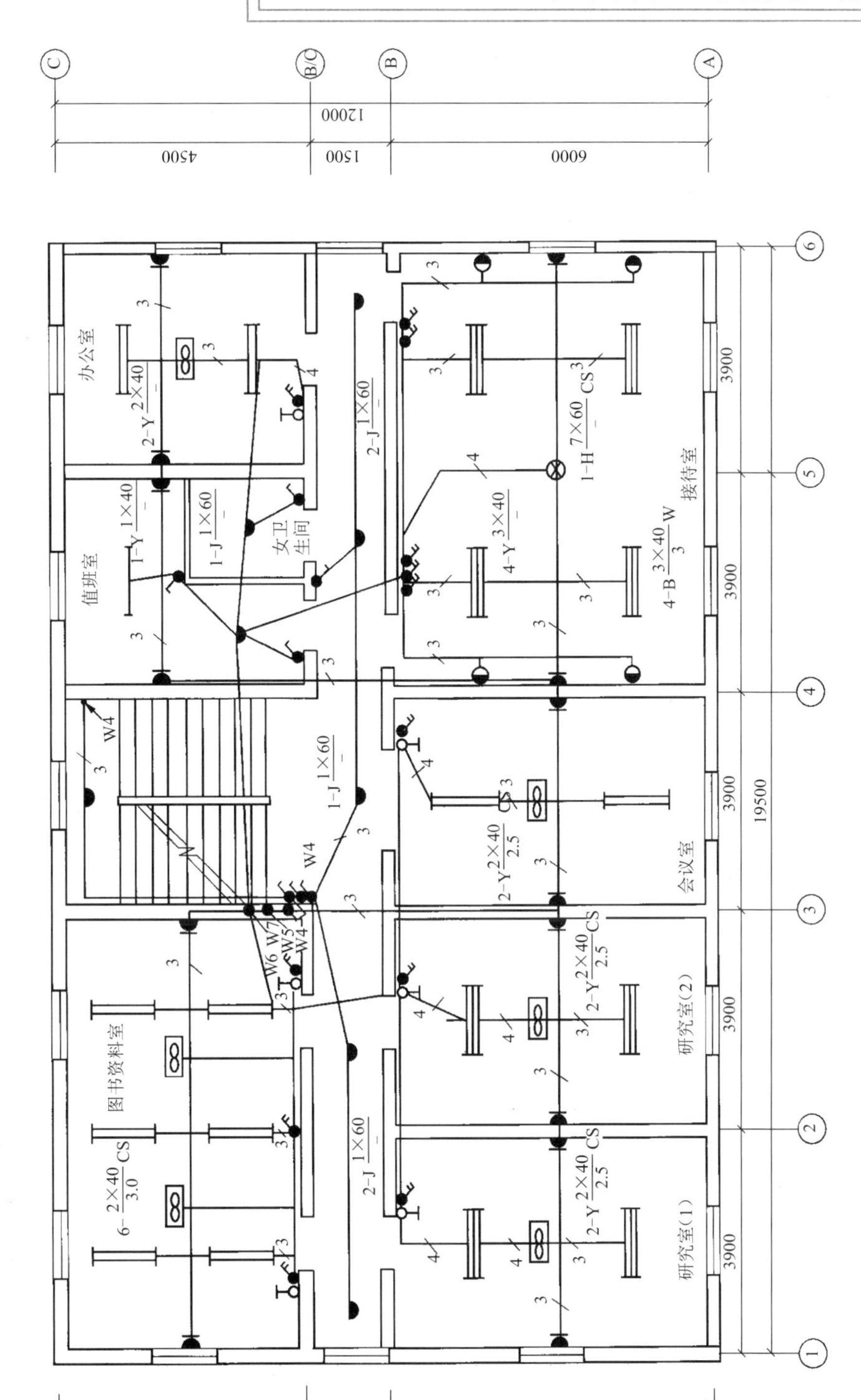

图 6-3-19　某办公科研楼二层照明平面图

6.3.4.1 某办公科研楼照明平面图的阅读

1. 施工说明

(1)电源为三相四线 380/220 V,接户线为 BLV-500 V-4×16 mm²,自室外架空线路引入,进户时在室外埋设接地极进行重复接地。

(2)化学实验室、危险品仓库按爆炸性气体环境分区为 2 号,并按防爆要求进行施工。

(3)配线:三相插座电源导线采用 BV-500 V-4×4 mm²,穿直径为 20 mm 的焊接钢管埋地敷设;③轴西侧照明为焊接钢管暗敷,其余房间均为 PVC 硬质塑料管暗敷;导线采用 BV-500 V-2.5 mm²。

(4)灯具代号说明:G 为隔爆灯,J 为半圆球吸顶灯,H 为花灯,F 为防水防尘灯,B 为壁灯, Y 为荧光灯。(注:灯具代号是按原来的习惯用汉语拼音的第一个字母标注,属于旧代号)

2. 进户线

根据阅读供配电平面图的一般规律,按电源入户方向依次阅读,即进户线→配电箱→干线回路→分支干线回路→分支线及用电设备。

从一层照明平面图(图 6-3-18)可知,该工程进户点位于③轴,进户线采用 4 根 16 mm² 铝芯聚氯乙烯绝缘电线,穿钢管自室外低压架空线路引至室内配电箱,在室外埋设 3 根垂直接地体进行重复接地,从配电箱开始接出 PE 线,成为三相五线制和单相三线制。

3. 照明设备布置情况

由于楼内各房间的用途不同,所以各房间布置的灯具类型和数量有所不相同。

1)一层设备布置情况

物理实验室装有 4 盏双管荧光灯,每只灯管功率为 40 W,采用链吊安装,安装高度为距地 3.5 m,4 盏灯用两只单极开关控制,另外暗装三相插座 2 个,吊扇 2 台。

化学实验室有防爆要求,装有 4 盏防爆灯,每盏灯内装一只 150 W 的白炽灯泡,管吊式安装,安装高度距地 3.5 m, 4 盏灯用 2 只防爆式单极开关控制,另外还装有密闭防爆三相插座 2 个。危险品仓库亦有防爆要求,装有 1 盏防爆灯,管吊式安装,安装高度为距地 3.5 m,由 1 只防爆单极开关控制。

分析室要求光色较好,装有 1 盏三管荧光灯,每只灯管功率为 40 W,链吊式安装,安装高度距地 3 m,用 2 只暗装单极开关控制,另外暗装三相插座 2 个。

由于浴室内水汽多,较潮湿,所以装有 2 盏防水防尘灯,内装 100 W 白炽灯泡,管吊式安装,安装高度为距地 3.5 m,2 盏灯用一个单极开关控制。

男卫生间、女更衣室、走道、东西出口门外都装有半圆球吸顶灯。一层门厅安装的灯具主要起装饰作用,厅内装有 1 盏花灯,内装 9 只 60 W 的白炽灯泡,链吊式安装,安装高度为距地 3.5 m。进门雨篷下安装 1 盏半圆球吸顶灯,内装一只 60 W 白炽灯泡,吸顶安装。大门两侧分别装有 1 盏壁灯,内装 2 只 40 W 白炽灯泡,安装高度为距地 2.5 m。花灯、壁灯、

吸顶灯的控制开关均装在大门右侧，共4个单极开关。

2）二层设备布置情况

接待室安装了3种灯具。花灯1盏，内装7只60 W白炽灯泡，为吸顶安装；三管荧光灯4盏，每只灯管功率为40 W，吸顶安装；壁灯4盏，每盏内装3只40 W白炽灯泡，安装高度为距地3 m；单相带接地孔的插座2个，暗装；总计9盏灯由11个单极开关控制。会议室装有双管荧光灯2盏，每只灯管功率为40 W，链吊式安装，安装高度为距地2.5 m，两只开关控制；另外还装有吊扇1台，带接地插孔的单相插座2个。研究室（1）和研究室（2）分别装有双管荧光灯2盏，每只灯管功率为40 W，链吊式安装，安装高度为距地2.5 m，均用2个开关控制；另分别装有吊扇1台，带接地插孔的单相插座2个。

图书资料室装有6盏双管荧光灯，每只灯管功率40 W，链吊式安装，安装高度为距地3 m；吊扇2台；6盏荧光灯由6个开关控制；带接地插孔的单相插座2个。办公室装有双管荧光灯2盏，每只灯管功率40 W，吸顶安装，各由1个开关控制；吊扇1台；带接地插孔的单相插座2个。值班室装有1盏单管荧光灯，吸顶安装；还装有1盏半圆球吸顶灯，内装1只60 W白炽灯泡；2盏灯各用1个开关控制；带接地插孔的单相插座2个。女卫生间、走道、楼梯均装有半圆球吸顶灯，每盏有1个60 W的白炽灯泡，共7盏；楼梯灯采用2只双控开关分别在二层和一层控制。

4. 各配电回路负荷分配

根据图6-3-17可知，该照明配电箱设有三相进线总开关和三相电能表，共有8条回路，其中W1为三相回路，向一层三相插座供电；W2向一层③轴西部的室内照明灯具及走廊供电；W3向③轴东部的照明灯具供电；W4向一层部分走廊灯和二层走廊灯供电；W5向二层单相插座供电；W6向二层④轴西部的会议室、研究室、图书资料室内的灯具、吊扇供电；W7为二层④轴东部的接待室、办公室、值班室及女卫生间的照明、吊扇供电；W8为备用回路。

考虑到三相负荷应尽量均匀分配的原则，W2~W8支路应分别接在L1、L2、L3三相上。因W2、W3、W4和W5、W6、W7各为同一层楼的照明线路，应尽量不要接在同一相上，因此可将W2、W6接在L1相上，将W3、W7接在L2相上；将W4、W5接在L3相上。

5. 各配电回路连接情况

各条线路导线的根数及其走向是电气照明平面图的主要表现内容之一，然而要真正认识每根导线及导线根数的变化原因是初学者的难点之一。为解决这一问题，在识别线路连接情况时，应首先了解采用的接线方法是在开关盒、灯头盒内接线，还是在线路上直接接线；其次是了解各照明灯具的控制方式，应特别注意分清哪些是采用2个甚至3个开关控制1盏灯的接线；然后再一条线路一条线路地查看，这样就不难算出导线的数量了。下面根据照明电路的工作原理，对各回路的接线情况进行分析。

1）W1回路的走向及连接情况

W1回路为一条三相回路，外加一根PE线，共4条线，引向一层的各个三相插座。导线

在插座盒内进行共头连接。

2)W2 回路的走向及连接情况

W2、W3、W4 各一根相线和一根零线，W2 回路再加上一根 PE 线(接防爆灯外壳)共 7 根线，由配电箱沿③轴引出到 B/C 轴交叉处开关盒上方的接线盒内。W2 在③轴和 B/C 轴交叉处的开关盒上方的接线盒处与 W3、W4 分开，转而引向一层西部的走廊和房间，其连接情况如图 6-3-20 所示。

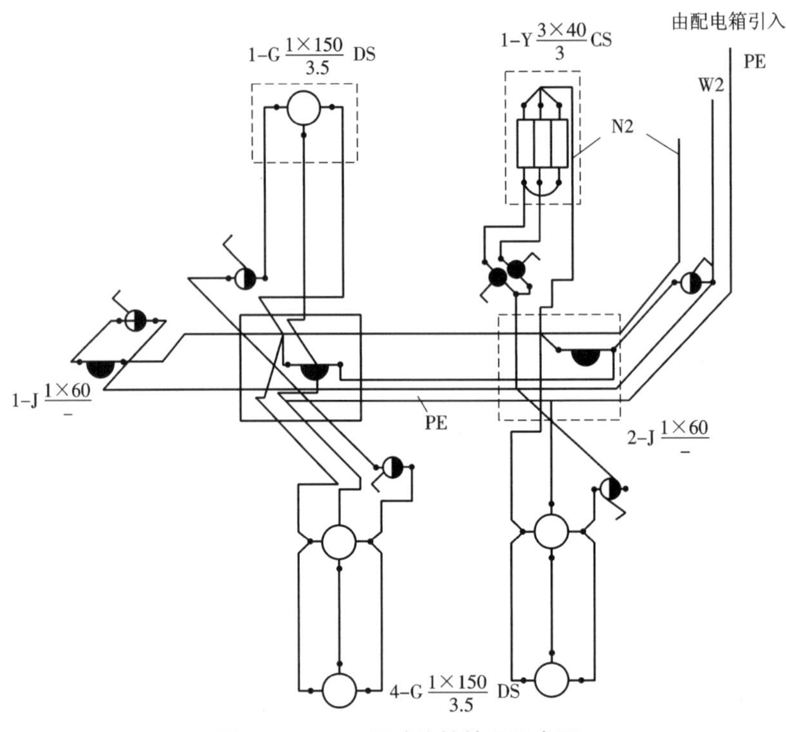

图 6-3-20　W2 回路连接情况示意图

W2 相线在③轴与 B/C 轴交叉处接入一只暗装单极开关，控制西部走廊内的两盏半圆球吸顶灯，同时往西引至西部走廊第一盏半圆球吸顶灯的灯头盒内，并在灯头盒内分成 3 路。第一路引至分析室门侧面的二联开关盒内，与两只开关相接，用这 2 只开关控制三管荧光灯的 3 只灯管，即一只开关控制一只灯管，另一只开关控制 2 只灯管，以实现开 1 只、2 只、3 只灯管的任意选择。第二路引向化学实验室右边防爆开关的开关盒内，这只开关控制化学实验室右边的 2 盏防爆灯。第三路向西引至走廊内第二盏半圆球吸顶灯的灯头盒内，在这个灯头盒内又分成 3 路，一路引向西部门灯，一路引向危险品仓库，一路引向化学实验室左侧门边防爆开关盒。

3 根零线在③轴与 B/C 轴交叉处的接线盒处分开，一根和 W2 相线一起走，另外 2 根随 W3、W4 引向东侧和二楼。

3）W3 回路的走向和连接情况

W3、W4 相线各带一根零线，沿③轴引至③轴和 B/C 轴交叉处的接线盒，转向东南引至一层走廊正中的半圆球吸顶灯的灯头盒内，但 W3 回路的相线和零线只是从此通过（并不分支），一直向东至男卫生间门前的半圆球吸顶灯的灯头盒，在此盒内分成 3 路，分别引向物理实验室西门、浴室和继续向东引至女更衣室门前吸顶灯灯头盒；并在此盒内再分成 3 路，分别引向物理实验室东门、女更衣室及东端门灯。其连接情况如图 6-3-21 所示。

4）W4 回路的走向和连接情况

W4 回路在③轴和 B/C 轴交叉处的接线盒内分成 2 路，一路由此引上至二层，向二层走廊灯供电；另一路向一层③轴以东走廊灯供电。在一层的分支与 W3 回路一起转向东南引至一层走廊正中的半圆球吸顶灯，在灯头盒内分成 3 路，第一路引至楼梯口右侧开关盒，接开关；第二路引向门厅花灯，直至大门右侧开关盒，作为门厅花灯及壁灯等的电源；第三路与 W3 回路一起沿走廊引至男卫生间门前半圆球吸顶灯，再到女更衣室门前吸顶灯及东端门灯。其连接情况如图 6-3-21 所示。

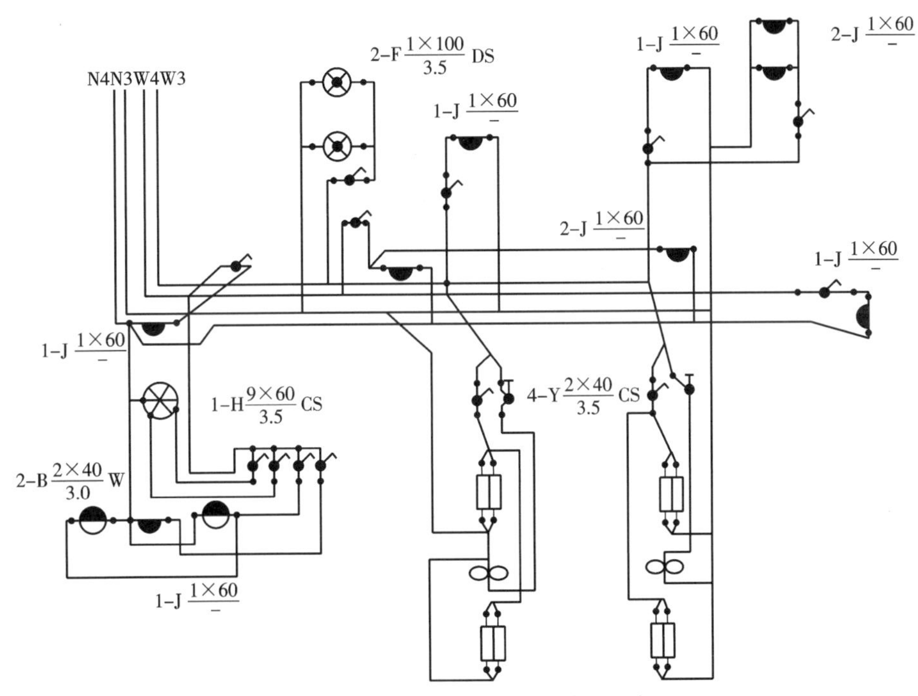

图 6-3-21 W3、W4 回路连接情况示意图

5）W5 回路的走向和连接情况

W5 回路是向二层单相插座供电的，W5 相线 L3、零线 N 和接地保护线 PE 共 3 根 4 mm 的导线穿 PVC 管由配电箱直接引向二层，沿墙及地面暗配至各房间单相插座。

6)W6 回路的走向和连接情况

W6 相线和零线穿 PVC 管由配电箱直接引向二层,向④轴西部房间供电。线路连接情况可自行分析。在研究室(1)和研究室(2)房间中从开关至灯具、吊扇间导线根数标注依次是 4—4—3,其原因是两只开关不是分别控制两盏灯,而是分别同时控制两盏灯中的 1 只灯管和 2 只灯管。

7)W7 回路的走向和连接情况

W7 回路同 W6 回路一起向上引至二层,再向东至值班室灯位盒,然后再引至办公室、接待室。具体连接情况如图 6-3-22 所示。

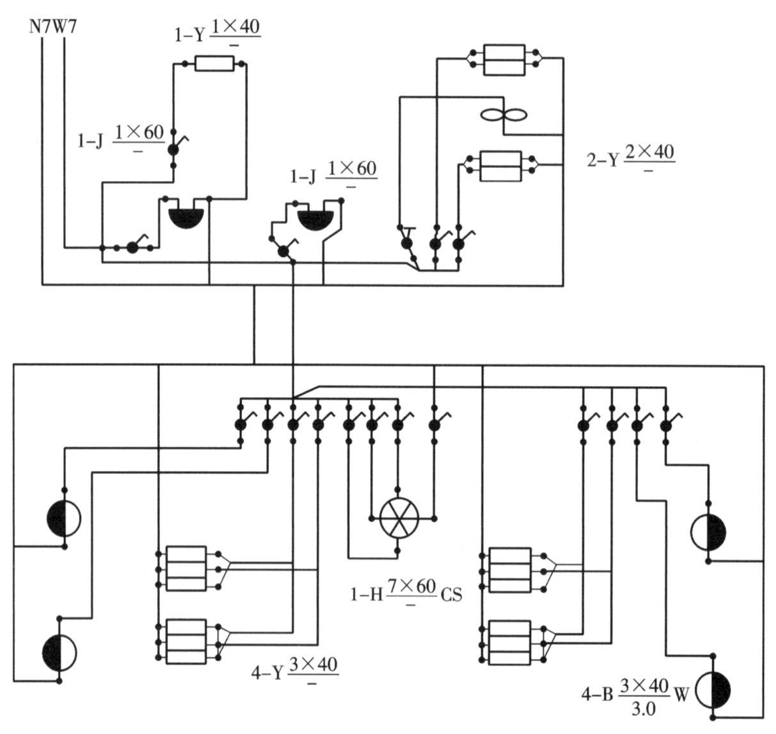

图 6-3-22　W7 回路连接情况示意图

对于前面几条回路,我们分析的顺序都是从开关到灯具,反过来,也可以从灯具到开关进行阅读。例如,图 6-3-19 接待室西边门东侧有 7 只开关,④轴上有 2 盏壁灯,导线的根数是递减的 3—2,这说明两盏壁灯各用一只开关控制。这样还剩下 5 只开关,还有 3 盏灯具。④～⑤轴间的两盏荧光灯,导线根数标注都是 3 根,其中必有一根是零线,剩下的必定是 2 根开关线,由此可推定这 2 盏荧光灯是由 2 只开关共同控制的,即每只开关同时控制两盏灯中的 1 只灯管和 2 只灯管,有利于节能。这样,剩下的 3 只开关就是控制花灯的了。

以上分析了各回路的连接情况,并分别画出了部分回路的连接情况示意图。在此,给出连接情况示意图的目的是帮助读者更好地阅读图纸。在实际工程中,设计人员是不用绘制这种照明接线图的,此处是为初学者更快入门而绘制的。但看图时不是先看接线图,而是要

看施工平面图，然后在脑子里想象出一个相应的接线图，而且还要能想象出一个立体布置的概貌。

6.3.4.2 照明图工程量分析

首先，要确定配电箱的尺寸和安装位置，再分析配电箱的进线和各回路出线情况。插座安装高度为 0.3 m，楼板垫层较厚，沿地面敷管配线。屋面有装饰性吊顶，吊顶高度为 0.3 m。

1. 配电箱的尺寸和安装位置

已知配电箱的型号为 XRL（仪）-10G 改，查阅《供配电安装工程施工图集》，可知配电箱规格为 750 mm × 540 mm × 160 mm（宽 × 高 × 深），XRL 表示嵌入式动力配电箱；（仪）为设计序号，含义为安装有电能表或电压指示仪表；10 为电路方案号；G 为电路分方案号；改的含义为定做（非标准箱），需要将几个三相（低压断路器）更换成单相低压断路器和漏电保护开关。因为该建筑既有三相动力设备又有单相设备，目前只有定做这种混合式配电箱。现代的配电箱内开关是导轨式安装，改装非常方便，定做已经非常普遍。

规范上要求照明配电箱的安装高度一般为：当箱体高度不大于 600 mm 时，箱体下口距地面宜为 1.5 m；当箱体高度大于 600 mm 时，箱体上口距地面不宜大于 2.2 m。

根据平面图的情况，配电箱的安装位置可确定为中心距 C 轴 3 m，距 B/C 轴 1.5 m，底边距地面 1.4 m，顶边距地面 2.15 m。

2. 接户线与接地保护线安装

1）接户线安装

接户线是指从架空线路电杆上引到建筑物电源进户点前第一支持点的一段架空导线。接户线是将电能输送和分配到用户的最后一段线路，也是用户线路的开端部分。

已知接户线为 BLV-4 × 16 mm^2，根据电气工程施工规范要求，接户线的进户口距地不宜低于 2.5 m，因该建筑一层与二层间有圈梁，圈梁高度为 250 mm，支架安装在圈梁下面，高度取 3.5 m。图 6-3-23 为接户线横担安装方式示意图。导线为 16 mm^2，采用蝶式绝缘子 4 个，瓷瓶间距 L_1 为 300 mm，支架角钢用 ∟ 50 mm × 50 mm × 5 mm，总长 100 mm+600 mm =1 700 mm。蝶式绝缘子拉板扁钢用—40 mm × 4 mm，每个长 200 mm+60 mm=260 mm，共 8 根，全长 8 × 260 mm =2 080 mm。2 个钻孔均为ϕ18 mm。

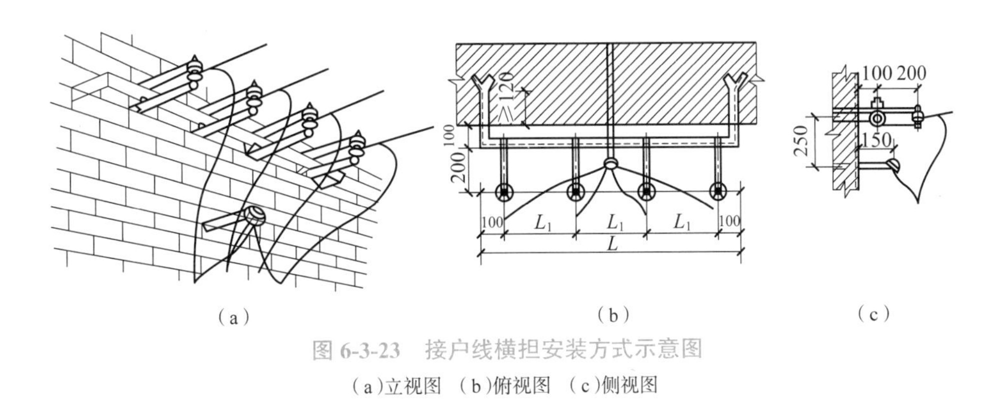

图 6-3-23 接户线横担安装方式示意图

（a）立视图 （b）俯视图 （c）侧视图

进户管宜使用镀锌钢管，在接户线支架横担正下方，垂直距离为 250 mm，伸出建筑物外墙部分应不小于 150 mm，且应加装防水弯头，其周围应堵塞严密，以防雨水进入室内。进户线管为 DN50，管长 3 m+0.2 m（防水弯）+3.5 m−2.15 m=4.55 m。单根 16 mm^2 接户线长为 4.5 m+1.5 m（架空接头预留线）+1.29 m（配电箱预留线）=7.29 m，16 mm^2 接户线总长 4 × 7.3 m =29.2 m。

2）接地保护线安装

因为该建筑的供电系统是 TN-C-S 系统，所以在线路进入建筑物时需要将 N 线进行重复接地。重复接地一般是在接户线支架处进行，接地引下线和接地线一般用扁钢或圆钢，扁钢为—25 mm × 4 mm，圆钢为ϕ10 mm。接地极用 ∟ 50 mm × 50 mm × 5 mm，3 根，每根长 2.5 m，共 3 × 2.5 m=7.5 m，接地极（体）平行间距不宜小于 5 m，顶部埋地深度不宜小于 0.6 m，接地极距建筑物不宜小于 2m。因此，接地引下线和接地线总长为 10 m+2 m+0.6 m+3.5 m=16.1 m。接地电阻不得大于 10 Ω。重复接地做法如图 6-3-24 所示。电源的 N 线重复接地后成为 PEN 线，进入配电箱后先与 PE 线端子相接，再与 N 线端子相接，此后 PE 线和 N 线就要分清楚，PE 线是与电气设备的金属外壳相连接，使金属外壳与大地等电位；而 N 线是电气设备的零线，是电路的组成部分。

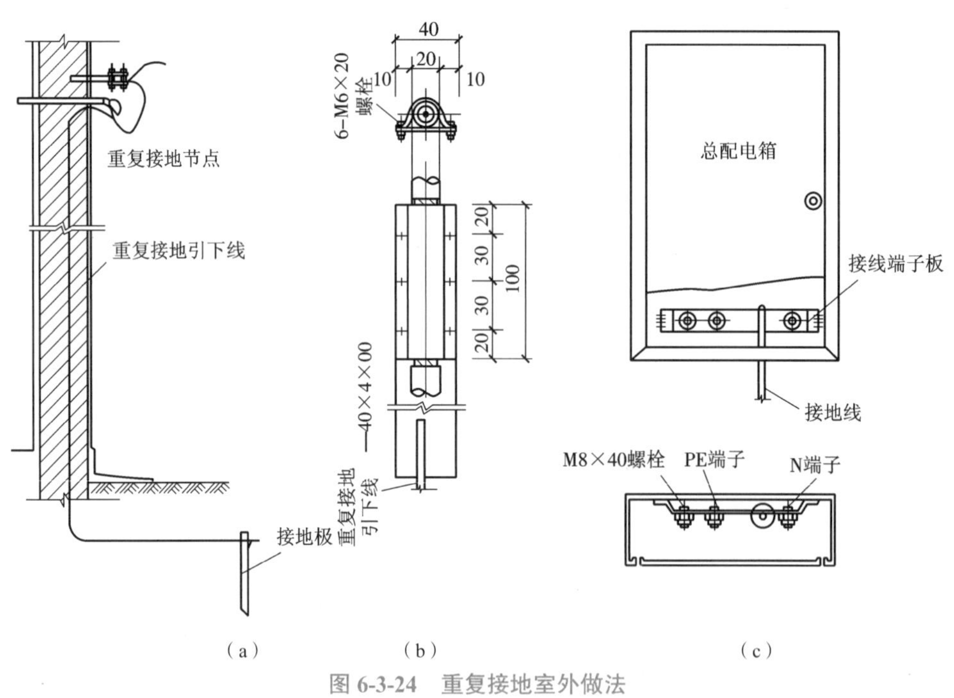

图 6-3-24　重复接地室外做法

（a）重复接地安装　（b）重复接地节点图　（c）箱内接线

3. W1 回路分析

W1 回路有带接地三相插座 6 个，标注应为 BV-4 × 4SC20-FC，含义为穿焊接钢管

DN20 埋地暗敷设，插座安装高度为距地 0.3 m，从配电箱底边到③轴分析室插座，管长为 1.4 m−0.3 m+3 m−2.25 m=1.85 m，4 mm^2 导线单根线长为 1.85 m+1.29 m（配电箱预留线）=3.14 m，导线总长 4×3.14 m=12.56 m。从③轴插座到④轴插座，管长为 3.9 m+2×0.3 m+2×0.1 m（埋深）=4.7 m，导线总长为 4×4.7 m=18.8 m，在工程量计算时不用考虑预留线。从④轴插座到 B 轴化学实验室插座，管长为 2.25 m+1.5 m+2×0.3 m+2×0.1 m（埋深）=4.55 m，线长 4×4.55 m=18.2 m。防爆插座安装时要求管口及管周围要密封，防止易燃易爆气体通过管道流通，具体做法请查阅《建筑安装工程施工图集 3：电气工程》。其他插座工程量可自行分析。

4. W2 回路分析

1）配电箱到接线盒

W2 回路是向一层西部照明配电，由于化学实验室和危险品仓库安装的是隔爆灯，而隔爆灯的金属外壳需要接 PE 线，所以 W2 回路为 3 线（L1、N、PE），由于西部走廊灯的开关安装在③轴楼梯侧，因此在开关上方的顶棚内要装接线盒进行分支，W4 回路是向③轴东部及二层走廊灯配电，W3 回路是向④轴东部室内配电，3 个回路 7 根 2.5 mm^2 线可以从配电箱用 PC20 管配到开关上方接线盒进行 4 个分支。管长为 4 m−2.15 m−0.3 m（垂直）+1.5 m−0.2 m（平行）=2.85 m。单根线长 2.85 m+1.29 m（配电箱预留线）=4.14 m，总线长 7×4.14 m=28.98 m。

2）分支 1 到开关

沿墙垂直敷管，2 线（L1、K），其中 K 表示开关线，管长 4 m−0.3 m−1.3 m=2.4 m，线长 2×2.4 m=4.8 m。后续内容如无预留线，将只说明线的数量和管长，线长（= 线数 × 管长）可自行计算。

3）分支 2 到③轴西部走廊灯

从接线盒沿顶棚平行敷管到②轴至③轴间走廊灯位盒，4 线（L1、N、PE、K），管长约 2.2 m。在灯位盒处又有 3 个分支，1 分支到化学实验室开关上方接线盒，3 线（L1、N、PE），管长 0.75 m+0.35 m（距墙中心的距离）=1.1 m。沿墙垂直敷管到开关，2 线（L1、K），管长 4 m−0.3 m−1.3 m=2.4 m。沿顶棚平行敷管到 2 盏隔爆灯，3 线（L1、N、PE），管长 4.5 m。

2 分支到分析室开关上方接线盒，2 线（L1、N），管长 0.75 m+0.35 m（距墙中心的距离）=1.1 m。沿墙垂直敷管到开关，3 线（L1、2K），管长 4 m−0.3 m−1.3 m=2.4 m。沿顶棚平行敷管到三管荧光灯，3 线（N、2K），管长 2 m。

3 分支到①轴至②轴间走廊灯位盒，4 线（L1、N、PE、K），管长 3.9 m，该灯位盒又有 3 个分支，可自行分析。

4）分支 3 到③轴至④轴间走廊灯

从接线盒沿顶棚平行敷管到③轴至④轴间走廊灯位盒，4 线（L2、N、L3、N），管长 2 m。

5)分支 4 到二层③轴侧开关盒

二层走廊灯由 W4 回路配电,其二层③轴西部走廊灯的开关在③轴 1.3 m 处,从接线盒沿墙配到开关盒,2 线(L3、N),管长 5.3 m−3.7 m=1.6 m。

5. W3、W4 回路分析

在③轴至④轴间走廊灯处有 3 个分支,因为 W3 回路和 W4 回路有一段共管,所以一起分析。

1)分支 1

④轴至⑤轴间走廊灯,为 W3 回路、W4 回路共管,4 线(L2、N、L3、N),管长 3.9 m。在④轴至⑤轴间走廊灯处又有 3 个分支。

1 分支到浴室开关上方接线盒,4 线(L3、K、L2、N),管长 0.75 m+0.35 m=1.1 m。垂直到开关,4 线(L2、K、N、K),管长 4 m−0.3 m−1.3 m=2.4 m。再穿墙到走廊灯开关,管长 0.2 m,平行到浴室灯,2 线(N、K),管长约 1.5 m。平行到男卫生间灯,2 线(N、K),管长约 1.5 m。男卫生间灯再到开关,可以少装一个接线盒。

2 分支到物理实验室开关上方接线盒, 2 线(L2、N),管长 0.75 m+0.35 m=1.1 m。垂直到开关,3 线(L2、2K),管长 2.4 m。平行到荧光灯,3 线(N、2K),管长 1.5 m。到风扇,3 线(N、2K),管长 1.5 m。再到荧光灯,2 线(N、K),管长 1.5 m。

3 分支到⑤轴至⑥轴间走廊灯,5 线(L2、N、L3、N、K),管长 3.9 m,又分有 3 个分支,即到女更衣室、物理实验室和门厅(雨篷)灯,可自行分析。

2)分支 2

从③轴至④轴间走廊灯处到花灯,2 线(L3、N),管长 3 m+0.75 m=3.75 m。花灯到 A 轴开关上方接线盒, 4 线(L3、 N、 2K),管长 3 m。接线盒到开关, 5 线(L3、 4K),管长 4 m−0.3 m−1.3 m=2.4 m。从接线盒到壁灯, 3 线(N、 2K),管长 3.7 m−2.5 m=1.2 m。壁灯到门厅(雨篷)灯,3 线(N、2K),管长约 3 m,再到③轴壁灯,2 线(N、K),管长约 3 m。

3)分支 3

从③轴至④轴间走廊灯位盒到④轴开关上方接线盒,3 线(L3、N、K),管长约 2.5 m,其中 N 是二层楼梯平台灯的零线。二层楼梯平台灯为双控开关控制,双控开关即在两处控制一盏灯的亮和灭,一个安装在一层④轴侧,距地面 1.3 m,另一个安装在二层③轴侧,距地面 5.3 m,二层楼梯平台灯距地面 7.7 m。接线盒到开关,4 线(L3、K、2SK),管长 2.4 m。

每个双控开关有 3 个接线端子,中间的端子一个接 L3,另一个接 K,两边端子接 2 个开关的联络线,用 SK 表示,双控开关的接线图如图 6-3-25 所示。图中的开关位置说明灯是亮的,拨动任何一个开关均可以控制灯灭。

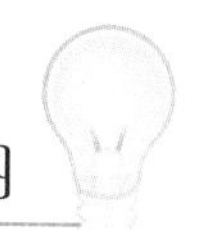

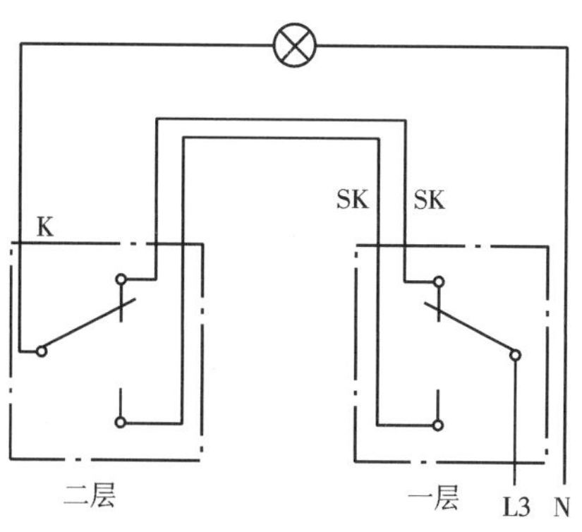

图 6-3-25　双控开关接线图

从接线盒到沿墙垂直到距地面 7.7 m 处的接线盒，3 线（N、2SK），管长 4 m。再到二层楼梯平台灯处，3 线（N、2SK），管长 4.5 m−0.6 m−0.2 m+2 m=5.7 m。也可以斜向直接到二层楼梯平台灯，管长约 4 m。从二层楼梯平台灯处再到③轴二层双控开关上方接线盒，3 线（K、2SK），管长 5.7 m 或约 4 m。再到③轴二层双控开关，3 线（K、2SK），管长 7.7 m−5.3 m=2.4 m。

4）W4 回路在二层回路分析

从二层③轴的开关盒到其上方顶棚内的接线盒，4 线（L3、N、2K），管长 3.7 m−1.3 m=2.4 m。在接线盒内有 2 个分支，分支 1 到③轴西部走廊灯，2 线（N、K），分支 2 到③轴东部走廊灯，3 线（L3、N、K），管长等可自行计算。

5）双控开关的另一种配线方案

对于双控开关的配线还有其他方案，例如从③轴至④轴间走廊灯位盒到④轴开关上方接线盒，4 线（L3、K、2SK），管长约 2.5 m。从③轴接线盒到③轴至④轴间走廊灯配 6 线（L2、N、L3、N3、2SK），从一层③轴接线盒到二层双控开关配 4 线（L3、N、2SK），从二层双控开关到上方顶棚内的接线盒配 5 线（L3、N、3K），管长 3.7 m−1.3 m=2.4 m，再到二层楼梯平台灯处配 2 线（N、K）。管长与原来敷管相同，只是管径可能需要改变。与前一种配线方案相比，这种方案既省管又省线，也方便。

6. W5 回路分析

W5 回路是向二层所有的单相插座配电的，插座安装高度为 0.3 m，沿一层楼板敷管配线。从配电箱到图书资料室③轴插座盒，3 线（L3、N、PE），管长 4 m+0.3 m−2.15 m+2.25 m−1.5 m=2.9 m，单根线长 2.9 m+1.29 m=4.19 m。从图书资料室③轴插座盒到研究室（2）的③轴插座盒，3 线（L3、N、PE），管长 2.25 m+1.5 m+3 m+2 × 0.3 m+2 × 0.1 m=7.55 m。线长 3 × 7.55 m=22.65 m。

7. W6 回路分析

W6 回路、W7 回路是沿二层顶棚敷管配线。从配电箱沿墙直接配到顶棚，安装一个接线盒进行分支，4 线（L1、N、L2、N），管长 7.7 m−2.15 m=5.55 m，单根线长

5.55m+1.29 m=6.84 m。

W6 回路，2 线（L1、N）直接配到图书资料室接近 B/C 轴的荧光灯（灯位盒），再从灯位盒配向开关、吊扇及其他荧光灯，可以实现从灯位盒到灯位盒，再从灯位盒到开关，虽然管、线增加了，但可以减少接线盒，从而减少中途接线的次数。由于图 6-3-19 比例太小，工程量计算不一定准确，如果管、线增加得多，也可以考虑加装接线盒，例如从图书资料室接近 B/C 轴的荧光灯到研究室的荧光灯，如果在开关上方加装接线盒，可以减少 2 m 管和 2 m 线。在选择方案时可以进行经济比较。

8. W7 回路分析

W7 回路，2 线（L2、N）直接配到值班室球形灯，再从球形灯到开关及女卫生间球形灯等。从值班室球形灯到接待室开关上方的加装接线盒，2 线（L2、N），管长约 3 m。由于该房间的灯具比较多，配线方案可以有几种，现举例其中一种，读者可以与其他方案进行比较，确定比较经济的方案。

1）分支 1

从接线盒到开关（7 个开关），8 线（L2、7K），管长 2.4 m。

2）分支 2

从接线盒到接近 B 轴的荧光灯、壁灯和花灯，共管配线，8 线（N、7K），管长 1.5 m。在该荧光灯处又进行分支。1 分支到壁灯，3 线（N、2K），管长 2 m+3.7 m−3 m=2.7 m；壁灯到壁灯，2 线（N、K），管长 3 m。2 分支到荧光灯，3 线（N、2K），管长 3 m。3 分支到花灯，4 线（N、3K），管长约 3 m。

从接线盒到⑤轴至⑥轴间开关上方接线盒，2 线（L2、N），管长约 5 m。垂直沿墙到开关盒，5 线（L2、4K），管长 2.4 m。接线盒再到荧光灯，5 线（N、4K），管长 1.5 m。荧光灯到荧光灯，3 线（N、2K），管长 3 m。荧光灯到壁灯，3 线（N、2K），管长 2 m+3.7 m−3 m=2.7 m。壁灯到壁灯，2 线（N、K），管长 3 m。

6.3.5 例图试读 2——住宅照明平面图

随着科技的发展和生活水平的提高，人们对居住的舒适度要求也越来越高。对住宅照明配电的要求是方便、安全、可靠。体现在配线工程上，就是插座多、回路多、管线多。下面用一个实例来使读者了解住宅照明配电的基本情况，分析方法与 6.3.4 节办公科研楼照明的分析方法是相同的。

6.3.5.1 某住宅照明平面图的基本情况

图 6-3-26 和图 6-3-27 为某 8 层住宅楼某层某户的电气照明配电系统图和照明平面布置图。图中的灯具设置主要是从生活需要的角度而设计的，其目的主要是讨论电气敷管配线施工和工程量计算方法。

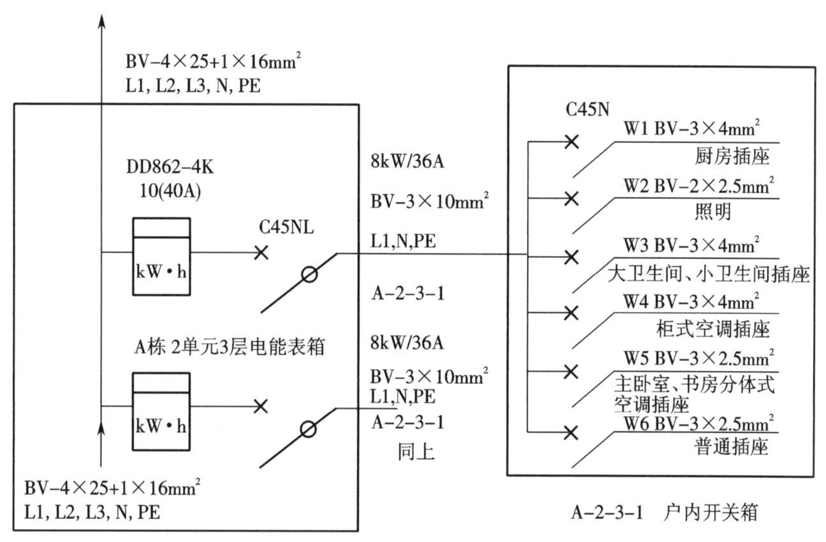

图 6-3-26　某 8 层住宅楼某层某户的电气照明配电系统图

1. 回路分配

住户从户内配电箱分出 6 个回路，其中 W1 为厨房插座回路；W2 为照明回路；W3 为大卫生间、小卫生间插座回路；W4 为柜式空调插座回路；W5 为主卧室、书房分体式空调插座回路；W6 为普通插座回路。照明回路也可以再分出一个 W7 回路，供过厅、卧室等照明用电使用。

由于该建筑为砖混结构，楼板为预制板，错层式，户内配电箱安装高度为距户内地面 1.8 m，因配电箱下面有一嵌入式鞋柜，因此敷管配线不能直接走下面，只能从上面进出。

2. 配电箱的安装

从户内配电箱来分析各个回路的敷管配线情况。首先，砖混结构的敷管是随着土建专业的施工从下向上进行的，但为了方便分析，我们从配电箱开始，从上向下进行，实际上只要知道管线怎样布置，包括敷管走向、导线数量、导管数量等，也就知道怎样配合土建施工了。

安装在⑨轴的层配电箱为两户内配电箱，内装有 2 块电能表和 2 个总开关。箱体规格为 400 mm × 500 mm × 200 mm（宽 × 高 × 深），安装高度为距地 1.5 m。

户内配电箱内有 6 个回路，因距离总配电箱较近，所以没有设置户内总开关，配电箱的尺寸为 300 mm × 300 mm × 150 mm。配电箱中心距⑧轴为 800 mm，安装高度可以考虑底边距地为 1.7 m，其上边与总配电箱的上边平齐，考虑到进户门一般高度为 1.9 m，门上一般有过梁，梁高一般为 200 mm，总高为 2.1 m，敷管配线在 2.1 m 以上进行。PVC 管的直径为 20 mm，管长为 1.2 m+0.8 m+2 × 0.15 m=2.3 m，10 mm² 单根线长为 2.3 m+0.9 m（箱预留）+0.6 m（箱预留）=3.8 m。

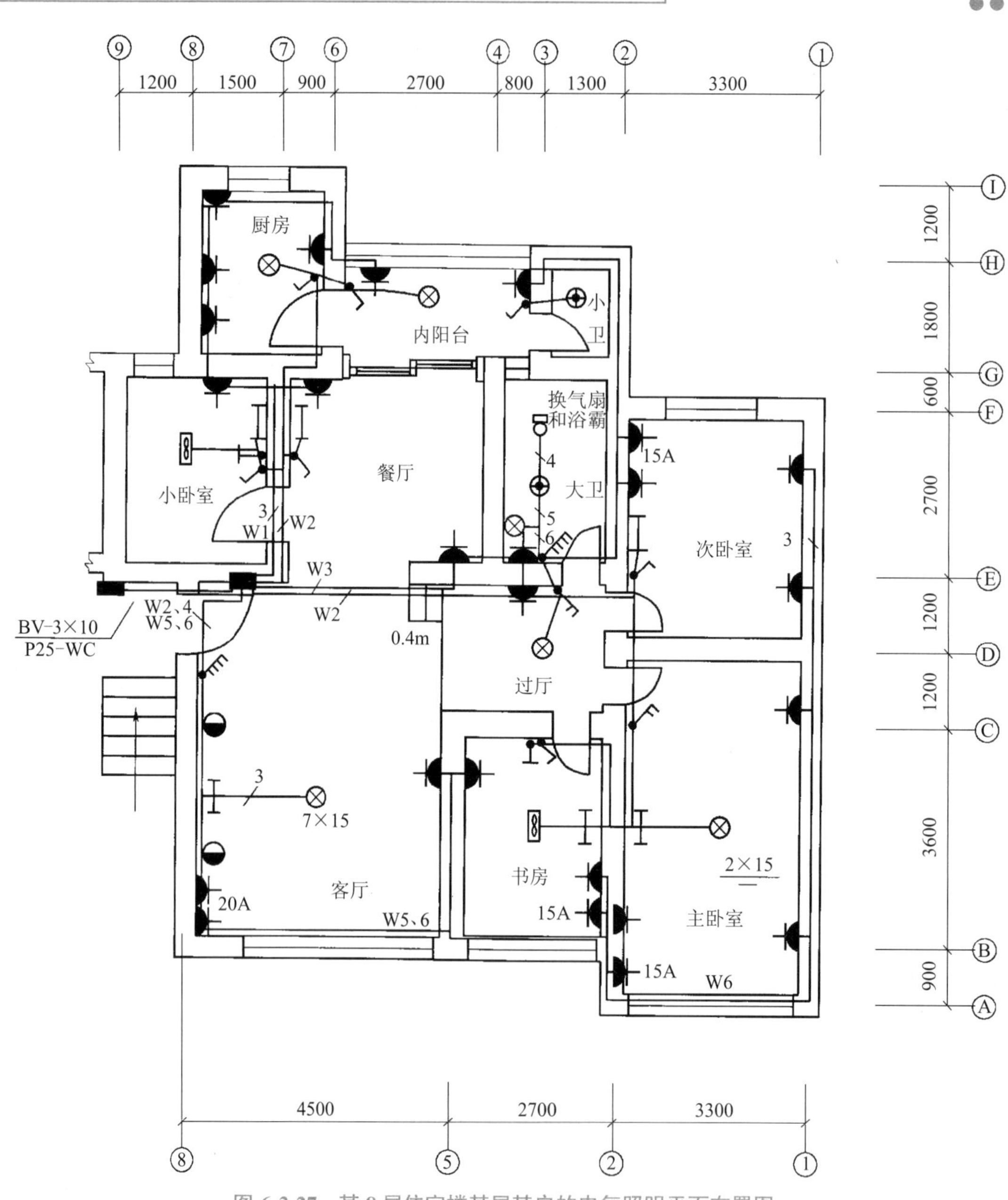

图 6-3-27　某 8 层住宅楼某层某户的电气照明平面布置图

6.3.5.2　住宅照明平面图敷管配线分析

1. 客厅敷管配线

1）干线路径

由于客厅壁灯处安装有灯位盒，高度为 2 m，将 W2 回路（L、N）的敷管配到灯位盒处进行拉线是比较方便的，因此考虑在这里进行分支，共有 3 个分支。北壁灯距 E 轴考虑为

2.4 m，南壁灯距 B 轴考虑为 1.6 m，两个壁灯间距为 2 m。配电箱到北壁灯的管长为 0.8 m（配电箱中心）+2.4 m+2 × 0.1 m=3.4 m。导线 W2 为 2 × 2.5 mm^2，单根线长 3.4 m+0.6 m =4 m。

2）分支到开关

从北壁灯到四联开关，开关安装距门边一般在 180~240 mm，考虑为 200 mm，门边距 E 轴 0.8 m+0.3 m=1.1 m。北壁灯与开关平行距离 2.4 m−1.1 m−0.2 m=1.1 m，垂直距离 2 m−1.3 m= 0.7 m，PVC 管为 DN16，管长为 1.8 m，5 线，1 根 L 为 2.5 mm^2，4 根 K 为 1.5 mm^2。

3）分支到荧光灯

从北壁灯到荧光灯 4 线（N、3K），因为花灯标注为 3 线，说明有 2 个开关控制，1 根 N 为 2.5 mm^2，3 根 K 为 1.5 mm^2。PVC 管为 DN16，管长为 1 m+0.5 m=1.5 m。从荧光灯到花灯（沿预制楼板缝），3 线（N、2K）均为 1.5 mm^2。PVC 管为 DN16，管长为 0.5 m+2.3 m=2.8 m。

4）分支到南壁灯

从北壁灯到南壁灯，管长为 2 m，2 线（N、K）均为 1.5 mm^2。

5）从配电箱到插座

柜式空调插座距地 0.3 m，距 B 轴 1 m。从配电箱到插座，管长 0.1 m+0.8 m+6 m−1 m+2.1 m− 0.3 m=7.7 m，因为只有 3 个弯，可以直接配到插座。如果管长超过 8 m，3 个弯，可以借用南壁灯进行中间拉线，也可以增大管径。

W4 回路为 3 × 4 mm^2（L、N、PE）、W5 回路为 3 × 2.5 mm^2（L、N、PE）、W6 回路为 3 × 2.5 mm^2（L、N、PE），共 9 根线。根据管内穿线规定，同类照明的几个回路可以穿入同一根导管内，但导线的根数不得多于 8 根。考虑到 PE 线为非载流导体，电器设备没有漏电时，PE 线是没有电流的，如果电器设备的导线绝缘损坏而发生漏电，设备的金属外壳与大地是等电位的，人接触时不会因触电而危及人身安全；如果漏电电流超过 30 mA，漏电保护自动开关会自动跳闸断电，当对设备进行维修后不再漏电时，才能重新合上闸再通电。单相漏电保护自动开关的工作原理是每个开关接 2 根线，即相线（L）和零线（N），当相线和零线的电流不相等（说明有漏电）时，超过 30 mA 会自动跳闸断电。因此，从节约金属材料的角度考虑，3 根 PE 线可以共用 1 根，但必须取截面最大的，即 4 mm^2。可以穿 7 根线（3 根 4 mm^2，4 根 2.5 mm^2），选择 1 根 DN20 管，单根线长 7.7 m+0.6 m=8.3 m。W4 回路接线到此结束。

在工程预算定额中的惯例是一个回路一根管，但是在施工中，可以根据实际情况进行考虑，对于一个插座（灯位）盒，如果敷管数量过多会造成施工困难（敷管时要求为一管一孔），在墙体中如果敷管数量过多也会影响墙体结构的受力。

6）从⑧轴插座到其他插座

从⑧轴插座到⑤轴插座是沿墙敷管，如果选择沿地面敷管，将会增加地面的混凝土厚度而影响房间的净空高度。W5 回路为 3 × 2.5 mm^2（L、N、PE）、W6 回路为 3 × 2.5 mm^2（L、N、

PE），共 5 线（PE 线共用），普通插座只接 W6 回路，管长为 1 m+4.5 m+3 m=8.5 m（考虑电视机柜距 B 轴 3 m）。⑤轴插座穿墙到书房，因为有错层 0.4 m，可以考虑管长为 0.6 m，从⑤轴插座到主卧室普通插座也是沿墙敷管，共 5 线（PE 线共用），只接 W6 回路，管长为 3 m+2.7 m=5.7 m，再穿墙到书房。在主卧室，W5 回路到分体空调插座，垂直向上管长为 2 m−0.3 m=1.7 m，再穿墙到书房，管长为 0.5 m。W5 回路接线到此结束。

主卧室⑤轴插座到①轴普通插座是沿墙敷管，3 线（W6 回路的 L、N、PE），管长为 0.9 m+3.3 m+0.9 m=5.1 m，再到另一个插座，管长为 3.6 m。从主卧室到次卧室普通插座，3 线（W6 回路的 L、N、PE），管长为 2.4 m，再到另一个插座，管长为 2.2 m。

2. 从配电箱到过厅 W2 回路、W3 回路分析

1）干线分析

W2 回路在配电箱内有 3 个分支，即到客厅、过厅、餐厅。W2 回路到过厅主要是为主卧室、次卧室、书房等照明配电；W3 回路主要是为 E 轴插座，次卧室插座，大卫生间、小卫生间插座等配电。而 E 轴插座根据功能安装高度可以不同，过厅插座为 0.3 m（距客厅地面 0.3 m+0.4 m），餐厅插座为 1 m，大卫生间插座为 1.3 m（距客厅地面 1.3 m+0.4 m），因此考虑在过厅灯的开关上方墙面安装接线盒进行分支比较方便，这样 W2 回路、W3 回路可以共管沿顶棚再沿墙敷管到接线盒处，接线盒位置距②轴 1.3 m，高度 3 m−0.4 m=2.6 m。管长为 3 m−2 m+7.2 m−0.8 m−1.3 m=6.1 m。5 线（W2 回路的 L、N，2.5 mm^2；W3 回路的 L、N，4 mm^2；PE 线共用），单根线长为 6.1 m+0.6 m（箱预留）=6.7 m。

2）W2 回路分支到次卧室荧光灯

荧光灯的安装高度为距地 2.5 m，这里可以考虑在 2.6 m 处。接线盒到荧光灯，管长为 1.3 m+0.7m=2 m，2 线（L、N，2.5 mm^2）荧光灯到开关，管长为 2.6 m−1.3 m+0.7 m=2 m，2 线（L、K，1.5 mm^2）。

次卧室荧光灯到主卧室荧光灯，管长为 1.2 m+0.7 m+2.8 m=4.7 m，2 线（L、N，2.5 mm^2）。主卧室荧光灯到开关，管长为 2.8 m−1.3 m+1.3m=2.8 m，3 线（L、2K，1.5 mm^2）。主卧室荧光灯到中间顶棚灯（沿预制楼板缝），管长为 0.5 m+1.6 m=2.1 m，2 线（N、K，1.5 mm^2）。

主卧室荧光灯到书房荧光灯，穿墙管长为 0.2 m，2 线（L、N，2.5 mm^2）。书房荧光灯到开关，管长为 1.8 m+1.3 m+1.3 m = 4.4 m，3 线（L、2K，1.5 mm^2）。书房荧光灯到吊扇（沿预制楼板缝），管长为 0.5 m+1.3 m=1.8 m，2 线（N、K，1.5 mm^2）。

3）W2 回路分支到过厅灯

接线盒到过厅灯，管长为 3 m−2.6 m+1.2 m=1.6 m，2 线（N、K，1.5 mm^2）。接线盒到开关，管长为 2.6 m−1.3 m=1.3 m，3 线（L、2K，1.5 mm^2），其中 1 个开关是控制大卫灯。接线盒到大卫生间，因为大卫生间有吊顶，高度可以考虑为 2.6 m，在吊顶内有接线盒，穿墙管长为 0.5 m，3 线（L、N，2.5 mm^2；K，1.5 mm^2）。吊顶接线盒分支到开关，管长为 2.6 m−1.3 m=1.3 m，5

线（L，2.5 mm²；4K，1.5 mm²）。吊顶接线盒分支到大卫生间灯，管长为 2.7 m，6 线（N，2.5 mm²；5K，1.5 mm²），因为大卫生间电器可以分为镜前灯、正常照明灯、浴霸和换气扇，K 是依次递减的，浴霸由 2 个开关控制，换气扇由 1 个开关控制，镜前灯由 1 个开关控制，正常照明灯由过厅的 1 个开关控制。到浴霸和换气扇位置时为 4 线（N，2.5 mm²；3K，1.5 mm²）。

4）W3 回路分析

过厅接线盒到大卫生间插座，管长为 2.6 m−1.3 m=1.3 m，3 线（L、N、PE，2.5 mm²）。大卫生间插座到过厅插座，管长为 1.3 m−0.3 m=1 m，3 线（L、N、PE，2.5 mm²）。大卫生间插座到餐厅插座，管长为 1.3 m+0.4 m（错层）−1 m+1 m（平行）=1.7 m，3 线（L、N、PE，2.5 mm²）。

接线盒到次卧室 15 A 插座，管长为 1.3 m+2.4 m+2.6 m（垂直）−2 m=4.3 m，3 线（L、N、PE，4 mm²）。15 A 插座到普通插座，管长为 2 m−0.3 m=1.7 m，3 线（L、N、PE，2.5 mm²）。普通插座到小卫生间插座（安装高度为距地 1.3 m），管长为 0.3 m+0.6 m+1.8 m+1.3 m+0.5 m+0.6 m（垂直）=5.1 m，3 线（L、N、PE，2.5 mm²）。再到小卫生间灯，小卫生间也有吊顶，管长为 2.6 m−1.3 m+0.6 m=1.9 m，2 线（N、K，1.5 mm²）。W2 回路和 W3 回路在大卫生间还可以有比较经济的敷管配线方式，可自行分析。

3. W2 回路从配电箱到餐厅等分析

从配电箱到餐厅荧光灯沿墙敷管，餐厅荧光灯安装高度为距地 2.5 m，管长为 2.5 m−2 m+0.7 m+1.6 m=2.8 m，2 线（L、N，2.5 mm²）。穿墙到小卧室荧光灯，管长为 0.2 m，3 线（L、N，2.5 mm²；K，1.5 mm²）。小卧室荧光灯到开关，管长为 2.5 m−1.3 m= 1.2 m，4 线（L，2.5 mm²；3K，1.5 mm²）。再穿墙到餐厅荧光灯开关（可以省管省线），管长为 0.2 m，2 线（L、K，1.5 mm²）。小卧室荧光灯到吊扇（沿预制楼板缝），管长为 0.5 m+1.3 m=1.8 m，2 线（N、K，1.5 mm²）。

餐厅荧光灯到厨房开关上方接线盒（此处安装接线盒分支方便），管长为 1.4 m+0.9 m+1.7 m=4 m，2 线（N、L，2.5 mm²）。接线盒到厨房灯（沿预制楼板缝），管长为 0.2 m+0.5 m+1.2 m=1.9 m，2 线（N、K，1.5 mm²）。接线盒到开关，管长为 2.5 m−1.3 m=1.2 m，3 线（L、2K，1.5 mm²）。厨房开关穿墙到内阳台开关，管长为 0.2 m，2 线（L、K，1.5 mm²）。接线盒到内阳台灯，管长为 0.2 m+1.7 m=1.9 m，2 线（N、K，1.5 mm²）。

4. W1 回路分析

W1 回路为 3 线（L、N、PE，4 mm²）。从配电箱到餐厅插座可以沿到餐厅荧光灯的管路一起配，在餐厅荧光灯处进行分支，从配电箱到餐厅荧光灯，单根线长为 2.8 m，变成 5 线，管径变成 DN20。

从餐厅荧光灯到餐厅插座，管长为 1.7 m+0.4 m+2.5 m−0.3 m=4.3 m，3 线（L、N、PE，4 mm²）。从餐厅插座到厨房⑥轴插座，沿门槛下墙敷管，管长为 0.5 m+2 ×（0.3+0.1）m（垂直）+1.3 m=2.6 m，3 线（L、N、PE，2.5 mm²）。厨房⑥轴插座穿墙到内阳台插座，管长为 0.2 m，3 线（L、N、PE，2.5 mm²）。内阳台插座位置是可以变的。

从餐厅插座到小卧室插座，管长为 0.4 m+1.2 m=1.6 m，3 线（L、N、PE，4 mm^2）。小卧室插座到厨房插座，管长为 0.3 m+0.7 m（垂直）+0.8 m=1.8 m，3 线（L、N、PE，4 mm^2）。

小卧室再到 I 轴插座，管长为 2.2 m，3 线（L、N、PE，2.5 mm^2）。到此 W1 回路分析完毕。

将上述工程量用表格的形式进行表示，阅读或计算都比较方便。

【课后练习】

（1）管内配线应遵循哪些规则？

（2）常用的室内导线敷设方法有哪些？

（3）阅读供配电工程图的一般程序是什么？

【知识跟进】

了解常用照明基本线路的平面图、系统图、透视接线图、原理图。

附　　录

附录 1　技术数据(1)

附表 1-1　橡皮绝缘导线明敷时的载流量(Q_e=65 ℃)　　（A）

截面 /mm²	BLX、BLXF 铝芯				BX、BXF 铜芯			
	25 ℃	30 ℃	35 ℃	40 ℃	25 ℃	30 ℃	35 ℃	40 ℃
1	—	—	—	—	21	19	18	16
1.5	—	—	—	—	27	25	23	21
2.5	27	25	23	21	35	32	30	27
4	35	32	30	27	45	42	38	35
6	45	42	38	35	58	54	50	45
10	65	60	56	51	85	79	73	67
16	85	79	73	67	110	102	95	87
25	110	102	95	87	145	135	125	114
35	138	129	119	109	180	168	155	142
50	175	163	151	138	230	215	198	181
70	220	206	190	174	285	266	246	225
95	265	247	229	209	345	322	298	272
120	310	289	268	245	400	374	346	316
150	360	336	311	284	470	439	406	371
185	420	392	363	332	540	504	467	427
240	510	476	441	403	660	617	570	522

附表 1-2　橡皮绝缘电线穿硬塑料管(PVC)在空气中敷设时的载流量(Q_e=65 ℃)　　（A）

截面 /mm²		两根单芯				三根单芯				四根单芯			
		25 ℃	30 ℃	35 ℃	40 ℃	25 ℃	30 ℃	35 ℃	40 ℃	25 ℃	30 ℃	35 ℃	40 ℃
BLX、BLXF 铝芯	2.5	19	17	16	15	17	15	14	13	15	14	12	11
	4	25	23	21	19	23	21	19	18	20	18	17	15
	6	33	30	28	26	29	27	25	22	26	24	22	20
	10	44	41	38	34	40	37	34	31	35	32	30	27
	16	58	54	50	45	52	48	44	41	46	43	39	36
	25	77	71	66	60	68	63	58	53	60	56	51	47
	35	95	88	82	75	84	78	72	66	74	69	64	58
	50	120	112	103	94	108	100	93	85	95	88	82	75
	70	153	143	132	121	135	126	116	106	120	112	103	94
	95	184	172	159	145	165	154	142	130	150	140	129	118
	120	210	196	181	166	190	177	164	150	170	158	147	134
	150	250	233	216	197	227	212	196	179	205	191	177	162
	185	282	263	243	223	255	238	220	201	232	216	200	183
BX、BXF 铜芯	1	13	12	11	10	12	11	10	9	11	10	9	8
	1.5	17	15	14	13	16	14	13	12	14	13	12	11
	2.5	25	23	21	19	22	20	19	17	20	18	17	15
	4	33	30	28	26	30	28	25	23	26	24	22	20
	6	43	40	37	34	38	35	32	30	34	31	29	26
	10	59	55	51	46	52	48	44	41	46	43	39	36
	16	76	71	65	60	68	63	58	53	60	56	51	47
	25	100	93	86	79	90	84	77	71	80	74	69	63
	35	125	116	108	98	110	102	95	87	98	91	84	77
	50	160	149	138	126	140	130	121	110	123	115	106	97
	70	195	182	168	154	175	163	151	138	155	144	134	122
	95	240	224	207	189	215	201	185	170	195	182	168	154
	120	278	259	240	219	250	233	216	197	227	212	196	179
	150	320	299	276	253	290	271	250	229	265	247	229	209
	185	360	336	311	284	330	308	285	261	300	280	259	237

附表 1-3　橡皮绝缘电线穿钢管在空气中敷设时的载流量（Q_c=65 ℃）　（A）

截面/mm²		两根单芯				三根单芯				四根单芯			
		25 ℃	30 ℃	35 ℃	40 ℃	25 ℃	30 ℃	35 ℃	40 ℃	25 ℃	30 ℃	35 ℃	40 ℃
BLX、BLXF铝芯	2.5	21	19	18	16	19	17	16	15	16	14	13	12
	4	28	26	24	22	25	23	21	19	23	21	19	18
	6	37	34	32	29	34	31	29	26	30	28	25	23
	10	52	48	44	41	46	43	39	36	40	37	34	31
	16	66	61	57	52	59	55	51	46	52	48	44	41
	25	86	80	74	68	76	71	65	60	68	63	58	53
	35	106	99	91	83	94	87	81	74	83	77	71	65
	50	133	124	115	105	118	110	102	93	105	98	90	83
	70	165	154	142	130	150	140	129	118	133	124	115	105
	95	200	187	173	158	180	168	155	142	160	149	138	126
	120	230	215	198	181	210	196	181	166	190	177	164	150
	150	260	243	224	205	240	224	207	189	220	205	190	174
	185	295	275	255	233	270	252	233	213	250	233	216	197
BX、BXF铜芯	1	15	14	12	11	14	13	12	11	12	11	10	9
	1.5	20	18	17	15	18	16	15	14	17	15	14	13
	2.5	28	26	24	22	25	23	21	19	23	21	19	18
	4	37	34	32	29	33	30	28	26	30	28	25	23
	6	49	45	42	38	43	40	37	34	39	36	33	30
	10	68	63	58	53	60	56	51	47	53	49	45	41
	16	86	80	74	68	77	71	66	60	69	64	59	54
	25	113	105	97	89	100	93	86	79	90	84	77	71
	35	140	130	121	110	122	114	105	96	110	102	95	87
	50	175	163	151	138	154	143	133	121	137	128	118	108
	70	215	201	185	170	193	180	166	152	173	161	149	136
	95	260	243	224	205	235	219	203	185	210	196	181	166
	120	300	280	259	237	270	252	233	213	245	229	211	193
	150	340	317	294	268	310	289	268	245	280	261	242	221
	185	385	359	333	304	355	331	307	280	320	299	276	253

注：目前 BLXF 铝芯线只生产 2.5~185 mm^2，BXF 铜芯线只生产≤ 95 mm^2 的规格。

附表 1-4　聚氯乙烯绝缘电线明敷时的载流量（Q_e=65 ℃）　（A）

截面/mm²	BLV 铝芯				BV、BVR 铜芯			
	25 ℃	30 ℃	35 ℃	40 ℃	25 ℃	30 ℃	35 ℃	40 ℃
1	—	—	—	—	19	17	16	15
1.5	18	16	15	14	24	22	20	18
2.5	25	23	21	19	32	29	27	25
4	32	29	27	25	42	39	36	33
6	42	39	36	33	55	51	47	43
10	59	55	51	46	75	70	64	59
16	80	74	69	63	105	98	90	83
25	105	98	90	83	138	129	119	109
35	130	121	112	102	170	158	147	134
50	165	154	142	130	215	201	185	170
70	205	191	177	162	265	247	229	209
95	250	233	216	197	325	303	281	257
120	285	266	246	225	375	350	324	296
150	325	303	281	257	430	402	371	340
185	380	355	328	300	490	458	423	387

附表 1-5　聚氯乙烯绝缘电线穿硬塑料管（PVC）在空气中敷设时的载流量（Q_e=65 ℃）　（A）

截面/mm²		两根单芯				三根单芯				四根单芯			
		25 ℃	30 ℃	35 ℃	40 ℃	25 ℃	30 ℃	35 ℃	40 ℃	25 ℃	30 ℃	35 ℃	40 ℃
BLV 铝芯	2.5	18	16	15	14	16	14	13	12	14	13	12	11
	4	24	22	20	18	22	20	19	17	19	17	16	15
	6	31	28	26	24	27	25	23	21	25	23	21	19
	10	42	39	36	33	38	35	32	30	33	30	28	26
	16	55	51	47	43	49	45	42	38	44	41	38	34
	25	73	68	63	57	65	60	56	51	57	53	49	45
	35	90	84	77	71	80	74	69	63	70	65	60	55
	50	114	106	98	90	102	95	88	80	90	84	77	71
	70	145	135	125	114	130	121	112	102	115	107	99	90
	95	175	163	151	138	158	147	136	124	140	130	121	110
	120	200	187	173	158	180	168	155	142	160	149	138	126
	150	230	215	198	181	207	193	179	163	185	172	160	146
	185	265	247	229	209	235	219	203	185	212	198	183	167

续表

截面/mm²		两根单芯				三根单芯				四根单芯			
		25 ℃	30 ℃	35 ℃	40 ℃	25 ℃	30 ℃	35 ℃	40 ℃	25 ℃	30 ℃	35 ℃	40 ℃
BV 铜芯	1	12	11	10	9	11	10	9	8	10	9	8	7
	1.5	16	14	13	12	15	14	12	11	13	12	11	10
	2.5	24	22	20	18	21	19	18	16	19	17	16	15
	4	31	28	26	24	28	26	24	22	25	23	21	18
	6	41	38	35	32	36	33	31	28	32	29	27	25
	10	56	52	48	44	49	45	42	38	44	41	38	34
	16	72	67	62	56	65	60	56	51	57	53	49	45
	25	95	88	82	75	85	79	73	67	75	70	64	59
	35	120	112	103	94	105	98	90	83	93	86	80	73
	50	150	140	129	118	132	123	114	104	117	109	101	92
	70	185	172	160	146	167	156	144	130	148	138	128	117
	95	230	215	198	181	205	191	177	162	185	172	160	146
	120	270	252	233	213	240	224	207	189	215	201	185	172
	150	305	285	263	241	275	257	237	217	250	233	216	197
	185	355	331	307	280	310	289	268	245	280	261	242	221

附表 1-6　聚氯乙烯绝缘电线穿钢管在空气中敷设时的载流量(Q_e=65 ℃)　(A)

截面/mm²		两根单芯				三根单芯				四根单芯			
		25 ℃	30 ℃	35 ℃	40 ℃	25 ℃	30 ℃	35 ℃	40 ℃	25 ℃	30 ℃	35 ℃	40 ℃
BLV 铝芯	2.5	20	18	17	15	18	16	15	14	15	14	12	11
	4	27	25	23	21	24	22	20	18	22	20	19	17
	6	35	32	30	27	32	29	27	25	28	26	24	22
	10	49	45	42	38	44	41	38	34	38	35	32	30
	16	63	58	54	49	56	52	48	44	50	46	43	39
	25	80	74	69	63	70	65	60	55	65	60	50	51
	35	100	93	86	79	90	84	77	71	80	74	69	63
	50	125	116	108	98	110	102	95	87	100	93	86	79
	70	155	144	134	122	143	133	123	113	127	118	109	100
	95	190	177	164	150	170	158	147	134	152	142	131	120
	120	220	205	190	174	195	182	168	154	172	160	148	136
	150	250	233	216	197	225	210	194	177	200	187	173	158
	185	285	266	246	225	255	238	220	201	230	215	198	181

续表

截面/mm²		两根单芯				三根单芯				四根单芯			
		25 ℃	30 ℃	35 ℃	40 ℃	25 ℃	30 ℃	35 ℃	40 ℃	25 ℃	30 ℃	35 ℃	40 ℃
BV铜芯	1	14	13	12	11	13	12	11	10	11	10	9	8
	1.5	19	17	16	15	17	15	14	13	16	14	13	12
	2.5	26	24	22	20	24	22	20	18	22	20	19	17
	4	35	32	30	27	31	28	26	24	28	26	24	22
	6	47	43	40	37	41	38	35	32	37	34	32	29
	10	65	60	56	51	57	53	49	45	50	46	43	39
	16	82	76	70	64	73	68	63	57	65	60	56	51
	25	107	100	92	84	95	88	82	75	85	79	73	67
	35	133	124	115	105	115	107	99	90	105	98	90	83
	50	165	154	142	130	146	136	126	115	130	121	112	102
	70	205	191	177	162	183	171	158	144	165	154	142	130
	95	250	233	216	197	225	210	194	177	200	187	173	158
	120	290	271	250	229	260	243	224	205	230	215	198	181
	150	330	308	285	261	300	280	259	237	265	247	229	209
	185	380	355	328	300	340	317	294	268	300	280	259	237

附表 1-7　塑料绝缘软线、塑料绝缘护套线明敷时的载流量(Q_e=65 ℃)　(A)

截面/mm²		单芯				二芯				三芯			
		25 ℃	30 ℃	35 ℃	40 ℃	25 ℃	30 ℃	35 ℃	40 ℃	25 ℃	30 ℃	35 ℃	40 ℃
BLVV铝芯	2.5	25	23	21	19	20	18	17	15	16	14	13	12
	4	34	31	29	26	26	24	22	20	22	20	19	17
	6	43	40	37	34	33	30	28	26	25	23	21	19
	10	59	55	51	46	47	47	44	40	40	37	34	31
RV、RVV、RVB、RVS、RFB、RFS、BVV铜芯	0.12	5	4.5	4	3.5	4	3.5	3	3	3	2.5	2.5	2
	0.2	7	6.5	6	5.5	5.5	5	4.5	4	4	3.5	3	3
	0.3	9	8	7.5	7	7	6.5	6	5.5	5	4.5	4	3.5
	0.4	11	10	9.5	8.5	8.5	7.5	7	6.5	6	5.5	5	4.5
	0.5	12.5	11.5	10.5	9.5	9.5	8.5	8	7.5	7	6.5	6	5.5
	0.75	16	14.5	13.5	12.5	12.5	11.5	10.5	9.5	9	8	7.5	7
	1	19	17	16	15	15	14	12	11	11	10	9	8
	1.5	24	22	21	18	19	17	16	15	14	13	12	11
	2	28	26	24	22	22	20	19	17	17	15	14	13
	2.5	32	29	27	25	26	24	22	20	20	18	17	15
	4	42	39	36	33	36	33	31	28	26	24	22	20
	6	55	51	47	43	47	43	40	37	32	29	27	25
	10	75	70	64	59	65	60	56	51	52	48	44	41

附表 1-8　BV-105 型耐热聚氯乙烯绝缘铜芯电线的载流量（Q_e=105 ℃）　　（A）

截面 /mm²	明敷				两根穿管			
	50 ℃	55 ℃	60 ℃	65 ℃	50 ℃	55 ℃	60 ℃	65 ℃
1.5	25	23	22	21	19	18	17	16
2.5	34	32	30	28	27	25	24	23
4	47	44	42	40	39	37	35	33
6	60	57	54	51	51	48	46	43
10	89	84	80	75	76	72	68	64
16	123	117	111	104	95	90	85	81
25	165	157	149	140	127	121	114	108
35	205	191	185	174	160	152	144	136
50	264	251	138	225	202	192	182	172
70	310	295	280	264	240	228	217	204
95	380	362	343	324	292	278	264	249
120	448	427	405	382	347	331	314	296
150	519	494	469	442	399	380	360	340
截面 /mm²	三根穿管				四根穿管			
	50 ℃	55 ℃	60 ℃	65 ℃	50 ℃	55 ℃	60 ℃	65 ℃
1.5	17	16	15	14	16	15	14	13
2.5	25	23	22	21	23	21	20	19
4	34	32	30	28	31	29	28	26
6	44	41	39	37	40	38	36	34
10	67	63	60	57	59	56	53	50
16	85	81	76	72	75	71	67	63
25	113	107	102	96	101	96	91	86
35	138	131	124	117	126	120	113	107
50	179	170	161	152	159	151	143	135
70	213	203	192	181	193	184	174	164
95	262	249	236	223	233	222	201	198
120	311	296	281	265	275	261	248	234
150	362	345	327	308	320	305	289	272

注:（1）耐热线的接头要求是在焊接或铰接后表面搪锡处理,电线实际允许工作温度还取决于接头处的允许工作温度。当接头允许温度为 95 ℃时,表中数据应乘以 0.92,85 ℃时应乘以 0.84。

（2）BLV-105 型铝芯耐热线的载流量可按表中数据乘以 0.84。

（3）本表中载流量是计算得出,仅供参考,上海电缆研究所未提供数据。

附表 1-9　LJ 铝绞线、LGJ 钢芯铝绞线的载流量（Q_e=70 ℃）　（A）

截面/mm²	LJ 型								LGJ 型			
	室内				室外				室外			
	25 ℃	30 ℃	35 ℃	40 ℃	25 ℃	30 ℃	35 ℃	40 ℃	25 ℃	30 ℃	35 ℃	40 ℃
10					75	70	66	61				
16	55	52	48	45	105	99	92	85	105	98	92	85
25	80	75	70	65	135	127	119	109	135	127	119	109
35	110	103	97	89	170	160	150	138	170	159	149	137
50	135	127	119	109	215	202	189	174	220	207	193	178
70	170	160	150	138	265	249	233	215	275	259	228	222
95	215	202	189	174	325	305	286	247	335	315	295	272
120	260	244	229	211	375	352	330	304	380	357	335	307
150	310	292	273	251	440	414	387	356	445	418	390	360
185	370	348	326	300	500	470	440	405	515	484	453	416
240	425	400	374	344	610	574	536	494	610	574	536	494
300					680	640	597	550	700	658	615	566

附表 1-10　TJ 型铜绞线的载流量（Q_e=70 ℃）　（A）

截面/mm²	室内				室外			
	25 ℃	30 ℃	35 ℃	40 ℃	25 ℃	30 ℃	35 ℃	40 ℃
4	25	24	22	20	50	47	44	41
6	35	33	31	28	70	66	62	57
10	60	56	53	49	95	89	84	77
16	100	94	88	81	130	122	114	105
25	140	132	123	104	180	169	158	146
35	175	156	154	142	220	207	194	178
50	220	207	194	178	270	254	238	219
70	280	263	246	227	340	320	300	276
95	340	320	299	276	415	390	365	336
120	405	380	356	328	485	456	426	393
150	480	451	422	389	570	536	501	461
185	550	516	448	445	645	606	567	522
240	650	610	571	526	770	724	678	624
300					890	835	783	720

附表 1-11　单片铜母线的载流量(Q_e =70 ℃)　（A）

母线尺寸（宽 × 厚）/mm	交流				直流			
	25 ℃	30 ℃	35 ℃	40 ℃	25 ℃	30 ℃	35 ℃	40 ℃
15 × 3	210	197	185	170	210	197	185	170
20 × 3	275	258	242	223	275	258	242	223
25 × 3	340	320	299	276	340	320	299	276
30 × 4	475	446	418	385	475	446	418	385
40 × 4	625	587	550	560	625	587	550	506
40 × 5	700	659	615	567	705	664	620	571
50 × 5	860	809	756	697	870	818	765	705
50 × 6	955	898	840	774	965	902	845	778
60 × 6	1 125	1 056	990	912	1 145	1 079	1 010	928
80 × 6	1 480	1 390	1 300	1 200	1 510	1 420	1 330	1 225
100 × 6	1 810	1 700	1 590	1 470	1 870	1 760	1 650	1 520
60 × 8	1 320	1 240	1 160	1 070	1 345	1 265	1 185	1 090
80 × 8	1 690	1 590	1 490	1 370	1 700	1 650	1 545	1 420
100 × 8	2 080	1 955	1 830	1 685	2 180	2 050	1 920	1 770
120 × 8	2 400	2 255	2 110	1 945	2 600	2 445	2 290	2 105
60 × 10	1 475	1 383	1 300	1 195	1 525	1 432	1 340	1 235
80 × 10	1 900	1 786	1 670	1 540	1 990	1 870	1 750	1 610
100 × 10	2 310	2 170	2 030	1 870	2 470	2 320	2 175	2 000
120 × 10	2 650	2 490	2 330	2 150	2 950	2 770	2 595	2 390

注:本表系母线立放数据。当母线平放且宽度≤ 60 mm 时,表中数据应乘以 0.95;当母线平放且宽度 >60 mm 时,表中数据应乘以 0.92。

附表 1-12　单片铝母线的载流量(Q_e =70 ℃)　（A）

母线尺寸（宽 × 厚）/mm	交流				直流			
	25 ℃	30 ℃	35 ℃	40 ℃	25 ℃	30 ℃	35 ℃	40 ℃
15 × 3	165	155	145	134	165	155	145	134
20 × 3	215	202	189	174	215	202	189	174
25 × 3	265	249	233	215	265	249	233	215
30 × 4	365	343	321	396	370	248	326	300
40 × 4	480	451	422	389	480	451	422	389
40 × 5	540	507	475	438	545	510	480	446
50 × 5	665	625	585	539	670	630	590	543
50 × 6	740	695	651	600	745	700	655	604
60 × 6	870	818	765	705	880	827	775	713
80 × 6	1 150	1 080	1 010	932	1 170	1 100	1 030	950
100 × 6	1 425	1 340	1 255	1 155	1 455	1 368	1 280	1 180
60 × 8	1 025	965	902	831	1 040	977	915	844
80 × 8	1 320	1 240	1 160	1 070	1 355	1 274	1 192	1 100
100 × 8	1 625	1 530	1 430	1 315	1 690	1 590	1 488	1 370
120 × 8	1 900	1 785	1 670	1 540	2 040	1 918	1 795	1 655
60 × 10	1 155	1 085	1 016	936	1 180	1 110	1 040	956
80 × 10	1 480	1 390	1 300	1 200	1 540	1 450	1 355	1 250
100 × 10	1 820	1 710	1 600	1 475	1 910	1 795	1 680	1 550
120 × 10	2 070	1 945	1 820	1 680	2 300	2 160	2 020	1 865

注:本表系母线立放数据。当母线平放且宽度≤ 60 mm 时,表中数据应乘以 0.95;当母线平放且宽度 >60 mm 时,表中数据应乘以 0.92。

附表 1-13　2~3 片组合涂漆母线的载流量（Q_e=70 ℃）　（A）

母线尺寸（宽×厚）/mm	铝				铜			
	交流		直流		交流		直流	
	2 片	3 片	2 片	3 片	2 片	3 片	2 片	3 片
40×4			855				1 090	
40×5			965				1 250	
50×5			1 180				1 525	
50×6			1 315				1 700	
60×6	1 350	1 720	1 555	1 940	1 740	2 240	1 990	2 495
80×6	1 630	2 100	2 055	2 460	2 110	2 720	2 630	3 220
100×6	1 935	2 500	2 515	3 040	2 470	3 170	3 245	3 940
60×8	1 680	2 180	1 840	2 330	2 660	2 790	2 485	3 020
80×8	2 040	2 620	2 400	2 975	2 620	3 370	3 095	3 850
100×8	2 390	3 050	2 945	3 620	3 060	3 930	3 810	4 690
120×8	2 650	3 380	3 350	4 250	3 400	4 340	4 400	5 600
60×10	2 010	2 650	2 110	2 720	2 560	3 300	2 725	3 530
80×10	2 410	3 100	2 735	3 440	3 100	3 990	3 510	4 450
100×10	2 860	3 650	3 350	4 160	3 610	4 650	4 325	5 385
120×10	3 200	4 100	3 900	4 860	4 100	5 200	5 000	6 250

注：本表系母线立放时的数据，片间距等于厚度。

附表 1-14　扁钢载流量（Q_e=70 ℃，环境温度为 25 ℃）　（A）

扁钢尺寸（宽×厚）/mm	载流量/A		质量/(kg/m)	扁钢尺寸（宽×厚）/mm	载流量/A		质量/(kg/m)	扁钢尺寸（宽×厚）/mm	载流量/A		质量/(kg/m)
	交流	直流			交流	直流			交流	直流	
20×3	65	100	0.47	20×4	70	115	0.63	30×5	115	200	1.18
25×3	80	120	0.59	25×4	85	140	0.79	40×5	145	265	1.57
30×3	94	140	0.71	30×4	100	165	0.94	50×5	180	325	1.96
40×3	125	190	0.94	40×4	130	220	1.26	60×5	215	390	2.36
50×3	155	230	1.18	50×4	165	270	1.57	80×5	280	510	3.14
60×3	185	280	1.41	60×4	195	325	1.88	100×5	350	640	3.93
70×3	215	320	1.68	70×4	225	375	2.20	60×6	210		2.83
75×3	230	345	1.77	80×4	260	430	2.51	80×6	275		3.77
80×3	245	365	1.88	90×4	290	480	2.83	80×8	290		5.02
90×3	275	410	2.12	100×4	235	535	3.14	100×10	390		7.85
100×3	305	460	2.36	25×5	95	170	0.98				

注：本表系母线立放时的数据，当母线平放且宽度≤ 60 mm 时，表中数据乘以 0.95；当母线平放且宽度 >60 mm 时，表中数据应乘以 0.92。

附表 1-15　通用橡套软电缆的载流量(Q_e=65 ℃)　(A)

主芯线截面/mm²	中性线截面/mm²	YZ、YZW								YQ、YQW	
		二芯				三芯				二芯	三芯
		25 ℃	30 ℃	35 ℃	40 ℃	25 ℃	30 ℃	35 ℃	40 ℃	25 ℃	25 ℃
0.5	0.5	12	11	10	9	9	8	7	7	11	9
0.75	0.75	14	13	12	11	11	10	9	8	14	12
1	1	17	15	14	13	13	12	11	10		
1.5	1	21	19	18	16	18	16	15	14		
2	2	26	24	22	20	22	20	19	17		
2.5	2.5	30	28	25	25	25	23	21	19		
4	2.5	41	38	35	32	36	32	30	27		
6	4	53	49	45	41	45	42	38	35		

主芯线截面/mm²	中性线截面/mm²	YZ、YZW							
		二芯				三芯			
		25 ℃	30 ℃	35 ℃	40 ℃	25 ℃	30 ℃	35 ℃	40 ℃
2.5	1.5	30	28	25	23	26	24	22	20
4	2.5	39	36	342	30	34	31	29	26
6	4	51	47	44	40	43	40	37	34
10	6	74	69	64	58	63	58	54	49
16	6	98	51	84	77	84	78	72	66
25	10	135	126	116	106	115	107	99	90
35	10	167	156	144	132	142	132	122	112
50	16	208	194	179	164	176	164	152	139
70	25	259	242	224	204	224	209	193	177
95	35	318	297	275	251	273	225	236	215
120	35	371	346	320	293	316	295	273	249

附表 1-16 1 kW 橡皮绝缘电力电缆的载流量(Q_e =65 ℃) (A)

主芯线截面 /mm²		空气中敷设								直线埋地 ρ_r=0.8 ℃·m/W			
		XLV(XV)				XLV_{29}(XV_{29})				XLV_{29}(XV_{29})			
		25 ℃	30 ℃	35 ℃	40 ℃	25 ℃	30 ℃	35 ℃	40 ℃	15 ℃	20 ℃	25 ℃	30 ℃
铝芯	3×4	25	23	21	19	25	23	21	19	36	34	33	30
	3×6	32	29	27	25	31	28	26	24	54	43	41	38
	3×10	45	42	38	35	44	41	38	34	62	59	56	52
	3×16	59	55	51	46	58	54	50	45	80	76	72	67
	3×25	79	73	68	62	77	71	66	60	105	99	94	87
	3×35	97	90	83	76	94	87	81	74	126	119	113	105
	3×50	124	115	107	98	118	110	102	93	156	148	140	130
	3×70	150	140	129	118	143	133	123	113	188	178	168	157
	3×95	184	172	159	145	175	163	151	138	224	212	200	187
	3×120	212	198	183	167	200	187	173	158	252	238	225	210
	3×150	245	229	211	193	231	215	199	182	287	272	257	240
	3×185	284	265	245	224	264	246	228	208	323	306	289	270
铜芯	3×4	32	29	27	25	31	28	26	24	45	43	41	38
	3×6	40	37	34	31	40	37	34	31	58	55	52	48
	3×10	57	53	49	45	56	52	48	44	79	75	71	66
	3×16	76	71	65	60	75	70	64	59	104	98	93	86
	3×25	101	94	87	79	98	91	84	77	134	127	120	112
	3×35	124	115	107	98	119	111	102	94	162	153	145	135
	3×50	158	147	136	124	150	140	129	118	199	188	178	165
	3×70	191	178	165	151	183	171	158	144	238	225	213	199
	3×95	234	218	202	185	222	207	192	175	285	276	255	238
	3×120	269	251	232	212	254	237	219	200	320	303	286	267
	3×150	311	290	269	246	293	273	253	231	365	345	326	304
	3×185	359	335	310	283	334	312	288	264	408	386	365	341

注:表中数据为三芯电缆的载流量值。

附表 1-17 1~3 kV 聚氯乙烯绝缘电力电缆在空气中敷设时的载流量(Q_c=70 ℃) (A)

电缆型号	VLV、VLY(铝)						VV、VY(铜)					
电缆芯数	单芯	二芯	三芯或四芯				单芯	二芯	三芯或四芯			
环境温度	40 ℃	40 ℃	25 ℃	30 ℃	35 ℃	40 ℃	40 ℃	40 ℃	25 ℃	30 ℃	35 ℃	40 ℃
缆芯截面/mm² 2.5		18	18	17	16	15		23	23	22	21	19
4		24	26	24	23	21		31	33	31	29	27
6		31	33	31	29	27		40	43	40	38	35
10		44	46	44	41	38		57	60	56	53	49
16		60	63	60	56	52		77	82	77	72	67
25	95	79	84	79	75	69	123	102	109	102	96	89
35	115	95	100	94	89	82	148	123	129	122	114	106
50	147	121	129	120	112	104	190	156	163	154	145	134
70	179	147	157	148	139	129	231	190	203	191	179	166
95	221	181	189	178	67	155	285	233	244	230	216	200
120	257	211	221	208	195	181	332	272	284	268	252	233
150	294	242	257	243	228	211	379	312	332	313	294	272
185	340		300	283	266	246	439		387	365	342	317
240	410		359	338	318	294	529		462	436	409	379
300	473		400	377	354	328	610		516	486	457	423

注:(1)单芯电缆的载流量适用于直流。
(2)本表也适用于铠装电缆。

附表 1-18　1~3 kV 聚氯乙烯绝缘电力电缆(铜芯)直接埋地敷设时的载流量(Q_e=70 ℃)(A)

电缆型号		VV、VY						$VV_{22,32,42}$、$VY_{23,33,43}$					
土壤热阻系数		1.2 ℃·m/W											
电缆芯数		单芯	二芯	三芯或四芯				单芯	二芯	三芯或四芯			
环境温度		25 ℃	25 ℃	15 ℃	20 ℃	25 ℃	30 ℃	25 ℃	25 ℃	15 ℃	20 ℃	25 ℃	30 ℃
电缆截面/mm²	4	61	46	44	43	40	37		44	43	41	39	36
	6	75	58	54	52	49	46		55	53	50	48	45
	10	105	80	76	72	68	65	99	76	72	68	65	61
	16	142	107	101	95	90	86	135	102	80	92	88	83
	25	178	135	129	123	116	107	173	129	125	117	112	106
	35	222	175	157	150	142	133	209	169	151	142	135	128
	50	262	202	192	182	173	163	250	196	184	174	166	156
	70	315	237	224	213	203	191	303	232	218	206	196	184
	95	381	292	271	244	244	230	362	280	258	244	232	218
	120	428	328	303	288	273	257	504	321	297	280	267	252
	150	482	370	347	328	312	293	471	352	339	321	306	288
	185	547		391	370	352	332	530		278	357	341	320
	240	648		446	458	412	387	623		444	421	400	375
	300	724		497	470	448	421	700		497	470	448	421
	400	824						806					
	500	940						900					
	630	1 091						1 057					
	800	1 265						1 242					

注:单芯电缆的载流量适用于直流。

附表 1-19　1~3 kV 聚氯乙烯绝缘电力电缆(铝芯)直接埋地敷设时的载流量(Q_e=70 ℃)　(A)

电缆型号		VV、VY						$VV_{22,32,42}$、$VY_{23,33,43}$					
土壤热阻系数		1.2 ℃·m/W											
电缆芯数		单芯	二芯	三芯或四芯				单芯	二芯	三芯或四芯			
环境温度		25 ℃	25 ℃	15 ℃	20 ℃	25 ℃	30 ℃	25 ℃	25 ℃	15 ℃	20 ℃	25 ℃	30 ℃
电缆截面/mm^2	4	47	36	34	33	31	29		34	33	32	30	28
	6	58	45	42	40	38	36		43	41	39	37	35
	10	81	62	59	56	53	50	77	59	56	53	50	47
	16	110	83	78	74	70	67	105	79	62	71	68	64
	25	138	105	100	95	90	85	134	100	97	91	87	82
	35	172	136	122	116	110	103	162	131	117	110	105	99
	50	203	157	149	141	134	126	194	152	143	135	129	121
	70	244	184	174	165	157	148	235	180	169	190	152	143
	95	295	226	210	198	189	178	281	217	200	189	180	169
	120	332	254	235	223	212	199	319	249	230	217	207	195
	150	374	287	269	254	242	227	365	273	263	249	237	223
	185	424		303	287	273	257	410		293	277	264	248
	240	502		354	335	319	300	483		344	326	310	291
	300	561		385	364	347	326	543		385	364	347	326
	400	639						625					
	500	729						715					
	630	846						819					
	800	981						963					

注:单芯电缆的载流量适用于直流。

附表 1-20 6 kV 塑料绝缘电力电缆(三芯)在空气中及直接埋地时的载流量(Q_e=70 ℃) (A)

敷设场所		空气中				直接埋地(ρ_T=1.2 ℃·m/W)							
电缆型号		V(L)V、V(L)Y				V(L)V、V(L)Y				V(L)$V_{22、32、42}$、V(L)$Y_{23、33、43}$			
环境温度		25 ℃	30 ℃	35 ℃	40 ℃	15 ℃	20 ℃	25 ℃	30 ℃	15 ℃	20 ℃	25 ℃	30 ℃
铝芯截面/mm²	10	49	46	43	40	57	54	51	48	56	53	50	47
	16	66	62	58	54	74	70	67	63	72	68	65	61
	25	87	82	77	71	95	90	86	81	92	87	83	78
	35	104	98	92	85	117	110	105	99	111	105	100	94
	50	132	124	117	108	140	132	126	118	140	132	126	118
	70	157	148	139	129	165	156	149	140	165	156	149	138
	95	195	184	173	160	201	190	181	170	196	186	177	166
	120	226	213	200	185	232	219	209	196	228	215	205	193
	150	259	244	229	212	258	244	232	218	253	239	228	214
	185	300	283	266	246	293	277	264	248	283	268	255	240
	240	357	337	316	293	343	324	309	290	333	315	300	282
	300	394	371	349	323	384	363	346	325	369	349	332	312
铜芯截面/mm²	10	63	60	56	52	73	69	66	62	72	68	65	61
	16	85	81	76	70	95	90	86	81	93	88	84	79
	25	112	106	99	90	123	117	111	104	119	112	107	101
	35	134	127	119	110	150	142	135	127	143	135	129	121
	50	170	160	150	139	181	171	163	153	181	171	163	153
	70	203	191	179	166	213	202	192	180	213	202	192	180
	95	251	237	225	206	259	245	233	219	253	239	228	214
	120	292	275	258	239	300	284	270	254	293	277	264	248
	150	333	314	295	273	332	314	299	281	326	309	294	276
	185	387	365	342	317	379	358	341	321	365	345	329	309
	240	461	435	408	378	443	419	399	375	430	406	387	364
	300	509	480	450	417	495	468	446	419	475	449	428	402

附表 1-21　1~3 kV 交联电力电缆(三芯及四芯)在空气中或直接埋地时的载流量(Q_e=90 ℃)　(A)

电缆型号		铝芯:YJLV、YJLVF、YJLV$_{22、32}$								铜芯:YJV、YJVF、YJV$_{22、32}$							
敷设场所		空气中				直接埋地(ρ_T=2.0 ℃·m/W)				空气中				直接埋地(ρ_T=2.0 ℃·m/W)			
环境温度		25 ℃	30 ℃	35 ℃	40 ℃	15 ℃	20 ℃	25 ℃	30 ℃	25 ℃	30 ℃	35 ℃	40 ℃	15 ℃	20 ℃	25 ℃	30 ℃
芯线截面/mm^2	25	104	99	95	91	97	95	91	87	135	129	123	118	125	122	117	112
	35	130	124	119	114	121	118	113	108	171	164	156	150	153	149	143	137
	50	166	159	152	146	143	139	134	129	207	198	189	182	181	176	169	162
	70	203	194	185	178	177	172	165	158	260	249	237	228	223	216	208	200
	95	244	233	223	214	209	203	195	187	311	298	284	273	264	257	247	237
	120	280	268	256	246	236	230	221	212	358	342	327	314	302	392	282	270
	150	317	303	289	278	264	257	247	237	410	392	374	360	343	334	321	308
	185	364	348	332	319	297	289	278	267	467	447	426	410	381	370	356	342
	240	431	412	393	378	343	334	321	308	551	526	502	483	437	424	408	392
	300	478	457	436	419	391	380	365	350	629	602	574	552	502	488	469	450

附录 2　技术数据（2）

附表 2-1　配照型工厂灯单位面积安装功率　（W/ m^2）

计算高度 /m	房间面积 /m^2	白炽灯照度 /lx					
		5	10	15	20	30	40
2~3	10~15	3.3	6.2	8.4	10.5	14.8	17.9
	15~25	2.7	5.0	6.8	8.6	11.4	14.3
	25~50	2.3	4.3	5.9	7.3	9.5	11.9
	50~150	2.0	3.8	5.3	6.7	8.6	10
	150~300	1.8	3.4	4.7	6.0	7.8	9.5
	300 以上	1.7	3.2	4.5	5.8	7.3	9.0
3~4	10~15	4.3	7.3	9.6	12.1	16.2	20
	15~20	3.7	6.4	8.5	10.5	13.8	17.6
	20~30	3.3	5.5	7.2	8.9	12.4	15.2
	30~50	2.5	4.5	6.0	7.3	10	12.4
	50~120	2.1	3.8	5.1	6.3	8.3	10.3
	120~300	1.8	3.3	4.4	5.5	7.3	9.3
	300 以上	1.7	2.9	4.0	5.0	6.8	8.6
4~6	10~17	5.2	8.6	11.4	14.3	20.0	25.6
	17~25	4.1	6.8	9.0	11.4	15.7	20.7
	25~35	3.4	5.8	7.7	9.5	13.3	17.4
	35~50	3.0	5.0	6.8	8.3	11.4	14.7
	50~80	2.4	4.1	5.6	6.8	9.5	11.9
	80~150	2.0	3.3	4.6	5.8	8.2	10.0
	150~400	1.7	2.8	3.9	5.0	6.8	8.6
	400 以上	1.5	2.5	3.5	4.5	6.3	8.0

续表

计算高度 /m	房间面积 /m²	白炽灯照度 /lx					
		5	10	15	20	30	40
6~8	25~35	4.2	6.9	9.1	11.7	16.6	21.7
	35~50	3.4	5.7	7.9	10.0	14.7	18.4
	50~65	2.9	4.9	6.8	8.7	12.4	15.7
	65~90	2.5	4.3	6.2	7.8	10.9	13.8
	90~135	2.2	3.7	5.1	6.5	8.6	11.2
	135~250	1.8	3.0	4.2	5.4	7.3	9.3
	250~500	1.5	2.6	3.6	4.6	6.5	8.3
	500 以上	1.4	2.4	3.2	4.0	5.5	7.3

附表 2-2 深罩型工厂灯单位面积安装功率 （W/ m²）

计算高度 /m	房间面积 /m²	白炽灯照度 /lx					
		5	10	15	20	30	40
6~8	25~35	4.2	7.2	10	12.8	18	23
	35~50	3.5	6.0	8.4	10.8	15	19
	50~65	3.0	5.0	7.0	9.1	13	16.7
	65~90	2.6	4.4	6.2	8.0	11.5	14.7
	90~135	2.2	3.8	5.3	6.8	10	12.5
	135~250	1.9	3.3	4.6	5.8	8.2	10.3
	250~500	1.7	2.8	3.9	5.1	7.2	9.1
	500 以上	1.4	2.5	3.4	4.4	6.2	7.8
8~12	50~70	3.7	6.3	8.9	11.5	17	22.1
	70~100	3.0	5.3	7.5	9.7	15	19
	100~130	2.5	4.4	6.2	8.0	12	15.5
	130~200	2.1	3.8	5.3	6.9	10	13
	200~300	1.8	3.2	4.5	5.8	8.2	10.6
	300~600	1.6	2.8	3.9	5.0	7	9.0
	600~1 500	1.4	2.4	3.3	4.3	6	7.7
	1 500 以上	1.2	2.2	3.0	3.8	5.2	6.8

附表 2-3　广照型防水防尘灯单位面积安装功率　（W/ m²）

计算高度 /m	房间面积 /m²	白炽灯照度 /lx				
		5	10	15	20	30
2~3	10~15	4.8	8	11	13.7	19.5
	15~25	3.9	6.7	9.1	11.6	16.2
	25~50	3.2	5.9	7.8	10.3	13.6
	50~150	2.8	4.9	6.6	8.6	10.8
	150~300	2.3	4	5.6	7	9
	300 以上	2.2	3.6	5	6	8
3~4	10~15	6.5	11.5	15.3	20	27
	15~20	5	9.3	12.4	16	20.5
	20~30	4	7.8	10.1	12.6	16.5
	30~50	3.2	6.2	8.1	10.4	14.1
	50~120	2.8	5.1	6.8	8.5	12.1
	120~300	2.4	4.2	5.4	7	10.2
	300 以上	2	3.6	4.3	6	8.5

附表 2-4　散罩型防水防尘灯单位面积安装功率　（W/ m²）

计算高度 /m	房间面积 /m²	白炽灯照度 /lx				
		5	10	15	20	30
1.5~2	10~15	4.6	8.5	12	15.5	21
	15~25	4	7.5	10.4	12.7	18
	25~50	3.4	6.4	8.6	10.5	15
	50~150	2.8	5.2	7	8.7	12.6
	150~300	2.3	4.3	6	7.2	11
	300 以上	2.1	4	5.5	6.8	10
2~3	10~15	5.6	11	15	19	28
	15~25	4.6	8.5	11.5	15	22
	25~50	3.8	6.9	9.5	12	18
	50~150	3.1	5.3	7.4	9.8	14.8
	150~300	2.5	4.2	6	8	13.2
	300 以上	2.1	3.7	5.2	6.8	10.5

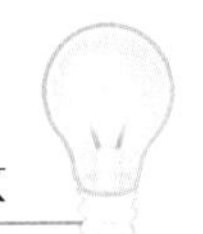

续表

计算高度 /m	房间面积 /m²	白炽灯照度 /lx				
		5	10	15	20	30
3~4	10~15	8.3	16	23	29	45
	15~20	6.9	13	18	24	36
	20~30	5.6	10	14	18	28
	30~50	4.1	7.8	11	14.5	22
	50~120	3	6	8.9	12	18
	120~300	2.4	4.8	7.1	9.5	14.4
	300 以上	2	3.7	5.2	7.5	11

附表 2-5　伞形灯单位面积安装功率　（W/ m²）

计算高度 /m	房间面积 /m²	白炽灯照度 /lx				
		5	10	15	20	40
2~3	10~15	2.6	4.6	6.4	7.7	13.5
	15~25	2.2	3.8	5.5	6.7	11.2
	25~50	1.8	3.2	4.6	5.8	9.6
	50~150	1.5	2.7	4	4.8	8.2
	150~300	1.4	2.4	3.4	4.2	7
	300 以上	1.3	2.2	3.2	4	6.5
3~4	10~15	2.8	5.1	6.9	8.6	15
	15~20	2.5	4.5	6.1	7.7	13.1
	20~30	2.2	3.8	5.3	6.7	11.2
	30~50	1.8	3.4	4.6	5.7	9.4
	50~120	1.5	2.8	3.9	4.8	7.8
	120~300	1.3	2.3	3.3	4.1	6.5
	300 以上	1.2	2.1	2.9	3.6	5.8
4~6	10~17	3.4	5.9	7.9	9.5	19.3
	17~25	2.7	4.8	6.5	7.8	15.4
	25~35	2.3	4.1	5.6	7	13
	35~50	2.1	3.6	4.9	6.2	10.8
	50~80	1.8	3.1	4.3	5.4	9.1
	80~150	1.5	2.6	3.6	4.3	7.4
	150~300	1.3	2.2	3	3.6	6.2
	300 以上	1.1	1.8	2.5	2.9	5.6

附表 2-6　乳白玻璃罩灯单位面积安装功率　（W/ m²）

计算高度 /m	房间面积 /m²	白炽灯照度 /lx							
		10	15	20	25	30	40	50	75
2~3	10~15	6.3	8.4	11.2	13	15.4	20.5	24.8	35.3
	15~25	5.3	7.4	9.8	11.4	13.3	17.7	21	30
	25~50	4.4	6	8.3	9.6	11.2	14.9	17.3	24.8
	50~150	3.6	5	6.7	7.7	9.1	12.1	13.5	19.5
	150~300	3	4.1	5.6	6.5	7.7	10.2	11.3	16.5
	300 以上	2.6	3.6	4.9	5.7	7	9.3	10.1	15
3~4	10~15	7.2	9.9	12.6	14.6	18.2	24.2	31.5	45
	15~20	6.1	8.5	10.5	12.2	15.4	20.6	27	37.5
	20~30	5.2	7.2	9.5	11	13.3	17.8	21.8	32.2
	30~50	4.4	6.1	8.1	9.4	11.2	15	18	26.3
	50~120	3.6	5	6.7	7.7	9.1	12.1	14.3	21.4
	120~300	2.9	4	5.6	6.5	7.6	10.1	11.3	17.3
	300 以上	2.4	3.2	4.6	5.3	6.3	8.4	9.4	14.3

附表 2-7　不带反射罩荧光灯单位面积安装功率　（W/ m²）

计算高度 /m	房间面积 /m²	荧光灯照度 /lx					
		30	50	75	100	150	200
2~3	10~15	3.9	6.5	9.8	13	19.5	26
	15~25	3.4	5.6	8.4	11.1	16.7	22.2
	25~50	3	4.9	7.3	9.7	14.6	19.4
	50~150	2.6	4.2	6.3	8.4	12.6	16.8
	150~300	2.3	3.7	5.6	7.4	11.1	14.8
	300 以上	2	3.4	5.1	6.7	10.1	13.4
3~4	10~15	5.9	9.8	14.7	19.6	29.4	39.2
	15~20	4.7	7.8	11.7	15.6	23.4	31.2
	20~30	4	6.7	10	13.3	20	26.6
	30~50	3.4	5.7	8.5	11.3	17	22.6
	50~120	3	4.9	7.3	9.7	14.6	19.4
	120~300	2.6	4.2	6.3	8.4	12.6	16.8
	300 以上	2.3	3.8	5.7	7.5	11.2	14.9

附表 2-8　带反射罩荧光灯单位面积安装功率　（W/ m²）

计算高度 /m	房间面积 /m²	荧光灯照度 /lx					
		30	50	75	100	150	200
2~3	10~15	3.2	5.2	7.8	10.4	15.6	21
	15~25	2.7	4.5	6.7	8.9	13.4	18
	25~50	2.4	3.9	5.8	7.7	11.6	15.4
	50~150	2.1	3.4	5.1	6.8	10.2	13.6
	150~300	1.9	3.2	4.7	6.3	9.4	12.5
	300 以上	1.8	3	4.5	5.9	8.9	11.8
3~4	10~15	4.5	7.5	11.3	15	23	30
	15~20	3.3	6.2	9.3	12.4	19	25
	20~30	3.2	5.3	8	10.6	15.9	21.2
	30~50	2.7	4.5	6.8	9	13.6	18.1
	50~120	2.4	3.9	5.8	7.7	11.6	15.4
	120~300	2.1	3.4	5.1	6.8	10.2	13.5
	300 以上	1.9	3.8	4.8	6.3	9.5	12.6

附表 2-9　白炽灯和荧光灯在一般房间安装的数量及单灯功率　（W/ m²）

房间面积 /m²	白炽灯照度 /lx						荧光灯照度 /lx		
	5	10	15	20	30	40	50	75	100
2	15	15	15	15	25	25			
4	15	15	25	25	40	60			
6	15	25	25	40	40	75	20	30	40
8	25	40	40	60	60	100	40	30	2 × 40
3 × 4	25	60	60	75	100	2 × 75	40	30	2 × 40
3 × 6	40	60	2 × 40	2 × 60	2 × 60	2 × 100	2 × 40	2（2 × 30）	2（2 × 40）
4 × 6	40	2 × 40	2 × 60	2 × 75	2 × 75	2 × 100	2 × 40	2（2 × 30）	2（2 × 40）
6 × 6	60	2 × 60	2 × 75	4 × 60	4 × 60	4 × 75	4 × 40	4（2 × 30）	4（2 × 40）
8 × 6	2 × 40	2 × 60	4 × 60	4 × 60	4 × 75	4 × 100	4 × 40	4（2 × 30）	4（2 × 40）
9 × 6	2 × 40	2 × 60	4 × 60	4 × 60	4 × 75	4 × 100	4 × 40	4（2 × 30）	4（2 × 40）
12 × 6	2 × 60	3 × 60	4 × 60	6 × 60	6 × 60	6 × 100	6 × 40	6（2 × 30）	6（2 × 40）

参考文献

[1] 赵德申. 建筑电气照明技术 [M]. 北京:机械工业出版社,2003.

[2] 黄民德,季中,郭福雁. 建筑电气工程施工技术 [M]. 北京:高等教育出版社,2004.

[3] 范同顺. 建筑配电与照明 [M]. 北京:高等教育出版社,2004.

[4] 杨光臣,杨波,等. 怎样阅读建筑电气与智能建筑工程施工图 [M]. 北京:中国电力出版社,2007.

[5] 建设部工程质量安全监督与行业发展司,中国建筑标准设计研究所. 全国民用建筑工程设计技术措施 建筑产品选用技术:电气 [M]. 北京:中国计划出版社,2003.

[6] 张凤江. 建筑供配电工程 [M]. 北京:中国电力出版社,2005.

[7] 王晓丽. 建筑供配电与照明:上册 [M]. 北京:人民交通出版社,2008.

[8] 黄民德,郭福雁. 建筑供配电与照明:下册 [M]. 北京:人民交通出版社,2008.

[9] 陈元丽. 现代建筑电气设计实用指南 [M]. 北京:中国水利水电出版社,2000.

[10] 焦留成. 供配电设计手册 [M]. 北京:中国计划出版社,1999.

[11] 中国建筑东北设计研究院. 民用建筑电气设计规范:JGJ/T 16—2008[S]. 北京:中国建筑工业出版社,2008.

[12] 中华人民共和国住房和城乡建设部. 建筑照明设计标准:GB 50034—2013[S]. 北京:中国建筑工业出版社,2014.

[13] 闫洪林,李选华,贾鹏飞. 城市轨道交通供电系统 [M]. 上海:上海交通大学出版社,2018.